Volker Heun

Grundlegende Algorithmen

Volker Heun

Grundlegende Algorithmen

Einführung in den Entwurf und die Analyse effizienter Algorithmen

2., verbesserte und erweiterte Auflage

vieweg

Bibliografische Information Der Deutschen Bibliothek
Die Deutsche Bibliothek verzeichnet diese Publikation in der Deutschen Nationalbibliografie;
detaillierte bibliografische Daten sind im Internet über <http://dnb.ddb.de> abrufbar.

Die Wiedergabe von Gebrauchsnamen, Handelsnamen, Warenbezeichnungen usw. in diesem Werk berechtigt auch ohne besondere Kennzeichnung nicht zu der Annahme, dass solche Namen im Sinne von Warenzeichen- und Markenschutz-Gesetzgebung als frei zu betrachten wären und daher von jedermann benutzt werden dürfen.

Höchste inhaltliche und technische Qualität unserer Produkte ist unser Ziel. Bei der Produktion und Auslieferung unserer Bücher wollen wir die Umwelt schonen: Dieses Buch ist auf säurefreiem und chlorfrei gebleichtem Papier gedruckt. Die Einschweißfolie besteht aus Polyäthylen und damit aus organischen Grundstoffen, die weder bei der Herstellung noch bei der Verbrennung Schadstoffe freisetzen.

1. Auflage Oktober 2000
2., verbesserte und erweiterte Auflage April 2003

Alle Rechte vorbehalten
© Springer Fachmedien Wiesbaden 2003
Ursprünglich erschienen bei Friedr. Vieweg & Sohn Verlag/GWV Fachverlage GmbH, Wiesbaden 2003

Konzeption und Layout des Umschlags: Ulrike Weigel, www.CorporateDesignGroup.de
Umschlagbild: Nina Faber de.sign, Wiesbaden

ISBN 978-3-528-13140-1   ISBN 978-3-322-80323-8 (eBook)
DOI 10.1007/978-3-322-80323-8

Vorwort

Zum Inhalt

Das Entwerfen und Analysieren von effizienten Algorithmen ist eine der Hauptaufgaben eines/r jeden Informatikers/in. Obwohl für viele Probleme schon seit Jahrzehnten effiziente Algorithmen bekannt sind, tauchen dennoch immer wieder verblüffende und unerwartete Verbesserungen auf. Dies macht die Algorithmik zu einem höchst interessanten und spannenden Teilgebiet der Informatik, dessen Attraktivität und Reiz wir in diesem Buch einzufangen versuchen.

Anhand alltäglicher Probleme aus der Welt der Informatik wollen wir die Methodik des Algorithmenentwurfs erläutern. Zum einen werden wir effiziente Algorithmen zur Lösung grundlegender Probleme kennen lernen und dabei auch auf die zum Teil überraschend einfachen, aber wirkungsvollen Verbesserungen eingehen. Zum anderen werden wir die zugrunde liegenden, allgemein anwendbaren Methoden und Paradigmen präsentieren, die tagtäglich beim Algorithmenentwurf zum Einsatz kommen. Begleitend dazu stellen wir die grundlegenden Techniken zur Analyse von Algorithmen vor, ohne die Effizienzaussagen nicht möglich wären. Außerdem werden wir die Grenzen dessen aufzeigen, was algorithmisch überhaupt lösbar bzw. effizient realisierbar ist.

Ein Hauptaugenmerk dieses Buch ist der Vollständigkeit der behandelten Algorithmen gewidmet, d.h. es wurde in der Regel vermieden, nur eine Beschreibung von Algorithmen anzugeben, ohne deren Korrektheit zu beweisen bzw. deren Komplexität zu analysieren. Daher werden auch Themen angesprochen, die in Einführungsvorlesungen zur Algorithmik normalerweise nicht ausführlich behandelt werden, wie z.B. die Analyse des Boyer-Moore-Algorithmus oder der Beweis des Bertrandschen Postulats. Damit wird zu jedem behandelten Problemkreis eine möglichst abgeschlossene Einführung geboten.

Historie

Dieses Lehrbuch ist aus einem Skript zur Vorlesung *„Grundlegende Algorithmen"* entstanden, die seit dem Sommersemester 1997 regelmäßig an der Technischen Universität München für Studierende des Bachelor-Studienganges Informatik, des Aufbaustudiums Informatik und anderer Studienrichtungen gehalten wird. Das vorliegende Buch ist als Einführung in die Algorithmik für alle Studierenden sowohl der Informatik (als Haupt- oder Nebenfach) als auch der Mathematik oder Natur- bzw. Ingenieurwissenschaften geeignet.

Vorkenntnisse

Für die Lektüre dieses Buches werden einige Grundkenntnisse aus der Mathematik und der Informatik vorausgesetzt, wie sie in den Einführungsvorlesungen des ersten Semesters vermittelt werden. Aus der Mathematik werden Kenntnisse grundlegender Beweistechniken und Konzepte erwartet, wie beispielsweise das Prinzip der vollständigen Induktion, einfache Summationstechniken sowie Differentiation und Integration.

Vonseiten der Informatik sollte der Leser mit einer höheren Programmiersprache, der rekursiven Programmierung sowie einfachen Datenstrukturen (wie z.B. Listen, Feldern und Kellern) vertraut sein. Die Algorithmen sind meist in einer der Programmiersprache C ähnlichen Notation verfasst, manchmal auch nur in Worten beschrieben, jedoch immer so präzise, dass eine Implementierung nicht weiter schwer fallen sollte.

Änderungen in der zweiten Auflage

Die zweite Auflage wurde vollständig durchgesehen und überarbeitet. Hierbei wurden überall dort, wo es für nötig befunden wurde, Korrekturen und Ergänzungen vorgenommen, um Fehler zu beheben bzw. um eventuell beim Leser auftretende Unklarheiten zu vermeiden. Ebenfalls wurden aktuelle Ergebnisse der letzten Jahre eingearbeitet, sofern sie den Inhalt des Buches betrafen. Des Weiteren wurden Definitionen, Lemmata und Theoreme der besseren Übersichtlichkeit wegen nun grau unterlegt.

Gravierende Änderungen haben sich im Wesentlichen in den folgenden Abschnitten ergeben: Im Abschnitt zum Boyer-Moore Algorithmus wurde der Korrektheitsbeweis des selbigen vervollständigt. Der Abschnitt zum Euklidischen Algorithmus wurde um einige, insbesondere für reale Implementierungen effizientere und praktikablere Varianten ergänzt. Der Abschnitt zur Matrizenmultiplikation wurde um die Komplexitätsbetrachtung der Berechnung der transitiven Hüllen einer Booleschen Matrix erweitert.

Die Übungsaufgaben wurden zur leichteren Einordnung des Schwierigkeitsgrades klassifiziert. Dabei soll natürlich erwähnt werden, dass eine solche Klassifizierung immer problematisch ist, da die Einschätzung der Schwierigkeit natürlich individuell sehr unterschiedlich ausfällt. Dennoch sollte die vorliegende Klassifizierung dem Übenden die Einschätzung des Schwierigkeitsgrades der Aufgabe erleichtern.

Dazu wurden die Aufgaben mit °, $^+$ und * markiert, die die folgende Bedeutung besitzen:

- ○ Diese Aufgaben sollten anhand des vorhergehenden Kapitels leicht zu lösen sein, d.h. die grundsätzliche Lösungsidee sollte leicht zu erfassen sein, wobei die genaue Ausführung nichtsdestoweniger technisch etwas aufwendiger sein kann.

- + Diese Aufgaben sind etwas aufwendiger in dem Sinne, dass man für die grundsätzliche Lösungsidee etwas mehr nachdenken muss. Dennoch sollte nach dem Studium des vorhergehenden Kapitels die Lösung der Aufgabe in der Regel selbständig gefunden werden.

- ⋆ Die mit einem Sternchen markierten Aufgaben stellen die schwereren Aufgaben dar. Hier kann man eventuell auch nach dem Studium des vorhergehenden Kapitels nicht auf die Lösungsidee kommen bzw. es kann auch mehrere Tage dauern.

Lösungshinweise oder gar Lösungen wurden absichtlich nicht in das Buch aufgenommen, um den Leser nicht zu einem vorschnelles Nachschlagen dieser zu verleiten. Zur Überprüfung der eigenen Lösung werden jedoch nach und nach auf der Web-Seite dieses Buches (s.u.) zu ausgewählten Aufgaben kurze Lösungen (sofern möglich) oder Lösungsideen bzw. -ansätze zur Verfügung gestellt.

Danksagung

Ein herzlicher Dank gebührt all denjenigen, ohne deren Mithilfe dieses Buch in dieser Form gar nicht erst möglich gewesen wäre. Allen Mitarbeitern und Kollegen des Lehrstuhls möchte ich für die angenehme Arbeitsatmosphäre und die vielen fruchtbaren Diskussionen danken.

Insbesondere möchte ich Ernst W. Mayr und Angelika Steger danken, die mich ermutigt und unterstützt haben, vor einigen Jahren dieses Buch in Angriff zu nehmen und auch fertigzustellen. Für zahlreiche Diskussionen sowie für das Lesen des Manuskripts und ihre hilfreichen Hinweise und Kommentare möchte ich ganz herzlich Thomas Erlebach, Tom Friedetzky, Klaus Holzapfel, Sami Khuri, Ulla Koppenhagen, Ernst W. Mayr, Michal Mnuk, Mark Scharbrodt, Thomas Schickinger und Angelika Steger danken. Mein besonderer Dank gebührt Thomas Erlebach, der das ganze Manuskript der ersten Auflage gelesen und mit seinen wertvollen Kommentaren wesentlich zum Gelingen dieses Buches beigetragen hat.

Für die zahlreichen sowie wertvollen Hinweise und hilfreichen Kommentare zur Erstellung der zweiten Auflage möchte ich weiterhin Thomas Bayer, Steffi

Gerke, Klaus Holzapfel, Sven Kosub, Peter Ullrich und all denjenigen, die mir Hinweise per Email geschickt haben, ganz besonders danken.

Für die sehr gute, reibungslose und unproblematische Zusammenarbeit möchte ich dem Vieweg-Verlag und insbesondere Frau Schmickler-Hirzebruch für die erste und Herrn Klockenbusch für die zweite Auflage danken.

Kommentare

Zum Schluss bleibt die Bitte an Sie, verehrte Leser, mir Hinweise auf Fehler und Kommentare an heun@in.tum.de mitzuteilen. Im Internet werden unter

$$\text{http://www14.in.tum.de/\~ga}$$

aktuelle Hinweise und Ergänzungen zu diesem Buch sowie Lösungshinweise ausgewählter Übungsaufgaben zur Verfügung gestellt.

München, im September 2000
München, im März 2003

Volker Heun

Inhaltsverzeichnis

Einleitung und Grundlagen 1

1.1 Ziele

Wenn man Probleme mit Hilfe von Rechnern lösen will, ist man nicht nur an deren Lösungen interessiert, sondern man will nachweisbar korrekte Lösungen in möglichst kurzer Zeit auf möglichst kleinen Computern mit sehr einfachen Programmen erzielen. Mit diesen natürlichen Forderungen werfen wir bereits die meisten fundamentalen Probleme der Informatik auf. Zum einen stellt man in der Praxis fest, dass oft schon die Spezifikation eines Problems sehr aufwendig ist. Zum anderen zeigt die Theorie, dass es viel mehr Probleme gibt, die man *nicht* mit Rechnern lösen kann, als solche, die man lösen kann. Aber selbst unter Vernachlässigung dieser Schwierigkeiten bleibt die mechanische Problemlösung in hohem Maße komplex.

Im Allgemeinen ist der Nachweis, dass ein Programm die Spezifikation der Problemstellung erfüllt, keine triviale Aufgabe. Es gibt mittlerweile Methoden, mit denen man die Korrektheit von Programmen (bezüglich ihrer Spezifikation) unter bestimmten Voraussetzungen automatisch überprüfen kann. Es soll an dieser Stelle jedoch darauf hingewiesen werden, dass es im Allgemeinen ein unlösbares Problem ist, die Korrektheit eines Programms im Nachhinein mechanisch festzustellen. Daher muss man schon bei der Entwicklung eines Algorithmus auf dessen Korrektheit achten, wobei es von einem korrekten Algorithmus zu einer korrekten Implementierung immer noch ein weiter Weg ist.

In diesem Buch wollen wir uns mit dem Entwurf korrekter und insbesondere effizienter (d.h. schneller und speicherplatzsparender) Algorithmen beschäftigen. Anhand von in der Informatik häufig auftretenden grundlegenden Problemen werden wir verschiedene Paradigmen zum Algorithmenentwurf vorstellen. Viele dieser Prinzipien haben sich als so universell herausgestellt, dass sich auch viele andere Probleme als die hier vorgestellten damit lösen lassen. Wir werden daher nicht nur ein Auge für die Lösung der betrachteten Probleme haben, sondern insbesondere auch dafür, mit welcher Methode das Problem gelöst wurde.

Ein weiterer wichtiger Aspekt ist die Analyse von Algorithmen. Um die Effizienz von Algorithmen bewerten zu können, werden wir die hierfür benötigten mathematischen Definitionen und Komplexitätsmaße einführen. Gleichzeitig mit dem Entwurf der Algorithmen werden wir uns auch deren Analyse im Hinblick auf Zeit- und Platzkomplexität widmen. Dabei werden wir die mathematischen Methoden vorstellen, um solche Effizienzbetrachtungen durchführen zu können.

1.2   Einführendes Beispiel: Berechnung der Fibonacci-Zahlen

Zu Beginn wollen wir uns mit einem altbekannten Problem beschäftigen, dem Berechnen der n-ten Fibonacci-Zahl. Die Lösung hierfür ist an sich vielleicht nicht so interessant, allerdings liefern die verschiedenen Wege zur Lösung bereits viele Aspekte, die in diesem Buch genauer untersucht werden sollen.

Algorithmen zur Lösung dieses Problems werden meist schon in Einführungen in die Programmierung präsentiert. Allerdings wird hierbei oft nicht der Zeitaufwand der verschiedenen Algorithmen analysiert. Wir werden nun die beiden gängigen Varianten kurz vorstellen und dabei deren „Komplexität" analysieren. Zum Abschluss werden wir mit einer etwas trickreicheren Methode einen Algorithmus entwerfen, der im Hinblick auf die „Rechenzeit" die beiden bekannteren Methoden schlagen wird.

Wir werden dabei die Algorithmen in der funktionalen Programmiersprache `gofer` formulieren, die in Einführungen in die Programmierung oft verwendet wird. Zur Analyse ist eine fundierte Kenntnis von `gofer` nicht notwendig. Die Semantik der folgenden `gofer`-Definitionen lässt sich im Allgemeinen leicht aus den gegebenen Beispielen erschließen.

1.2.1   Rekursive Berechnung

Die *Fibonacci-Zahlen* sind rekursiv wie folgt definiert:

$$f_1 = 1, \qquad f_2 = 1, \qquad f_n = f_{n-1} + f_{n-2} \quad \text{für } n \geq 3.$$

Aus dieser Definition ergibt sich sofort die im Bild 1.1 angegebene *rekursive* Variante zur Berechnung der n-ten Fibonacci-Zahl.

```
fib1 :: Int -> Int
fib1 1 = 1
fib1 2 = 1
fib1 n = fib1 (n-1) + fib1 (n-2)
```

Bild 1.1: Rekursive Definition der Fibonacci-Zahlen (`gofer`)

Um die Laufzeit dieser und der folgenden Varianten zu untersuchen, beschränken wir uns auf die Anzahl der ausgeführten arithmetischen Operationen, wie Additionen, Subtraktionen, Multiplikationen und Divisionen. Bezeichne hierzu $C_{\text{rek}}(n)$ die Anzahl der ausgeführten arithmetischen Operationen zur Berechnung der n-ten Fibonacci-Zahl für die obige rekursive Variante. Damit ergibt sich aus der `gofer`-Definition unmittelbar die folgende Rekursionsgleichung für die arithmetische Komplexität, d.h. der Anzahl der ausgeführten arithmetischen Operationen:

$$
\begin{aligned}
C_{\text{rek}}(1) &= C_{\text{rek}}(2) = 0, \\
C_{\text{rek}}(n) &= 3 + C_{\text{rek}}(n-1) + C_{\text{rek}}(n-2) \qquad \text{für } n \geq 3.
\end{aligned}
$$

Wir addieren nun 3 auf beiden Seiten dieser Rekursionsgleichung:

$$
3 + C_{\text{rek}}(n) = 3 + C_{\text{rek}}(n-1) + 3 + C_{\text{rek}}(n-2).
$$

Definieren wir nun $D(n) := C_{\text{rek}}(n) + 3$, so erhalten wir die folgende Rekursionsgleichung:

$$
\begin{aligned}
D(1) &= D(2) = 3, \\
D(n) &= D(n-1) + D(n-2) \qquad \text{für } n \geq 3.
\end{aligned}
$$

Diese Rekursionsgleichung gleicht bis auf die Anfangsbedingungen der Rekursionsgleichung für die Fibonacci-Zahlen.

Lemma 1.1 *Sei $D(n)$ durch $D(1) = D(2) = d$ und $D(n) = D(n-1) + D(n-2)$ für $n \geq 3$ definiert, dann ist $D(n) = d \cdot f_n$.*

Beweis: Wir beweisen das Lemma durch vollständige Induktion über n.

Induktionsanfang ($n \in \{1, 2\}$): Offensichtlich ist die Behauptung erfüllt.

Induktionsschritt ($n - 1 \rightarrow n$): Es gilt:

$$
\begin{aligned}
D(n) &\overset{\text{Def.}}{=} D(n-1) + D(n-2) \\
&\overset{\text{I.V.}}{=} d \cdot f_{n-1} + d \cdot f_{n-2} \\
&= d(f_{n-1} + f_{n-2}) \\
&\overset{\text{Def.}}{=} d \cdot f_n.
\end{aligned}
$$

Damit ist der Induktionsschritt vollzogen. ∎

Damit erhalten wir für die Anzahl der arithmetischen Operationen zur Berechnung der n-ten Fibonacci-Zahl mit der rekursiven Variante:

$$
C_{\text{rek}}(n) = D(n) - 3 = 3 \cdot f_n - 3.
$$

Korollar 1.2 *Die Anzahl der Additionen und Subtraktionen zur Berechnung der n-ten Fibonacci-Zahl mit der rekursiven Variante ist $3(f_n - 1)$.*

Um ein besseres Gefühl für die Anzahl der arithmetischen Operationen zu bekommen, wollen wir für den Wert der n-ten Fibonacci-Zahl eine Abschätzung angeben. Im Folgenden bezeichne $\lfloor x \rfloor$ bzw. $\lceil x \rceil$ für ein $x \in \mathbb{R}$ die größte bzw. kleinste ganze Zahl n mit $n \leq x$ bzw. $n \geq x$. Die Klammern $\lfloor \cdot \rfloor$ bzw. $\lceil \cdot \rceil$ werden auch *untere* bzw. *obere Gauß-Klammern* genannt. Für $z \in \mathbb{Z}$ gilt $\lceil z \rceil = \lfloor z \rfloor = z$ und $z = \lceil \frac{z}{2} \rceil + \lfloor \frac{z}{2} \rfloor$. Für $x \in \mathbb{R} \setminus \mathbb{Z}$ gilt $\lceil x \rceil - \lfloor x \rfloor = 1$.

Lemma 1.3 $\forall n \in \mathbb{N}. n > 2 : \ 2^{\lfloor \frac{n-1}{2} \rfloor} \leq f_n \leq 2^{n-2}$.

Beweis: Zunächst einmal stellen wir fest, dass $f_n \in \mathbb{N}$ (also positiv) ist. Für $n \in \{1,2\}$ gilt dies offensichtlich, da $f_1 = f_2 = 1$. Dann ist aber mit Hilfe der vollständigen Induktion auch $f_n = f_{n-1} + f_{n-2} > 0$. Damit folgt aus der Rekursionsgleichung, dass $(f_n)_{n \in \mathbb{N}}$ eine monoton wachsende Folge ist. Also gilt $f_n = f_{n-1} + f_{n-2} \geq 2 \cdot f_{n-2}$ für $n \geq 3$. Durch wiederholte Anwendung dieser Ungleichung erhalten wir:

$$
\begin{aligned}
f_n \ &\geq \ 2 \cdot f_{n-2\cdot 1} \ \geq \ 2 \cdot 2 \cdot f_{n-2\cdot 2} \ \geq \ 2 \cdot 2 \cdot 2 \cdot f_{n-2\cdot 3} \\
&\geq \ 2^i \cdot f_{n-2i} \\
&\quad \text{mit } i = \lfloor \tfrac{n-1}{2} \rfloor \\
&\geq \ 2^{\lfloor \frac{n-1}{2} \rfloor} \cdot f_{n-2\lfloor \frac{n-1}{2} \rfloor} \\
&\quad \text{mit } n-1 = \lfloor \tfrac{n-1}{2} \rfloor + \lceil \tfrac{n-1}{2} \rceil \\
&\geq \ 2^{\lfloor \frac{n-1}{2} \rfloor} \cdot f_{1+\lfloor \frac{n-1}{2} \rfloor + \lceil \frac{n-1}{2} \rceil - 2\lfloor \frac{n-1}{2} \rfloor} \\
&\geq \ 2^{\lfloor \frac{n-1}{2} \rfloor} \cdot f_{\underbrace{1+\lceil \frac{n-1}{2} \rceil - \lfloor \frac{n-1}{2} \rfloor}_{\in \{1,2\}}} \\
&\quad \text{da } f_1 = f_2 = 1 \\
&= \ 2^{\lfloor \frac{n-1}{2} \rfloor}.
\end{aligned}
$$

Da wie oben bemerkt $(f_n)_{n \in \mathbb{N}}$ eine monoton wachsende Folge ist, gilt für $n \geq 3$, dass $f_n = f_{n-1} + f_{n-2} \leq 2 \cdot f_{n-1}$. Durch wiederholte Anwendung dieser Ungleichung erhalten wir:

$$
\begin{aligned}
f_n \ &\leq \ 2 \cdot f_{n-1} \ \leq \ 2 \cdot 2 \cdot f_{n-2} \ \leq \ 2 \cdot 2 \cdot 2 \cdot f_{n-3} \\
&\leq \ 2^i \cdot f_{n-i} \\
&\quad \text{mit } i = n - 2 \\
&\leq \ 2^{n-2} \cdot f_2 \\
&\quad \text{mit } f_2 = 1 \\
&= \ 2^{n-2},
\end{aligned}
$$

und somit die behauptete obere Schranke. ∎

Damit benötigt die rekursive Variante „exponentiell" in n viele arithmetische Operationen zur Berechnung der n-ten Fibonacci-Zahl. Bereits für $n = 100$ müssen mehr als $2^{49} \approx 5 \cdot 10^{14}$ Operationen ausgeführt werden. Selbst wenn jede Operation nur eine Nanosekunde dauert, liefert diese untere Schranke eine Rechenzeit von etwa einer Woche (es sind sogar mehr als 33.000 Jahre)!

1.2.2 Iterative Berechnung

Oft wird in Einführungen in die Programmierung auch noch eine andere Variante zur Berechnung der n-ten Fibonacci-Zahl vorgestellt. Diese berechnet *iterativ* die Fibonacci-Zahlen durch Addition aus den jeweils beiden vorhergehenden Werten mit Hilfe der folgenden Gleichung $(f_n, f_{n-1}) = (f_{n-1} + f_{n-2}, f_{n-1})$. Dies lässt sich in gofer, wie im Bild 1.2 angegeben, mit Hilfe einer Endrekursion und einer Einbettung definieren.

```
fib2 n :: Int -> Int
fib2 n = x where (x,y) = g n

g :: Int -> (Int,Int)
g 1 = (1,undefined)
g 2 = (1,1)
g n = (x+y,x) where (x,y) = g (n-1)
```

Bild 1.2: Iterative Definition der Fibonacci-Zahlen (gofer)

Für die Anzahl der arithmetischen Operationen $C_{\text{iter}}(n)$ bei der Berechnung der n-ten Fibonacci-Zahl mit dieser iterativen Definition erhalten wir die folgende Rekursionsgleichung:

$$C_{\text{iter}}(1) = C_{\text{iter}}(2) = 0,$$
$$C_{\text{iter}}(n) = 2 + C_{\text{iter}}(n-1) \qquad \text{für } n \geq 3.$$

Diese Rekursionsgleichung lässt sich für $n \geq 3$ leicht lösen:

$$\begin{aligned}
C_{\text{iter}}(n) &= C_{\text{iter}}(n-1) + 2 = C_{\text{iter}}(n-2) + 2 + 2 \\
&= C_{\text{iter}}(n-i) + 2i \\
&\quad \text{mit } i = n-2. \\
&= C_{\text{iter}}(n-(n-2)) + 2(n-2) \\
&\quad \text{mit } C_{\text{iter}}(2) = 0 \\
&= 2n - 4.
\end{aligned}$$

Korollar 1.4 *Die Anzahl der Additionen und Subtraktionen zur Berechnung der n-ten Fibonacci-Zahl mit der iterativen Variante ist* $\max\{0, 2(n-2)\}$.

Damit benötigt die iterative Variante nur „linear" in n viele arithmetische Operationen im Gegensatz zu „exponentiell" vielen bei der rekursiven Variante. Dies ist eine dramatische Einsparung an arithmetischen Operationen und damit Rechenzeit, was man beispielsweise in `gofer` leicht ausprobieren kann. Angenommen, wir können eine arithmetische Operation in einer Mikrosekunde ausführen, dann lässt sich beispielsweise $f_{500.000}$ in etwa einer Sekunde berechnen!

1.2.3   Berechnung mit Hilfe des iterierten Quadrierens

Nun stellt sich die Frage, ob man mit noch weniger arithmetischen Operationen auskommen kann. Wir stellen jetzt eine Variante vor, die mit deutlich weniger als linear vielen Operationen auskommt, sofern Multiplikationen erlaubt sind.

Die in der iterativen Variante verwendete Gleichung können wir für $n \geq 3$ auch wie folgt als Matrizenprodukt formulieren:

$$(f_n, f_{n-1}) = (f_{n-1} + f_{n-2}, f_{n-1}) = (f_{n-1}, f_{n-2}) \cdot F \quad \text{mit } F := \begin{pmatrix} 1 & 1 \\ 1 & 0 \end{pmatrix}.$$

Durch Iteration dieser Gleichung erhält man das folgenden Lemma:

Lemma 1.5 *Für $n \in \mathbb{N}$ mit $n \geq 2$ gilt $(f_n, f_{n-1}) = (f_2, f_1) \cdot F^{n-2}$.*

Beweis: Wieder beweisen wir das Lemma mit vollständiger Induktion über n.
Induktionsanfang ($n = 2$): Sei E_2 die 2×2-Einheitsmatrix, dann gilt

$$(f_2, f_1) = (f_2, f_1) \cdot E_2 = (f_2, f_1) \cdot F^0.$$

Induktionsschritt ($n - 1 \to n$): Es gilt für $n \geq 3$:

$$\begin{aligned}
(f_n, f_{n-1}) &\overset{\text{Def.}}{=} (f_{n-1}, f_{n-2}) \cdot F \\
&\overset{\text{I.V.}}{=} (f_2, f_1) \cdot F^{(n-1)-2} \cdot F \\
&= (f_2, f_1) \cdot F^{n-2}
\end{aligned}$$

Damit ist der Beweis abgeschlossen.   ∎

Damit können wir nun die n-te Fibonacci-Zahl schnell berechnen, wenn wir n-te Potenzen schnell berechnen können. Dafür wenden wir eine trickreiche Methode an, die wir der Einfachheit halber zunächst für die Potenzierung ganzer Zahlen vorstellen. Diese Methode ist als `gofer`-Definition in Bild 1.3 dargestellt, wobei $pot(a,n) = a^n = a^{\lfloor n/2 \rfloor} \cdot a^{\lfloor n/2 \rfloor} \cdot a^{n \bmod 2}$ berechnet. Man beachte hierbei, dass in `gofer` mit $n/2$ eigentlich $\lfloor n/2 \rfloor$ gemeint ist. Wie man leicht beweisen kann, folgt die Korrektheit des Algorithmus aus den Potenzgesetzen. Diese Methode für das Potenzieren wird oft auch *iteriertes Quadrieren* genannt.

```
pot :: Int -> Int -> Int
pot a n | n == 1 = a
        | even n = p*p   where p = pot a (n/2)
        | odd  n = a*p*p where p = pot a (n/2)
```

Bild 1.3: Iteriertes Quadrieren (gofer)

Wir wollen hier als Bemerkung festhalten, dass dieser Algorithmus beliebige ganzzahlige, positive Potenzen für beliebige Elemente einer gegebenen Halbgruppe $H = (M, \circ)$ (also einer Menge M mit einer assoziativen Verknüpfung $\circ$) berechnen kann. Damit lässt sich dieser Algorithmus auch für die Potenzierung von Matrizen einsetzen, da die Menge der $n \times n$ Matrizen mit der herkömmlichen Matrizenmultiplikation als assoziativer Verknüpfung eine Halbgruppe bildet.

Für die Analyse bezeichne $(n)_2$ die Binärdarstellung ohne führende Nullen von $n \in \mathbb{N}$. Für die Länge der Binärdarstellung ohne führende Nullen von n schreiben wir $\ell(n)$. Mit $\#_1(n)_2$ bezeichnen wir die Anzahl der Einsen in der Binärdarstellung von n. Zunächst beweisen wir folgende elementare Beziehung zwischen n und der Länge seiner Binärdarstellung ohne führende Nullen.

Lemma 1.6 *Sei $n \in \mathbb{N}$, dann ist $\ell(n) = \lfloor \log(n) \rfloor + 1 = \lceil \log(n+1) \rceil$.*

Wir weisen an dieser Stelle darauf hin, dass in diesem Buch alle Logarithmen zur Basis 2 zu verstehen sind. Sollte wirklich einmal ein anderer Logarithmus gemeint sein, so werden wir explizit darauf hinweisen, z.B. mit ln für den natürlichen Logarithmus zur Basis e oder lg für den Briggsschen Logarithmus zur Basis 10. Außerdem wird im Folgenden, wenn der Logarithmus als Funktion $\log : \mathbb{N}_0 \to \mathbb{R}$ aufgefasst wird, der Wert für 0 wie folgt definiert: $\log(0) := 0$.

Beweis: Sei $n \in \mathbb{N}$ und $k \in \mathbb{N}$, so dass $2^{k-1} \leq n < 2^k$. Wie man leicht sieht, ist die Länge der Binärdarstellung von n genau k. Aus $2^{k-1} \leq n$ folgt, dass $k-1 \leq \log(n)$. Da k ganzzahlig ist, folgt $k \leq \lfloor \log(n) \rfloor + 1$. Aus $n < 2^k$ folgt, dass $k > \log(n)$. Wegen der Ganzzahligkeit von k, impliziert dies nun, dass $k \geq \lfloor \log(n) \rfloor + 1$.

Den zweiten Teil der Behauptung beweist man analog, wobei man die Bedingung an k wie folgt schreibt: $2^{k-1} < n + 1 \leq 2^k$. ∎

Mit Hilfe der eben eingeführten Notationen können wir nun den folgenden Satz formulieren:

Theorem 1.7 *Die Funktion $pot(a, n)$ benötigt für $n \in \mathbb{N}$ genau $\ell(n) + \#_1(n)_2 - 2$ Multiplikationen und $\ell(n) - 1$ Divisionen durch 2.*

Beweis: Der Beweis wird durch vollständige Induktion über die Länge der Binärdarstellung ohne führende Nullen von n geführt.

Induktionsanfang ($k := \ell(n) = 1$): Also ist $n = 1$, da $0 \notin \mathbb{N}$. Damit behauptet der Satz, dass $\ell(1) + \#_1(1)_2 - 2 = 0$ Multiplikationen und $\ell(1) - 1 = 0$ Divisionen durch 2 benötigt werden, was offensichtlich richtig ist.

Induktionsschritt ($k \rightarrow k + 1$): Wir unterscheiden zwei Fälle, je nachdem, ob n gerade oder ungerade ist.

Fall 1: Sei n gerade und $k + 1 = \ell(n)$:

$$
\begin{aligned}
\text{Anzahl Mult. in } pot(a,n) \;&=\; 1 + \text{Anzahl Mult. in } pot(a, n/2) \\
&\qquad \text{da } \ell(n/2) = k \\
&\overset{\text{I.V.}}{=}\; 1 + \ell(n/2) + \#_1(n/2)_2 - 2 \\
&=\; 1 + (\ell(n) - 1) + \#_1(n)_2 - 2 \\
&=\; \ell(n) + \#_1(n)_2 - 2.
\end{aligned}
$$

Die dritte Zeile folgt aus der zweiten, da beim Halbieren einer geraden Zahl die Anzahl der Einsen in der Binärdarstellung unverändert bleibt.

Fall 2: Sei n ungerade und $k + 1 = \ell(n)$:

$$
\begin{aligned}
\text{Anzahl Mult. in } pot(a,n) \;&=\; 2 + \text{Anzahl Mult. in } pot(a, \lfloor n/2 \rfloor) \\
&\qquad \text{da } \ell(\lfloor n/2 \rfloor) = k \\
&\overset{\text{I.V.}}{=}\; 2 + \ell(\lfloor n/2 \rfloor) + \#_1(\lfloor n/2 \rfloor)_2 - 2 \\
&=\; 2 + (\ell(n) - 1) + (\#_1(n)_2 - 1) - 2 \\
&=\; \ell(n) + \#_1(n)_2 - 2.
\end{aligned}
$$

Die dritte Zeile folgt aus der zweiten, da beim Halbieren einer ungeraden Zahl die Anzahl der Einsen in der Binärdarstellung um eins abnimmt. Der Induktionsschritt für die Anzahl der Divisionen sei dem Leser überlassen. ∎

Theorem 1.8 *Die auf Matrizenmultiplikation beruhende Variante zur Berechnung der n-ten Fibonacci-Zahl benötigt $13\lfloor \log(n-2) \rfloor + 12\#_1(n-2)_2 - 10$ arithmetische Operationen (Additionen, Subtraktionen, Multiplikationen, Divisionen durch 2).*

Beweis: Für die Berechnung von F^{n-2} werden $\ell(n-2) + \#_1(n-2)_2 - 2$ Matrizenmultiplikationen und $\ell(n-2) - 1$ Divisionen durch 2 auf ganzen Zahlen benötigt. Da $\ell(n) = \lfloor \log(n) \rfloor + 1$ und da nach Definition der Matrizenmultiplikation für jede Matrizenmultiplikation acht Multiplikationen und vier Additionen ausreichend sind, benötigt die Berechnung von F^{n-2}

$$
12\big(\ell(n-2) + \#_1(n-2)_2 - 2\big) + \ell(n-2) - 1 = 13\lfloor \log(n-2) \rfloor + 12\#_1(n-2)_2 - 12
$$

Variante/Zeitbedarf	1ms	1s	1m	1h
rekursiv	≈ 14	≈ 28	≈ 37	≈ 45
iterativ	≈ 500	$\approx 5 \cdot 10^5$	$\approx 3 \cdot 10^7$	$\approx 2 \cdot 10^9$
iteriertes Quadrieren	$\approx 10^{12}$	$\approx 10^{12.000}$	$\approx 10^{700.000}$	$\approx 10^{10^6}$

Bild 1.4: Dauer der Berechnung von Fibonacci-Zahlen

arithmetische Operationen. Um die n-te Fibonacci-Zahl zu erhalten, muss diese Matrix jetzt nur noch von links mit dem Vektor $(1, 1)$ multipliziert werden. Dazu reicht es aus, die erste Spalte der resultierenden Matrix F^{n-2} zu addieren, also eine weitere Addition. Ferner benötigen wir noch eine Subtraktion, um zu Beginn $n - 2$ zu berechnen.   ∎

Damit benötigt die auf iteriertem Quadrieren beruhende Variante zur Berechnung der n-ten Fibonacci-Zahl nur „logarithmisch" in n viele arithmetische Operationen und ist damit für große n deutlich schneller als die anderen Varianten. Benötigt eine arithmetische Operation eine Mikrosekunde, lassen sich sogar für 1000-stellige Zahlen die entsprechenden Fibonacci-Zahlen im Bruchteil einer Sekunde berechnen.

Im Bild 1.4 ist angegeben, für welche Werte von n eine Berechnung der n-ten Fibonacci-Zahl gemäß der vorgestellten Varianten etwa eine Millisekunde, Sekunde, Minute bzw. Stunde benötigt, wenn man für die Dauer einer arithmetischen Operation eine Mikrosekunde annimmt.

Falls eine arithmetische Operation bereits in einer Nanosekunde ausgeführt werden kann, kann mit der rekursiven Variante in einer Sekunde nur f_{43} berechnet werden. Wir weisen an dieser Stelle eindringlich darauf hin, dass sich die Werte der Zahlen, für die die Fibonacci-Zahlen in einem vorgegebenen Zeitrahmen berechnet werden können, *nicht* um den gleichen Faktor erhöhen! Siehe dazu auch Aufgabe 1.4.

Wir wollen hier noch anmerken, dass die Annahme über die Dauer einer Operation nicht ganz realistisch ist, da beim Berechnen von Fibonacci-Zahlen sehr große Zahlen sowohl als Zwischen- als auch als Endergebnis auftreten. Es sollte klar sein, dass sich zwei 10-stellige Zahlen schneller addieren oder multiplizieren lassen als zwei 1000-stellige.

Abschließend wollen wir noch im Bild 1.5 die `gofer`-Definition für diese Variante der Fibonacci-Zahlen-Berechnung angeben. Da symmetrische Matrizen unter Matrizenmultiplikation abgeschlossen sind (d.h. das Produkt zweier symmetrischer Matrizen ist wieder symmetrisch), lässt sich diese `gofer`-Definition noch optimieren. Diese Variante ist im Anhang B ebenso wie die drei anderen vorgestellten Varianten angegeben, wobei hier der Ausgabetyp `Integer` durch einen selbstdefinierten Typ `Long` ersetzt wurde, da die Fibonacci-Zahlen ja sehr schnell den Bereich der in `gofer` darstellbaren `Integer`s verlassen.

```
        h :: Int -> (Int,Int,Int,Int)
        h n | n==1   = (1, 1,
                        1, 0)
            | even n = let (a,b,c,d)=h(n/2)
                      in ((a*a)+(b*c), (a*b)+(b*d),
                          (c*a)+(d*c), (c*b)+(d*d))
            | odd  n = let (a,b,c,d)=h(n/2)
                      in ((a*a)+(b*c)+(a*b)+(b*d), (a*a)+(b*c),
                          (c*a)+(d*c)+(c*b)+(d*d), (c*a)+(d*c)))
        fib3 :: Int -> Int
        fib3 n | n==1 || n==2 =1
               | n>2          = a+c where (a,b,c,d) = h (n-2)
```

Bild 1.5: Definition der Fibonacci-Zahlen durch iteriertes Quadrieren (`gofer`)

1.3 Grundlagen

In diesem Abschnitt wollen wir die grundlegenden Begriffe herausarbeiten, die
nötig sind, um Algorithmen möglichst maschinenunabhängig nach deren Rechenzeit und Platzbedarf einordnen zu können.

1.3.1 Registermaschine (RAM)

Eine *Registermaschine* (kurz *RAM* von engl. *Random Access Machine*) ist ein
idealisierter von Neumann-Rechner. Bild 1.6 zeigt schematisch den Aufbau einer
Registermaschine. Sie besteht aus einer unendlichen Anzahl von Registern, einem
ausgezeichneten Register (dem *Akkumulator*) und dem *Befehlszähler*. Diese können beliebige ganze Zahlen speichern. Die Register sind in natürlicher Weise von 0

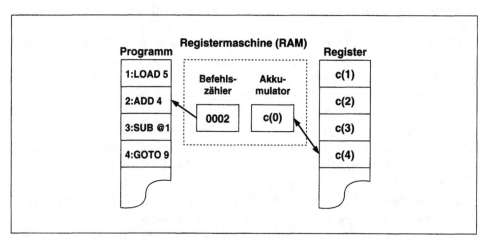

Bild 1.6: Die Registermaschine (Random Access Machine — RAM)

Befehl	Operand		
	$\#i$	i	$@i$
LOAD	$c(0):=i;\ b{+}{+}$	$c(0):=c(i);\ b{+}{+}$	$c(0):=c(c(i));\ b{+}{+}$
STORE	—	$c(i):=c(0);\ b{+}{+}$	$c(c(i)):=c(0);\ b{+}{+}$
ADD	$c(0):=c(0){+}i;\ b{+}{+}$	$c(0):=c(0){+}c(i);\ b{+}{+}$	$c(0):=c(0){+}c(c(i));\ b{+}{+}$
SUB	$c(0):=c(0){-}i;\ b{+}{+}$	$c(0):=c(0){-}c(i);\ b{+}{+}$	$c(0):=c(0){-}c(c(i));\ b{+}{+}$
SHIFT	—	$c(0):=\lfloor c(i)/2\rfloor;\ b{+}{+}$	$c(0):=\lfloor c(c(i))/2\rfloor;\ b{+}{+}$
ODD	—	$c(0):=c(i)\bmod 2;\ b{+}{+}$	$c(0):=c(c(i))\bmod 2;\ b{+}{+}$
GOTO	—	$b:=i$	—
IF $\circ$ 0 GOTO	—	$b:=i$, wenn $c(0)\circ 0$ $b{+}{+}$, sonst	—
END	Die Berechnung stoppt		
	Hierbei ist $\circ\in\{=,\neq,<,\leq,>,\geq\}$		

Bild 1.7: Wirkungsweise der Operationen einer Registermaschine

an aufsteigend mit den nichtnegativen ganzen Zahlen adressierbar. Dabei ist der Akkumulator das Register mit der Adresse 0. Den Inhalt von Register i bezeichnen wir im Folgenden mit $c(i)$ (von engl. content). Alle Register zusammen bilden den eigentlichen Speicher der Registermaschine.

Zusätzlich gibt es noch einen nur-lesbaren Speicher, in dem das auszuführende Programm abgespeichert ist. Im Programm sind die einzelnen Programmschritte ebenfalls mit den natürlichen Zahlen in fortlaufender Weise durchnummeriert. Zu Beginn der Berechnung wird der Inhalt des Befehlszählers, bezeichnet mit b, mit 1 initialisiert. Im Laufe der Berechnung zeigt der Befehlszähler die Nummer des aktuell ausgeführten Befehls an.

Die verfügbaren Befehle und deren Wirkungsweise sind im Bild 1.7 aufgelistet. Der Befehlssatz der Registermaschine ist ziemlich puritanisch, aber es sei hier bemerkt, dass sich alle berechenbaren Funktionen $f : \mathbb{Z}^m \to \mathbb{Z}^n$ als RAM-Programm kodieren lassen. Die Registermaschine kennt drei verschiedene Adressierungsarten: unmittelbare, direkte und indirekte Adressierung. Die *unmittelbare Adressierung* wird im RAM-Programm durch #<Zahl> ausgedrückt. Dabei wird die im Befehl angegebene Zahl <Zahl> unmittelbar als Operand verwendet. Bei der *direkten Adressierung* mittels <Zahl> wird als Operand der Inhalt des Registers <Zahl> (also $c($<Zahl>$)$) verwendet. Die Angabe @<Zahl> verweist auf eine *indirekte Adressierung*. Hierbei verweist die Zahl im Befehl auf das Register, in dem die Adresse des Registers steht, das den Operanden beinhaltet, d.h. der Operand der Operation ist $c(c($<Zahl>$))$.

Für ein RAM-Programm, die eine Funktion $f : \mathbb{Z}^m \to \mathbb{Z}^n$ berechnen soll, vereinbaren wir die folgende Konvention: Zu Beginn der Berechnung stehen die Eingabedaten in den ersten m aufeinander folgenden Registern 1 bis m. Das

Ergebnis befindet sich am Ende der Berechnung in den ersten n aufeinander folgenden Registern 1 bis n.

Man sollte sich an dieser Stelle davon überzeugen, dass sich jeder Algorithmus auf einer Registermaschine implementieren lässt. Wie man sich leicht vorstellen kann, ist es jedoch recht mühsam, RAM-Programme zu schreiben. Daher werden wir zwar die Registermaschine als Referenzmodell verwenden und auch die Zeit- und Platz-Komplexität in diesem Modell definieren, aber wir werden später nie explizit RAM-Programme angeben. Es sollte aber immer klar sein, wie sich ein gegebener Algorithmus in ein RAM-Programm konvertieren lässt und wie sich dabei die Anzahl der ausgeführten Operationen und die Anzahl der verwendeten Register in etwa verhält.

Eine Registermaschine bezeichnen wir als *randomisiert*, wenn sie bei ihrer Berechnung Zufallszahlen verwenden darf. Dazu erweitern wir die Registermaschine um einen Befehl RAND zu einer *randomisierten Registermaschine*. Die Operation RAND füllt den Akkumulator mit einer Zahl aus dem Intervall $[0 : m - 1]$, wobei jede Zahl des Intervalls gleich wahrscheinlich ist. Hierbei unterschlagen wir die Details, wie solche Zufallszahlen konkret aus einem gegebenen Intervall gleich verteilt ausgewählt werden können. Dabei wird m gemäß der verwendeten Adressierungsart aus dem Argument ermittelt. Hier und im Folgenden bezeichne für $a \leq b \in \mathbb{Z}$:

$$[a : b] := [a, b] \cap \mathbb{Z} = \{a, a + 1, \ldots, b - 1, b\}.$$

Zum Abschluss geben wir als kleines Beispiel ein RAM-Programm an, das zwei Zahlen in den Registern 1 und 2 multipliziert (siehe Bild 1.8). In den Zeilen 01-15

01:	LOAD 1	11:	SUB 1	21:	STORE 1
02:	IF ≥ 0 GOTO 16	12:	STORE 1	22:	LOAD 3
03:	STORE 3	13:	LOAD #0	23:	ADD 2
04:	LOAD 2	14:	SUB 2	24:	STORE 3
05:	STORE 1	15:	STORE 2	25:	GOTO18
06:	LOAD 3	16:	LOAD #0	26:	LOAD 3
07:	STORE 2	17:	STORE 3	27:	STORE 1
08:	LOAD 1	18:	LOAD 1	28:	END
09:	IF ≥ 0 GOTO 16	19:	IF $= 0$ GOTO 26		
10:	LOAD #0	20:	SUB #1		

Bild 1.8: Ein RAM-Programm zur Multiplikation zweier ganzer Zahlen

werden die Operanden zur Multiplikation vorbereitet, so dass im Register 1 ein positiver Operand steht. Dazu werden die Operanden eventuell vertauscht. Waren beide Operanden negativ, so werden sie beide von 0 subtrahiert, was gleichbedeutend damit ist, beide mit -1 zu multiplizieren. Die eigentliche Multiplikation findet durch fortgesetzte Addition in den Zeilen 16-25 statt. Zum Schluss wird in den Zeilen 26-27 das Ergebnis in das Register 1 kopiert.

01:	LOAD 1	08:	STORE 1	15:	ADD @1
02:	IF > 0 GOTO 6	09:	SUB #2	16:	STORE 2
03:	LOAD #0	10:	IF > 0 GOTO 14	17:	LOAD 1
04:	STORE 1	11:	LOAD 2	18:	SUB #1
05:	END	12:	STORE 1	19:	STORE 1
06:	LOAD 1	13:	END	20:	GOTO 9
07:	ADD #1	14:	LOAD 2		

Bild 1.9: Ein RAM-Programm zur Summation von n Zahlen

Wir wollen noch ein Beispiel vorstellen, um die Bedeutung der indirekten Adressierung zu verdeutlichen (siehe Bild 1.9). Es soll die Summe einer n-elementigen Folge $(a_1, \ldots, a_n)$ berechnet werden. Wir nehmen hierzu an, dass im Register 1 die Anzahl der Summanden steht, also n, und dass der i-te Summand a_i (für $i \in [1 : n]$) im Register $i + 1$ steht. In den Zeilen 1-5 testen wir ab, ob es überhaupt Summanden gibt, und berechnen das Ergebnis zu 0, falls nicht. In den Zeilen 6-13 wird festgestellt, ob es noch weitere Summanden gibt. Falls nicht, wird das bis dahin berechnete Zwischenergebnis im Register 2 gemäß unserer Konvention in das Register 1 kopiert. In den Zeilen 14-20 wird mit Hilfe der indirekten Adressierung jeweils ein weiterer Summand zu unserem Zwischenergebnis hinzuaddiert, das im Register 2 gespeichert wird. Dabei bilden wir eigentlich die folgende Summe $a_1 + a_n + a_{n-1} + \cdots + a_3 + a_2$, was allerdings wegen der Kommutativität und Assoziativität der Addition der ganzen Zahlen erlaubt ist.

1.3.2 Zeitkomplexität

Im Folgenden werden wir den Begriff „Komplexität" eines Algorithmus formalisieren. Hierunter fallen insbesondere drei Gesichtspunkte der Komplexität: Zeit-, Platz- und Beschreibungskomplexität eines Algorithmus. Zunächst einmal müssen wir uns über die Größe der Eingabe genauere Gedanken machen.

Definition 1.9 *Sei $x = (x_1, \ldots, x_m)$ eine Eingabe einer RAM, d.h. im Register i steht zu Beginn der Berechnung x_i. Die uniforme Größe der Eingabe x, bezeichnet mit $\|x\|_u$, ist die Anzahl der durch die Eingabe belegten Register, also m.*

Nun können wir die *Zeitkomplexität* von RAM-Programmen auf festen Eingaben definieren.

Definition 1.10 *Die uniforme Zeitkomplexität $T_M^u(x)$ einer RAM M auf der Eingabe x ist die Anzahl von Programmschritten, die M auf x ausführt.*

Befehl	Operand		
	$\#i$	i	$@i$
LOAD	$\ell(i)$	$\ell(i) + \ell(c(i))$	$\ell(i) + \ell(c(i)) + \ell(c(c(i)))$
STORE	—	$\ell(i) + \ell(c(0))$	$\ell(i) + \ell(c(i)) + \ell(c(0))$
ADD	$\ell(c(0)) + \ell(i)$	$\ell(c(0)) + \ell(i) + \ell(c(i))$	$\ell(c(0)) + \ell(i) + \ell(c(i)) + \ell(c(c(i)))$
SUB	$\ell(c(0)) + \ell(i)$	$\ell(c(0)) + \ell(i) + \ell(c(i))$	$\ell(c(0)) + \ell(i) + \ell(c(i)) + \ell(c(c(i)))$
RAND	$\ell(i)$	$\ell(i) + \ell(c(i))$	$\ell(i) + \ell(c(i)) + \ell(c(c(i)))$
SHIFT	—	$\ell(i) + \ell(c(i))$	$\ell(i) + \ell(c(i)) + \ell(c(c(i)))$
ODD	—	$\ell(i)$	$\ell(i) + \ell(c(i))$
GOTO	—	1	—
IF ∘ 0 GOTO	—	$\ell(c(0))$	—
END	1		
	$\ell(x) = \lfloor \log(|x|) \rfloor + 1$		

Bild 1.10: Logarithmische Kosten von RAM-Operationen

Hierbei wird implizit angenommen, dass jede Operation gleich lang dauert. Deshalb spricht man auch vom *uniformen Kostenmaß*. Bei den Berechnungen können natürlich beliebig große Zahlen in den Registern auftauchen. Von daher ist es unrealistisch anzunehmen, dass eine Addition von z.B. zwei 1000-stelligen Zahlen nur einen Rechenschritt kostet. Hierfür führt man das *logarithmische Kostenmaß* ein. Dabei werden die Operationen so gewichtet, dass die Kosten proportional zur Länge der Binärdarstellungen der auftretenden Zahlen sind.

Als Beispiel betrachten wir den Befehl ADD $@i$. Wiederum bezeichne $\ell(x)$ die Länge der Binärdarstellung ohne führende Nullen von x, also $\ell(x) = \lfloor \log(|x|) \rfloor + 1$, wobei wir hier der Einfachheit halber das Vorzeichen nicht berücksichtigen werden. Im logarithmischen Kostenmaß setzen wir die Kosten für diesen Befehl mit $\ell(c(0)) + \ell(i) + \ell(c(i)) + \ell(c(c(i)))$ fest, da alle Zahlen $c(0)$, i, $c(i)$ und $c(c(i))$ entweder zur Addition oder zum Registerzugriff der benötigten Summanden verwendet werden. Eine tabellarische Übersicht über die logarithmischen Kosten der RAM-Operationen findet man im Bild 1.10. Da bereits in der Eingabe sehr große Zahlen auftreten können, definieren wir auch die logarithmische Größe einer Eingabe.

Definition 1.11 *Sei $x = (x_1, \ldots, x_m)$ eine Eingabe einer RAM, d.h. im Register i steht vor der Berechnung x_i. Die logarithmische Größe der Eingabe x, bezeichnet mit $\|x\|_{\log}$, ist die Summe der Längen der Binärdarstellungen der x_i, also $\|x\|_{\log} = \sum_{i=1}^{m} \ell(x_i)$.*

Jetzt sind wir in der Lage, die logarithmische Zeitkomplexität eines RAM-Programms für eine feste Eingabe zu definieren.

Definition 1.12 *Die* logarithmische Zeitkomplexität $T_M^{\log}(x)$ *einer RAM M auf einer Eingabe x ist die Summe der logarithmischen Kosten der einzelnen Schritte, die M auf x ausführt.*

Damit können wir allgemein die Zeitkomplexität von RAM-Programmen für eine vorgegebene Eingabegröße definieren.

Definition 1.13 *Sei* $t : \mathbb{N} \to \mathbb{N}$ *eine Funktion. Eine RAM M heißt uniform bzw. logarithmisch $t(n)$-zeitbeschränkt, wenn für alle Eingaben x der Größe $n = \|x\|_u$ bzw. $n = \|x\|_{\log}$ die uniforme bzw. logarithmische Zeitkomplexität kleiner gleich $t(n)$ ist, also*

$$T_M^u(n) := \max\{T_M^u(x) : \|x\|_u = n\} \le t(n) \qquad bzw.$$
$$T_M^{\log}(n) := \max\{T_M^{\log}(x) : \|x\|_{\log} = n\} \le t(n).$$

Diese Definition gibt die Zeitkomplexität eines RAM-Programms in Abhängigkeit von der Eingabegröße im schlimmsten Falle an (engl. *worst-case*). Manchmal sind Algorithmen aber nur für sehr wenige Eingaben sehr langsam und für die meisten Eingaben sehr schnell. Hierfür ist das oben eingeführte Komplexitätsmaß eher ungeeignet. Deshalb führt man auch noch den Begriff der mittleren Zeitkomplexität (engl. *average-case*) ein, in der die Laufzeiten der einzelnen Eingaben gemäß einer Wahrscheinlichkeitsverteilung eingehen. Sei hierzu $\varphi_n(x)$ eine Wahrscheinlichkeitsverteilung über alle Eingaben x der Größe n (je nach Kontext uniform oder logarithmisch), d.h. $\sum_{x:\|x\|=n} \varphi_n(x) = 1$ und $\varphi_n(x) \ge 0$ für alle x mit $\|x\| = n$.

Damit können wir die mittlere Zeitkomplexität eines RAM-Programms für feste Eingabegrößen definieren.

Definition 1.14 *Sei* $\Phi = \{\varphi_n : n \in \mathbb{N}\}$ *eine Familie von Wahrscheinlichkeitsverteilungen und sei $t : \mathbb{N} \to \mathbb{N}$ eine Funktion. Eine RAM M heißt im Mittel uniform bzw. logarithmisch $t(n)$-zeitbeschränkt, wenn*

$$\bar{T}_{M,\Phi}^u(n) := \sum_{x:\|x\|_u=n} \varphi_n(x) \cdot T_M^u(x) \le t(n) \qquad bzw.$$
$$\bar{T}_{M,\Phi}^{\log}(n) := \sum_{x:\|x\|_{\log}=n} \varphi_n(x) \cdot T_M^{\log}(x) \le t(n).$$

Bei Programmen die oft sehr schnell und nur auf wenigen Eingaben lange laufen, ist dies meist sinnvoller. Jedoch bildet die mittlere Laufzeit keine obere Schranke für die Dauer einer Berechnung mehr, sondern gibt nur einen Anhaltspunkt, wie lange es im Mittel dauern wird.

In der Regel wird man meist für die Familie $\Phi = \{\varphi_n\}$ annehmen, dass jedes Mitglied φ_n die Gleichverteilung auf den Eingaben der Größe n ist, da im Allgemeinen keine sinnvollen Aussagen über eine Verteilung der Eingaben gemacht werden können. Wenn man im konkreten Fall vernünftigere Aussagen über die zugrunde liegende Verteilung machen kann, wird man die Verteilung natürlich entsprechend wählen. Allerdings ist für andere Verteilungen als die Gleichverteilung die Analyse der mittleren Zeitkomplexität in der Regel nur schwer durchführbar.

Für randomisierte RAM-Programme sind die Laufzeiten $T_M^{\mathrm{u}}(n)$ bzw. $T_M^{\log}(n)$ als erwartete Laufzeiten zu interpretieren.

Definition 1.15 *Die erwartete uniforme bzw. logarithmische Zeitkomplexität einer randomisierten RAM M auf der Eingabe x, bezeichnet mit $\hat{T}_M^{\mathrm{u}}(x)$ bzw. $\hat{T}_M^{\log}(x)$, ist die erwartete Anzahl von Programmschritten, die M auf x ausführt, bzw. die erwartete Summe der logarithmischen Kosten der einzelnen Schritte, die M auf x ausführt.*

Damit erhalten wir folgende Definition der Zeitkomplexität für randomisierte RAM-Programme bei vorgegebener Eingabegröße.

Definition 1.16 *Sei $t : \mathbb{N} \to \mathbb{N}$ eine Funktion. Eine randomisierte RAM M heißt uniform bzw. logarithmisch $t(n)$-erwartet-zeitbeschränkt, wenn für alle Eingaben x der Größe $n = \|x\|_{\mathrm{u}}$ bzw. $n = \|x\|_{\log}$ die erwartete uniforme bzw. logarithmische Zeitkomplexität kleiner gleich $t(n)$ ist, also*

$$\hat{T}_M^{\mathrm{u}}(n) := \max\{\hat{T}_M^{\mathrm{u}}(x) : \|x\|_{\mathrm{u}} = n\} \leq t(n) \qquad bzw.$$
$$\hat{T}_M^{\log}(n) := \max\{\hat{T}_M^{\log}(x) : \|x\|_{\log} = n\} \leq t(n).$$

Wir haben nun die Zeitkomplexität für RAM-Programme eingeführt. Wie wir bereits erwähnt haben, werden wir allerdings nie konkrete RAM-Programme aufschreiben. Wie messen wir dann den Zeitbedarf unserer Algorithmen? Wie bei der Analyse zur Berechnung von Fibonacci-Zahlen werden wir bei der Analyse der Algorithmen hierfür charakteristische Operationen zählen.

Dies ist für qualitative Vergleiche ausreichend, wenn die Laufzeit im Wesentlichen proportional zu den gezählten Operationen ist. Bei der Analyse der Berechnung der Fibonacci-Zahlen war dies erfüllt, da wir dort bei der Analyse nur die Kosten für rekursive Aufrufe vernachlässigt haben. Da aber jeder rekursive Aufruf mindestens eine arithmetische Operation voraussetzte, war dies zulässig.

Außerdem werden wir oft das uniforme Kostenmaß verwenden, selbst wenn eigentlich das logarithmische Kostenmaß angebrachter wäre. Diese Vorgehensweise ist zulässig, wenn bei fast allen gezählten Operationen die involvierten Zahlen in etwa dieselbe Größe haben. In diesem Fall müssten wir für eine korrekte

Analyse unser Ergebnis noch mit dieser Größe multiplizieren. Für Vergleiche von Algorithmen können wir dies jedoch vernachlässigen, wenn beide Algorithmen mit etwa derselben Größenordnung von Zahlen arbeiten.

Wir merken noch an, dass wir bei der Analyse der Berechnung der Fibonacci-Zahlen nicht ganz korrekt waren. Wir hatten hier implizit angenommen, dass alle Operationen auf Zahlen derselben Größenordnung operierten, was offensichtlich falsch ist. Dies gilt allerdings nur für Implementierungen, die mit natürlichen Zahlen beliebiger Größe arbeiten. Die im Anhang B vorgestellte Implementierung verwendet jedoch nur eine näherungsweise Darstellung natürlicher Zahlen mittels $m \cdot 10^e$, wobei $m \in [0, 1)$ nur auf acht Dezimalstellen genau wiedergegeben wird. Für diese Repräsentation ist unsere Analyse korrekt, da jede Operation auf zwei so dargestellten „natürlichen Zahlen" nur konstanten Zeitbedarf hat.

1.3.3 Platzkomplexität

Ein weiteres wichtiges Komplexitätsmaß ist die *Platzkomplexität*: diese misst den Speicherplatzbedarf einer Berechnung eines RAM-Algorithmus. Ein erster Ansatz ist es, einfach die Anzahl der verwendeten Register eines RAM-Programms zu wählen.

Definition 1.17 *Die* uniforme Platzkomplexität $S_M^u(x)$ *einer RAM M auf der Eingabe x ist die Anzahl von Registern, die M bei der Berechnung auf x benutzt.*

Im Gegensatz zur uniformen Zeitkomplexität ist die Definition der uniformen Platzkomplexität nicht sonderlich nützlich, da man zeigen kann, dass sich alle berechenbaren Funktionen $f : \mathbb{N} \to \mathbb{N}$ mit nur zwei Registern (und dem Akkumulator) berechnen lassen (siehe Komplexitätstheorie, Stichwort Zählermaschinen (engl. counter machines)). Mit Hilfe einer geeigneten Kodierung können die Inhalte beliebig vieler Register in einem Register untergebracht werden. Die dort gespeicherte Zahl wird natürlich astronomisch groß. Mit Hilfe einiger weiterer Register können die Inhalte eines gesuchten Registers mit Hilfe arithmetischer Operationen berechnet werden, ohne die anderen kodierten Registerinhalte zu verändern. Die Details seien dem Leser als Knobelaufgabe überlassen.

Nun definieren wir die wesentlich bedeutendere logarithmische Platzkomplexität für eine feste Eingabe.

Definition 1.18 *Die* logarithmische Platzkomplexität $S_M^{\log}(x)$ *einer RAM M auf der Eingabe x ist*

$$\sum_{i=0}^{\infty} \max\{\ell(j) : j \text{ kommt in der Berechnung von M auf x in Register i vor}\}.$$

Hierbei gelte die folgende Definition max$\{\}$:= 0. Der Satz „*j kommt in der Berechnung von M auf x in Register i vor*" bedeutet, dass die Zahl j bei einer Berechnung von M auf x irgendwann einmal im Register i gestanden hat. Damit können wir allgemein die Platzkomplexität von RAM-Programmen definieren.

Definition 1.19 *Sei $s : \mathbb{N} \to \mathbb{N}$ eine Funktion. Eine RAM M heißt (logarithmisch) $s(n)$-platzbeschränkt, wenn für alle Eingaben x der Größe $n = \|x\|_{\log}$ die logarithmische Platzkomplexität kleiner gleich $s(n)$ ist, also*

$$S_M^{\log}(n) := \max\{S_M^{\log}(x) : \|x\|_{\log} = n\} \leq s(n).$$

Wenn aus dem Programm ersichtlich ist, welches die größte in einem Register gespeicherte Zahl ist, dann verwendet man aus Bequemlichkeit doch sehr oft die uniforme Platzkomplexität. Diese Vorgehensweise wird dadurch gerechtfertigt, dass man dann die logarithmische Platzkomplexität durch die uniforme multipliziert mit der Länge der Binärdarstellung der größten auftretenden Zahl abschätzen kann. Dies kann in vielen Analysen die Bestimmung der logarithmischen Platzkomplexität sehr viel einfacher machen.

Analog wie bei der Zeitkomplexität kann man die mittlere Platzkomplexität von RAM-Programmen definieren.

Definition 1.20 *Sei $\Phi = \{\varphi_n : n \in \mathbb{N}\}$ eine Familie von Wahrscheinlichkeitsverteilungen und sei $s : \mathbb{N} \to \mathbb{N}$ eine Funktion. Eine RAM M heißt im Mittel (logarithmisch) $s(n)$-platzbeschränkt, wenn*

$$\bar{S}_{M,\Phi}^{\log}(n) := \sum_{x : \|x\|_{\log} = n} \varphi_n(x) \cdot S_M^{\log}(x) \leq s(n).$$

Nun definieren wir noch die erwartete Platzkomplexität einer randomisierten RAM für eine konkrete Eingabe.

Definition 1.21 *Die erwartete (logarithmische) Platzkomplexität einer randomisierten RAM M auf der Eingabe x, bezeichnet mit $\hat{S}_M^{\log}(x)$, ist der Erwartungswert der folgenden Summe*

$$\sum_{i=0}^{\infty} \max\{\ell(j) : j \text{ kommt in der Berechnung von M auf x in Register i vor}\}.$$

Somit erhalten wir noch die folgende Definition für die erwartete Platzkomplexität für eine vorgegebene Eingabegröße.

Definition 1.22 *Sei* $s : \mathbb{N} \to \mathbb{N}$ *eine Funktion. Eine randomisierte RAM M heißt (logarithmisch)* $s(n)$*-erwartet-platzbeschränkt, wenn für alle Eingaben* x *der Größe* $n = \|x\|_{\log}$ *die erwartete logarithmische Platzkomplexität kleiner gleich* $s(n)$ *ist, also*

$$\hat{S}_M^{\log}(n) := \max\{\hat{S}_M^{\log}(x) : \|x\|_{\log} = n\} \leq s(n).$$

1.3.4 Beschreibungskomplexität

Ein für dieses Buch nicht so wichtiges Komplexitätsmaß sei nur der Vollständigkeit halber erwähnt: die *Beschreibungskomplexität*. Diese misst die Komplexität des Programms selbst und wird daher als die Anzahl der Instruktionen des RAM-Programms definiert.

Natürlich ist man in der Regel an besonders kurzen Programmen, d.h. an Programmen mit besonders kleiner Beschreibungskomplexität, interessiert. Dies trifft insbesondere für Programme zu, die auf Rechnern mit sehr geringem Programmspeicher arbeiten müssen, wie etwa Smartcards.

Oft sind Implementierungen von ein und demselben Algorithmus mit weniger Befehlen schwerer verständlich als Programme mit mehr Befehlen. Im Hinblick auf die Wartbarkeit und Verifikation von Programmen wird dann oft einem größerem Programm gegenüber einem kleineren der Vorzug gegeben.

Wie wir im Folgenden sehen werden, treibt der Entwurf schneller bzw. speicherplatzsparender Algorithmen nicht selten dessen Größe nach oben.

1.3.5 Landausche Symbole

Wie wir bereits gesehen haben, sind genaue Abschätzungen der Zeit- und Platzkomplexität nicht ganz einfach und zum Teil auch gar nicht durchführbar. Daher werden wir uns bei Angaben von Zeit- und Platzkomplexitätsschranken oft mit asymptotischen Abschätzungen zufrieden geben.

Erinnern wir uns an die Anzahl arithmetischer Operationen bei der dritten Variante zur Berechnung der n-ten Fibonacci-Zahl (basierend auf dem iterierten Quadrieren von Matrizen). Wir hatten hierfür eine obere Schranke der Form $c \cdot \log(n)$ für eine „Konstante" c herausbekommen. Die Ermittlung des genauen Wertes der „Konstanten" c war mühselig und hing auch noch von der Anzahl der Einsen in der Binärdarstellung von $n-2$ ab. Daher werden wir bei der Analyse von Algorithmen nicht so genau auf die Proportionalitätskonstanten achten (sofern diese nicht „zu groß" werden, was immer das auch im Einzelfall bedeuten mag).

Bei der Analyse von Algorithmen werden wir daher die Komplexität meist mit Hilfe der *Landauschen Symbole* (auch *Groß-O-Notation* genannt) angeben. Diese verschleiern die genauen Größen dieser Proportionalitätskonstanten. Die asymptotischen Resultate sind jedoch für einen qualitativen Vergleich von Algorithmen im Allgemeinen aussagekräftig genug.

Sei im Folgenden $f : \mathbb{N} \to \mathbb{R}_+$ eine Funktion ($\mathbb{R}_+$ bezeichne die nichtnegativen reellen Zahlen). Dann sind die Landauschen Symbole wie folgt definiert:

$$O(f) \; := \; \{ g : \mathbb{N} \to \mathbb{R}_+ \; : \; \exists c \in \mathbb{R}.c > 0, \; n_0 \in \mathbb{N} \colon \forall n \in \mathbb{N}.n \geq n_0 \colon g(n) \leq c \cdot f(n) \},$$

$$\Omega(f) \; := \; \{ g : \mathbb{N} \to \mathbb{R}_+ \; : \; \exists c \in \mathbb{R}.c > 0, \; n_0 \in \mathbb{N} \colon \forall n \in \mathbb{N}.n \geq n_0 \colon g(n) \geq c \cdot f(n) \},$$

$$\Omega_\infty(f) \; := \; \{ g : \mathbb{N} \to \mathbb{R}_+ \; : \; \exists c \in \mathbb{R}.c > 0 \colon \forall m \in \mathbb{N} \colon \exists n \in \mathbb{N}.n > m \colon g(n) \geq c \cdot f(n) \},$$

$$\Theta(f) \; := \; \{ g : \mathbb{N} \to \mathbb{R}_+ \; : \; g \in O(f) \wedge g \in \Omega(f) \} \;\; = \;\; O(f) \cap \Omega(f),$$

$$o(f) \; := \; \left\{ g : \mathbb{N} \to \mathbb{R}_+ \; : \; \lim_{n \to \infty} \frac{g(n)}{f(n)} = 0 \right\},$$

$$\omega(f) \; := \; \left\{ g : \mathbb{N} \to \mathbb{R}_+ \; : \; \lim_{n \to \infty} \frac{f(n)}{g(n)} = 0 \right\}.$$

In der Informatik schreibt man im Zusammenhang mit den Landauschen Symbolen oft = anstatt von $\in$, also z.B. $g = O(f)$ statt $g \in O(f)$. In der Regel wird aus dem Zusammenhang klar, was eigentlich gemeint ist. Bei dieser Schreibweise muss man allerdings etwas aufpassen, da = im Allgemeinen eine symmetrische Relation bezeichnet. Bei den Landauschen Symbolen macht $O(f) = g$ wenig Sinn und sollte deshalb auch vermieden werden. Besonders aufpassen muss man auch bei folgender Schreibweise $f = O(g) = O(h)$, wobei $f \in O(g) \subseteq O(h)$ und damit $f \in O(h)$ gemeint ist. Dabei könnte man meinen, dass damit auch $O(g) = O(h)$ behauptet wird, was aber meist nicht der Fall ist und oft auch nicht gilt.

Betrachtet man Funktionen $f, g : \mathbb{N} \to \mathbb{R}$, so schreibt man $g = O(f)$, wenn $|g| = O(|f|)$ gilt, wobei hier $|f| : \mathbb{N} \to \mathbb{R}_+ : x \mapsto |f(x)|$ für $f : \mathbb{N} \to \mathbb{R}$ ist. Dies gilt analog auch für die anderen Landauschen Symbole.

Für das Folgende ist es wichtig, ein Gefühl dafür zu bekommen, welche Beziehungen bezüglich der Landauschen Symbole für zwei vorgegebene Funktionen $f, g : \mathbb{N} \to \mathbb{N}$ gelten. Dazu betrachten wir zunächst ein paar Beispiele und elementare Rechenregeln.

1. $\forall k, \ell \in \mathbb{N}.k > \ell \colon \quad n^\ell = o(n^k)$:

   Weil $\quad \lim\limits_{n \to \infty} \dfrac{n^\ell}{n^k} = \lim\limits_{n \to \infty} n^{\ell - k} = 0.$

2. $\forall k, \ell \in \mathbb{N}.k > \ell \colon \quad n^k + n^\ell = \Theta(n^k)$:

   Weil $\quad n^k + n^\ell \leq 2 \cdot n^k, \quad$ gilt $\quad n^k + n^\ell = O(n^k).$

   Und weil $\quad n^k + n^\ell \geq n^k, \quad$ gilt $\quad n^k + n^\ell = \Omega(n^k).$

3. Sei $p(n) \geq 0$ ein Polynom vom Grad k, dann gilt $p \in \Theta(n^k)$:

Sei also $p(n) = \sum_{i=0}^{k} a_i n^i$ mit $a_k > 0$. Mit $a := \max\{|a_0/a_k|, \ldots, |a_{k-1}/a_k|\}$ können wir $p(n)$ für $n \geq 2$ wie folgt nach unten abschätzen:

$$p(n) = a_k n^k \left(1 + \sum_{i=0}^{k-1} \frac{a_i}{a_k} n^{i-k}\right) \geq a_k n^k \left(1 + \sum_{i=0}^{k-1} \frac{-a}{n^{k-i}}\right)$$

$$= a_k n^k \left(1 - a \sum_{i=1}^{k} \frac{1}{n^i}\right)$$

mit Hilfe der geometrischen Reihe $\sum_{i=\ell}^{k} x^i = \frac{x^{k+1} - x^\ell}{x - 1}$

$$= a_k n^k \left(1 - a \frac{\frac{1}{n^{k+1}} - \frac{1}{n}}{\frac{1}{n} - 1}\right) = a_k n^k \left(1 - a \frac{\frac{1}{n^k} - 1}{1 - n}\right)$$

$$\geq a_k n^k \left(1 - a \frac{1}{n-1}\right) \geq a_k n^k \left(1 - \frac{a}{n/2}\right).$$

Daher erhalten wir mit $c := a_k/2 > 0$ für alle $n \geq 4a + 2$, dass

$$p(n) \geq a_k n^k \left(1 - \frac{a}{n/2}\right) \geq a_k n^k \left(1 - \frac{a}{2a}\right) = c n^k.$$

Somit ist $p \in \Omega(n^k)$.

Auf der anderen Seite gilt offensichtlich mit $c := \max\{a_0, \ldots, a_k\} \geq 0$ für alle $n \in \mathbb{N}$ mit $n \geq 2$:

$$p(n) = \sum_{i=0}^{k} a_i n^i \leq c \sum_{i=0}^{k} n^i$$

mit Hilfe der geometrischen Reihe $\sum_{i=\ell}^{k} x^i = \frac{x^{k+1} - x^\ell}{x - 1}$

$$= c \frac{n^{k+1} - 1}{n - 1}$$

aus $n \geq 2$ folgt, dass $n - 1 \geq n/2$

$$\leq c \frac{n^{k+1}}{n/2} = 2c \cdot n^k.$$

Damit ist $p \in O(n^k)$.

4. $\forall k \in \mathbb{N}: \quad n^k = o(2^n)$:

Dies gilt, weil $\lim_{n \to \infty} \frac{n^k}{2^n} = \lim_{n \to \infty} \frac{2^{k \log(n)}}{2^n} = \lim_{n \to \infty} 2^{k \log(n) - n} = 0$.

Es bleibt nur zu zeigen, dass $n - k \log(n) \to \infty$ für $n \to \infty$. Es gilt:

$$\forall n \in \mathbb{N}, \ell \in \mathbb{N}: \quad \ln(n) \leq \frac{n}{\ell} + \ell. \tag{1.1}$$

Damit erhalten wir für $\ell = 4k$ mit (1.1):

$$\lim_{n \to \infty} \underbrace{(n - k \log(n))}_{= \frac{\ln(n)}{\ln(2)} \leq 2 \ln(n)} \geq \lim_{n \to \infty} \left(n - 2k \left(\frac{n}{4k} + 4k\right)\right) = \lim_{n \to \infty} \left(\frac{n}{2} - 8k^2\right) = \infty.$$

Wir müssen nur noch (1.1) zeigen. Für $n = \ell$ gilt (1.1) offensichtlich, da $\ln(\ell) < 1 + \ell$. Da für alle $x \in \mathbb{R}$ mit $x > \ell$

$$\frac{\partial}{\partial x} \ln(x) = \frac{1}{x} < \frac{1}{\ell} = \frac{\partial}{\partial x} \left(\frac{x}{\ell} + \ell\right),$$

gilt (1.1) für $n \geq \ell$.

Für $n \leq \ell$ ist aber sicherlich $\ln(n) < n \leq \ell \leq \frac{n}{\ell} + \ell$. Also gilt (1.1) auch für $n \leq \ell$.

5. $\forall k \in \mathbb{N} : \forall \varepsilon \in \mathbb{R}. \varepsilon > 0 : \quad \log^k(n) = o(n^\varepsilon)$:

Übungsaufgabe (ähnlich wie 4.).

6. $\forall n \in \mathbb{N} : \quad 2^n = o(2^{2n})$:

Weil $\quad \lim\limits_{n \to \infty} \dfrac{2^n}{2^{2n}} = \lim\limits_{n \to \infty} 2^{-n} = 0.$

7. $f = O(g) \Leftrightarrow g = \Omega(f)$ und $f = o(g) \Leftrightarrow g = \omega(f)$:

Folgt unmittelbar aus der Definition.

8. $f = \Omega(g) \Rightarrow f = \Omega_\infty(g)$:

Folgt unmittelbar aus der Definition.

9. $f = \Omega_\infty(g) \not\Rightarrow f = \Omega(g)$:

Wähle $f = 1 + (1 + (-1)^n)n^2$ und $g(n) = n$.

10. $f = \mathcal{O}(g) \wedge g = \mathcal{O}(h) \Rightarrow f = \mathcal{O}(h) \quad$ für $\mathcal{O} \in \{O, \Omega, \Theta, o, \omega\}$:

Die Landauschen Symbole sind also transitiv. Diese Beobachtung folgt ebenfalls unmittelbar aus den Definitionen.

11. $f = \Omega_\infty(g) \wedge g = \Omega_\infty(h) \not\Rightarrow f = \Omega_\infty(h)$:

Wähle hierzu die Funktionen $f(n) = 1 + (1 + (-1)^n)n$, $g(n) = n$, und $h(n) = n + (1 + (-1)^n)n^2 = n \cdot f(n)$.

12. $f_1 = O(g) \wedge f_2 = O(g) \Rightarrow f_1 + f_2 \in O(g)$:

Nach Definition gilt für $i \in [1:2]$:

$$\exists c_i \in \mathbb{R}.c_i > 0, n_i \in \mathbb{N} : \forall n \in \mathbb{N}.n \geq n_i : f_i(n) \leq c_i \cdot g(n).$$

Also gilt mit $c := c_1 + c_2$ und $n_0 := \max\{n_1, n_2\}$:

$$\forall n_0 \leq n \in \mathbb{N} : f_1(n) + f_2(n) \leq c \cdot g(n).$$

Analoge Beziehungen gelten auch für Ω, Θ, o und ω.

13. Wenn g nur endlich viele Nullstellen hat, dann gilt:

$$f = O(g) \quad \Leftrightarrow \quad \exists c \in \mathbb{R}.c > 0 : \quad \limsup_{n \to \infty} \frac{f(n)}{g(n)} \leq c.$$

14. Wenn g nur endlich viele Nullstellen hat, dann gilt:

$$f = \Omega(g) \quad \Leftrightarrow \quad \exists c \in \mathbb{R}.c > 0 : \quad \liminf_{n \to \infty} \frac{f(n)}{g(n)} \geq c.$$

Nun führen wir noch ein paar abkürzende Sprechweisen ein, um das Wachstum von Funktionen zu beschreiben. Sei hierzu $f : \mathbb{N} \to \mathbb{N}$. Wir sagen f

- ist *konstant*, wenn $f(n) = \Theta(1)$;

- wächst *logarithmisch*, wenn $f(n) = O(\log(n))$;

- wächst *polylogarithmisch*, wenn $f(n) = O(\log^k(n))$ für ein $k \in \mathbb{N}$;

- wächst *linear*, wenn $f(n) = O(n)$;

- wächst *quadratisch*, wenn $f(n) = O(n^2)$;

- wächst *polynomiell*, wenn $f(n) = O(n^k)$ für ein $k \in \mathbb{N}$;

- wächst *superpolynomiell*, wenn $f(n) = \omega(n^k)$ für alle $k \in \mathbb{N}$;

- wächst *subexponentiell*, wenn $f(n) = o(2^{cn})$ für alle $0 < c \in \mathbb{R}$;

- wächst *exponentiell*, wenn $f(n) = O(2^{cn})$ für ein $0 < c \in \mathbb{R}$.

In der Regel fordert man für die obigen Sprechweisen auch, dass neben O auch Ω bzw. zumindest Ω_∞ gelten soll. Dass heißt, dass eine Funktion f logarithmisch wächst, wenn $f(n) = O(\log(n))$ und $f(n) = \Omega(\log(n))$ bzw. $f(n) = \Omega_\infty(\log(n))$ gilt.

Man beachte ferner, dass für Abschätzung mit den Landauschen Symbolen eine als konstant bezeichnete Funktion nicht im mathematischen Sinne konstant sein muss. Sie ist nur bis auf konstante Faktoren durch eine im mathematischen Sinne konstante Funktion von oben und unten beschränkt. Im Allgemeinen sind nach dieser Namenskonvention auch lineare, exponentielle bzw. die anderen angegebenen Funktionen nicht notwendigerweise monoton wachsend.

1.4   Übungsaufgaben

Aufgabe 1.1° Seien $a, b \in \mathbb{N}$ und die Folge $(g_n)_{n \in \mathbb{N}}$ wie folgt definiert:

$$g_1 = a, \quad g_2 = b, \quad g_n = g_{n-1} + g_{n-2} \quad \text{für } n \geq 2.$$

Zeigen Sie, dass $g_n = a \cdot f_n + (b-a) \cdot f_{n-1}$ gilt, wobei $(f_n)_{n \in \mathbb{N}}$ die Fibonacci-Zahlen sind und $f_0 := 0$.

Aufgabe 1.2° Seien $\mathcal{A}$ und $\mathcal{B}$ zwei Algorithmen, die dasselbe Problem lösen. Für Eingaben mit Eingabegröße n benötigt Algorithmus $\mathcal{A}$ zur Lösung $500 \cdot n^2 - 16 \cdot n$ Elementaroperationen und Algorithmus $\mathcal{B}$ $\frac{1}{2} \cdot n^3 + \frac{11}{2} \cdot n + 7$ Elementaroperationen.

   a) Wenn Sie das Problem für eine Eingabe der Eingabegröße 256 lösen wollen, welchen Algorithmus würden Sie wählen?

   b) Wenn Sie das Problem für Eingaben lösen wollen, deren Eingabegröße immer mindestens 1024 ist, welchen Algorithmus würden Sie wählen?

Aufgabe 1.3° Sei SUPERCOMPUTER ein leistungsfähiger Rechner, der in einer Sekunde 1.000 Elementaroperationen ausführen kann. Für ein bestimmtes Problem seien fünf verschiedene Algorithmen verfügbar. Hierbei benötigt der i-te Algorithmus bei einer Eingabe der Eingabegröße n genau $T_i(n)$ Elementaroperationen, wobei

$$
\begin{aligned}
T_1(n) &= 500 \cdot n, \\
T_2(n) &= 50 \cdot n \log(n), \\
T_3(n) &= n^2, \\
T_4(n) &= \frac{3}{1.000} \cdot n^3, \\
T_5(n) &= \frac{3^n}{10.000}
\end{aligned}
$$

ist. Vervollständigen Sie die folgende Tabelle, in der die Eingabegrößen angegeben sind, für die der i-te Algorithmus auf dem SUPERCOMPUTER (ziemlich) genau eine Sekunde, eine Minute, eine Stunde, einen Tag bzw. einen Monat Rechenzeit benötigt.

	$1s$	$1m = 60s$	$1h = 3.600s$	$1d \approx 86.400s$	$1M \approx 2.592.000s$
T_1	2				
T_2			≈ 5763		
T_3					
T_4					
T_5		≈ 18			

Aufgabe 1.4$^+$ Sei HYPERCOMPUTER eine neue Weiterentwicklung von SUPER-COMPUTER aus Aufgabe 1.3, die um den Faktor 10 schneller ist, also 10.000 $\cdot$ Elementaroperationen pro Sekunde ausführen kann.

Um wie viel kann man die Eingabegröße für die fünf verschiedenen Algorithmen aus Aufgabe 1.2 gegenüber SUPERCOMPUTER erhöhen, wenn man dieselbe Rechenzeit zur Verfügung hat?

Aufgabe 1.5° Geben Sie ein RAM-Programm an, das bei Eingabe von $a \in \mathbb{Z}$ und $n \in \mathbb{N}$ a^n berechnet.

Aufgabe 1.6° Geben Sie ein RAM-Programm an, das bei Eingabe von $n \in \mathbb{N}$ die n-te Fibonacci-Zahl f_n berechnet.

Aufgabe 1.7$^+$ Geben Sie ein RAM-Programm an, das bei Eingabe von $x \in \mathbb{N}$ und $y \in \mathbb{N}$ das Produkt $x \cdot y$ effizienter berechnet als das im Bild 1.8 angegebene RAM-Programm.

Hinweis: $(\mathbb{N}, +)$ ist eine Halbgruppe.

Aufgabe 1.8$^+$ Geben Sie ein RAM-Programm an, das bei Eingabe von $x \in \mathbb{N}$ und $y \in \mathbb{N}$ das Ergebnis der ganzzahligen Division mit Rest von x durch y berechnet (d.h. sowohl x div y als auch x mod y berechnet).

Aufgabe 1.9$^+$ Gegeben sei eine Registermaschine mit Eingabe $x = (x_1, \ldots, x_n)$, wobei im Register 1 die Anzahl der Argumente abgespeichert ist, also $x_1 = n$.

Geben Sie ein RAM-Programm an, welches die Registerinhalte um ein Register nach hinten verschiebt, also $c(i+1) \leftarrow c(i) = x_i$ für alle $i \in [1:n]$. Beachten Sie hierbei, dass n variabel ist.

Aufgabe 1.10$^+$ Sei z eine n-stellige Binärzahl, wobei hier führende Nullen explizit erlaubt sind. Betrachten Sie die Schulmethode, um z um eins zu erhöhen.

a) Wie viele Stellen müssen maximal (worst-case) inspiziert werden?

b) Wie viele Stellen müssen im Mittel (average-case) inspiziert werden, wobei angenommen wird, dass alle n-stelligen Binärzahlen mit führenden Nullen gleich wahrscheinlich sind?

Aufgabe 1.11$^+$ Seien $a, b, c, d \in [1 : 2^k - 1]$ für ein fest gewähltes $k \in \mathbb{N}$. Zeigen Sie, wie man $a \cdot b$ und $c \cdot d$ aus dem Ergebnis einer einzigen Multiplikation ablesen kann. Shifts sind dabei erlaubt und verursachen keine Kosten.

Aufgabe 1.12$^+$ Vergleichen Sie das Wachstumsverhalten der folgenden Funktionen (von $\mathbb{N} \to \mathbb{R}$) mit Hilfe der Landauschen Symbole o, O, Θ:

1)	$n \log(n)$	6)	$n^{\log\log(n)}$
2)	$n^2 \log(n)$	7)	$n^3 \lvert \cos(n\pi/2) \rvert$
3)	n	8)	$n^{3/4}(\log(n))^4$
4)	$n \log\log(n)$	9)	$n \log^2(n)$
5)	2^n	10)	$n \cdot \sqrt{n}$

Hinweis: Nutzen Sie die Transitivität der Landauschen Symbole o, O, Θ aus.

Aufgabe 1.13° Beweisen Sie die geschlossene Formel der geometrischen Summe, d.h. das für $x \neq 1$ gilt:

$$\sum_{i=\ell}^{k} x^i = \frac{x^{k+1} - x^\ell}{x - 1}.$$

Aufgabe 1.14° Seien $f_i, g_i : \mathbb{N} \to \mathbb{R}_+$ für $i \in [1 : 2]$ vier Funktionen, wobei gilt $f_i = O(g_i)$. Gilt $f_1 + f_2 = O(g_1 + g_2)$?

Aufgabe 1.15$^+$ Gilt $f = O(2^n) \Leftrightarrow f = 2^{O(n)}$?

Aufgabe 1.16$^+$ Gilt $f = 2^{\Theta(n)} \Rightarrow f = \Theta(2^n)$?

Aufgabe 1.17$^+$ Zeigen Sie: $\forall k \in \mathbb{N} : \forall \varepsilon \in \mathbb{R}.\varepsilon > 0 : \log^k(n) = o(n^\varepsilon)$.

Aufgabe 1.18* Versuchen Sie, die folgenden Funktionen mit Hilfe der Θ-Notation möglichst einfach darzustellen:

$$f_1(n) = \sum_{i=1}^{n} \frac{1}{i}, \qquad f_2(n) = \sum_{i=1}^{n} \frac{1}{i^2}, \qquad f_3(n) = \log(n!),$$

$$f_4(n) = (\log(n))^{\frac{\log(n)}{\log(\log(n))}} \qquad f_5(n) = 8^{\lg \lg(n)}.$$

Aufgabe 1.19$^+$ Geben Sie zwei Funktionen $f, g : \mathbb{N} \to \mathbb{N}$ an, so dass weder $f = O(g)$ noch $f = \Omega(g)$ gilt.

Aufgabe 1.20$^+$ Gegeben sei folgender Induktionsbeweis für $\sum_{i=1}^{n} i = O(n)$.

Induktionsanfang ($n = 1$): Es gilt für alle $c \geq 1$: $\sum_{i=1}^{1} i = 1 \leq c$.

Induktionsschritt ($n - 1 \to n$): Es gilt für $c \geq 1$:

$$\sum_{i=1}^{n} i = \sum_{i=1}^{n-1} i + n \overset{I.V.}{=} c \cdot n + n = (c+1) \cdot n \in O(n).$$

Was ist an diesem Beweis falsch?

Sortieren 2

2.1 Einfache Sortieralgorithmen

Sortieren ist eines der am häufigsten auftauchenden und am besten untersuchten Probleme in der Informatik. Dennoch tauchen immer wieder Verbesserungen von Algorithmen auf, die man überhaupt nicht erwartet hatte. In diesem Abschnitt wollen wir zunächst einige einfache Sortieralgorithmen vorstellen, um das Problem besser verstehen zu können.

2.1.1 Relationen, Ordnungen und Sortierungen

Zunächst einmal wollen wir das Problem des Sortierens genauer formulieren. Dazu wiederholen wir erst noch einige grundlegende Definitionen.

Definition 2.1 *Eine* binäre Relation R *auf einer Menge M ist eine Menge von geordneten Paaren aus M, d.h. $R \subseteq M \times M$. Eine binäre Relation R auf M heißt*

- reflexiv, *wenn $(x,x) \in R$ für alle $x \in M$*

- symmetrisch, *wenn mit $(x,y) \in R$ auch $(y,x) \in R$;*

- antisymmetrisch, *wenn für alle $x,y \in M$ aus $(x,y) \in R$ und $(y,x) \in R$ folgt, dass $x = y$.*

- transitiv, *wenn aus $(x,y) \in R$ und $(y,z) \in R$ folgt, dass $(x,z) \in R$ ist.*

Nun kommen wir zu speziellen Relationen, die die Basis für das Sortieren bilden.

Definition 2.2 *Eine Relation R auf einer Menge M ist eine* Ordnung, *wenn R reflexiv, antisymmetrisch und transitiv ist. Eine Ordnung R auf einer Menge M heißt* total, *wenn für alle $x,y \in M$ entweder $(x,y) \in R$ oder $(y,x) \in R$ ist. Eine nichttotale Ordnung heißt* partielle Ordnung.

Oft bezeichnen wir eine totale Ordnung kurz als Ordnung. Für eine Ordnung R auf einer Menge M schreiben wir im folgenden statt $(x,y) \in R$ kürzer $x \leq y$ bzw. $y \geq x$. Mit $x < y$ bzw. $x > y$ ist $x \leq y$ bzw. $x \geq y$ und $x \neq y$ gemeint.

Gegeben sei eine Liste von n Datensätzen D_i, wobei jeder Datensatz einen Schlüssel k_i besitzt. Dabei ist auf der Menge aller möglichen Schlüssel eine totale Ordnung $\leq$ definiert. Eine solche Liste von Datensätzen heißt *sortiert*, wenn die

Datensätze gemäß einer Permutation $\pi \in S(n)$ wie folgt vorliegen

$$D_{\pi^{-1}(1)}, D_{\pi^{-1}(2)}, \ldots, D_{\pi^{-1}(n)},$$

wobei die entsprechenden Schlüssel eine, bezüglich der totalen Ordnung $\leq$, aufsteigende bzw. absteigende Folge bilden. Das heißt, es gilt für diese Permutation π auf $[1:n]$, dass:

$$k_{\pi^{-1}(1)} \leq \cdots \leq k_{\pi^{-1}(n)} \quad \text{bzw.} \quad k_{\pi^{-1}(1)} \geq \cdots \geq k_{\pi^{-1}(n)}.$$

Im ersten Fall nennen wir die Folge aufsteigend, im zweiten Fall absteigend sortiert. Die Permutation π gibt dabei an, dass der i-te Datensatz an die $\pi(i)$-te Stelle gehört. Umgekehrt steht in der sortierten Liste an Position i das i-te kleinste Element, das in der ursprünglichen Liste an Position $\pi^{-1}(i)$ stand.

Ein Sortierverfahren heißt *stabil*, wenn Datensätze mit gleichem Schlüssel ihre ursprüngliche Reihenfolge beibehalten. Das heißt, wenn für eine Folge von zu sortierenden Datensätzen $D_1, \ldots, D_n$ respektive ihrer zu sortierenden Schlüsseln $k_1, \ldots, k_n$ für alle $i < j \in [1:n]$ mit $k_i = k_j$ gilt, dass $\pi(i) < \pi(j)$.

Wir nehmen außerdem an, dass zu jeder totalen Ordnung $\leq$ immer eine Vergleichsfunktion `compare` gegeben ist. Diese vergleicht zwei Schlüssel x und y bezüglich der totalen Ordnung $\leq$ und liefert als Ergebnis -1, 0 oder $+1$, je nachdem, ob $x < y$, $x = y$ oder $x > y$ ist.

In den folgenden Analysen werden wir die Komplexität eines Sortieralgorithmus immer in der Anzahl der Vergleiche angeben, da alle anderen Operationen meist linear durch die Anzahl der erforderlichen Vergleiche beschränkt sind. Wir werden explizit darauf hinweisen, wo dies nicht der Fall ist.

Wir haben hier noch nichts darüber ausgesagt, wie die Datensätze abgespeichert sind bzw. wie wir darauf zugreifen können. Eine Möglichkeit ist, dass wir auf die Datensätze nur sequentiell zugreifen können. Dies bedeutet, dass die Folge z.B. in Form einer linearen Liste abgespeichert ist. Andererseits können die Datensätze auch so gegeben sein, dass wir direkt auf jeden Datensatz zugreifen können. Dies bedeutet, dass die Datensätze z.B. in Form eines Feldes abgespeichert sind. Für die asymptotische Analyse spielt es keine Rolle, in welcher Form die zu sortierenden Daten vorliegen, da die eine in die andere Form in linearer Zeit reorganisiert werden kann.

Wir wollen an dieser Stelle nur kurz darauf hinweisen, dass es im Hinblick auf die Rechenzeit sinnvoll ist, nie einen Datensatz selbst zu kopieren. Es werden immer nur die Referenzen (also Zeiger) auf diese Datensätze umkopiert. Bei größeren Datensätzen erspart uns dies einen Großteil der Arbeit, da es natürlich wesentlich effizienter ist, einen Zeiger, repräsentiert durch wenige Bytes, zu kopieren als einen ganzen Datensatz mit eventuell mehreren tausend Bytes.

Im Rest dieses Abschnittes wollen wir zwei einfache Sortieralgorithmen vorstellen. Der einfacheren Beschreibung der Algorithmen wegen nehmen wir an, dass die Schlüssel ganze Zahlen sind und dass jeder Datensatz nur aus seinem Schlüssel besteht. Die Verallgemeinerung auf komplexere Datensätze mit beliebigen total geordneten Schlüsseln ist sehr einfach. Die Daten werden im Folgenden immer aufsteigend sortiert.

2.1.2 Sortieren durch Auswahl

Der wohl einfachste Sortieralgorithmus ist der durch Auswahl. Während des Sortiervorgangs stellen wir uns die Datensätze in zwei Teile aufgeteilt vor: einen bereits aufsteigend sortierten Bereich und einen unsortierten Bereich. Zusätzlich nehmen wir an, dass kein Schlüssel im sortierten Bereich größer als ein Schlüssel im unsortierten Bereich ist.

Zu Beginn befinden sich alle Daten im unsortierten Bereich. Wir bestimmen nun in jedem Schritt das kleinste Element im unsortierten Bereich und fügen es an das Ende des sortierten Bereiches an. Da der angefügte Schlüssel nach Voraussetzung mindestens so groß ist wie jeder Schlüssel des bereits sortierten Bereiches, vergrößert sich der sortierte Bereich um dieses Element. Da der hinzugefügte Schlüssel ein kleinster aus dem unsortierten Bereich war, gilt auch weiterhin, dass kein Schlüssel aus dem sortierten Bereich größer als ein Schlüssel aus dem unsortierten Bereich ist. Eine Veranschaulichung dieses Algorithmus, der *Selectionsort* genannt wird, findet man im Bild 2.1.

Diese Beschreibung ist noch recht informell, erläutert aber ziemlich genau, wie der Algorithmus vorgeht. Für eine Implementierung müssen wir uns nur noch überlegen, wie wir das kleinste Element einer Menge bestimmen. Wir wählen zunächst irgendein Element aus der Menge als aktuelles Element aus. Dann vergleichen wir jeweils das aktuelle Element mit einem beliebigen Element, das bislang noch in keinem Vergleich beteiligt war. Wir behalten dann jeweils das kleinere der beiden als aktuelles Element. Wenn es keine unverglichenen Elemente mehr gibt, ist unser aktuelles Element das gesuchte Minimum.

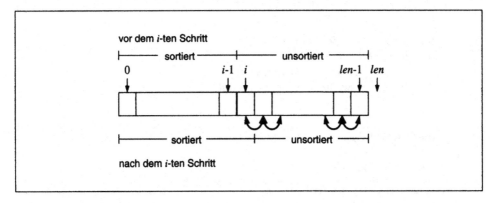

Bild 2.1: Schematische Darstellung von Selectionsort

```
selectionSort :: [Int] -> [Int]
selectionSort [] = []
selectionSort ul = let (m,l)=select(ul)
                   in m:selectionSort(l)


select :: [Int] -> (Int,[Int])
select [e]    = (e,[])
select (u:ul) = let (m,l)=select ul
                in if (u<=m) then (u,m:l)
                             else (m,u:l)
```

Bild 2.2: Sortieren durch Auswahl (gofer)

Ausgehend von dieser Beschreibung lassen sich recht einfach Implementierungen sowohl auf Listen wie auch auf Feldern angeben. Für die Minimumbe-
stimmung durchlaufen wir von rechts nach links den unsortierten Bereich und
betrachten dabei jeweils die beiden linkesten Elemente. Durch eine Vertauschung
sorgen wir dafür, dass dann das kleinere der beiden Elemente links steht. Dann
befindet sich das kleinstes Element der bereits abgearbeiteten Teilfeldes (bzw.
der abgearbeiteten Teilfolge) an dessen linkem Ende. Im Bild 2.2 findet man die
Implementierung mit Listen als gofer-Definition und im Bild 2.3 mit Feldern in
einer C-ähnlicher Syntax. Wir merken noch an, dass die beiden hier angegebenen
Implementierungen stabil sind.

Kommen wir nun zur Analyse von Selectionsort. Wir bezeichnen hierzu mit
$V_{\text{Sel}}(n)$ die Anzahl der benötigten Vergleiche, wenn die Eingabe aus n Datensätzen
besteht. Wir wählen also hier (und auch im Rest dieses Kapitels) das uniforme
Kostenmaß.

Zunächst einmal überlegen wir uns, wie viele Vergleiche benötigt werden, um
das Minimum aus einer Menge von n Elementen zu bestimmen. Mit der oben

SELECTIONSORT (int $array[]$, int len)
{
    for (int $i = 0$; $i < len$; i++)
        for (int $j = len - 1$; $j > i$; j−−)
            if ($array[j - 1] > array[j]$)
                swap($array[j - 1]$, $array[j]$);
}

swap(int& a, int& b)
{
    int $temp = a$; $a = b$; $b = temp$;
}

Bild 2.3: Sortieren durch Auswahl

beschriebenen Strategie sind $n - 1$ Vergleiche ausreichend, da die Anzahl der Vergleiche um eines weniger als die Anzahl der Elemente ist. Es sind auch mindestens $n - 1$ Vergleiche nötig. Sonst hätten wir das gewählte Minimum mit mindestens einem Element nicht verglichen (direkt oder indirekt durch die Transitivität), und wir könnten uns nicht sicher sein, das Minimum gewählt zu haben. Der ausführliche Beweis hierfür sei dem Leser als Übungsaufgabe überlassen.

Mit dieser Vorüberlegung und der informellen Beschreibung bzw. den beiden Implementierungen können wir nun den Algorithmus analysieren. Betrachten wir die Phase, in der wir das Minimum bestimmen, um einen Schlüssel an Position $i \in [0 : n-1]$ einzufügen. Dabei bestimmen wir das Minimum aus $n-i$ Schlüsseln, wozu nach obiger Bemerkung $n - i - 1$ Vergleiche ausreichen. Damit gilt für alle Phasen:

$$V_{\text{Sel}}(n) = \sum_{i=0}^{n-1}(n - i - 1) = \sum_{i=1}^{n}(n - i)$$

Umdrehen der Summationsreihenfolge

$$= \sum_{i=0}^{n-1} i$$

Gaußsche Summe

$$= \frac{n(n - 1)}{2} = \binom{n}{2} = \Theta(n^2).$$

Damit haben wir das folgende Theorem bewiesen.

Theorem 2.3 *Selectionsort benötigt zum Sortieren von n Elementen genau $\binom{n}{2}$ Vergleiche.*

2.1.3 Sortieren durch Einfügen

Sehr ähnlich wie das Sortieren durch Auswahl funktioniert das Sortieren durch Einfügen, genannt *Insertionsort*. Wieder stellen wir uns während des Sortiervorgangs die Datensätze in zwei Teile aufgeteilt vor: einen sortierten und einen unsortierten Teil. Zu Beginn befinden sich alle Elemente im unsortierten Teil.

Nun wählen wir ein beliebiges Element aus dem unsortierten Bereich und fügen dieses in den bereits sortierten Bereich ein. Dabei lassen wir das einzusortierende Element von links nach rechts durch den bereits sortierten Bereich wandern, bis wir die Stelle gefunden haben, wo das Element eingefügt werden kann. In der Listendarstellung können wir dieses Element nun einfach einfügen, bei der Felddarstellung müssen wir hingegen den hinteren bereits sortierten Teil als Ganzes im Feld nach hinten schieben. Eine Veranschaulichung dieses Algorithmus ist im Bild 2.4 gegeben.

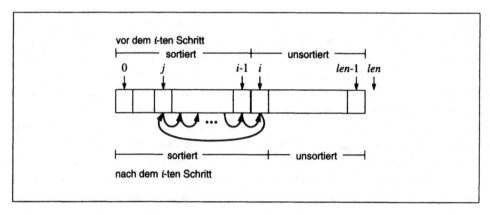

Bild 2.4: Schematische Darstellung von Insertionsort

Wiederum lassen sich aus dieser informellen Beschreibung recht rasch Algorithmen gewinnen, die entweder auf Listen oder Feldern arbeiten. Im Bild 2.5 findet man die Implementierung für Listen als `gofer`-Definition und im Bild 2.6 für Felder in C-ähnlicher Syntax. Hierbei wählen wir der einfacheren Implementierung wegen immer das erste Element des unsortierten Teilfeldes als einzufügendes Element aus. Auch hier kann man sich leicht davon überzeugen, dass die angegebenen Implementierungen stabil sind.

Für die Analyse des Algorithmus bezeichne $V_{\text{Ins}}(n)$ die maximale Anzahl der benötigten Vergleiche, wenn die Eingabe aus n Datensätzen besteht. Zunächst stellen wir fest, dass m Vergleiche ausreichen, um ein Element in eine Liste aus m sortierten Elementen einzufügen. Dies ist diesmal nur eine obere Schranke, denn unter günstigen Bedingungen reicht ein Vergleich bereits aus.

Betrachten wir die Phase, in der das Element an Position $i \in [0 : n-1]$ in den bereits sortierten Bereich einsortiert wird. Der bereits sortierte Bereich besteht aus i Elementen und es genügen daher i Vergleiche. Damit gilt für alle Phasen:

$$V_{\text{Ins}}(n) \leq \sum_{i=0}^{n-1} i = \frac{n(n-1)}{2} = \binom{n}{2} = O(n^2).$$

```
insertionSort :: [Int]->[Int]
insertionSort []       = []
insertionSort (e:us) = insert e (insertionSort us)

insert :: Int -> [Int] -> [Int]
insert e []       = [e]
insert e (s:sl) | e>s  = s:(insert e sl)
                | e<=s = e:(s:sl)
```

Bild 2.5: Sortieren durch Einfügen (`gofer`)

```
INSERTIONSORT (int array[], int len)
{
    for (int i = 1; i < len; i++)
        right_shift(array, LinearSearch(array[], i, array[i]), i);
}

int LinearSearch(int array[], int len, int elt)
{
    int j = 0;
    while (j < len && array[j] ≤ elt) j++;
    return j;
}

right_shift(int array[], int ℓ, int r)
{
    int k = array[r];
    for (int j = r; j > ℓ; j−−) array[j] = array[j − 1];
    array[ℓ] = k;
}
```

Bild 2.6: Sortieren durch Einfügen

Somit benötigt Insertionsort im schlimmsten Falle höchstens so viele Vergleiche wie Selectionsort.

Theorem 2.4 *Insertionsort benötigt zum Sortieren von n Elementen maximal $\binom{n}{2}$ Vergleiche.*

2.1.4 Verbessertes Sortieren durch Einfügen

Man kann sich beim Einfügen auch etwas geschickter anstellen, indem man die Sortierung der Liste besser ausnutzt. Analog wie beim Telefonbuch kann man durch gezieltes Suchen die Anzahl der Vergleiche deutlich reduzieren. Dies funktioniert allerdings nur, wenn man direkten Zugriff auf die Schlüssel hat, also die Daten in einem Feld abgespeichert sind.

Man vergleicht das Element mit dem mittleren Element und je nachdem, ob das gesuchte Element größer oder kleiner als das mittlere Element gewesen ist, sucht man in der rechten oder linken Hälfte weiter. Dieses Verfahren wird *binäre Suche* genannt.

Wir bestimmen nun für die binäre Suche die Anzahl der benötigten Vergleiche. Beginnen wir mit $n \in [2^{k-1} : 2^k - 1]$ Elementen und vergleichen das gesuchte Element mit dem mittleren, so müssen wir im schlimmsten Fall noch in einer Menge mit höchstens $\lceil \frac{(2^k-1)-1}{2} \rceil = 2^{k-1} - 1$ Elementen und mindestens $\lceil \frac{2^{k-1}-1}{2} \rceil = 2^{k-2}$ Elementen weitersuchen. Ist $k = 1$ so müssen wir nur noch in einer einelemen-

```
BINARYSEARCH (int array[], int len, int elt)
{     /* search in [ℓ : r − 1] */
      int ℓ = 0, r = len;
      for (int pos = (ℓ + r)/2; ℓ < r; pos = (ℓ + r)/2)
          if (elt ≥ array[pos]) ℓ = pos + 1;
          else r = pos;
      return ℓ;
}
```

Bild 2.7: Binäre Suche

tigen Menge suchen, wozu offensichtlich ein Vergleich ausreicht. Da zu Beginn $k = \lceil \log(n + 1) \rceil$ ist, benötigen wir insgesamt maximal $\lceil \log(n + 1) \rceil$ Vergleiche. Aus dieser Argumentation erhalten wir das folgende Lemma.

Lemma 2.5 *In einem sortierten Feld der Länge n benötigt die binäre Suche maximal $\lceil \log(n + 1) \rceil$ Vergleiche, um die Einfügeposition zu bestimmen.*

Eine Implementierung dieser Strategie findet man im Bild 2.7. Ersetzen wir im Algorithmus für Insertionsort den Aufruf von `LinearSearch` durch `BinarySearch` und berücksichtigen wir, dass bei Insertionsort die binäre Suche nur auf Feldern der Länge maximal $n - 1$ ausgeführt wird, so erhalten wir das folgende Theorem.

Theorem 2.6 *Der auf der binären Suche basierende Insertionsort benötigt zum Sortieren von n Elementen maximal $n \lceil \log(n) \rceil$ Vergleiche.*

Damit benötigt diese Variante deutlich weniger Vergleiche als Selectionsort oder Insertionsort mit linearer Suche. Leider sind beim Einfügen eines Elementes in einen sortierten Teilbereich der Länge n eines Feldes im schlimmsten Fall immer noch n Verschiebeoperationen notwendig. Man kann zeigen, dass im schlimmsten Fall (und auch im Durchschnitt!) bei Insertionsort insgesamt immer noch quadratisch viele Verschiebungen (mittels `right_shift`) von Elementen nötig sind. Daher bringt uns die sehr gute Anzahl von Vergleichen bezüglich der Rechenzeit leider nichts ein.

2.2 Mergesort

Eine der wohl ältesten Sortiermethoden ist das Sortieren durch Mischen. Die Idee für diesen Sortieralgorithmus basiert auf der Tatsache, dass es recht einfach ist, zwei sortierte Folgen in eine sortierte Folge zu mischen. Hier beschreiben wir zunächst die einfacher vorstellbare rekursive Variante und anschließend die robustere iterative Variante.

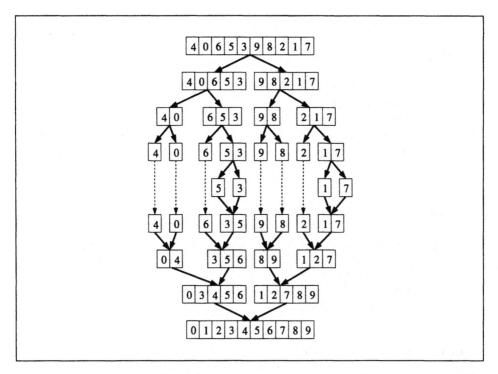

Bild 2.8: Ablauf des rekursiven Mergesort auf der Folge (4,0,6,5,3,9,8,2,1,7)

2.2.1 Rekursiver Mergesort

Wie wir schon oben bemerkt haben, ist es recht einfach, zwei sortierte Folgen
in eine sortierte Folge zu mischen. Wir vergleichen von beiden Folgen jeweils die
beiden kleinsten Elemente und hängen das kleinere von beiden an die bereits
gemischte Folge an. Somit kombinieren wir reißverschlussartig zwei sortierte zu
einer sortierten Folge.

Was ist aber zu tun, wenn man eine ungeordnete und nicht zwei sortierte
Folgen hat? Man teilt die unsortierte Folge in zwei Hälften auf, sortiert diese
rekursiv mit demselben Verfahren, und mischt die so erhaltenen sortierten Folgen
in eine neue. Dabei muss man nur berücksichtigen, dass Folgen der Länge eins
bereits trivialerweise sortiert sind. Eine Illustration eines Ablaufes des rekursiven
Mergesorts auf 10 Elementen ist im Bild 2.8 gegeben.

Damit erhält man den im Bild 2.9 angegebenen Algorithmus. Hier wird das
gegebene Feld a unter Zuhilfenahme des Feldes b sortiert. Beim Mischen (merge)
steht die linke Folge auf den Positionen $[\ell : m - 1]$ und die rechte Folge auf den
Positionen $[m : r - 1]$ des Feldes a. Nach dem Mischen steht die sortierte Folge
allerdings im Feld b und muss mit Hilfe der Prozedur copy wieder in das Feld a
zurückkopiert werden. Hierfür wird ein zusätzliches Feld derselben Größe wie das

```
MergeSort (int a[], int b[], int ℓ, int r)
{
    if (ℓ < r − 1)
    {
        int m = (ℓ + r)/2;
        MergeSort(a, b, ℓ, m);
        MergeSort(a, b, m, r);
        merge(a, b, ℓ, m, r);
        copy(b, a, ℓ, r);
    }
}

merge(int a[], int b[], int ℓ, int m, int r)
{
    for (int i = ℓ, int j = m, int k = ℓ; k < r; k++)
        if ((j ≥ r) || ((i < m) && (a[i] ≤ a[j])))
            b[k] = a[i++];
        else
            b[k] = a[j++];
}

copy(int b[], int a[], int ℓ, int r)
{
    for (int i = ℓ; i < r; i++)
        a[i] = b[i];
}
```

Bild 2.9: Rekursiver Mergesort

zu sortierende benötigt. Wir merken bereits an dieser Stelle an, dass es recht schwierig ist, zwei sortierte Folgen mit wenig zusätzlichem Platz zu mischen.

Insertionsort ist im Prinzip auch eine Art Mergesort. Hier wird eine Folge der Länge n in eine der Länge $n − 1$ und eine der Länge 1 aufgeteilt, wobei dann das eine Element in die lange Folge gemischt wird. Wie wir später sehen werden, wird das geschicktere Aufteilen einen effizienteren Algorithmus liefern. Auch der rekursive Mergesort ist aufgrund des angegebenen Mischverfahrens stabil.

2.2.2 Analyse des rekursiven Mergesort

Zuerst überlegen wir uns, wie viele Vergleiche benötigt werden, um eine n-elementige Folge und eine m-elementige Folge zu mischen. In jedem Schritt werden die jeweils kleinsten Schlüssel miteinander verglichen und der kleinere von beiden an die neue, sortierte Folge angehängt. Für jeden ausgeführten Vergleich nimmt die Anzahl der Elemente in den verbleibenden zu mischenden Folgen um eins ab. Ist nur noch ein Element übrig, so ist offensichtlich kein Vergleich mehr nötig. Somit sind maximal $n + m - 1$ Vergleiche ausreichend. Für die Analyse des rekursiven Mergesorts ergibt sich somit die folgende Rekursionsgleichung für die maximale Anzahl von Vergleichen:

$$V_{\text{Merge}}^{\text{rek}}(n) = V_{\text{Merge}}^{\text{rek}}\left(\left\lceil\frac{n}{2}\right\rceil\right) + V_{\text{Merge}}^{\text{rek}}\left(\left\lfloor\frac{n}{2}\right\rfloor\right) + n - 1 \quad \text{für } n \geq 2,$$

$$V_{\text{Merge}}^{\text{rek}}(1) = 0.$$

Dabei haben wir ausgenutzt, dass einelementige Folgen sortiert sind.

Die Lösung dieser Rekursionsgleichung wird durch die Gauß-Klammer doch erheblich erschwert. Aus diesem Grunde betrachten wir die Rekursionsgleichung nicht über $\mathbb{N}$, sondern über $\mathbb{R}$ und nutzen aus, dass $\lfloor n/2 \rfloor \leq \lceil n/2 \rceil \leq \frac{n+1}{2}$. Wir betrachten daher die folgende Rekursionsgleichung:

$$W(x) = 2 \cdot W\left(\frac{x+1}{2}\right) + x - 1 \quad \text{für } x \in [2, \infty),$$

$$W(x) = 0 \quad \text{für } x \in [1, 2).$$

Hierbei bezeichne wie in der Analysis üblich $[a, b) = \{x \in \mathbb{R} : a \leq x < b\}$. Wir zeigen zunächst einmal, dass $V_{\text{Merge}}^{\text{rek}}(n) \leq W(n)$ ist und es somit zulässig ist, sich auf W zu beschränken.

Lemma 2.7 *Für alle $n \in \mathbb{N}$ und $\varepsilon \geq 0$ gilt: $V_{\text{Merge}}^{\text{rek}}(n) \leq W(n + \varepsilon)$.*

Beweis: Wir beweisen die Behauptung mit vollständiger Induktion über n:

Induktionsanfang ($n = 1$): Wie man leicht sieht, ist $W(x) \geq 0$ für alle $x \geq 1$. Damit ist $W(1 + \varepsilon) \geq 0 = V_{\text{Merge}}^{\text{rek}}(1)$ für alle $\varepsilon \geq 0$.

Induktionsschritt ($\rightarrow n$): Wir unterscheiden zwei Fälle, je nachdem, ob n gerade oder ungerade ist.

Fall 1: Sei also n zunächst gerade und somit $n \geq 2$:

$$\begin{aligned}
W(n + \varepsilon) &= 2 \cdot W\left(\frac{n + \varepsilon + 1}{2}\right) + n + \varepsilon - 1 \\
&= 2 \cdot W\left(\frac{n}{2} + \frac{\varepsilon + 1}{2}\right) + n + \varepsilon - 1 \\
&\quad \text{da } \frac{n}{2} \leq n - 1 \text{ und } \frac{\varepsilon + 1}{2} \geq 0 \\
&\overset{\text{I.V.}}{\geq} 2 \cdot V_{\text{Merge}}^{\text{rek}}\left(\frac{n}{2}\right) + n + \varepsilon - 1 \\
&\quad \text{da } n \text{ gerade und somit } \frac{n}{2} = \left\lfloor\frac{n}{2}\right\rfloor = \left\lceil\frac{n}{2}\right\rceil \\
&= V_{\text{Merge}}^{\text{rek}}\left(\left\lceil\frac{n}{2}\right\rceil\right) + V_{\text{Merge}}^{\text{rek}}\left(\left\lfloor\frac{n}{2}\right\rfloor\right) + n - 1 + \varepsilon
\end{aligned}$$

$$\begin{aligned} &= \quad V_{\text{Merge}}^{\text{rek}}(n) + \varepsilon \\ &\geq \quad V_{\text{Merge}}^{\text{rek}}(n). \end{aligned}$$

Fall 2: Sei also n nun ungerade und somit $n \geq 3$:

$$\begin{aligned} W(n + \varepsilon) \;&=\; 2 \cdot W\left(\frac{n + \varepsilon + 1}{2}\right) + n + \varepsilon - 1 \\[2mm] &=\; W\left(\frac{n+1}{2} + \frac{\varepsilon}{2}\right) + W\left(\frac{n-1}{2} + \frac{2+\varepsilon}{2}\right) + n + \varepsilon - 1 \\[2mm] &\quad \text{da } \tfrac{n-1}{2} < \tfrac{n+1}{2} \leq n - 1 \text{ und } \tfrac{2+\varepsilon}{2} > \tfrac{\varepsilon}{2} \geq 0 \\[2mm] &\overset{\text{I.V.}}{\geq}\; V_{\text{Merge}}^{\text{rek}}\left(\frac{n+1}{2}\right) + V_{\text{Merge}}^{\text{rek}}\left(\frac{n-1}{2}\right) + n + \varepsilon - 1 \\[2mm] &\quad \text{da } n \text{ ungerade und somit } \tfrac{n+1}{2} = \lceil \tfrac{n}{2} \rceil \text{ sowie } \tfrac{n-1}{2} = \lfloor \tfrac{n}{2} \rfloor \\[2mm] &=\; V_{\text{Merge}}^{\text{rek}}\left(\left\lceil \frac{n}{2} \right\rceil\right) + V_{\text{Merge}}^{\text{rek}}\left(\left\lfloor \frac{n}{2} \right\rfloor\right) + n - 1 + \varepsilon \\[2mm] &=\; V_{\text{Merge}}^{\text{rek}}(n) + \varepsilon \\[2mm] &\geq\; V_{\text{Merge}}^{\text{rek}}(n). \end{aligned}$$

Damit haben wir in beiden Fällen den Induktionsschritt vollzogen und somit das Lemma bewiesen.   ∎

Wir müssen also nun nur noch die Rekursion von W lösen, um eine obere Schranke für die Anzahl der Vergleiche von Mergesort zu bekommen. Dazu definieren wir erst einmal die Funktion h und die Folge N_i:

$$h : \mathbb{R} \to \mathbb{R} : x \mapsto \frac{x+1}{2}, \qquad N_i := \frac{n + 2^i - 1}{2^i}.$$

Wie man leicht sieht, gilt dann $N_0 = n$ und $h(N_i) = N_{i+1}$. Damit können wir nun leicht die Rekursionsgleichung von W durch Iteration lösen:

$$\begin{aligned} W(N_0) \;&=\; 2 \cdot W(N_1) + (N_0 - 1) \\[1mm] &\quad \text{durch Anwendung der Rekursionsgleichung} \\[1mm] &=\; 2(2 \cdot W(N_2) + (N_1 - 1)) + (N_0 - 1) \\[1mm] &=\; 2^2 \cdot W(N_2) + 2^1(N_1 - 1) + 2^0(N_0 - 1) \\[1mm] &\quad \text{nach } j \text{ Iterationen erhalten wir} \\[1mm] &=\; 2^j \cdot W(N_j) + \sum_{i=0}^{j-1} 2^i(N_i - 1) \end{aligned}$$

Es gilt $N_j \in [1, 2)$, wenn $j \in [\log(n), \log(n) + 1)$. Also setzen wir $j := \lceil \log(n) \rceil$.

$$
= \; 2^{\lceil \log(n) \rceil} \cdot \underbrace{W(N_{\lceil \log(n) \rceil})}_{=0} + \sum_{i=0}^{\lceil \log(n) \rceil - 1} 2^i (N_i - 1)
$$

$$
= \; \sum_{i=0}^{\lceil \log(n) \rceil - 1} 2^i \left(\frac{n + 2^i - 1}{2^i} - \frac{2^i}{2^i} \right)
$$

$$
= \; \sum_{i=0}^{\lceil \log(n) \rceil - 1} (n - 1)
$$

$$
= \; (n - 1) \lceil \log(n) \rceil \; = \; \Theta(n \log(n)).
$$

Damit benötigt Mergesort erheblich weniger Vergleiche und Rechenzeit als Selectionsort oder Insertionsort. Für große n sind in der Praxis nur solche Sortierverfahren brauchbar, die mit einer Laufzeit von $O(n \log(n))$ auskommen.

Theorem 2.8 *Die rekursive Version von Mergesort sortiert ein Feld der Länge n mit maximal $n \cdot \lceil \log(n) \rceil$ Vergleichen.*

2.2.3 Iterativer Mergesort

Wenn man die Rekursion vermeiden will, kann man mit dem Mischen auch direkt von unten beginnen. Um auf die Berechnung der Aufteilungen zu verzichten, kann man von links nach rechts immer Folgen mischen, deren Längen Zweierpotenzen sind. Dabei werden innerhalb der i-ten Phase immer zwei sortierte Folgen der Länge 2^{i-1} zusammengemischt, wobei nur die rechteste Folge kürzer sein kann.

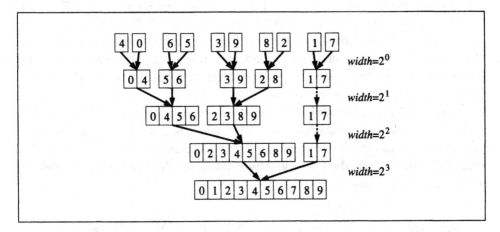

Bild 2.10: Ablauf des iterativen Mergesort auf der Folge (4,0,6,5,3,9,8,2,1,7)

```
MERGESORT (int a[], int b[], int len)
{
    for (int width = 1; width < len; width *= 2)
    {
        for (int i = 0; i < len; i += 2 * width)
        {
            int ℓ = i;
            int m = min(len, i + width);
            int r = min(len, i + 2 * width);
            merge(a, b, ℓ, m, r);
        }
        copy(b, a, 0, len);
    }
}
```

Bild 2.11: Iterativer Mergesort

Dies ist im Bild 2.10 für dieselbe Folge von 10 Elementen wie für den rekursiven Mergesort illustriert.

Damit erhält man für den iterativen Mergesort den im Bild 2.11 angegebenen Algorithmus. Hier bezeichnet *width* immer die Länge der Folgen (bis auf eventuell der rechtesten), die zusammengemischt werden. In jeder Iteration wird der Wert von *width* verdoppelt, da sich dann die Länge der bereits sortierten Folgen verdoppelt hat. Auch die iterative Variante ist aufgrund des verwendeten Mischverfahrens stabil.

2.2.4 Analyse des iterativen Mergesort

Für die Analyse des iterativen Mergesort bezeichnen wir mit $V_{\text{Merge}}^{\text{iter}}(n)$ die maximale Anzahl der benötigten Vergleiche für eine zu sortierende Folge der Länge $n := len$. Zunächst überlegt man sich, dass im iterativen Fall die äußere Schleife (über die Schleifenvariable *width*) genau $\lceil \log(n) \rceil$-mal durchlaufen wird, denn nach genau $\lceil \log(n) \rceil$ iterierten Verdopplungen wird *width* (initialisiert mit 1) größer gleich n. Das heißt also, dass *width* in dieser Schleife Werte aus der Menge $\{2^i : i \in [0 : \lceil \log(n) \rceil - 1]\}$ annimmt.

In jedem Schleifendurchlauf sind maximal $\lceil \frac{n}{2 \cdot 2^{width}} \rceil$ Paare von bereits sortierten Folgen der Länge jeweils höchstens 2^{width} vorhanden. Da für das Mischen von zwei Folgen der Länge jeweils höchstens 2^{width} maximal $2 \cdot 2^{width} - 1$ Vergleiche nötig sind, erhalten wir die folgende Abschätzung für die Anzahl der Vergleiche beim iterativen Mergesort:

$$
V_{\text{Merge}}^{\text{iter}}(n) \;\leq\; \sum_{w=0}^{\lceil \log(n) \rceil - 1} \left\lceil \frac{n}{2 \cdot 2^w} \right\rceil (2 \cdot 2^w - 1) \;=\; \sum_{w=1}^{\lceil \log(n) \rceil} \left\lceil \frac{n}{2^w} \right\rceil (2^w - 1)
$$

$$\leq \sum_{w=1}^{\lceil \log(n) \rceil} \left(\frac{n}{2^w} + 1 \right) 2^w = \sum_{w=1}^{\lceil \log(n) \rceil} (n + 2^w)$$

$$= n \cdot \lceil \log(n) \rceil + 2^{\lceil \log(n) \rceil + 1} - 2 \leq n \cdot \lceil \log(n) \rceil + 4 \cdot n$$

Theorem 2.9 *Die iterative Version von Mergesort sortiert ein Feld der Länge n mit maximal* $n \cdot \lceil \log(n) \rceil + 4n$ *Vergleichen.*

Mit einer geschickteren Analyse kann man zeigen, dass die iterative Variante ebenfalls mit maximal $n \cdot \lceil \log(n) \rceil$ Vergleichen auskommt. Außerdem lassen sich bei geschickter Implementierung bereits sortierte Teilsequenzen ausnutzen. In unserer iterativen Version gingen wir ja am Anfang von n sortierten Folgen der Länge 1 aus. Wenn man vorher die zu sortierende Folge in bereits sortierte Folgen größerer Länge einteilt, kann man diese Vorsortierung beim Mergesort ausnutzen (Stichwort Mergesort mit natürlichem Mischen).

Lästig bei Mergesort sind insbesondere die vielen Kopieroperationen. Diese lassen sich durch geschicktere Implementierung jedoch reduzieren (Stichwort 2-Phasen–3-Band-Sortieren). Der Hauptnachteil von Mergesort ist jedoch, dass er zum Sortieren eines Feldes der Länge n zwei Felder der Länge n benötigt. Trotz seiner (wie wir noch sehen werden) sehr geringen Anzahl an Vergleichen ist der hohe Speicherverbrauch nachteilig. Da mittlerweile allerdings moderne Rechner sehr viel Hauptspeicher besitzen, wird er wieder mehr und mehr zu einer schnellen Alternative. Bislang wurde Mergesort meist nur als externes Sortierverfahren eingesetzt, d.h. wenn man beim Sortieren auf externe Speicher zugreifen muss, wie z.B. große Festplatten oder Bänder. In der Regel sind solche externe Speichermedien reichlich vorhanden, haben aber meist sehr lange Zugriffszeiten.

Auf der anderen Seite gibt es auch Mischverfahren, die mit sehr wenig zusätzlichem Speicherplatz auskommen. Da diese Verfahren doch recht komplex und somit von eher geringem praktischen Interesse sind, verweisen wir nur auf Originalarbeiten von H. Mannila und E. Ukkonen, S. Dvořák und B. Ďurian sowie B.C. Huang und M.A. Langston.

2.3 Heapsort

Ein verbessertes Sortierverfahren lässt sich aus der Idee für Selectionsort entwickeln. Dort haben wir bei jeder Minimum-Bildung der restlichen, unsortierten Elemente nie die Ergebnisse aus früheren Vergleichen ausgenützt. Eine solche Wiederverwertung von Vergleichen werden wir nun bei Heapsort anwenden.

Dieses Verfahren geht bereits auf J.W.J. Williams (1964) zurück. Wir werden hier zuerst die platzsparende Implementation von R.W. Floyd (1964) vorstellen. Anschließend werden wir noch neuere Entwicklungen von Heapsort nach Ideen von S. Carlsson (1987) und I. Wegener (1989) skizzieren.

```
HEAPSORT (int array[], int len)
{
    heap h = create_heap(array, len);
    while (size(h)> 0) output delete_max(h);
}
```

Bild 2.12: Generische Formulierung von Heapsort

2.3.1 Heaps und generischer Heapsort

Zur Beschreibung von Heapsort benötigen wir die Datenstruktur eines Heaps. Ein *Heap* ist eine Datenstruktur, die ganze Zahlen abspeichern kann und die folgenden drei elementaren Operationen zur Verfügung stellt:

int size(heap h) gibt die Anzahl der im Heap h gespeicherten Zahlen zurück.

heap create_heap(int array[], int len) gibt einen Heap zurück, welcher alle im Feld *array* der Länge *len* abgespeicherten Zahlen beinhaltet.

int delete_max(heap h) liefert das Maximum im Heap h und löscht dieses.

Man sollte sich bereits an dieser Stelle klar machen, dass man die Datenstruktur eines Heaps nicht nur für ganze Zahlen realisieren kann, sondern für jede total geordnete Menge.

Mit einer Implementierung eines Heaps zusammen mit den obigen Funktionen ergibt sich sofort der im Bild 2.12 angegebene Sortieralgorithmus, der allerdings in dieser Form absteigend sortiert. Die Korrektheit folgt unmittelbar aus der Korrektheit des Sortierens durch Auswahl. Es bleibt also nur noch die Datenstruktur Heap effizient zu implementieren.

Für die Realisierung benötigen wir noch ein paar Begriffe. Ein *Baum* ist rekursiv wie folgt definiert: Ein einzelner *Knoten* v, an dem selbst beliebig viele Bäume T_i^v hängen (also auch keiner), ist ein Baum. Wir nennen v die *Wurzel* dieses Baumes. Einen Knoten, an dem kein weiterer Baum hängt, nennen wir ein *Blatt* oder einen *äußeren* bzw. *externen Knoten*. Knoten, die keine Blätter sind, heißen *innere* oder *interne Knoten*.

Der Knoten v ist der *Elter* der Wurzeln der Bäume T_i^v und die Wurzeln der Bäume T_i^v heißen *Kinder* des Knoten v. Ein Knoten v heißt *Vorgänger* eines Knoten v', wenn v der Elter von v' ist oder wenn ein Kind von v ein Vorgänger von v' ist. Ein Knoten v heißt *Nachfolger* eines Knoten v', wenn v ein Kind von v' ist oder wenn der Elter von v ein Nachfolger von v' ist. Zwei Knoten, die denselben Elter haben, bezeichnen wir als *Geschwister*. Der *Level* der Wurzel ist 1. Der Level eines beliebigen Knotens ist der Level seines Elters plus 1. Die *Tiefe* $d(T)$ eines Baumes T ist der maximale Level seiner Knoten.

Als *Teilbaum* eines Baumes T bezeichnen wir einen Baum T_i^v, der während der Konstruktion des Baumes T aufgrund der obigen rekursiven Definition entstanden

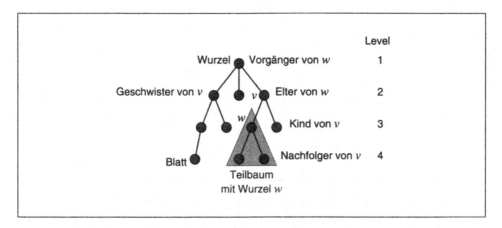

Bild 2.13: Bestandteile eines Baumes

ist. Insbesondere sind alle Nachfolger der Wurzel des Teilbaumes im ursprünglichen Baum im Teilbaum enthalten. All diese Definitionen sind im Bild 2.13 noch einmal veranschaulicht.

Ein Baum heißt *binär*, wenn jeder Knoten des Baumes höchstens zwei Kinder hat. Einen binären Baum nennen wir *fast vollständig*, wenn die folgenden drei Eigenschaften erfüllt sind (man vergleiche zur Anschauung mit Bild 2.14):

- Alle inneren Knoten bis auf maximal einen haben genau zwei Kinder;
- Alle Knoten mit weniger als zwei Kindern (insbesondere also die Blätter) befinden sich auf den beiden größten Leveln;
- Die Blätter im größten Level sind von links nach rechts aufgefüllt.

Einen fast vollständigen binären Baum bezeichnen wir als *Heap*, wenn wir in den Knoten je einen Schlüssel abspeichern können und wenn jeder seiner Knoten die folgende *Heap-Eigenschaft* erfüllt:

Die in einem Knoten abgespeicherte Zahl ist nicht kleiner als die in seinen Kindern abgespeicherten Zahlen.

Zur Illustration ist im Bild 2.14 ein Heap mit 10 Zahlen angegeben.

2.3.2 Implementierung von Heaps

Wie können wir nun die für den Heap benötigten Operationen implementieren? Dazu betrachten wir zunächst einmal die rudimentäre Aufgabe, einen fast vollständigen binären Baum in einen Heap zu verwandeln, wenn in jedem Knoten bis auf die Wurzel die Heap-Eigenschaft erfüllt ist. Dazu lassen wir das Element in der Wurzel durch Vertauschungen im Baum nach unten wandern, bis die Heap-Eigenschaft an allen Knoten erfüllt ist.

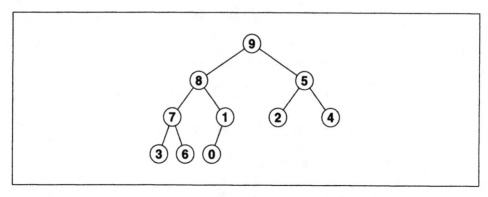

Bild 2.14: Ein Heap mit 10 Elementen

Sei also v der einzige Knoten, an dem die Heap-Eigenschaft verletzt ist, und v_ℓ und v_r seine beiden Kinder (das linke bzw. rechte). Zu Beginn ist v die Wurzel des Baums. Wir vergleichen die in v_ℓ und v_r abgespeicherten Zahlen miteinander. Bezeichne $v^* \in \{v_r, v_\ell\}$ das Kind mit dem größeren Schlüssel. Nun vertauschen wir die Schlüssel von v und v^*. Nach der Vertauschung ist die Heap-Eigenschaft in v erfüllt, da die größte der drei Zahlen nach oben gewandert ist. Eventuell ist nun aber die Heap-Eigenschaft in v^* oder dem Elter v' von v verletzt. An allen anderen Knoten bleibt die Heap-Eigenschaft erhalten, da wir hier die Schlüssel in den Knoten und in deren Kindern nicht geändert haben.

Um die Heap-Eigenschaft für v^* wiederherzustellen, setzen wir die Prozedur nun iterativ an v^* fort. Da an einem Blatt trivialerweise die Heap-Eigenschaft erfüllt ist, terminiert die Prozedur **reheap**. Damit ergibt sich der Algorithmus **reheap** wie im Bild 2.15 angegeben. Diese Vorgehensweise ist noch einmal im Bild 2.16 illustriert.

Es bleibt nun noch zu zeigen, dass am Elter v' von v die Heap-Eigenschaft nicht verletzt werden kann. Zu Beginn hat v keinen Elter, da v die Wurzel ist. Somit kann zu Beginn die Heap-Eigenschaft am Elter von v nicht verletzt werden. Andernfalls war der Schlüssel in v' vorher im Knoten v selbst gespeichert gewesen

```
REHEAP (heap h)
{
        Sei v die Wurzel des Heaps h;
        while (Heap-Eigenschaft in v nicht erfüllt)
        {
                Sei v* das Kind mit dem größeren Schlüssel;
                Vertausche die Schlüssel in v und v* und setzte v = v*;
        }
}
```

Bild 2.15: Die Prozedur **reheap**

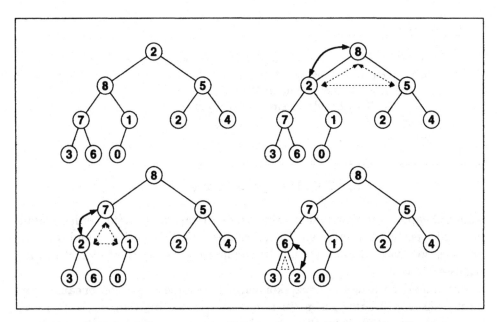

Bild 2.16: Durchführung eines reheap auf einem Heap mit 10 Elementen

und ist damit größer als die ehemaligen Schlüssel in v_ℓ sowie v_r und somit auch größer als der ehemalige Schlüssel von v^*.

Wir werden nun mit Hilfe der Prozedur reheap die Heap-Operationen size, create_heap und delete_max realisieren. Dazu verwenden wir zusätzlich eine Variable *heap_size*, die die aktuelle Anzahl der Knoten im Heap zählt. Dann ist die Implementierung der Operation size sehr einfach, denn sie gibt den Wert der Variablen *heap_size* zurück.

Die Operation delete_max merkt sich zunächst den Wert, der in der Wurzel des Heaps steht, und löscht den Wert aus der Wurzel. Dieser wird am Ende der Funktionswert von delete_max sein. Nun müssen wir nur noch das Loch in der Wurzel füllen. Dazu nehmen wir den Schlüssel des rechtesten Blattes auf dem größten Level her und bewegen den dort gespeicherten Schlüssel in die Wurzel. Das nun leere Blatt wird einfach gelöscht.

Man beachte, dass durch das Löschen des rechtesten Blattes auf dem maximalen Level der resultierende Baum weiterhin ein fast vollständiger binärer Baum bleibt. Der resultierende Heap erfüllt bis auf die Wurzel die Heap-Eigenschaft. Ein Aufruf von reheap an der Wurzel stellt dann die Heap-Eigenschaft für den gesamten Baum wieder her.

Die abstrakte Formulierung der Operation delete_max ist im Bild 2.17 angegeben. Auf die konkrete Realisierung dieser Operation kommen wir später noch zurück. Im Bild 2.18 ist ein Aufruf der Operation delete_max illustriert, also das Löschen des Elementes 9 im Heap. Anschließend muss nur noch einmal die Pro-

```
int DELETE_MAX (heap h)
{
    Sei r die Wurzel des Heaps h und sei k der in r gespeicherte Schlüssel;
    Sei ℓ das rechteste Blatt im untersten Level;
    Kopiere den Schlüssel in ℓ in die Wurzel r;
    Lösche das Blatt ℓ und dekrementiere heap_size;
    reheap(h);
    return k;
}
```

Bild 2.17: Die Operation `delete_max`

zedur **reheap** an der Wurzel des verbleibenden Heaps aufgerufen werden, damit
wir wieder einen Heap erhalten. Dabei wandern die Schlüssel 8, 7 und 6 um je
eine Position nach oben, während der Schlüssel 0 in das ehemalige Blatt des
Schlüssels 6 wandert.

Mit Hilfe der Prozedur **reheap** können wir auch die Operation **create_heap**
leicht realisieren. Hierbei gehen wir levelweise von den Blättern zur Wurzel vor.
Nach Definition erfüllt jedes Blatt trivialerweise die Heap-Eigenschaft. Insbesondere erfüllt dann jeder Knoten auf dem maximalen Level die Heap-Eigenschaft.

Nehmen wir nun an, dass in jedem Teilbaum mit einer Wurzel v auf Level $\ell+1$
die Heap-Eigenschaft erfüllt ist. Dann ist für jeden Teilbaum mit einer Wurzel v
auf Level ℓ die Heap-Eigenschaft an all seinen Knoten mit Ausnahme der Wurzel
erfüllt. Das bedeutet, dass für die Teilbäume mit Wurzel auf Level ℓ jetzt nur
noch an deren Wurzeln die Heap-Eigenschaft verletzt sein kann (und an den
Knoten auf Level mit einer kleineren Nummer, die wir aber im Moment noch
nicht berücksichtigen wollen). Ein Aufruf von **reheap** an jedem dieser Knoten
auf Level ℓ stellt dann die Heap-Eigenschaft für alle diese Teilbäume auf diesem
Level sicher.

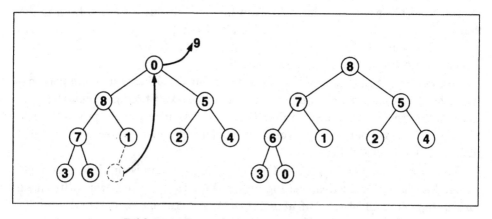

Bild 2.18: Durchführung von `delete_max`

```
heap CREATE_HEAP (int array[], int len)
{
        Konstruiere einen fast vollständigen binären Baum H mit len Knoten;
        Setze heap_size = len;
        Fülle jeden Knoten mit einem Schlüssel des Feldes array;
        for (ℓ = d(H); ℓ ≥ 1; ℓ--)
                for each Knoten v auf Level ℓ
                        reheap(Baum H mit Wurzel v);
        return H;
}
```

Bild 2.19: Die Operation `create_heap`

Rufen wir also die Prozedur **reheap** levelweise von unten nach oben an allen
Knoten des Baumes auf, so erfüllt anschließend jeder Knoten des Baumes die
Heap-Eigenschaft und wir erhalten den gewünschten Heap. Damit erhalten wir die
abstrakte Formulierung der Operation **create_heap** wie im Bild 2.19 angegeben.
Auch hier werden wir auf eine konkrete Implementierung dieser Operation später
noch zurückkommen. Der Aufbau eines Heaps mit 10 Elementen mittels dieser
Strategie ist im Bild 2.20 dargestellt. Hierbei sind die Teilbäume grau eingerahmt,
an deren Wurzel die Prozedur **reheap** aufgerufen wurde.

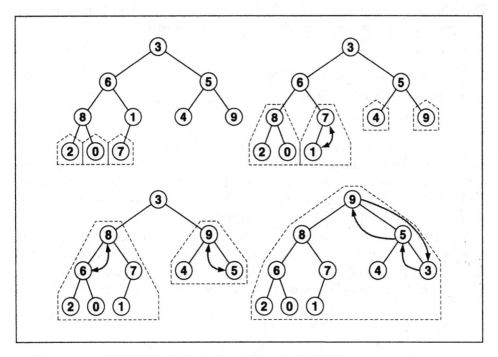

Bild 2.20: Aufbau eines Heaps mit 10 Elementen

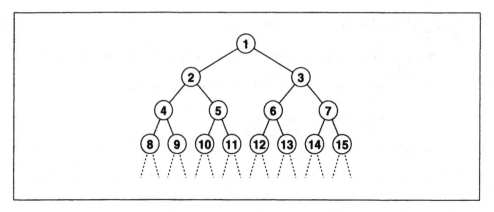

Bild 2.21: Ein fast vollständiger binärer Baum aufgefasst als Feld

Für eine konkrete Realisierung müssen wir uns nur noch eine geeignete Darstellung eines fast vollständigen binären Baumes überlegen. Überraschenderweise können wir einen fast vollständigen binären Baum sehr einfach mit Hilfe eines Feldes implementieren. Wir nummerieren die Knoten des Baumes fortlaufend mit den natürlichen Zahlen durch, wobei die Wurzel den Wert 1 erhält. Anschließend nummerieren wir die Knoten aufsteigend einfach levelweise von oben nach unten und in jedem Level von links nach rechts durch. Diese Nummerierung ist im Bild 2.21 noch einmal illustriert. Man stellt leicht fest, dass diese Nummerierung offensichtlich die folgende Eigenschaft erfüllt: Für einen Knoten mit Nummer i gilt, dass

- sein linkes Kind Nummer $2i$ hat,
- sein rechtes Kind Nummer $2i + 1$ hat,
- sein Elter Nummer $\lfloor \frac{i}{2} \rfloor$ hat.

Damit erhalten wir eine schöne Realisierung eines fast vollständigen binären Baumes der Größe n mit Hilfe eines Feldes der Länge n. Eine kurze Inspektion der Nummerierung des Baumes ergibt zusätzlich, dass auf dem Level ℓ gerade die Zahlen stehen, deren Binärdarstellung Länge ℓ hat. Also finden wir den zu einer Zahl i gehörigen Knoten auf Level $\ell(i) = \lfloor \log(i) \rfloor + 1$.

Es bleibt nur noch ein kleines Problem. Da wir bis jetzt alle Algorithmen in C-ähnlicher Notation angegeben haben und in C auch alle Felder der Länge n mit $[0 : n - 1]$ indiziert sind, müssen wir noch eine Indexverschiebung mit Hilfe des folgenden kommutativen Diagramms vornehmen:

$$
\begin{array}{lccl}
a[1:n]: & i & \longrightarrow & (2i, 2i+1) \\
        & \uparrow +1 & \downarrow -1 & \\
a[0:n-1]: & j & \longrightarrow & (2(j+1)-1, (2(j+1)+1)-1) = (2j+1, 2j+2)
\end{array}
$$

In der oberen Zeile steht die Zuordnung von Knoten zu seinen Kindern für Felder mit Indizes aus $[1 : n]$ und in der Zeile darunter die durch die Indexverschiebung modifizierte Zuordnung für Felder mit Indizes aus $[0 : n - 1]$.

Somit erhalten wir die folgende Felddarstellung mit Indexmenge $[0 : n - 1]$ eines fast vollständigen binären Baumes mit n Knoten. Für einen Knoten mit Nummer i gilt, dass

- sein linkes Kind die Nummer $2i + 1$ hat,
- sein rechtes Kind die Nummer $2i + 2$ hat,
- sein Elter die Nummer $\lfloor \frac{i+1}{2} \rfloor - 1 = \lfloor \frac{i-1}{2} \rfloor$ hat.

Wir merken an dieser Stelle noch an, dass nach der Indexverschiebung ein Knoten mit der Nummer $i \in [0 : n - 1]$ im Baum auf Level $\lfloor \log(i + 1) \rfloor + 1$ liegt. Diese Tatsache werden wir später noch für die Analyse von Heapsort benötigen.

2.3.3 Standard-Heapsort

Wir können damit einen Heap der Größe m auf einem Feld mit den Indexpositionen $[0 : m - 1]$ realisieren. Wir werden unser zur Verfügung stehendes Feld in zwei Bereiche einteilen: Im vorderen Teil werden wir den Heap realisieren und im hinteren Teil die sortierte Teilfolge aufbauen. Zu Beginn verwenden wir das gesamte Feld als Heap und lassen darauf die Prozedur `create_heap` los. Dann löschen wir mittels `delete_max` das maximale Element aus dem Heap und fügen es vor den Anfang des sortierten Bereichs an. Dadurch erhalten wir letztendlich doch die gewünschte aufsteigende Sortierung.

Wir bemerken nun noch, dass die Position unmittelbar vor dem sortierten Bereich die letzte Position im Heap ist, also dort das rechteste Blatt auf dem größten Level gespeichert wird. Somit können wir das maximale Element aus dem Heap löschen und den Schlüssel des rechtesten Blattes in die Wurzel bewegen, indem wir die Schlüssel auf diesen beiden Positionen einfach austauschen.

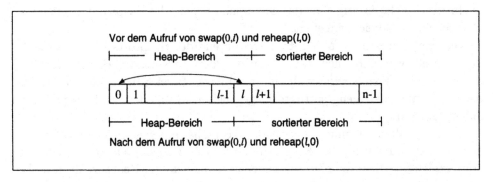

Bild 2.22: Illustration von `delete_max` während des Heapsorts

```
HEAPSORT (int array[], int len)
{
    /* create_heap */
    for (int i = len − 1; i ≥ 0; i−−)
        reheap(array, len, i);


    /* sorting elements */
    for (int ℓ = len − 1; ℓ ≥ 1; ℓ−−)
    {   /* delete_max */
        swap(array[0], array[ℓ]);
        reheap(array, ℓ, 0);
    }
}


reheap(int array[], int len, int r)
{
    int i = r;
    int j = 2r + 1;      /* j is always a child of i */
    while (j < len)
    {   /* determine larger child */
        if ((j + 1 < len) && (array[j + 1] > array[j])) j++;
        /* is heap-property not fulfilled? */
        if (array[j] > array[i])
            {
                swap(array[i], array[j]);
                i = j;
                j = 2 * j + 1;
            }
        else break;      /* exit while-loop */
    }
}
```

Bild 2.23: Die Prozedur Heapsort

Dadurch wird gleichzeitig auch das maximale Element des Heaps unmittelbar vor dem sortierten Bereich eingefügt.

Die Funktionsweise von `delete_max` während des Heapsorts ist im Bild 2.22 noch einmal veranschaulicht. Man beachte, dass im vorderen Bereich des Feldes der Heap realisiert wird, während im hinteren Bereich des Feldes von rechts nach links die aufsteigend sortierte Folge beginnend mit dem größten Schlüssel aufgebaut wird.

Damit erhalten wir nun die kompakte Formulierung von Heapsort auf einem Feld nach der Idee von R.W. Floyd, die im Bild 2.23 angegeben ist. Wir merken noch explizit an, dass die hier angegebenen Versionen von Heapsort nicht stabil sind.

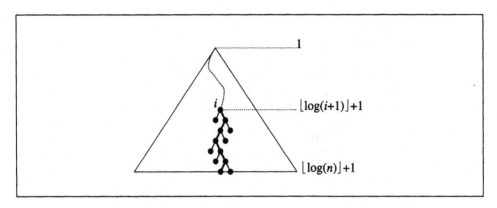

Bild 2.24: Ausgeführte Vergleiche bei einem reheap(i, n)

2.3.4 Analyse von Standard-Heapsort

Für die Analyse von Heapsort untersuchen wir zuerst die Prozedur reheap, auf die sich Heapsort ja im Wesentlichen abstützt. Bezeichne hierzu $V_{\text{reheap}}(n, i)$ die maximale Anzahl von Vergleichen, die ein reheap auf einem Teilbaum mit Wurzel i und Knoten mit Nummern kleiner als n benötigt.

Wie wir uns schon vorher überlegt haben, befindet sich der Knoten mit Nummer i auf dem Level $\lfloor \log(i + 1) \rfloor + 1$. Die Prozedur reheap steigt schlimmstenfalls bis zu einem Blatt herunter, das sich höchstens auf dem Level $\lfloor \log(n) \rfloor + 1$ befinden kann. Dies ist im Bild 2.24 noch einmal veranschaulicht. Bei jedem Wechsel eines Levels werden zwei Vergleiche ausgeführt: einer zum Bestimmen des Kindes mit dem größeren Schlüssel und einer zum Überprüfen der Heap-Eigenschaft. Somit erhalten wir für die maximale Anzahl von Vergleichen beim Aufruf von reheap am Knoten i in einem Heap mit n Elementen:

$$V_{\text{reheap}}(n, i) \;=\; 2\left(\lfloor \log(n) \rfloor - \lfloor \log(i + 1) \rfloor\right).$$

Berechnen wir nun die Anzahl der Vergleiche, die zum Aufbau des Heaps nötig sind. Bezeichne hierzu $V_{\text{create}}(n)$ die maximale Anzahl der Vergleiche, die nötig sind, um einen Heap mit n Schlüsseln aufzubauen. Die Schleifenvariable i zum Aufbau des Heaps läuft über die Werte aus $[0 : n - 1]$. Somit erhalten wir die folgende Abschätzung:

$$
\begin{aligned}
V_{\text{create}}(n) \;&\leq\; \sum_{i=0}^{n-1} V_{\text{reheap}}(n, i) \;\leq\; \sum_{i=0}^{n-1} 2\left(\lfloor \log(n) \rfloor - \lfloor \log(i + 1) \rfloor\right) \\
&\leq\; \sum_{i=1}^{n} 2\left(\lfloor \log(n) \rfloor - \lfloor \log(i) \rfloor\right) \;\leq\; 2 \sum_{i=1}^{n} \left(\log(n) - \log(i) + 1\right) \\
&\leq\; 2n \log(n) + 2n - 2 \sum_{i=2}^{n} \log(i).
\end{aligned}
$$

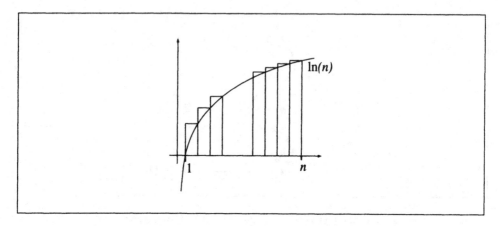

Bild 2.25: Abschätzung einer Summe durch ein Integral

Wir schätzen nun die Summe durch ein Integral ab: $\sum_{i=2}^{n} \ln(i) \geq \int_{1}^{n} \ln(x)dx$. Diese Abschätzung folgt aus der Tatsache, dass Obersummen immer größer gleich dem Wert des Integrals sind. Dies wird auch im Bild 2.25 deutlich. Hier bezeichnen die Balken gerade die Obersumme des Integrals. Auf der anderen Seite entspricht die Summe, die wir abschätzen wollen, gerade dem Flächeninhalt dieser Balken. Also können wir die Summe durch das Integral nach unten abschätzen.

$$
\begin{aligned}
V_{\text{create}}(n) \quad &\leq \quad 2n\log(n) + 2n - 2\sum_{i=2}^{n}\log(i) \\[2mm]
&\leq \quad 2n\log(n) + 2n - 2\int_{1}^{n}\frac{\ln(x)}{\ln(2)}dx \\[2mm]
&\quad \text{da } \tfrac{d}{dx}(x\ln(x) - x) = \ln(x) \\[2mm]
&\leq \quad 2n\log(n) + 2n - \frac{2}{\ln(2)}\left[x\ln(x) - x\right]_{1}^{n} \\[2mm]
&\leq \quad 2n\log(n) + 2n - \frac{2}{\ln(2)}\left(n\ln(n) - n - 0 + 1\right) \\[2mm]
&\leq \quad 2n\log(n) + 2n - 2n\log(n) + \frac{2}{\ln(2)}\left(n - 1\right) \\[2mm]
&\leq \quad 5n.
\end{aligned}
$$

Wir können an dieser Stelle festhalten, dass zum Aufbau des Heaps nur linear viele Vergleiche nötig sind. Wir merken hier noch an, dass man mit etwas mehr Mühe bei dieser Analyse die Konstante auf unter $7/2 \cdot n$ drücken kann, indem man beobachtet, dass die Prozedur reheap nur für $i < \lfloor\frac{n}{2}\rfloor$ wirklich etwas tut.

Es bleibt noch die maximale Anzahl der Vergleiche für den eigentlichen Sortiervorgang abzuschätzen, die wir mit $V_{\text{Heap}}(n)$ bezeichnen wollen. Die Schleifenvariable ℓ läuft hierbei über den Wertebereich $[1 : n - 1]$. Damit erhalten wir:

$$V_{\text{Heap}}(n) \;\leq\; \sum_{\ell=1}^{n-1} V_{\text{reheap}}(\ell, 0) \;\leq\; \sum_{\ell=1}^{n-1} 2\left(\lfloor \log(\ell + 1) \rfloor - \lfloor \log(1) \rfloor\right)$$

$$\leq\; 2 \sum_{\ell=2}^{n} \lfloor \log(\ell) \rfloor \;\leq\; 2 \sum_{\ell=2}^{n} \log(n) \;\leq\; 2n \log(n).$$

An dieser Stelle sei nochmal darauf hingewiesen, dass Heapsort im Wesentlichen mit dem Speicherplatz der Datensätze auskommt. Es werden nur vier zusätzliche Variable benötigt.

Ein Sortierverfahren heißt *in-situ*, wenn es im logarithmischen Kostenmaß nur $O(\log(n))$ zusätzlichen Speicherplatz benötigt. Da jede Variable Werte aus dem Intervall $[0 : n]$ annimmt, ist dies bei Heapsort erfüllt. Heapsort ist damit das einzige Sortierverfahren neben Selectionsort und Insertionsort, das wir als echtes in-situ-Verfahren kennen lernen werden. Wir können nun unsere Ergebnisse in dem folgenden Satz zusammenfassen.

Theorem 2.10 *Mittels Heapsort kann ein Feld der Länge n in-situ mit höchstens* $2n \log(n) + \frac{7}{2} \cdot n$ *Vergleichen sortiert werden.*

Damit haben wir nach Mergesort einen weiteren Sortieralgorithmus mit Laufzeit $O(n \log(n))$ kennen gelernt. Gegenüber Mergesort ist die Anzahl der Vergleiche zwar um den Faktor zwei größer, dafür benötigt er aber kaum zusätzlichen Speicherplatz. Aufgrund des wesentlich geringeren Platzbedarfs ist Heapsort gegenüber Mergesort das bevorzugte Verfahren.

2.3.5 Carlssons Variante von Heapsort

Der Hauptnachteil von Heapsort in der Praxis ist die „große" Anzahl an Vergleichen. Im Vergleich zu Mergesort stört hier der Faktor 2 vor dem Term $n \log(n)$. Im Jahre 1987 hat S. Carlsson eine verblüffend einfache Idee gefunden, mit der man diesen Faktor 2 entfernen kann.

Betrachten wir noch einmal die Prozedur **reheap**, die ja diese Konstante 2 einführt. Das Problem ist, dass wir beim Absteigen durch den Heap auf jedem Level zwei Vergleiche machen. Carlsson schlug vor, erst einmal einen Vergleich einzusparen. Aber welchen? Wir werden beim Absteigen durch den Heap nicht mehr überprüfen, ob an einem Knoten die Heap-Eigenschaft verletzt ist, und werden eine Verletzung auch nicht beheben. Wir wandern also nur einen Pfad im Heap nach unten, wobei wir immer in Richtung des Kindes mit dem größeren Schlüssel verzweigen.

Diesen Pfad nimmt auch Standard-Heapsort, nur sortiert er dabei bereits das Element der Wurzel in diesen ein. Außerdem durchläuft Standard-Heapsort den

```
CARLSSONREHEAP (int array[], int len, int i)
{
    /* find a leaf (and hence a path) */
    int depth = 0;
    /* depth is the number of vertices
           on the path from the root to j minus 1 */
    int j = i, k = 2 * j + 1;        /* k is always a child of j */
    while (k + 1 < len)
    {
        if (array[k + 1] > array[k])
            k++;
        j = k; k = 2 * k + 1;
        depth++;
    }
    /* is k a lonely child of j? */
    if (k < len)
    {
        j = k;
        depth++;
    }


    /* binary search on the path from the root to j */
    int pos, top = depth, bot = 0;
    while (top > bot)
    {
        pos = (top + bot)/2;
        /* ((j + 1) >> pos) - 1 = ⌊(j + 1)/2^{pos}⌋ - 1 */
        if (array[i] >= array[((j + 1) >> pos) - 1])
            bot = pos + 1;
        else
            top = pos;
    }
    /* thus, ⌊(j + 1)/2^{bot}⌋ - 1 is insertion point */
    j = ((j + 1) >> bot) - 1;

    /* moving keys upward */
    int hlp = array[j];
    array[j] = array[i];
    while (j > i)
    {
        j = (j + 1)/2 - 1;
        swap(array[j], hlp);
    }
}
```

Bild 2.26: Modifizierter **reheap** nach Carlsson

Pfad eventuell nicht bis zum Ende, sondern er bricht an der Stelle ab, an der die Heap-Eigenschaft nach einer Vertauschung erfüllt ist.

Betrachten wir nun diesen Pfad genauer. Die Schlüssel, die wir auf diesem Pfad beim Abwärtsgehen gefunden haben, bilden aufgrund der Heap-Eigenschaft eine absteigend sortierte Folge (mit Ausnahme des Schlüssels in der Wurzel). Anstatt nun wie beim Standard-Heapsort die Stelle schrittweise von oben nach unten zu finden, an die der in der Wurzel gespeicherte Schlüssel einzusortieren ist, bedienen wir uns wieder der binären Suche.

Zunächst halten wir fest, dass wir den i-ten Vorgänger des Knotens mit Nummer m kennen, da dieser die Nummer $\lfloor f(\lfloor f(\cdots \lfloor f(\lfloor f(m+1)\rfloor)\rfloor \cdots)\rfloor)\rfloor - 1$ besitzt, wobei $f(x) = x/2$. Das folgende Lemma hilft dann bei der Berechnung.

Lemma 2.11 *Sei $f : \mathbb{R} \to \mathbb{R}$ eine stetige, monoton wachsende Funktion mit folgender Eigenschaft: $f(x) \in \mathbb{Z} \Rightarrow x \in \mathbb{Z}$ für alle $x \in \mathbb{R}$. Dann gilt $\lceil f(\lceil x \rceil)\rceil = \lceil f(x)\rceil$ und $\lfloor f(\lfloor x \rfloor)\rfloor = \lfloor f(x)\rfloor$.*

Beweis: Wir beweisen nur die zweite Gleichung, der Beweis für die erste ist analog. Wenn $x = \lfloor x \rfloor$, dann ist nichts zu beweisen. Also sei $x > \lfloor x \rfloor$ und somit auch $f(x) \geq f(\lfloor x \rfloor)$, da f monoton wachsend ist. Dann ist $\lfloor f(x)\rfloor \geq \lfloor f(\lfloor x \rfloor)\rfloor$, da auch $\lfloor \cdot \rfloor$ monoton wachsend ist. Wenn $\lfloor f(x)\rfloor > \lfloor f(\lfloor x \rfloor)\rfloor$ wäre, dann muss es aufgrund der Stetigkeit von f ein $y \in \mathbb{R}$ geben, so dass $x \geq y > \lfloor x \rfloor$ und $f(y) = \lfloor f(x)\rfloor$. Aufgrund der im Lemma geforderten Eigenschaft von f, muss $y \in \mathbb{Z}$ sein. Da es jedoch keine ganze Zahl im offenen Intervall $(x, \lfloor x \rfloor)$ geben kann, erhalten wir einen Widerspruch. ∎

Da $f(x) = x/2$ stetig, monoton wachsend und die im Lemma geforderte Eigenschaft besitzt, hat der i-te Vorgänger eines Knotens mit Nummer m die Nummer $\lfloor (m+1)/2^i \rfloor - 1$. Also können wir die binäre Suche leicht durchführen. Bevor wir nun die Wurzel einfügen können, müssen nur die Schlüssel oberhalb der Stelle, an die die Wurzel eingefügt werden soll, um eine Stelle nach oben verschoben werden. Die modifizierte Prozedur **reheap** für Carlssons Variante ist im Bild 2.26 angegeben.

Theorem 2.12 *Carlssons Variante von Heapsort sortiert ein Feld der Länge n in-situ mit maximal $n\log(n) + n\log\log(n) + O(n)$ Vergleichen.*

Die Aussage über die Anzahl der Vergleiche folgt unmittelbar aus unserer vorherigen Diskussion. Um den Pfad zu bestimmen genügen $\log(n)$ Vergleiche, also werden insgesamt maximal $n\log(n)$ Vergleiche ausgeführt. Da dieser Pfad eine Länge von maximal $\lfloor \log(n)\rfloor + 1$ hat, benötigt eine binäre Suche auf diesem Pfad maximal $\log\log(n) + O(1)$ Vergleiche. Also werden für das Einfügen insgesamt maximal $n\log\log(n) + O(n)$ Vergleiche ausgeführt. Damit benötigt diese Variante von Heapsort asymptotisch genauso viele Vergleiche wie Mergesort.

```
BottomUpReheap (int array[], int len, int i)
{
    /* find a leaf (and hence a path) */
    int j = i, k = 2 * j + 1;        /* k is always a child of j */
    while (k + 1 < len)
    {
        if (array[k + 1] > array[k]) k++;
        j = k; k = 2 * k + 1;
    }
    /* is k a lonely child of j? */
    if (k < len) j = k;


    /* searching upward from j */
    while (array[i] > array[j]) j = (j - 1)/2;


    /* moving keys upward */
    int hlp = array[j];
    array[j] = array[i];
    while (j > i)
    {
        j = (j - 1)/2;
        swap(array[j], hlp);
    }
}
```

Bild 2.27: Die Prozedur `bottom_up_reheap`

2.3.6 Bottom-Up-Heapsort

Leider ist in der Praxis der Term $n \log\log(n)$ immer noch etwas hinderlich. Um die
Anzahl von Vergleichen noch weiter senken zu können, wurde Ende der 80er die
folgende Heuristik von S. Carlsson und I. Wegener vorgeschlagen und analysiert.
Der Schlüssel, der bei `delete_max` in die Wurzel gesetzt wird und dann wieder
nach unten wandert, stammte ja von einem Blatt des Heaps. Deswegen handelt
es sich vermutlich um ein sehr kleines Element, das daher auf dem Pfad ziemlich
weit unten eingefügt werden muss.

Daraus resultiert die Heuristik, dass man beim Bestimmen der richtigen Position auf diesem Pfad nicht linear von oben, wie beim Standard-Heapsort, sondern
linear von unten sucht. Die Praxis zeigt, dass im Mittel nur sehr wenige Vergleiche
nötig sind, um bei dieser Strategie den Einfügepunkt zu bestimmen. Die für den
so genannten *Bottom-Up-Heapsort* erforderliche Prozedur `bottom_up_reheap` ist
im Bild 2.27 angegeben.

Man kann zeigen, dass für diese Variante maximal $1,5 \cdot n \log(n) + O(n)$ Vergleiche zum Sortieren ausreichend sind. Es wurde auch gezeigt, dass man Heaps

konstruieren kann, die beim Sortieren mindestens $1{,}5 \cdot n \log(n) - O(n)$ Vergleiche für die entsprechenden **reheaps** benötigen.

Theorem 2.13 *Bottom-Up-Heapsort sortiert ein Feld der Länge n in-situ mit maximal $\frac{3}{2} n \log(n) + O(n)$ Vergleichen.*

Die Analyse für die mittlere Anzahl an Vergleichen ist mathematisch sehr schwierig, da ein Heap nach einigen **reheaps** nicht mehr zufällig aufgebaut ist. Man vermutet jedoch, dass im Mittel nur $n \log(n) + O(n)$ Vergleiche nötig sind, wobei die versteckte Konstante im O eher klein ist (kleiner als $\frac{1}{2}$). Diese Vermutung wird durch zahlreiche Experimente erhärtet. Für die Einzelheiten verweisen wir auf die Originalliteratur von I. Wegener, S. Carlsson und R. Fleischer und halten hier nur die Vermutung fest.

Vermutung 2.14 *Bottom-Up-Heapsort sortiert ein Feld der Länge n in-situ im Mittel mit $n \log(n) + O(n)$ Vergleichen.*

2.4 Quicksort

Wir kommen nun zu dem in der Praxis am häufigsten angewandten Sortieralgorithmus, dem *Quicksort*. Quicksort ist ebenfalls ein ziemlich altes Sortierverfahren, das bereits 1962 von C.A.R. Hoare entwickelt wurde.

2.4.1 Allgemeines Verfahren

Wir nehmen hier der Einfachheit halber an, dass jeder Schlüssel nur einmal auftritt. Die Übertragung auf den allgemeinen Fall ist nicht weiter schwierig. Das Grundprinzip ist vom Wesen her dem von Mergesort gleich. Wir haben eine Folge von Daten und wissen nicht, wie wir sie sortieren sollen. Also teilen wir die Daten in zwei Hälften und sortieren diese rekursiv. Anders als beim Mergesort stellen wir uns nun beim Aufteilen etwas geschickter an.

Wir wählen uns einen beliebigen Schlüssel aus der Folge aus, der als *Pivot* bezeichnet wird. Dann teilen wir die Datensätze in zwei Teile: einen Teil mit Schlüsseln, die kleiner als das Pivot sind, und einen Teil mit Schlüsseln, die größer als das Pivot sind. Nun sortieren wir die beiden Hälften rekursiv und hängen die sortierten Teilfolgen hintereinander. Dieses Vorgehen ist im Bild 2.28 illustriert, wobei wir der Einfachheit halber immer den rechtesten Schlüssel der Teilfolge als Pivot auswählen. Im Bild 2.29 ist der Ablauf von Quicksort anhand eines Beispiels illustriert. Der detaillierte Algorithmus ist im Bild 2.30 angegeben.

Im Folgenden nehmen wir an, dass wir einen Teilbereich des Feldes *array* von der Position ℓ bis zur Position r (einschließlich) sortieren wollen. Beim Aufteilungsschritt (**partition**) gehen wir wie folgt vor. Wir vertauschen das rechteste

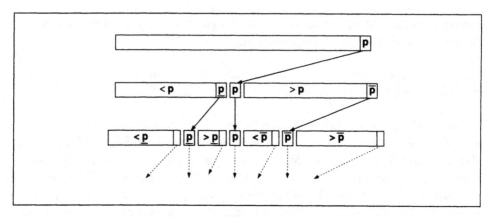

Bild 2.28: Aufteilungsschritt bei Quicksort

Element mit dem Pivot, damit während des Aufteilens das Pivot immer am rechten Rand des Feldes stehen bleibt. Wir suchen mit einem Zeiger i von links einen Schlüssel, der größer als das Pivot ist, und mit einem zweiten Zeiger j von rechts einen Schlüssel, der kleiner als das Pivot ist. Haben wir nun so ein Paar gefunden, vertauschen wir die beiden Schlüssel und machen weiter.

Wird nun $i \geq j$, dann brechen wir ab, denn wir wissen nun, dass links von der Position i nur kleinere und rechts nur größere Elemente stehen. Wurde $i = j$, während wir i inkrementiert haben, so zeigt i nun auf das Element, welches im letzten Austauschritt nach j kopiert wurde bzw., falls es den letzten Austauschschritt nicht gegeben hat, auf das Pivot. Insbesondere wissen wir nun, dass i auf ein Element zeigt, das nicht kleiner als das Pivot ist.

Andernfalls wurde $i = j$, während wir j dekrementiert haben. In diesem Fall zeigt i offensichtlich auf ein Element, das größer als das Pivot ist. Also ist die letzte Vertauschung des Pivots mit dem Schlüssel an Position i zulässig. Nun ist i

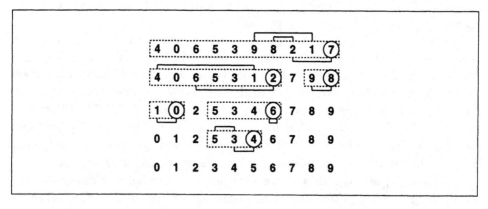

Bild 2.29: Ablauf des Quicksort auf der Folge (4,0,6,5,3,9,8,2,1,7)

```
QUICKSORT (int array[], int ℓ, int r)
{
    if (ℓ < r)
    {
        int pivot = partition(array, ℓ, r, r);
        if (pivot − ℓ < r − pivot)
        {
            quicksort(array, ℓ, pivot − 1);
            quicksort(array, pivot + 1, r);
        }
        else
        {
            quicksort(array, pivot + 1, r);
            quicksort(array, ℓ, pivot − 1);
        }
    }
}

int partition(int array[], int ℓ, int r, int pivot)
{
    int i = ℓ − 1, j = r;                 /* left and right pointer */
    swap(array[pivot], array[r]);         /* move pivot to the right end */
    pivot = r;
    while (i < j)
    {
        do i++; while ((i < j) && (array[i] < array[pivot]));
        do j−−; while ((j > i) && (array[j] > array[pivot]));
        if (i ≥ j)
            swap(array[i], array[pivot]);
        else
            swap(array[i], array[j]);
    }
    return i;
}
```

Bild 2.30: Quicksort

die Position des Pivots und links davon stehen nur Schlüssel, die kleiner sind, und rechts davon stehen nur Schlüssel, die größer sind.

Damit können wir nun rekursiv quicksort($ℓ, i − 1$) und quicksort($i + 1, r$) aufrufen. An dieser Stelle sollten wir die Rekursionen in der richtigen Reihenfolge aufrufen. Es ist günstiger, zuerst den kleineren Teilbereich zu sortieren und dann erst den größeren. Wir kommen später darauf zurück, warum wir hier diese Entscheidung treffen. Man überlege sich, dass auch Quicksort kein stabiles Sortierverfahren ist.

2.4.2   Worst-Case und Best-Case Analyse von Quicksort

Kommen wir nun zur Analyse von Quicksort. Zunächst ein paar Definitionen, die die Sprechweise vereinfachen.

Definition 2.15 *Ein Element einer total geordneten Menge hat* Rang k, *wenn genau* $k - 1$ *Elemente der Menge kleiner sind. Ein Element einer n-elementigen total geordneten Menge heißt* Median, *wenn es Rang $\lceil \frac{n+1}{2} \rceil$ hat.*

Bezeichne $V_{\text{Quick}}(n)$ die maximale Anzahl der benötigten Vergleiche, um ein Feld der Länge n zu sortieren. Da der Aufteilungsschritt offensichtlich $n - 1$ Vergleiche benötigt, erhalten wir folgende Rekursionsgleichung, wenn wir als Pivot das Element mit Rang k erwischen:

$$V_{\text{Quick}}(n) = 0 \qquad\qquad\qquad \text{für } n \in [0:1],$$
$$V_{\text{Quick}}(n) = (n-1) + V_{\text{Quick}}(k-1) + V_{\text{Quick}}(n-k)$$
$$\text{für ein } k \in [1:n] \land n \geq 2.$$

Leider hängen die Größen der rekursiv zu durchsuchenden Teilbereiche von dem gewählten Pivot ab. In der obigen Rekursionsgleichung haben wir angenommen, dass wir den Schlüssel mit Rang k als Pivot gewählt haben. Dummerweise könnten wir immer den größten oder den kleinsten Schlüssel des Teilbereichs wählen (insbesondere dann, wenn die Folge bereits sortiert ist!). Dann würden wir die folgende Rekursionsgleichung erhalten:

$$V_{\text{Quick}}(n) = 0 \qquad\qquad\qquad \text{für } n \in [0:1],$$
$$V_{\text{Quick}}(n) = (n-1) + V_{\text{Quick}}(n-1) \qquad \text{für } n \geq 2.$$

Diese Rekursionsgleichung ist dieselbe wie für Selectionsort. Also kann sich Quicksort wie Selectionsort verhalten und $\binom{n}{2}$ Vergleiche benötigen. Auf den ersten Blick sieht es so aus, als hätten wir keine Verbesserung gegenüber Insertionsort bzw. Selectionsort erzielt.

Theorem 2.16 *Quicksort benötigt zum Sortieren eines Feldes der Länge n maximal $\binom{n}{2}$ Vergleiche.*

Diese Möglichkeit des ungleichen Aufteilens des Feldes ist auch der Grund, warum wir bei der Rekursion zuerst den kleineren Teilbereich sortieren. Somit bleibt zu jedem Zeitpunkt die Anzahl der noch nicht sortierten Teilbereiche durch $O(\log(n))$ beschränkt. Andernfalls könnte diese Anzahl im schlimmsten Falle bis auf $\Theta(n)$ anwachsen und damit sehr schnell zu Speicherplatzproblemen führen. Durch diese Auswahl haben wir nun auch den zusätzlichen Speicherplatz bei Quicksort auf $O(\log^2(n))$ im logarithmischen Kostenmaß beschränkt. Dies folgt

aus der Beobachtung, dass für jeden noch zu sortierenden Teilbereich die Indexgrenzen gespeichert werden müssen und diese jeweils $O(\log(n))$ Speicherplatz
benötigen. Wir wollen an dieser Stelle noch ausdrücklich darauf hinweisen, dass
Quicksort deshalb *kein* in-situ-Verfahren ist.

Andererseits können wir mit der Wahl des Pivots Glück haben und immer
den Median erwischen. Dann sind in der linken Hälfte genau $\lceil \frac{n+1}{2} \rceil - 1 = \lceil \frac{n-1}{2} \rceil$
Schlüssel und $\lfloor \frac{n+1}{2} \rfloor - 1 = \lfloor \frac{n-1}{2} \rfloor$ Schlüssel in der rechten Hälfte. Damit erhalten
wir eine ähnliche Rekursionsgleichung wie bei Mergesort.

$$V_{\text{Quick}}(n) = 0 \qquad\qquad \text{für } n \leq 1,$$

$$V_{\text{Quick}}(n) \leq (n-1) + V_{\text{Quick}}\left(\left\lceil \frac{n-1}{2} \right\rceil\right) + V_{\text{Quick}}\left(\left\lfloor \frac{n-1}{2} \right\rfloor\right) \quad \text{für } n \geq 2.$$

Damit wissen wir, dass Quicksort unter günstigen Umständen nur $n\log(n) + O(n)$
Vergleiche benötigt.

In diesem Abschnitt haben wir die best-case und worst-case Laufzeitabschät-
zungen für Quicksort angegeben. Der Vollständigkeit merken wir hier an, dass
wir nicht bewiesen haben, dass die verwendeten Eingaben wirklich den best-
bzw. worst-case liefern. Der Leser sei dazu eingeladen, sich diese Beweise selbst
zu überlegen.

2.4.3 Average-Case Analyse von Quicksort

Da sich Quicksort sehr datenabhängig verhält, ist es hier ratsam, die mittlere
Anzahl von Vergleichen zu untersuchen. Dazu müssen wir uns erst einmal eine vernünftige Wahrscheinlichkeitsverteilung auf dem Raum der Eingaben überlegen.
Zuerst erinnern wir uns, dass wir Informationen über die Ordnung der Elemente
der Eingabefolge nur mit Hilfe der Vergleichsfunktion erhalten. Daher nehmen
wir an, dass jede der $n!$ möglichen Anordnungen einer n-elementigen Eingabefolge gleich wahrscheinlich ist. Wie schon zu Beginn dieses Abschnittes erwähnt,
setzen wir hierbei weiterhin voraus, dass wir eine Folge von paarweise verschiedenen Elementen sortieren wollen.

Wir wollen hier anmerken, dass in der Praxis gewisse Permutationen häufiger
auftreten als andere, da die Datenerhebung meist gewissen Gesetzen gehorcht.
Die Daten könnten z.B. aus vielen bereits sortierten Dateien zusammengesetzt
sein. Da aber im Allgemeinen hierüber nichts bekannt ist, können wir das leider
bei unserer Analyse auch nicht ausnützen. Auf der anderen Seite wird man bei
Kenntnis von gewissen Strukturen in der zu sortierenden Folge auch versuchen,
diese geschickt durch entsprechende Modifikationen der Sortierverfahren auszunutzen, und nicht sturheil irgendeinen Sortieralgorithmus einsetzen.

Im Folgenden bezeichnen wir mit $\bar{V}_{\text{Quick}}(n)$ die mittlere Anzahl von Vergleichen, die Quicksort auf einem Feld der Länge n benötigt. Zuerst überlegen wir

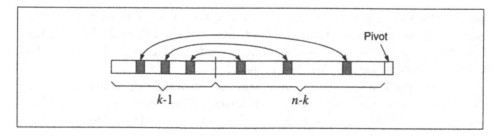

Bild 2.31: Entstehung einer Folge der Länge $k - 1$ im Aufteilungsschritt

uns, mit welcher Wahrscheinlichkeit das Element mit Rang k als Pivot ausgewählt wird. Es gibt insgesamt $n! = 1 \cdot 2 \cdots n$ verschiedene Permutationen von n Elementen und $(n - 1)!$ verschiedene Permutationen, in denen das Element mit Rang k am Ende steht. Also ist die Wahrscheinlichkeit, dass wir das Element mit Rang k als Pivot wählen gerade $\frac{(n-1)!}{n!} = \frac{1}{n}$.

Um eine Rekursionsgleichung aufstellen zu können, müssen wir uns nun noch überlegen, dass die im Aufteilungsschritt entstandenen Teilfolgen ebenfalls wieder gleich verteilt sind. Dazu betrachten wir den linken Bereich nach einem Aufteilungsschritt, in dem das Pivot ein Element mit Rang k ist. Wir überlegen uns zunächst, aus wie vielen Folgen der Länge n, bei denen das Element mit Rang k am Ende steht, eine feste Folge $(x_1, \ldots, x_{k-1})$ der Länge $k-1$ nach einem Aufteilungsschritt entstehen kann (allerdings bevor das Pivot an die k-te Stelle getauscht wird). Wir bezeichnen diese Anzahl mit $A(x_1, \ldots, x_{k-1})$. Während des Aufteilungsschrittes können $i \in [0 : \min\{k - 1, n - k\}]$ Vertauschungen stattgefunden haben. Zur Illustrierung dieser Vertauschungen siehe auch Bild 2.31.

Für diese i Vertauschungen gibt es $\binom{k-1}{i}$ verschiedene Möglichkeiten i Positionen im linken Teil (dem Bereich mit den Elementen kleiner als das Pivot) und $\binom{n-k}{i}$ verschiedene Möglichkeiten i Positionen im rechten Teil (dem Bereich mit den Elementen größer als das Pivot) auszuwählen. Außerdem können die $(n - k)$ Elemente im rechten Teil in irgendeiner der $(n - k)!$ verschiedenen Permutationen angeordnet sein. Damit gilt

$$A(x_1, \ldots, x_{k-1}) = \sum_{i=0}^{\min\{k-1, n-k\}} \binom{k - 1}{i} \binom{n - k}{i} (n - k)!$$

Wie man leicht sieht, ist diese Anzahl von der betrachteten Folge $(x_1, \ldots, x_{k-1})$ unabhängig und daher eine feste Zahl unabhängig von den einzelnen x_i. Da es genau $(n - 1)!$ Permutationen gibt, in denen das Element mit Rang k am Ende steht, und es genau $(k - 1)!$ Permutationen der Folge $(x_1, \ldots, x_{k-1})$ gilt, erhalten wir

$$(n - 1)! = \sum_{(x_1, \ldots, x_{k-1})} A(x_1, \ldots, x_{k-1}) = (k - 1)! \cdot A(x_1, \ldots, x_{k-1}),$$

wobei sich die Summe über alle Permutationen von $(x_1, \ldots, x_{k-1})$ erstreckt. Daraus folgt unmittelbar, dass $A(x_1, \ldots, x_{k-1}) = \frac{(n-1)!}{(k-1)!}$.

Da es insgesamt $(n-1)!$ verschiedene Folgen gibt, in denen das Element mit Rang k als Pivot ausgewählt wird, erscheint jede Folge der Länge $k-1$ im linken Teil nach dem Aufteilungsschritt mit Wahrscheinlichkeit $\frac{1}{(k-1)!}$. Also sind alle in der Rekursion auftretenden Folgen gleich wahrscheinlich. Analog kann man auch zeigen, dass alle Folgen rechts vom Pivot mit gleicher Wahrscheinlichkeit auftreten.

Man kann mit etwas Kombinatorik den Wert von $A(x_1, \ldots, x_{k-1})$ auch direkt bestimmen. Wir beweisen hierzu die folgende Identität:

$$\sum_{i=0}^{\min\{s,t\}} \binom{s}{i}\binom{t}{i} = \binom{s+t}{s}.$$

Daraus ergibt sich die gewünschte Formel für $A(x_1, \ldots, x_{k-1})$ mit $s = k-1$ und $t = n - k$ und durch Multiplikation dieser Gleichung mit $t! = (n-k)!$.

Zuerst folgt aus der Symmetrie der Binomialkoeffizienten, dass wir die folgende Identität betrachten können:

$$\sum_{i=0}^{\min\{s,t\}} \binom{s}{s-i}\binom{t}{i} = \binom{s+t}{s}. \tag{2.1}$$

Auf der rechten Seite der Gleichung 2.1 steht die Anzahl von Möglichkeiten, aus einer $s+t$-elementigen Menge eine s-elementige Teilmenge auszuwählen. Betrachten wir die $s+t$-elementige Menge als disjunkte Vereinigung zweier Mengen: einer s-elementigen Menge A und einer t-elementigen Menge B.

Wir können nun eine s-elementige Menge auswählen, indem wir eine i-elementige Teilmenge aus B und eine $s-i$-elementige Teilmenge aus A auswählen. Dabei kann i maximal $\min\{s,t\}$ sein. Summieren wir über alle möglichen i auf, erhalten wir den Ausdruck auf der linken Seite der Gleichung 2.1. Damit haben wir also Gleichung 2.1 bewiesen.

Aus den vorhergehenden Überlegungen erhalten wir nun die folgende Rekursionsgleichung:

$$\bar{V}_{\text{Quick}}(n) = 0 \qquad\qquad\qquad \text{für } n \leq 1,$$

$$\bar{V}_{\text{Quick}}(n) = \sum_{k=1}^{n} \frac{1}{n}\left[(n-1) + \bar{V}_{\text{Quick}}(k-1) + \bar{V}_{\text{Quick}}(n-k)\right] \quad \text{für } n \geq 2.$$

Die Rekursionsgleichung lässt sich für $n \geq 2$ wie folgt vereinfachen:

$$\bar{V}_{\text{Quick}}(n) = (n-1) + \frac{1}{n}\left(\sum_{k=1}^{n}\left[\bar{V}_{\text{Quick}}(k-1) + \bar{V}_{\text{Quick}}(n-k)\right]\right)$$

$$= (n-1) + \frac{1}{n} \sum_{k=0}^{n-1} \bar{V}_{\text{Quick}}(k) + \frac{1}{n} \sum_{k=0}^{n-1} \bar{V}_{\text{Quick}}(k)$$

$$= (n-1) + \frac{2}{n} \sum_{k=1}^{n-1} \bar{V}_{\text{Quick}}(k).$$

Zur Lösung dieser Rekursionsgleichung multiplizieren wir diese erst mit n:

$$n\bar{V}_{\text{Quick}}(n) = n(n-1) + 2 \sum_{k=1}^{n-1} \bar{V}_{\text{Quick}}(k)$$

und betrachten dieselbe Gleichung für $n-1$ anstatt für n:

$$(n-1)\bar{V}_{\text{Quick}}(n-1) = (n-1)(n-2) + 2 \sum_{k=1}^{n-2} \bar{V}_{\text{Quick}}(k).$$

Nun subtrahieren wir die letzte Gleichung von der vorherigen und erhalten:

$$n\bar{V}_{\text{Quick}}(n) - (n-1)\bar{V}_{\text{Quick}}(n-1) = n(n-1) - (n-1)(n-2) + 2\bar{V}_{\text{Quick}}(n-1).$$

Dies ist offensichtlich äquivalent zu:

$$n\bar{V}_{\text{Quick}}(n) = (n+1)\bar{V}_{\text{Quick}}(n-1) + 2(n-1).$$

Nach Division durch $n(n+1)$ erhalten wir

$$\frac{\bar{V}_{\text{Quick}}(n)}{n+1} = \frac{\bar{V}_{\text{Quick}}(n-1)}{n} + \frac{2(n-1)}{n(n+1)} = \frac{\bar{V}_{\text{Quick}}(n-1)}{n} + \frac{4}{n+1} - \frac{2}{n}.$$

Durch Iteration erhalten wir weiter:

$$\begin{aligned}
\frac{\bar{V}_{\text{Quick}}(n)}{n+1} &= \frac{\bar{V}_{\text{Quick}}(n-1)}{n} + \frac{4}{n+1} - \frac{2}{n} \\
&= \frac{\bar{V}_{\text{Quick}}(n-2)}{n-1} + \left(\frac{4}{n} - \frac{2}{n-1} \right) + \left(\frac{4}{n+1} - \frac{2}{n} \right)
\end{aligned}$$

Nach i Iterationen erhält man:

$$= \frac{\bar{V}_{\text{Quick}}(n-i)}{n+1-i} + \sum_{j=0}^{i-1} \left(\frac{4}{n+1-j} - \frac{2}{n-j} \right)$$

Für $i = n-1$ erhält man dann:

$$= \underbrace{\frac{\bar{V}_{\text{Quick}}(1)}{2}}_{=0} + \sum_{j=0}^{n-2} \left(\frac{4}{n+1-j} - \frac{2}{n-j} \right)$$

$$= \sum_{j=3}^{n+1} \frac{4}{j} - \sum_{j=2}^{n} \frac{2}{j}$$

Mit $H_n := \sum_{j=1}^{n} \frac{1}{j}$ bezeichnen wir die n-te *harmonische Zahl*:

$$= \left(4H_n + \frac{4}{n+1} - \frac{4}{2} - 4\right) - (2H_n - 2)$$

$$= 2H_n + \frac{4}{n+1} - 4$$

Es gilt $H_n = \ln(n) + C + o(1)$, wobei $C \approx 0{,}57721$ die *Euler-Mascheronische Konstante* ist.

$$= 2\ln(n) + O(1).$$

Damit erhalten wir für die mittlere Laufzeit für Quicksort:

$$\bar{V}_{\text{Quick}}(n) = 2\ln(2) \cdot n \log(n) + O(n) \approx 1{,}386\, n \log(n).$$

Theorem 2.17 *Quicksort benötigt zum Sortieren eines Feldes der Länge n im Mittel $2\ln(2)\, n \log(n) + O(n) \approx 1{,}386\, n \log(n)$ Vergleiche.*

Dies ist zwar ein sehr schönes Ergebnis, allerdings ist die schlechte worst-case Laufzeit sehr unangenehm. Es kann vorkommen, dass z.B. dieselbe Anzahl Daten in ca. einer Sekunde sortiert wird, während man im worst-case fast eine Stunde warten muss. Daher ist aufgrund der geringeren Anzahl von Vergleichen sogar im Mittel Bottom-Up-Heapsort eine echte Alternative zu Quicksort!

2.4.4 Varianten von Quicksort

Ein Weg, um die schlechte worst-case-Laufzeit von Quicksort auszutricksen, ist der, dass man das Pivot zufällig wählt. So tritt der worst-case nun nicht mehr bei bestimmten, strukturierten Folgen auf, sondern kann (mit sehr kleiner Wahrscheinlichkeit) bei jeder Eingabe erfolgen. Die prinzipielle Lücke ist aber auch hier nicht geschlossen.

Theorem 2.18 *Der randomisierte Quicksort benötigt zum Sortieren eines Feldes der Länge n im Erwartungswert $2\ln(2)n \log(n) + O(n) \approx 1{,}386\, n \log(n)$ Vergleiche.*

Eine weitere Verbesserung kann man erzielen, indem man drei Elemente der Folge an festen bzw. zufälligen Positionen wählt und deren Median als Pivot verwendet. Dadurch kann man die mittlere bzw. erwartete Anzahl von Vergleichen noch einmal leicht drücken. Die mathematisch aufwendige Analyse wollen wir an dieser Stelle nicht ausführen und verweisen auf das Lehrbuch von R. Sedgewick und Ph. Flajolet. Wir halten hier nur noch die Ergebnisse fest:

Theorem 2.19 *Quicksort, der als Pivot den Median aus drei Elementen an fest gewählten Positionen des Feldes verwendet, benötigt zum Sortieren eines Feldes der Länge n im Mittel $\frac{12}{7} \ln(2)\, n \log(n) + O(n) \approx 1{,}188\, n \log(n)$ Vergleiche.*

Ein analoges Ergebnis erhält man, wenn man als Pivot den Median von drei zufällig gewählten Elementen verwendet.

Theorem 2.20 *Quicksort, der als Pivot den Median aus drei zufällig gewählten Elementen des Feldes verwendet, benötigt zum Sortieren eines Feldes der Länge n im Erwartungswert $\frac{12}{7} \ln(2)\, n \log(n) + O(n) \approx 1{,}188\, n \log(n)$ Vergleiche.*

Eine weitere Möglichkeit, wie man für Quicksort auch im worst-case eine asymptotisch optimale Laufzeit erhält, ist eine geschickte Wahl des Pivots. Wählt man als Pivot immer den Median (oder zumindest ein Element, das hinreichend weit weg vom Rand ist), so kann man die worst-case Laufzeit von Quicksort auf $O(n \log(n))$ drücken, sofern man dieses Pivot in linearer Zeit finden kann. Dieses Problem wird uns im nächsten Kapitel näher beschäftigen. Für die Praxis sind allerdings die im O versteckten Konstanten zu groß.

Für praktische Zwecke gibt es noch einen subtilen Trick, um die Laufzeit zu erniedrigen. Anstatt die Rekursion von Quicksort bis zum Ende durchlaufen zu lassen, empfiehlt es sich, für kurze Folgen einen einfachen Sortieralgorithmus wie Insertionsort anzuwenden. Die Praxis zeigt, dass es z.B. sinnvoller ist, Felder mit weniger als ca. 10 Elementen mit Insertionsort zu sortieren.

Wir wollen hier darauf hinweisen, dass es ebenfalls möglich ist, Quicksort iterativ zu implementieren. Hierbei muss man dann aber mit Hilfe eines Kellers die Indexgrenzen der noch nicht sortierten Teilfelder selbst verwalten. Die meisten Compiler optimieren den Code bereits so, dass die iterative Variante eher langsamer wird.

Zum Abschluss wollen wir noch einmal wiederholen, dass es sich bei Quicksort um kein in-situ-Verfahren handelt, da die Grenzen der noch nicht abgearbeiteten Teilintervalle gespeichert werden müssen. Wie wir bereits diskutiert hatten, können durchaus logarithmisch viele Teilintervalle offen sein.

2.5   Interludium: Divide-and-Conquer-Algorithmen

Mit Mergesort und Quicksort haben wir zwei Sortieralgorithmen gefunden, die nach demselben Entwurfsprinzip für Algorithmen konstruiert wurden: dem so genannten *Divide-and-Conquer*. Daher wollen wir in diesem Abschnitt nun näher auf dieses allgemeine und sehr mächtige Grundprinzip eingehen.

2.5.1 Prinzip

Das Prinzip des Divide-and-Conquer (oft auch als divide-et-impera oder Teile-und-Herrsche-Prinzip bezeichnet) lässt sich im Wesentlichen in die folgenden drei Phasen gliedern:

- Zuerst wird das Problem in mehrere kleinere Teilprobleme derselben Art aufgeteilt (im so genannten *Divide-Schritt*);
- Dann werden die kleineren Teilprobleme rekursiv gelöst;
- Schließlich wird aus den Lösungen der Teilprobleme eine Lösung für das Gesamtproblem konstruiert (im so genannten *Conquer-Schritt*).

Am Beispiel des Mergesorts war der Divide-Schritt sehr einfach. Wenn man nicht weiß, was man tun soll, teilt man das Problem einfach irgendwie in zwei Teile. Das einzig geschickte hieran war, dass man versucht hat, die Teile möglichst gleich groß zu wählen. Im Conquer-Schritt war dann die eigentliche Arbeit zu verrichten, nämlich im Mischen der sortierten Teilfolgen.

Beim Quicksort war es gerade andersherum. Hier hat man sich bereits im Divide-Schritt die Arbeit gemacht, indem man die Folge so geschickt aufgeteilt hat, dass eine Teilfolge nur „kleine" und die andere Teilfolge nur „große" Elemente enthielt. Dadurch konnte der Conquer-Schritt sehr einfach gehalten werden: die beiden Folgen mussten nur aneinander gehängt werden.

Im Allgemeinen ist es jedoch so, dass man sowohl im Divide-Schritt wie im Conquer-Schritt Arbeit verrichten muss. Außerdem wird es oft nicht genügen, das Problem nur in zwei Teilprobleme aufzuspalten. Oft wird man die Eingabe auch in mehrere Teilprobleme aufteilen müssen. Manchmal wird man sie auch nur auf ein kleineres Teilproblem reduzieren.

2.5.2 Ansatz für eine allgemeine Analyse

Nun versuchen wir, für einen Divide-and-Conquer-Algorithmus ganz allgemein die Komplexität des erhaltenen Algorithmus abzuschätzen. Dazu bezeichne $D(n)$ bzw. $C(n)$ die Komplexität des Divide- bzw. des Conquer-Schritts. Sei weiter a die Anzahl der entstandenen Teilprobleme und n_i für $i \in [1 : a]$ die Größe der einzelnen Teilprobleme. Damit ergibt sich für die Komplexität $\mathcal{C}(n)$ des Gesamtproblems die folgende Rekursionsgleichung:

$$\mathcal{C}(n) = O(1) \quad \text{für } n \leq n_0,$$

$$\mathcal{C}(n) = D(n) + \sum_{i=1}^{a} \mathcal{C}(n_i) + C(n) \quad \text{für } n > n_0.$$

In dieser Allgemeinheit ist es schwierig, diese Rekursionsgleichung zu lösen. Daher wollen wir die Rekursionsgleichung unter ein paar Einschränkungen lösen.

Allerdings werden die meisten interessanten Fälle dennoch durch diese Analyse abgedeckt.

Wir wollen dazu annehmen, dass alle Teilprobleme dieselbe Größe haben, und zwar $n_i = n/b$ für ein $b > 1$. Für $b \leq 1$ müssten in der Rekursion Teilprobleme gelöst werden, die mindestens so groß wie das ursprüngliche Problem sind. In diesem Fall terminiert die Rekursion im Allgemeinen nicht. Für die Komplexität des Divide- und des Conquer-Schritts schreiben wir kurz $f(n) = D(n) + C(n)$. Somit erhalten wir für eine Konstante $d \geq 0$:

$$
\begin{aligned}
C(1) &= d, \\
C(n) &= a \cdot C(n/b) + f(n) \qquad \text{für } n > 1.
\end{aligned}
$$

Wir werden nun diese Rekursionsgleichung für $n = b^k$ durch Iteration lösen.

$$
\begin{aligned}
C(n) &= a \cdot C(n/b) + f(n) \\
&= a \left(a \cdot C(n/b^2) + f(n/b) \right) + f(n) \\
&= a^2 \cdot C(n/b^2) + a \cdot f(n/b) + f(n) \\
&= a^3 \cdot C(n/b^3) + a^2 \cdot f(n/b^2) + a \cdot f(n/b) + f(n) \\
&\quad \text{nach } k \text{ Iterationen erhalten wir} \\
&= a^k \cdot C(n/b^k) + \sum_{i=0}^{k-1} a^i \cdot f(n/b^i) \\
&\quad \text{mit } k = \log_b(n) \text{ erhalten wir} \\
&= a^{\log_b(n)} \cdot \underbrace{C(n/b^{\log_b(n)})}_{=C(1)=d} + \sum_{i=0}^{\log_b(n)-1} a^i \cdot f(n/b^i) \\
&= d \cdot n^{\log_b(a)} + \sum_{i=0}^{\log_b(n)-1} a^i \cdot f(n/b^i).
\end{aligned}
$$

Im nächsten Abschnitt werden wir diese Rekursionsgleichung lösen, wenn f eine lineare Funktion ist. Im übernächsten Abschnitt werden wir sogar für allgemeinere (aber nicht alle möglichen) Funktionen f eine Lösung angeben.

2.5.3 Analyse eines Spezialfalles

Zuerst einmal werden wir den einfachen Fall untersuchen, wenn f eine lineare Funktion ist, also $f(n) = c \cdot n$.

Fall 1 ($a < b$):

$$C(n) \leq d \cdot n^{\log_b(a)} + \sum_{i=0}^{\log_b(n)-1} c \cdot n \cdot \frac{a^i}{b^i}$$

da $a < b$ ist $\log_b(a) < 1$

$$\leq n + c \cdot n \sum_{i=0}^{\infty} \left(\frac{a}{b}\right)^i$$

da $a/b < 1$, ist die geometrische Reihe konvergent

$$\leq \left(1 + \frac{c}{1 - a/b}\right) \cdot n.$$

Somit gilt $C(n) = O(n)$ und wir erhalten also eine lineare Komplexität, wenn in jedem Rekursionsschritt die Summe der Größen der Teilprobleme echt kleiner ($a \cdot n/b < n$) als die ursprüngliche Größe des Problems wird.

Fall 2 ($a = b$):

$$C(n) \leq d \cdot n^{\log_b(a)} + \sum_{i=0}^{\log_b(n)-1} c \cdot n \left(\frac{a}{b}\right)^i$$

da $a = b$

$$\leq d \cdot n + c \cdot n \log_b(n)$$

$$\leq \left(d + \frac{c}{\log_2(b)}\right) \cdot n \log(n).$$

Somit gilt $C(n) = O(n \log(n))$. Sind also in jedem Rekursionsschritt die Summen der Größen der Teilprobleme genauso groß wie die Größe des ursprünglichen Problems ($a \cdot n/b = n$), erhalten wir als Laufzeit $O(n \log(n))$. Mergesort ist ein Beispiel für diesen Typ von Divide-and-Conquer-Algorithmen ($a = b = 2$).

Fall 3 ($a > b$):

$$C(n) \leq d \cdot n^{\log_b(a)} + c \cdot n \sum_{i=0}^{\log_b(n)-1} \left(\frac{a}{b}\right)^i$$

$$\leq d \cdot n^{\log_b(a)} + c \cdot n \frac{\left(\frac{a}{b}\right)^{\log_b(n)} - 1}{\frac{a}{b} - 1}$$

da $(a/b)^{\log_b(n)} = \frac{(b^{\log_b(a)})^{\log_b(n)}}{n} = \frac{(b^{\log_b(n)})^{\log_b(a)}}{n} = \frac{n^{\log_b(a)}}{n}$

$$\leq \left(d + \frac{c}{a/b - 1}\right) \cdot n^{\log_b(a)}.$$

Somit erhalten wir $C(n) = O(n^{\log_b(a)})$. Wird also in jedem Rekursionsschritt die Summe der Größen der Teilprobleme größer als die Größe des ursprünglichen

Problems $(a \cdot n/b > n)$, so erhalten wir eine polynomielle Laufzeit, wobei die Konstanten a und b den Grad des Polynoms bestimmen.

Nun können wir diese Rekursionsgleichung auch für den Fall abschätzen, wenn n keine Potenz von b ist. Dazu bemerken wir zuerst, dass für $f(n) = n$ die Lösung $C(n)$ monoton wachsend ist. Also schätzen wir nun $C(n)$ durch $C(b^{\lceil \log_b(n) \rceil})$ ab. Da $b^{\lceil \log_b(n) \rceil} \leq b \cdot n$ ist, erhalten wir für beliebiges n dieselbe Lösung wie für eine Potenz von b, in der n durch $b \cdot n$ ersetzt ist. Durch Ausrechnen sieht man, dass man den zusätzlichen Aufwand im O verstecken kann.

2.5.4 Analyse für allgemeinere Fälle

Unter gewissen Annahmen über die Funktion f können wir die Lösung dieser Rekursionsgleichung auch im Allgemeinen näher beschreiben:

Theorem 2.21 *Seien $a, b, d \in \mathbb{N}$ mit $b > 1$, sei $f(n)$ eine Funktion und sei $C(n)$ definiert durch $C(n) = a \cdot C(n/b) + f(n)$ für $n > 1$ und $C(1) = d$. Dann gilt:*

$$
C(n) = \begin{cases}
\Theta(n^{\log_b(a)}) & \text{falls } f(n) = O(n^{\log_b(a)-e}) \text{ für ein konstantes } e > 0 \\
\Theta(n^{\log_b(a)} \log(n)) & \text{falls } f(n) = \Theta(n^{\log_b(a)}) \\
\Theta(f(n)) & \text{falls } f(n) = \Omega(n^{\log_b(a)+e}) \text{ für ein konstantes } e > 0 \\
& \text{und } a \cdot f(n/b) \leq c \cdot f(n) \text{ für ein konstantes } c < 1
\end{cases}
$$

Beweis: Sei $f(n) = O(n^{\log_b(a)-e})$, d.h. $f(n) \leq c \cdot n^{\log_b(a)-e}$ für ein konstantes $e > 0$. Wir zeigen $C(n)/n^{\log_b(a)} \leq \alpha$ für eine Konstante α:

$$
\frac{C(n)}{n^{\log_b(a)}} \leq \frac{1}{n^{\log_b(a)}} \left(d \cdot n^{\log_b(a)} + \sum_{i=0}^{\log_b(n)-1} a^i c \left(\frac{n}{b^i}\right)^{\log_b(a)-e} \right)
$$

$$
\leq d + \underbrace{\frac{n^{\log_b(a)}}{n^{\log_b(a)}}}_{=1} \cdot \frac{c}{n^e} \sum_{i=0}^{\log_b(n)-1} \left(\underbrace{\frac{a}{b^{\log_b(a)}}}_{=1} \cdot \frac{1}{b^{-e}} \right)^i
$$

$$
= d + \frac{c}{n^e} \underbrace{\sum_{i=0}^{\log_b(n)-1} (b^e)^i}_{\frac{b^{e \log_b n}-1}{b^e-1}}
$$

$$
\leq d + \frac{c}{n^e} \cdot \frac{n^e}{b^e - 1}
$$

$$
\leq d + \frac{c}{b^e - 1}.
$$

Daraus folgt nun, dass $C(n) = O(n^{\log_b(a)})$. Offensichtlich gilt andererseits auch $n^{\log_b(a)} = O(C(n))$, da $C(n) \geq d \cdot n^{\log_b(a)}$. Daher gilt $C(n) = \Theta(n^{\log_b(a)})$.

Sei $f(n) = \Theta(n^{\log_b(a)})$. Wir schätzen $f(n) \leq c \cdot n^{\log_b a}$ für ein $c > 0$ ab und erhalten:

$$C(n) \;\leq\; d \cdot n^{\log_b(a)} + \sum_{i=0}^{\log_b(n)-1} a^i \cdot c \cdot \left(\frac{n}{b^i}\right)^{\log_b(a)}$$

$$= \; d \cdot n^{\log_b(a)} + c \cdot n^{\log_b(a)} \sum_{i=0}^{\log_b(n)-1} \underbrace{\frac{a^i}{b^{i \log_b(a)}}}_{=1}$$

$$= \; d \cdot n^{\log_b(a)} + c \cdot n^{\log_b(a)} \underbrace{\sum_{i=0}^{\log_b(n)-1} 1}_{=\log_b(n)}$$

Somit gilt $C(n) = O(n^{\log_b(a)} \log(n))$. Analog können wir die Rechnung für die Abschätzung $f(n) \geq c' \cdot n^{\log_b a}$ für ein $c' > 0$ durchführen und erhalten dann $f(n) = \Omega(n^{\log_b(a)} \log(n))$.

Sei nun $f(n) = \Omega(n^{\log_b(a)+e})$ für ein konstantes $e > 0$ und $a \cdot f(n/b) \leq c \cdot f(n)$ für ein konstantes $c < 1$. Aus der letzten Voraussetzung können wir unmittelbar $a^i \cdot f(n/b^i) \leq c^i \cdot f(n)$ folgern. Damit erhalten wir nun ganz leicht eine Abschätzung von $C(n)$ nach oben:

$$C(n) \;\leq\; d \cdot n^{\log_b a} + \sum_{i=0}^{\log_b(n)-1} c^i \cdot f(n)$$

$$\leq \; d \cdot n^{\log_b a} + \sum_{i=0}^{\infty} c^i \cdot f(n)$$

$$\leq \; d \cdot n^{\log_b a} + \frac{f(n)}{1-c}.$$

Mit $f(n) > \alpha \cdot n^{\log_b(a)+e}$ für ein α und $e > 0$ ergibt sich $C(n) = O(f(n))$ und da $f(n) \leq C(n)$, gilt $f(n) = O(C(n))$ und daher $C(n) = \Theta(f(n))$. ∎

Man kann zeigen, dass das obige Resultat für $1 < b \in \mathbb{R}$ gültig bleibt. Der Parameter b muss also nicht ganzzahlig sein.

2.6 Eine untere Schranke für das Sortieren

In diesem Abschnitt wollen wir eine untere Schranke für das Sortieren herleiten. Wir werden dabei annehmen, dass in den zu sortierenden Folgen alle Elemente paarweise verschieden sind. Außerdem betrachten wir nur vergleichsbasierte Sortieralgorithmen. Ein *vergleichsbasierter Sortieralgorithmus* verwendet

für seine Entscheidungen nur die Ergebnisse von Vergleichen auf den zu sortierenden Schlüsseln. Alle bisher betrachteten Sortierverfahren waren vergleichsbasiert.

2.6.1 Entscheidungsbaum

Betrachten wir nun einen beliebigen vergleichsbasierten Sortieralgorithmus $\mathcal{A}$.
Wir können uns einen solchen Sortieralgorithmus für eine Eingabe der Länge n
als Baum vorstellen. An den inneren Knoten notieren wir die ausgeführten Vergleiche des Sortieralgorithmus. Da für jeden solchen Vergleich nur zwei Antworten
in Frage kommen (wir haben ja ausgeschlossen, dass ein Element mehrfach in der
Eingabefolge auftritt), erhalten wir einen binären Baum $T_{\mathcal{A}}(n)$, der für Eingabefolgen der Länge n den Sortieralgorithmus beschreibt. Wir verzweigen hier zum
linken Kind, wenn der im Knoten notierte Vergleich $x_i < x_j$ ergeben hat, und wir
verzweigen zum rechten Kind, wenn der Vergleich $x_i > x_j$ ergeben hat.

An der Wurzel notieren wir den ersten ausgeführten Vergleich. An den anderen
inneren Knoten notieren wir den Vergleich, der unter der Annahme ausgeführt
wird, dass die in dem eindeutigen Pfad von der Wurzel zu diesem inneren Knoten notierten Vergleiche so ausgegangen sind, wie es die Verzweigungsstruktur
des Baums angibt. An einem Blatt notieren wir die Permutation, die die Eingabefolge unter Berücksichtigung der ausgeführten Vergleiche so permutiert, dass
die Folge aufsteigend sortiert ist. Einen solchen Baum $T_{\mathcal{A}}(n)$ nennen wir einen
Entscheidungsbaum für den Sortieralgorithmus $\mathcal{A}$ auf Eingaben der Länge n.

Im Bild 2.32 ist als Beispiel ein Entscheidungsbaum für Mergesort auf Eingaben der Länge 4 angegeben. Hierbei bezeichnet i, j in den inneren Knoten den
Vergleich x_i mit x_j. Wir wollen an dieser Stelle noch anmerken, dass es in einem
Entscheidungsbaum durchaus Knoten mit nur einem Kind geben kann. Nehmen
wir an, wir haben bereits x_i mit x_j verglichen und befinden uns im linken Teilbaum. Vergleichen wir nun erneut x_i mit x_j, so ist das rechte Kind dieses Knotens
nicht existent, da wir sonst die widersprüchliche Aussage $x_i < x_j < x_i$ erhalten
würden. Ähnlich würde es uns ergehen, wenn zuerst $x_i < x_j$ und $x_j < x_k$ ermittelt worden wäre. Ein weiterer Vergleich von x_i mit x_k kann aus Gründen der
Transitivität nicht mit $x_i > x_k$ ausgehen.

2.6.2 Maximale Anzahl von Vergleichen

Da es $n!$ verschiedene Permutationen einer Folge der Länge n gibt, muss der Entscheidungsbaum eines korrekten Sortieralgorithmus für Folgen der Länge n mindestens $n!$ Blätter haben, da es sonst mindestens eine Eingabefolge der Länge n
gäbe, die dieser Sortieralgorithmus nicht korrekt sortieren würde.

Lemma 2.22 *Jeder Entscheidungsbaum eines Sortieralgorithmus für Folgen der
Länge n hat mindestens $n!$ Blätter.*

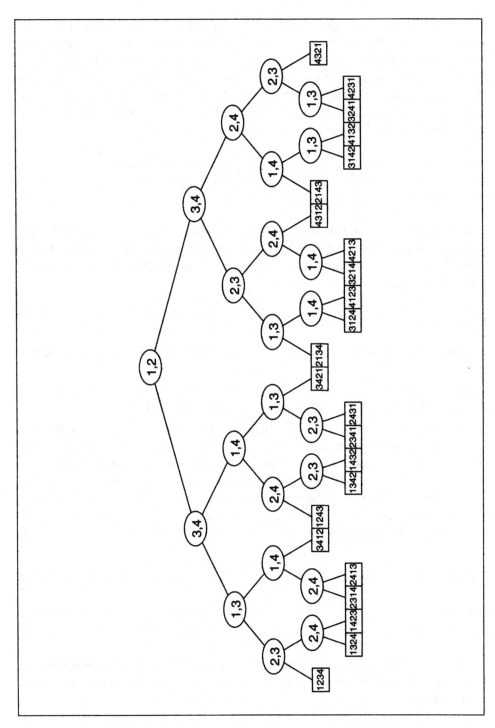

Bild 2.32: Der Entscheidungsbaum für Mergesort für Eingaben der Länge 4

Auf der anderen Seite gibt der Level ℓ eines Blattes an, wie viele Vergleiche der Algorithmus zum Sortieren dieser einen Folge benötigt hat, nämlich genau $\ell - 1$. Wir haben nämlich an jedem Knoten, der kein Blatt ist, einen Vergleich ausgeführt. Daher definieren wir nun die *Höhe* eines Baumes als den maximalen Level eines Blattes minus 1. Man beachte hierbei, dass die Höhe eines Baumes um eins kleiner ist als seine Tiefe. Zur einfacheren Schreibweise bezeichne $h(T)$ die Höhe und $\lambda(T)$ die Anzahl der Blätter eines Baumes T.

Lemma 2.23 *Für Folgen der Länge n ist die Anzahl der benötigten Vergleiche eines Sortieralgorithmus im schlimmsten Falle mindestens so groß wie die Höhe des zugehörigen Entscheidungsbaumes.*

Um nun eine untere Schranke herleiten zu können, benötigen wir für binäre Bäume noch eine Beziehung zwischen der Anzahl seiner Blätter und seiner Höhe. Zuerst können wir mit Induktion zeigen, dass jeder Baum mit Höhe h höchstens 2^h Blätter haben kann.

Lemma 2.24 *Für einen binären Baum T gilt: $\lambda(T) \leq 2^{h(T)}$.*

Beweis: Wir führen den Beweis durch vollständige Induktion über die Höhe des Baumes.

Induktionsanfang ($h = 0$): Der Baum besteht nur aus einem Knoten, nämlich der Wurzel, die zugleich das einzige Blatt ist. Es gilt also $1 \leq 2^0$.

Induktionsschritt ($h - 1 \to h$): Betrachten wir einen Baum T mit Höhe h und entfernen alle Blätter auf dem maximalen Level $h + 1$. Der so entstandene Baum T' hat höchstens Höhe $h - 1$ und somit nach Voraussetzung höchstens 2^{h-1} Blätter. Beim Entfernen der Blätter auf dem maximalen Level haben wir für jedes neu entstandene Blatt in T' maximal zwei Blätter aus T gelöscht, da T ja binär ist. Also ist die Anzahl der Blätter in T maximal doppelt so groß wie die Anzahl der Blätter in T' und somit gilt: $\lambda(T) \leq 2 \cdot \lambda(T') \leq 2 \cdot 2^{h-1} = 2^h$. ■

Lemma 2.25 *Jeder binäre Baum mit n Blättern hat mindestens Höhe $\lceil \log(n) \rceil$.*

Beweis: Aus $\lambda(T) \leq 2^{h(T)}$ folgt mittels logarithmieren, dass $h(T) \geq \log(\lambda(T))$ ist. Da die Höhe eines Baumes ganzzahlig ist, gilt $h(T) \geq \lceil \log(\lambda(T)) \rceil$. ■

Aus den Lemmata 2.22, 2.23 und 2.25 erhalten wir sofort für die maximale Anzahl der Vergleiche eines Sortieralgorithmus $\mathcal{A}$, bezeichnet mit $V_{\mathcal{A}}(n)$, eine untere Schranke:

$$V_{\mathcal{A}}(n) \geq h(T_{\mathcal{A}}(n)) \geq \lceil \log(\lambda(T_{\mathcal{A}}(n))) \rceil \geq \lceil \log(n!) \rceil.$$

Um diese Abschätzung etwas anschaulicher formulieren zu können, verwenden wir die *Stirlingsche Formel*:

$$n! = \frac{n^n}{e^n} \sqrt{2\pi \cdot n} \left(1 + O\left(\frac{1}{n}\right)\right).$$

Theorem 2.26 *Jeder vergleichsbasierte Sortieralgorithmus benötigt auf Folgen der Länge n mindestens $n\log(n) - n\log(e) + O(\log(n)) \approx n\log(n) - 1{,}44\,n$ Vergleiche.*

2.6.3 Mittlere Anzahl an Vergleichen

Es gilt sogar, dass die mittlere Höhe eines binären Baumes mit n Blättern mindestens $\log(n)$ ist. Zuerst zeigen wir folgende Verstärkung von Lemma 2.22.

Lemma 2.27 *Jeder Entscheidungsbaum eines Sortieralgorithmus für eine Eingabe der Länge n hat genau $n!$ Blätter.*

Beweis: Wie wir bereits wissen, hat der Entscheidungsbaum mindestens $n!$ Blätter. Nehmen wir nun für einen Widerspruchsbeweis an, dass er mehr als $n!$ Blätter hat. Dann kommt eine Permutation an mindestens zwei Blättern vor. Betrachten wir nun den Vorgänger dieser beiden Blätter, der sich auf einem maximalen Level befindet. Nehmen wir an, dort wurde das Paar (x_i, x_j) miteinander verglichen. In dem einen Blatt gilt nun, dass $x_i < x_j$ ist, und in dem anderen Blatt gilt, dass $x_i > x_j$ ist. Da an beiden Blättern dieselbe Permutation steht, werden in einem der Blätter die Elemente x_i und x_j nicht richtig angeordnet. Also kann der Sortieralgorithmus nicht korrekt gewesen sein. Dies ist ein Widerspruch zu der Voraussetzung, dass wir nur Entscheidungsbäume von (korrekten) Sortieralgorithmen betrachten.   ∎

Definieren wir nun die *mittlere Höhe* $\bar{h}(T)$ eines Baumes T:

$$\bar{h}(T) \;=\; \frac{1}{\lambda(T)} \sum_{b \in \mathcal{L}(T)} (\mathrm{Lev}_T(b) - 1),$$

wobei hier mit $\mathrm{Lev}_T(v)$ der Level eines Knoten v im Baum T und mit $\mathcal{L}(T)$ die Menge der Blätter von T bezeichnet wird.

Wegen des vorherigen Lemmas gilt $\lambda(T) = n!$. Somit entspricht die mittlere Höhe eines Entscheidungsbaumes für einen Sortieralgorithmus gerade dessen mittlerer Anzahl von Vergleichen. Dabei nehmen wir wieder an, dass alle Permutationen der Eingabe gleich wahrscheinlich sind. Wir müssen nun nur noch zeigen, dass auch die mittlere Höhe eines Baumes mindestens logarithmisch in der Anzahl der Blätter ist.

Wir zeigen zuerst, dass die mittlere Höhe eines erweiterten binären Baumes bereits logarithmisch in der Anzahl der Blätter ist. Ein binärer Baum heißt *erweitert*, wenn jeder interne Knoten genau zwei Kinder hat.

Lemma 2.28 *Für einen erweiterten binären Baum T gilt: $\bar{h}(T) \geq \log(\lambda(T))$.*

Beweis: Dies beweisen wir mit vollständiger Induktion über die Höhe von T.

Induktionsanfang ($h = 0$): Der Baum besteht wieder nur aus der Wurzel, so dass für die mittlere Höhe $0 \geq \log(1)$ gilt.

Induktionsschritt ($h - 1 \rightarrow h$): Als erstes stellen wir fest, dass an der Wurzel des Baumes zwei Teilbäume T_1 und T_2 mit $\lambda(T_1)$ bzw. $\lambda(T_2)$ Blättern hängen, wobei $\lambda(T_1) + \lambda(T_2) = \lambda(T)$ und die Höhe der Teilbäume selbst maximal $h - 1$ ist. Da der binäre Baum erweitert ist, kann keiner der beiden Teilbäume leer sein. Also ist $\lambda(T_1), \lambda(T_2) \in [1 : \lambda(T) - 1]$. Damit erhalten wir die folgende Abschätzung:

$$
\begin{aligned}
\bar{h}(T) \quad &= \quad \frac{1}{\lambda(T)} \sum_{b \in \mathcal{L}(T)} (\mathrm{Lev}_T(b) - 1) \\[2mm]
&= \quad \frac{1}{\lambda(T)} \left(\sum_{b \in \mathcal{L}(T_1)} \mathrm{Lev}_{T_1}(b) + \sum_{b \in \mathcal{L}(T_2)} \mathrm{Lev}_{T_2}(b) \right) \\[2mm]
&= \quad \frac{\lambda(T_1)}{\lambda(T)} \cdot \underbrace{\frac{1}{\lambda(T_1)} \sum_{b \in \mathcal{L}(T_1)} \mathrm{Lev}_{T_1}(b)}_{= \bar{h}(T_1) + 1} + \frac{\lambda(T_2)}{\lambda(T)} \cdot \underbrace{\frac{1}{\lambda(T_2)} \sum_{b \in \mathcal{L}(T_2)} \mathrm{Lev}_{T_2}(b)}_{= \bar{h}(T_2) + 1} \\[2mm]
&= \quad \frac{\lambda(T_1)}{\lambda(T)} \cdot (\bar{h}(T_1) + 1) + \frac{\lambda(T_2)}{\lambda(T)} \cdot (\bar{h}(T_2) + 1) \\[2mm]
&\overset{\mathrm{I.V.}}{\geq} \quad \frac{\lambda(T_1)}{\lambda(T)} \cdot (\log(\lambda(T_1)) + 1) + \frac{\lambda(T_2)}{\lambda(T)} \cdot (\log(\lambda(T_2)) + 1) \\[2mm]
&= \quad \frac{\lambda(T_1) \log(T_1) + \lambda(T_2) \log(T_2)}{\lambda(T)} + 1
\end{aligned}
$$

Da für $\alpha \in \mathbb{R}_+$ die Funktion $[0, \alpha] \rightarrow \mathbb{R} : x \mapsto x \log(x) + (\alpha - x) \log(\alpha - x)$ ihr Minimum bei $x = \frac{\alpha}{2}$ hat, gilt weiter:

$$
\begin{aligned}
&\geq \quad \frac{1}{\lambda(T)} \left(\frac{\lambda(T)}{2} \log\left(\frac{\lambda(T)}{2} \right) + \frac{\lambda(T)}{2} \log\left(\frac{\lambda(T)}{2} \right) \right) + 1 \\[2mm]
&= \quad \log\left(\frac{\lambda(T)}{2} \right) + 1 \\[2mm]
&= \quad \log(\lambda(T)).
\end{aligned}
$$

Damit ist der Induktionsschritt vollzogen.   ∎

Lemma 2.29 *Für einen binären Baum T gilt:* $\bar{h}(T) \geq \log(\lambda(T))$.

Beweis: Ist T nicht erweitert, so betrachten wir alle internen Knoten mit genau einem Kind. Sei also v ein interner Knoten mit genau einem Kind w. Wir löschen v aus dem Baum und machen w zum Kind des Elters von v (sofern vorhanden). Offensichtlich bleibt der Baum binär und die Anzahl der internen Knoten mit einem Kind sinkt um eins. Sind alle internen Knoten mit einem Kind auf diese Weise entfernt worden, so ist der so entstandene Baum T' erweitert und die mittlere Höhe des Baumes ist höchstens kleiner geworden. Weiterhin hat sich die Anzahl der Blätter nicht verändert. Also gilt mit Lemma 2.28

$$\bar{h}(T) \geq \bar{h}(T') \geq \log(\lambda(T')) = \log(\lambda(T))$$

und das Lemma ist bewiesen. ∎

Aus den vorangegangenen Lemmata erhalten wir das folgende Theorem:

Theorem 2.30 *Jeder vergleichsbasierte Sortieralgorithmus benötigt auf Folgen der Länge n im Mittel mindestens $n\log(n) - n\log(e) + O(n) \approx n\log(n) - 1,44\,n$ Vergleiche.*

Damit sind Mergesort und Heapsort sowohl im worst- als auch im average-case asymptotisch optimale Sortierverfahren. Quicksort ist hingegen nur im average-case ein asymptotisch optimales Sortierverfahren.

2.7 Bucketsort

In diesem Abschnitt wollen wir nun noch einen einfachen Sortieralgorithmus vorstellen, der in vielen Fällen nur lineare Laufzeit hat. Da wir im vorigen Abschnitt eine größere untere Schranke bewiesen haben, muss dieser Algorithmus eine der Voraussetzungen für den Satz der unteren Schranke verletzen. Der vorgestellte Algorithmus wird *nicht* vergleichsbasiert sein.

2.7.1 Das Universum $[0 : N - 1]$

Wir nehmen im Folgenden an, dass die zu sortierenden Schlüssel aus dem Intervall $[0 : N - 1]$ stammen. Diese Menge, aus der die Schlüssel stammen können, nennt man auch *Universum*.

Zuerst legen wir für jeden möglichen Schlüssel je einen leeren (so genannten) Eimer (engl. bucket) an, also N Stück. Daher leitet sich auch der Name *Bucketsort* ab. Dann gehen wir der Reihe nach durch die zu sortierende Liste und werfen jeden Datensatz mit Schlüssel $k \in [0 : N - 1]$ in seinen entsprechenden Eimer, also in den Eimer mit Index k. Zum Schluss gehen wir die Eimer in der aufsteigenden

```
BUCKETSORT (int array[], int len, int N)
{
    list<int> bucket[N];
    for (int i = 0; i < N; i++)
        bucket[i].init();

    for (int i = 0; i < len; i++)
        bucket[array[i]].append(array[i]);

    for (int i = 0, j = 0; i < N; i++)
        while (!(bucket[i].is_empty()))
            array[j++] = bucket[i].remove();
}
```

Bild 2.33: Standard-Bucketsort

Ordnung von 0 bis $N-1$ durch und geben die Elemente der einzelnen Eimer aus. Wollen wir dabei stabil sortieren, so geben wir für jeden einzelnen Eimer die Datensätze in der Reihenfolge aus, in der wir sie in den Eimer hineingeworfen haben. Offensichtlich ist die ausgegebene Folge aufsteigend sortiert.

Die Laufzeit von Bucketsort beträgt $O(N+n)$, wobei n die Anzahl der zu sortierenden Datensätze ist. Dies sieht man wie folgt. Im ersten Schritt legen wir N leere Eimer an, also Laufzeit $O(N)$. Dann werfen wir jedes Element in einen Eimer. Dies kostet uns Zeit $O(n)$, wenn wir auf jeden Eimer direkt zugreifen können, also z.B. über ein Feld. Zum Schluss gehen wir die Eimer in aufsteigender Reihenfolge durch und geben die Elemente aus, was Laufzeit $O(n+N)$ erfordert. Ist also $N = o(n\log(n))$, so ist Bucketsort zumindest asymptotisch effizienter als jeder vergleichsbasierte Sortieralgorithmus.

Theorem 2.31 *Eine Folge von n Zahlen aus dem Bereich $[0:N-1]$ lässt sich mittels Bucketsort in Zeit $O(n+N)$ mit $O(n+N)$ zusätzlichem Speicher sortieren.*

Im Bild 2.33 ist der Algorithmus für Bucketsort angegeben. Hierbei greifen wir zur Realisierung der Eimer auf lineare Listen zurück, um in einem Eimer mehrere Datensätze abspeichern zu können. Hinweise zur Implementierung linearer Listen geben wir im Abschnitt 2.7.4.

2.7.2 Das Universum $[0:N-1]^c$

Wenn wir mit Standard-Bucketsort etwa tausend Zahlen sortieren möchten, dann sollte der Bereich der zu sortierenden Zahlen deutlich weniger als ca. zehntausend betragen. Diese Einschränkung über die Größe des Universum können wir ein wenig aufweichen, indem wir einen modifizierten Bucketsort mit dem Universum $[0:N-1]^c$ betrachten. Für $N = 10$ lässt sich dieses Universum gerade als die

```
GENERALIZEDBUCKETSORT (char* array[], int len, int N, int c)
{
    list<char*> bucket[N];
    for (int i = 0; i < N; i++)
        bucket[i].init();

    for (int k = c - 1; k ≥ 0; k--)
    {
        for (int i = 0; i < len; i++)
            bucket[array[i][k]].append(array[i]);

        for (int i = 0, j = 0; i < N; i++)
            while (!(bucket[i].is_empty()))
                array[j++] = bucket[i].remove();
    }
}
```

Bild 2.34: Verallgemeinerter Bucketsort

Zahlen in Dezimaldarstellung mit Länge c auffassen. Für $N = 256$ kann man jedes einzelne Zeichen als ASCII- oder EBCDIC-Zeichen auffassen und es lassen sich dann Zeichenketten der Länge c sortieren.

Zunächst müssen wir noch eine totale Ordnung für $[0 : N-1]^c$ definieren. Sei M eine total geordnete Menge, wobei wir wie üblich mit $\leq$ die Ordnungsrelation bezeichnen. Mit M^k definieren alle Folgen der Länge k mit Elementen aus M und mit M^* bezeichnen wir alle endlichen Folgen mit Elementen aus M, d.h. $M^* = \bigcup_{k=0}^{\infty} M^k$. Nun können wir die so genannte *lexikographische Ordnung* auf der Menge M^* (und damit auch auf M^k bzw. $[0 : N-1]^c$) wie folgt definieren. Für zwei Elemente $x = (x_1, \ldots, x_n)$ und $y = (y_1, \ldots, y_m)$ ist genau dann $x \leq y$, wenn entweder $n \leq m$ und $x = (y_1, \ldots, y_n)$ oder wenn es ein $j \in [1 : \min\{n, m\}]$ gibt, so dass $(x_1, \ldots, x_{j-1}) = (y_1, \ldots, y_{j-1})$ und $x_j < y_j$ gilt. Für normale Zeichenreihen ist dies genau die Ordnungsrelation, wie sie in Lexika verwendet wird, woraus sich auch der Name erklärt.

Der *verallgemeinerte Bucketsort* läuft nun wie folgt ab. Zuerst werden wieder N leere Eimer initialisiert. Dann wird c-mal der Standard-Bucketsort aufgerufen. In der ersten Runde werden alle Zeichenketten nach dem c-ten Zeichen (also an der Position $c - 1$) des Schlüssels stabil sortiert (die Schlüssel sind dabei von links nach rechts mit 0 bis $c - 1$ indiziert). Die Eimer werden dann (sortiert nach Position $c-1$ der Schlüssel) zurück in das Ursprungsfeld geschrieben (dritter Schritt des Standard-Bucketsorts). Diesen Vorgang wiederholen wir nun c mal, wobei wir im i-ten Durchlauf nach der $c - i$-ten Position des Schlüssels sortieren.

Warum sortiert dieser verallgemeinerte Bucketsort überhaupt? Betrachten wir zwei Schlüssel $x = (x_0, \ldots, x_{c-1}) < y = (y_0, \ldots, y_{c-1})$. Ohne Beschränkung der

Allgemeinheit sei j die kleinste Position, an der sich x und y unterscheiden, d.h. $x_k = y_k$ für alle $k \in [0 : j-1]$ und $x_j < y_j$. Da hier alle Schlüssel gleich lang sind, muss ein solches j existieren. Im $(c-j)$-ten Durchlauf werden die Schlüssel nach dem Zeichen an der Position j sortiert. Also kommt x in den Eimer mit Index x_j und y in den Eimer mit Index y_j und somit x in einen Eimer mit kleinerem Index als Schlüssel y. Damit taucht x in der bislang sortierten Folge vor y auf. In den folgenden Durchläufen von Bucketsort ist nun immer $x_k = y_k$. Also kommen im Folgenden x und y immer in denselben Eimer. Da wir stabil sortieren, bleibt x in der sortierten Folge immer vor y. Da dies für alle Paare $x \neq y$ gilt, folgt, dass der verallgemeinerte Bucketsort korrekt sortiert.

Zum Aufbau der Eimer benötigen wir wieder Zeit $O(N)$. Da wir nun c-mal den normalen Bucketsort aufrufen, benötigen wir zum Sortieren Zeit $O(c(n+N))$. Man beachte, dass bei dieser Variante im Allgemeinen $N < n$ sein wird.

Theorem 2.32 *Eine Folge von n Zahlen aus dem Bereich $[0 : N-1]^c$ lässt sich mit Bucketsort in Zeit $O(c(n+N))$ mit $O(n+N)$ zusätzlichem Speicher sortieren.*

Für $c = o(\log(n))$ und $N = O(n)$ schlägt der verallgemeinerte Bucketsort zumindest asymptotisch jedes vergleichsbasierte Sortierverfahren. Im Bild 2.34 ist die Implementierung des verallgemeinerten Bucketsorts angegeben. Hier nutzen wir aus, dass in C ein Feld von Zeichen nichts anderes als ein Zeiger auf ein Zeichen ist. Für die Implementierung linearer Listen verweisen wir auf Abschnitt 2.7.4.

2.7.3 Das Universum $[0 : N-1]^*$

Betrachten wir zum Schluss das Problem, Zeichenketten beliebiger Länge zu sortieren. Wir modifizieren hierzu den verallgemeinerten Bucketsort wie folgt zum so genannten *erweiterten Bucketsort*. Zuerst sortieren wir die Zeichenketten mit dem Standard-Bucketsort nach ihrer Länge. Bezeichnen wir die maximale Länge einer Zeichenkette mit ℓ^*. Dann verwenden wir den verallgemeinerten Bucketsort, wobei nun $c = \ell^*$ ist. Dabei werden allerdings beim Sortieren nach der i-ten Position nur die Zeichenketten berücksichtigt, deren Länge mindestens i ist. Die Implementierung ist im Bild 2.35 zu finden.

Für die Analyse bezeichnen wir mit n die Anzahl der Zeichenreihen, mit ℓ_i die Länge der i-ten Zeichenreihe, mit ℓ^* die Länge der längsten Zeichenreihe und mit $\ell = \sum_{i=1}^{n} \ell_i$ die Anzahl aller Zeichen, also die Größe der Eingabe. Der Zeitaufwand von Bucketsort setzt sich aus drei Komponenten zusammen:

Ermittlung der längsten Zeichenfolge: $O\left(\sum_{i=1}^{n} \ell_i\right) = O(\ell)$.

Dies folgt daraus, dass für jede Zeichenreihe alle Zeichen durchlaufen werden müssen.

```
ExtendedBucketSort (char* array[], int len, int N)
{
    /* determine longest string */
    int c = 0;
    for (int i = 0; i < len; i++);
        if (strlen(array[i]) > c)
            c = strlen(array[i]);

    /* sort strings with respect to their lengths */
    list<char*> bucket_len[c + 1];
    for (int i = 0; i < c + 1; i++)
        bucket_len[i].init();
    for (int i = 0; i < len; i++)
        bucket_len[strlen(array[i])].append[array[i]];

    /* sort strings */
    list<char*> bucket[N];
    for (int i = 0; i < N; i++)
        bucket[i].init();
    int act_len = 0;
    for (int k = c; k ≥ 0; k--)
    {
        /* sort strings with length k */
        int new_elts = 0;
        while (!(bucket_len[k].is_empty()))
        {
            char* elt = bucket_len[k].remove();
            bucket[elt[k]].append(elt);
            new_elts++;
        }

        /* sort strings with length > k */
        int i = 0, j = 0;
        while (i < act_len)
            bucket[array[i][k]].append(array[i]);
        act_len += new_elts;
        for (int i = 0, j = 0; i < N; i++)
            while (!(bucket[i].is_empty()))
            {
                array[j] = bucket[i].remove();
                i++;   j++;
            }
    }
}
```

Bild 2.35: Erweiterter Bucketsort

Sortieren nach der Länge: $O(\ell^* + n)$

Dies folgt aus der Tatsache, dass zunächst ℓ^* verschiedene Eimer angelegt werden müssen. Der eigentliche Sortiervorgang benötigt dann wiederum Zeit $O(n + \ell^*)$.

Sortieren der Elemente: $O\left(N + \sum\limits_{j=1}^{\ell^*} (|\{i : \ell_i \geq j\}| + N)\right).$

Zuerst müssen N verschiedene Eimer angelegt werden, die für jeden der ℓ^* Durchläufe wieder verwendet werden. Im $(\ell^* - j + 1)$-ten Durchlauf sind natürlich nur die Zeichenketten involviert, deren Länge mindestens j ist.

Der letzte Term lässt sich wie folgt umformen:

$$
\begin{aligned}
O\left(N + \sum_{j=1}^{\ell^*}(|\{i : \ell_i \geq j\}| + N)\right) &= O\left(N \cdot \ell^* + \sum_{j=1}^{\ell^*} \sum_{\substack{i=1 \\ \ell_i \geq j}}^{n} 1\right) \\
&= O\left(N \cdot \ell^* + \sum_{i=1}^{n} \sum_{j=1}^{\ell_i} 1\right) \\
&= O\left(N \cdot \ell^* + \sum_{i=1}^{n} \ell_i\right) \\
&= O\left(N \cdot \ell^* + \ell\right).
\end{aligned}
$$

Damit erhalten wir unter Berücksichtigung, dass $\ell^* \leq \ell$ und $n \leq \ell$ ist, sofort das folgende Theorem (wobei im Allgemeinen $N \cdot \ell^* = O(\ell)$ gilt):

Theorem 2.33 *Eine Folge von n Zeichenreihen aus dem Bereich $[0 : N - 1]^*$ lässt sich mit Bucketsort in Zeit $O(N \cdot \ell^* + \ell)$ mit $O(N + n + \ell^*)$ zusätzlichem Speicher sortieren, wobei ℓ^* die maximale Länge einer Sequenz ist und ℓ die Anzahl aller Zeichen der Eingabe ist.*

2.7.4   Hinweise zur Implementierung

Die einzelnen Eimer werden wir als lineare Listen verwalten, damit auch mehrere Datensätze in einen Eimer passen. Dazu ist im Bild 2.36 eine rudimentäre Definition von einfach verketteten Listen für verschiedene Typen gegeben. Es werden nur die benötigten elementaren Methoden definiert. Die Methode `init` zum Initialisieren einer Liste, die Methode `is_empty` zum Überprüfen, ob eine Liste leer ist, die Methode `append` zum Anhängen eines neuen Elementes an das Ende einer Liste, sowie die Methode `remove`, die das erste Element einer Liste entfernt und zurückgibt.

```
LINEAR_LISTS ()
template <class K>
class list_item
{
        friend class list<K>;
        K key;
        list_item *next;
};

template <class K>
class list
{
    protected:
        list_item<K> *first, *last;

    public:
        void init()
        {
            first=last=NULL;
        }

        bool is_empty()
        {
            return (first==NULL);
        }

        void append(K key)
        {
            list_item<K> *ptr = new list_item<K>;
            ptr→key=key;
            ptr→next=NULL;
            if (first==NULL) first=last=ptr;
            else last=last→next=ptr;
        }

        K remove()
        {
            list_item<K> *ptr = first;
            K key=first→key;
            first=first→next;
            delete ptr;
            return key;
        }
}
```

Bild 2.36: Rudimentäre Implementierung linearer Listen in C++

Wir haben wieder der Einfachheit halber die Datensätze mit den Schlüsseln identifiziert. Im Falle des Standard-Bucketsorts haben wir ganze Zahlen und im Falle des verallgemeinerten Bucketsorts Zeichenreihen fester Länge sortiert. Daher wurden in Bucketsort lineare Listen über ganzen Zahlen (`list<int>`) verwendet und im verallgemeinerten Bucketsort lineare Listen über einem Feld von Zeichen (`list<char*>`). Dabei haben wir ausgenutzt, dass in C ein Feld über einem bestimmten Datentyp nichts anderes ist als ein Zeiger auf diesen Datentyp. Es sollte klar sein, wie die vorgestellten Algorithmen zu modifizieren sind, damit sie mit beliebigen Datensätzen arbeiten.

2.8 Übungsaufgaben

Aufgabe 2.1[+] Zeigen Sie, dass man zur Bestimmung des Minimums aus n verschiedenen ganzen Zahlen mindestens $n - 1$ Vergleiche benötigt.

Aufgabe 2.2[+] Zeigen Sie, dass man *jeden* Sortieralgorithmus so modifizieren kann, dass er stabil sortiert.

Aufgabe 2.3[*] Zeigen Sie, dass bei Insertionsort mit binärer Suche sowohl im schlimmsten Fall als auch im Mittel insgesamt $\Theta(n^2)$ Schlüssel verschoben werden müssen.

Aufgabe 2.4[*] Beweisen oder widerlegen Sie: Sortiert man in einer Matrix zuerst jede Zeile und anschließend jede Spalte, dann ist weiterhin jede Zeile sortiert.

Aufgabe 2.5° Betrachten Sie den folgenden Algorithmus, der auf einer Folge $(a_0, \ldots, a_{n-1})$ operiert: In der i-ten Phase ($i \in [1 : n - 1]$) werden nacheinander für $j \in [1 : n - i]$ die Elemente an Position $j - 1$ und j miteinander verglichen und anschließend vertauscht, wenn $a_{j-1} > a_j$.

Zeigen Sie, dass dieser Algorithmus die Folge korrekt sortiert und bestimmen Sie die maximale Anzahl ausgeführter Vergleiche.

Aufgabe 2.6° Betrachten Sie den folgenden Ansatz zum Sortieren eines Feldes der Länge n, wobei $k \leq n$ ein fester Parameter ist. Zuerst wird das Feld in k etwa gleich große Teile geteilt. Dann werden die k Teilfelder rekursiv sortiert. Letztlich werden die k sortierten Teilfelder zu einem sortierten Feld zusammengemischt.

Beschreiben Sie eine Prozedur zum Mischen von k sortierten Teilfeldern, analysieren Sie diesen Algorithmus mit Ihrer Mischprozedur und vergleichen Sie die Algorithmen für verschiedene k.

Aufgabe 2.7[+] Zeigen Sie, dass die exakte Lösung der Rekursionsgleichung

$$T(n) = T\left(\left\lceil \frac{n}{2} \right\rceil\right) + T\left(\left\lfloor \frac{n}{2} \right\rfloor\right) + n - 1 \qquad \text{und} \qquad T(1) = 0$$

von Mergesort $T(n) = n \cdot \lceil \log(n) \rceil - 2^{\lceil \log(n) \rceil} + 1$ lautet.

Aufgabe 2.8^{+} Lösen Sie die folgende Rekursionsgleichung:

$$T(n) = T\left(\left\lceil \frac{n}{2} \right\rceil\right) + T\left(\left\lfloor \frac{n}{2} \right\rfloor\right) + 1 \quad \text{für } n \geq 2 \quad \text{und} \quad T(1) = 0.$$

Aufgabe 2.9^{+} Zeigen Sie formal, dass die vorgeschlagene Abbildung eines fast vollständigen binären Baumes in ein Feld korrekt ist, d.h. dass die die Bildmenge der Knoten ein Intervall innerhalb der ganzen Zahlen bilden.

Aufgabe 2.10° Man kann einen neuen Heap auch wie folgt aufbauen. Zu Beginn ist ein Baum mit einem Knoten (die Wurzel) ein Heap. Nun ergänzt man in jedem Schritt den fast vollständigen binären Baum um ein Blatt. Den Inhalt dieses Blattes lässt man nun in dem Baum durch Vertauschungen so weit nach oben wandern, bis die Heap-Eigenschaft wiederhergestellt ist.

Beschreiben Sie diesen Algorithmus zum Aufbau eines Heaps möglichst detailliert (etwa in Pseudo-C) und analysieren Sie dessen Komplexität.

Aufgabe 2.11^{+} Betrachten Sie den folgenden Sortieralgorithmus auf $n = k^m$ Elementen (für eine Konstante k). Zuerst werden die Elemente in k^{m-1} Gruppen erster Ordnung mit jeweils k Elementen aufgeteilt. Diese Gruppen erster Ordnung werden dann in k^{m-2} Gruppen zweiter Ordnung mit jeweils k Gruppen erster Ordnung aufgeteilt, u.s.w. Allgemein gibt es also k^{m-i} Gruppen i-ter Ordnung, die jeweils aus k Gruppen $(i-1)$-ter Ordnung gebildet wurden.

Zuerst wird in jeder Gruppe das Minimum gebildet. Dabei ist das Minimum einer Gruppe erster Ordnung das Minimum seiner Elemente. Das Minimum einer Gruppe i-ter Ordnung (für $i > 1$) ist das Minimum der Minima der Gruppen $(i-1)$-ter Ordnung, die in dieser Gruppe i-ter Ordnung enthalten sind. Damit ist das Minimum der Gruppe m-ter Ordnung genau das Minimum aller Elemente. Dieses wird nun entfernt und in allen Gruppen, die dieses Element enthielten, das Minimum neu gebildet.

Beschreiben Sie diesen Algorithmus möglichst detailliert (etwa in Pseudo-C) und analysieren Sie dessen Komplexität (Anzahl der benötigten Vergleiche). Was hat dieser Algorithmus mit Heapsort zu tun?

Aufgabe 2.12^{+} Modifizieren Sie Quicksort so, dass er auch Folgen mit mehrfach auftretenden Schlüsseln sortiert.

Aufgabe 2.13° Zeigen Sie, dass $\ln(n) \leq H_n \leq \ln(n) + 1$ gilt.

Aufgabe 2.14* Zeigen Sie, dass Quicksort im worst-case mit $O(n \log(n))$ Vergleichen auskommt, wenn in jedem Partitionsschritt für ein Teilfeld der Größe m der Rang des Pivots im Intervall $[\lfloor \varepsilon m \rfloor : \lceil (1 - \varepsilon)m \rceil]$ für ein festes $\varepsilon > 0$ liegt.

Aufgabe 2.15$^+$ Geben Sie eine Eingabefolge an, auf der Quick- bzw. Heapsort nicht stabil sortiert.

Aufgabe 2.16$^+$ Zeigen Sie, dass die angegebenen Eingabefolgen für den best- bzw. worst-case von Quicksort korrekt sind, d.h. dass es keine Eingabefolge gibt, die weniger bzw. mehr Vergleiche benötigt.

Aufgabe 2.17° Betrachten Sie die folgende Rekursionsgleichung:

$$C(n) = d \quad \text{für } n = 1,$$
$$C(n) = a \cdot C(n/b) + c \cdot n^\ell \log^m(n) \quad \text{für } n > 1.$$

Lösen Sie diese Rekursionsgleichung zuerst für $n = b^k$ und schließen Sie von dieser Lösung auf den allgemeinen Fall.

Aufgabe 2.18$^+$ Betrachten Sie das folgende Problem:

Gegeben sei eine Folge $(a_1, \ldots, a_n)$ ganzer Zahlen $(\in \mathbb{Z})$. Bestimme eine Teilfolge $(a_i, \ldots, a_j)$ mit $1 \leq i \leq j \leq n$, so dass $\sum_{\lambda=i}^{j} a_\lambda$ maximal ist, d.h.

$$\sum_{\lambda=i}^{j} a_\lambda \geq \max_{1 \leq \mu \leq \nu \leq n} \sum_{\lambda=\mu}^{\nu} a_\lambda.$$

Entwerfen Sie einen Divide-and-Conquer-Algorithmus der obiges Problem löst und analysieren Sie ihn.

Aufgabe 2.19° Geben Sie je einen Entscheidungsbaum für Insertionsort mit linearer bzw. binärer Suche für Eingaben der Länge 4 an.

Aufgabe 2.20° Geben Sie je einen Entscheidungsbaum für Heap- bzw. Quicksort für Eingaben der Länge 4 an.

Aufgabe 2.21$^+$ Geben Sie eine untere Schranke für einen vergleichsbasierten Algorithmus zum Mischen zweier sortierter Folgen der Länge n bzw. m an, wenn alle Elemente paarweise verschieden sind.

Selektieren

3

3.1 Quickselect

Wie wir im Abschnitt über Quicksort schon erwähnt haben, können wir die Anzahl der Vergleiche von Quicksort auf $O(n \log(n))$ beschränken, wenn wir mit linear vielen Vergleichen den Median bestimmen können. Dazu werden wir in diesem Abschnitt ein allgemeineres Problem lösen, nämlich in einer gegebenen Folge mit n Elementen das Element mit Rang k zu finden. Einen solchen Algorithmus nennt man einen *Selektionsalgorithmus*. Der Einfachheit halber nehmen wir in diesem Kapitel immer an, dass die gegebene Folge aus paarweise verschiedenen Elementen besteht. Die Verallgemeinerung auf beliebige Folgen ist nicht weiter schwierig und sei dem Leser überlassen.

3.1.1 Ein partitionierender Algorithmus

Zunächst stellen wir einen Selektionsalgorithmus vor, der im Mittel (bzw. im Erwartungswert) nur linear viele Vergleiche benötigt. Dieser kopiert im Wesentlichen die Idee von Quicksort und wird daher auch *Quickselect* genannt. Er wurde von C.A.R Hoare bereits im Jahr 1961 entwickelt. Wir wählen zuerst ein beliebiges Element der Folge als Pivot aus und teilen das Feld wie im Aufteilungsschritt des Quicksorts auf. Dabei bestimmen wir den Rang r des Pivots und suchen nun

---

QUICKSELECT (int *array*[], int *len*, int *k*)
{
    /* returns position of element with rank k */
    int *pivot* = *len* − 1;
    pivot = partition(*array*, 0, *len* − 1, *pivot*);
    int *rank* = *pivot* + 1;
    if ($k == rank$)
        return *pivot*;
    if ($k < rank$)
        return QuickSelect(*array*, *rank* − 1, *k*);
    else
        return *pivot* + 1+
                QuickSelect(&(*array*[*pivot* + 1]), *len* − *rank*, *k* − *rank*);
}

Bild 3.1: Quickselect

rekursiv entweder in der linken oder in der rechten Hälfte weiter, je nachdem, ob $k < r$ oder $k > r$ ist. Sollte $k = r$ sein, dann haben wir natürlich das Element mit Rang k gefunden. Im Bild 3.1 findet man die Implementierung von Quickselect. Dabei bezeichnet in C $\&(array[i])$ das Teilfeld ab Indexposition i.

3.1.2 Analyse von Quickselect

Mit $V_{\text{QSel}}(n, k)$ bezeichnen wir die maximale Anzahl von Vergleichen, die Quickselect für die Bestimmung des Elementes mit Rang k aus einer Menge mit n Elementen benötigt. Für die Anzahl der Vergleiche ergibt sich nun die folgende Rekursionsgleichung mit $k \in [1 : n]$, wenn als Pivot ein Element mit Rang r gewählt worden ist:

$$V_{\text{QSel}}(n, k) = 0 \qquad \text{für } n \in [0 : 1],$$

$$V_{\text{QSel}}(n, k) = \begin{cases} (n-1) & \text{für } k = r \text{ und } n \geq 2, \\ (n-1) + V_{\text{QSel}}(n-r, k-r) & \text{für } k > r \text{ und } n \geq 2, \\ (n-1) + V_{\text{QSel}}(r-1, k) & \text{für } k < r \text{ und } n \geq 2. \end{cases}$$

Im schlimmsten Falle erwischen wir als Pivot immer das Minimum bzw. das Maximum der Menge. Damit ergibt sich wie bei Quicksort eine obere Schranke für die Anzahl der Vergleiche von $\binom{n}{2}$.

Theorem 3.1 *Die Prozedur Quickselect benötigt zum Bestimmen des Elementes mit Rang k aus einer n-elementigen Menge maximal $\binom{n}{2}$ Vergleiche.*

Allerdings kommt auch dieser Algorithmus im Mittel mit sehr viel weniger Vergleichen aus. Wieder nehmen wir an, dass alle Permutationen gleich wahrscheinlich sind. Also hat das Pivot mit Wahrscheinlichkeit $\frac{1}{n}$ den Rang r. Wie bei Quicksort sind bei der rekursiv betrachteten Teilfolge wieder alle Permutationen gleich wahrscheinlich. Bezeichnen wir mit $\bar{V}_{\text{QSel}}(n, k)$ die mittlere Anzahl von Vergleichen, die Quickselect zur Bestimmung des Elementes mit Rang k in einer n-elementigen Folge benötigt. Dann gilt:

$$\bar{V}_{\text{QSel}}(n, k) = 0 \qquad \text{für } n \in [0 : 1],$$

$$\bar{V}_{\text{QSel}}(n, k) = (n-1) + \frac{1}{n}\left[\sum_{r=1}^{k-1} \bar{V}_{\text{QSel}}(n-r, k-r)\right.$$

$$\left. + \sum_{r=k+1}^{n} \bar{V}_{\text{QSel}}(r-1, k)\right] \qquad \text{für } n \geq 2.$$

Wir werden im Folgenden die mittlere Anzahl der Vergleiche für Quickselect der Einfachheit halber unabhängig von k nach oben abschätzen. Diese bezeichnen wir mit $\bar{V}_{\mathsf{QSel}}(n) := \max\left\{\bar{V}_{\mathsf{QSel}}(n,k) \,:\, k \in [1:n]\right\}$. Damit erhalten wir die folgende Rekursionsgleichung:

$$\bar{V}_{\mathsf{QSel}}(n) = 0 \qquad\qquad\qquad\qquad\qquad\text{für } n \in [0:1],$$

$$\bar{V}_{\mathsf{QSel}}(n) \leq (n-1) + \frac{1}{n}\sum_{i=1}^{n}\max\left\{\bar{V}_{\mathsf{QSel}}(i-1), \bar{V}_{\mathsf{QSel}}(n-i)\right\} \quad\text{für } n \geq 2.$$

Wir werden nun durch Induktion zeigen, dass diese Rekursionsgleichung impliziert, dass $\bar{V}_{\mathsf{QSel}}(n) \leq 4\cdot n$ gilt. Nachrechnen zeigt, dass dies für $n \in [0:2]$ richtig ist, und der Induktionsanfang ist damit gelegt. Für $n \geq 3$ gilt:

$$\bar{V}_{\mathsf{QSel}}(n) \leq (n-1) + \frac{1}{n}\sum_{i=1}^{n}\max\left\{\bar{V}_{\mathsf{QSel}}(i-1), \bar{V}_{\mathsf{QSel}}(n-i)\right\}$$

$$\overset{\text{I.V.}}{\leq} (n-1) + \frac{1}{n}\sum_{i=1}^{n}\max\left\{4(i-1), 4(n-i)\right\}$$

$$\leq (n-1) + \frac{4}{n}\sum_{i=1}^{n}\max\{i-1, n-i\}$$

Da genau dann $i-1 \geq n-i$, wenn $i \geq \lceil\frac{n+1}{2}\rceil$ ist, erhalten wir:

$$\leq (n-1) + \frac{4}{n}\left(\sum_{i=1}^{\lfloor\frac{n+1}{2}\rfloor}(n-i) + \sum_{i=\lceil\frac{n+1}{2}\rceil}^{n}(i-1)\right)$$

$$= (n-1) + \frac{4}{n}\left(\sum_{i=\lceil\frac{n+1}{2}\rceil-1}^{n-1}i + \sum_{i=\lceil\frac{n+1}{2}\rceil-1}^{n-1}i\right)$$

$$\leq (n-1) + \frac{8}{n}\left(\sum_{i=1}^{n-1}i - \sum_{i=1}^{\lceil\frac{n-3}{2}\rceil}i\right)$$

mit Hilfe der Gaußschen Summe

$$= (n-1) + \frac{8}{n}\left(\frac{n(n-1)}{2} - \frac{1}{2}\cdot\left\lceil\frac{n-1}{2}\right\rceil\cdot\left\lceil\frac{n-3}{2}\right\rceil\right)$$

$$\leq (n-1) + \frac{8}{n}\left(\frac{n(n-1)}{2} - \frac{1}{2}\cdot\frac{n-1}{2}\cdot\frac{n-3}{2}\right)$$

$$= (n-1) + \frac{1}{n}\left(4n^2 - 4n - \left(n^2 - 4n + 3\right)\right)$$

$$= (n-1) + 3\cdot n - \frac{3}{n} \leq 4\cdot n.$$

Theorem 3.2 *Die Prozedur Quickselect benötigt zum Bestimmen des Elementes mit Rang k aus einer n-elementigen Menge im Mittel höchstens $4\cdot n$ Vergleiche.*

Natürlich können wir das Pivot auch wieder zufällig wählen, dann gilt die obige Analyse entsprechend auch für die randomisierte Version von Quickselect.

Theorem 3.3 *Die randomisierte Version von Quickselect, die das Pivot zufällig auswählt, benötigt zum Bestimmen des Elementes mit Rang k aus einer Menge mit n Elementen im Erwartungswert höchstens $4 \cdot n$ Vergleiche.*

3.2 Ein linearer Selektionsalgorithmus

Nun wollen wir einen Algorithmus vorstellen, der in jedem Falle nur linear viele Vergleiche zur Bestimmung des Elementes mit Rang k aus einer n-elementigen Menge benötigt. Dieser Algorithmus aus dem Jahre 1973 geht auf M. Blum, R.W. Floyd, V.R. Pratt, R.L. Rivest und R.E. Tarjan zurück. Nach ihren Entwicklern wird er oft auch *BFPRT-Algorithmus* genannt.

3.2.1 Der BFPRT-Algorithmus

Ohne Beschränkung der Allgemeinheit nehmen wir an, dass die Kardinalität der Menge mindestens 1400 ist. Andernfalls lässt sich ein Element mit Rang k einer so kleinen Menge sehr einfach durch Sortieren der Folge finden.

Zuerst teilen wir die n Elemente in $\lceil \frac{n}{5} \rceil$ Gruppen. Jede Gruppe besteht dabei aus mindestens vier aber höchstens fünf Elementen. Da $n \geq 1400$ ist, gibt es maximal vier Gruppen mit vier Elementen. Im Folgenden bezeichnen wir der Einfachheit halber so eine Gruppe immer als 5-er Gruppe, auch wenn diese in Wirklichkeit nur vier Elemente besitzt.

Nun bestimmen wir von jeder 5-er Gruppe den Median dieser fünf (bzw. vier) Elemente. Bei diesen Medianbestimmungen wird gleichzeitig noch mitbestimmt, welche Elemente kleiner oder größer als der entsprechende Median sind. Anschließend bestimmen wir rekursiv aus den $\lceil \frac{n}{5} \rceil$ Medianen deren Median. Nun bestimmen wir den Rang des Medians der Mediane und vergleichen diesen mit dem Rang k des gesuchten Elementes.

Ist zufälligerweise der Rang des Medians der Mediane gleich k, so sind wir fertig. Ist der Rang des Medians der Mediane kleiner als der gesuchte Rang, dann können wir alle diejenigen Elemente verwerfen, die kleiner als der Median der Mediane sind. Dies sind mindestens die drei kleineren Elemente in der 5-er Gruppe des Medians der Mediane und jeweils die drei kleineren Elemente derjenigen Gruppen, deren Median kleiner als der Median der Mediane ist. Andernfalls ist der Rang des Medians der Mediane größer als der gesuchte Rang. Analog können wir alle diejenigen Elemente verwerfen, die größer als der Median der Mediane sind. Dies sind mindestens die drei größeren Elemente in der 5-er Gruppe des Medians der Mediane und jeweils die drei größeren Elemente derjenigen Gruppen, deren Median größer als der Median der Mediane ist. Wir können also in

```
BFPRT (int array[], int len, int k)
{
    /* returns the position of an element with rank k */
    if (len ≤ 1400)
    {
        Heapsort(array, len);
        return k - 1;
    }
    else
    {
        determine_medians(array, len);
        int cols = ⌈len/5⌉;
        int median = 2 * cols + BFPRT(&(array[2 * cols]), cols, ⌈(cols+1)/2⌉);
        median = partition(array, 0, len - 1, median);
        int rank = median + 1;
        if (k == rank)
            return median;
        if (k < rank)
            return BFPRT(array, rank - 1, k);
        else
            return median + 1+
                BFPRT(&(array[median + 1]), len - rank, k - rank);
    }
}

determine_medians(int array[], int len)
{
    /* determine medians of columns */
    int five[5];
    for (int i = 0; i < ⌈len/5⌉; i++)
    {
        int j;
        for (j = 0; i + j * ⌈len/5⌉ < len; j++)
            five[j] = array[i + j * ⌈len/5⌉];
        int max = j;        /* ≤ 5 */

        /* determine median s.t. median is stored in five[2] and the */
        /* smaller (larger) elements are stored in five[0, 1] (five[3, 4]) */
        median_of_five(five, max);

        for (j = 0; j < max; j++)
            array[i + j * ⌈len/5⌉] = five[j];
    }
}
```

Bild 3.2: Der BFPRT-Algorithmus

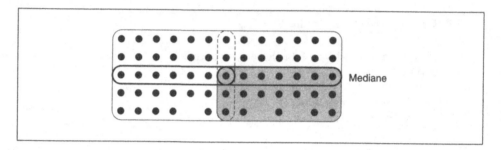

Bild 3.3: Die Aufteilung der Mediane vor dem Aufruf der zweiten Rekursion

jeden Fall ca. ein Viertel der Elemente als Kandidaten für das Element mit Rang k verwerfen. In der restlichen Menge suchen wir nun rekursiv weiter.

Eine schematische Darstellung dieser Aufteilung ist im Bild 3.3 gegeben. Jede Spalte bildet hier eine der 5-er Gruppen. Dabei sind die Elemente, die kleiner als der Median sind, oberhalb und die Elemente, die größer als der Median sind, unterhalb des Medians der entsprechenden 5-er Gruppe angeordnet. Die Mediane selbst sind von links nach rechts aufsteigend geordnet, wobei die einzelnen 5-er Gruppen (d.h. Spalten) bei dieser Darstellung mitpermutiert wurden. Im Fall, dass der Rang des Median der Mediane größer als k ist, dürfen wir die grau hinterlegten Elemente im Bild 3.3 verwerfen.

Wir wollen an dieser Stelle darauf hinweisen, dass wir im Algorithmus im Bild 3.2 nach dem Aufruf von `partition` eine andere, feinere Aufteilung der Elemente bekommen. Dort bestimmen wir den Rang des Medians wirklich, während wir in dieser Darstellung den Rang des Medians der Mediane nur auf ein Intervall einschränken.

Auch dies ist wieder ein Divide-and-Conquer-Algorithmus, wobei wir hier bereits im Divide-Schritt von einem rekursiven Aufruf Gebrauch machen. Der Algorithmus selbst ist im Bild 3.2 angegeben. In dieser Implementierung stellen wir uns das Feld als $5 \times \frac{n}{5}$-Matrix vor, in der die Elemente zeilenweise durchnummeriert sind. Daher bilden die Mediane der 5-er Gruppen nun ein kontinuierliches Stück des Feldes und wir können den Algorithmus rekursiv auf diesem Teilfeld aufrufen. Dabei bezeichnet in C $\&(array[i])$ das Teilfeld ab Indexposition i.

3.2.2 Analyse des BFPRT-Algorithmus

Bezeichne im Folgenden $V_{\mathrm{BFPRT}}(n)$ die maximale Anzahl von Vergleichen, die der BFPRT-Algorithmus zum Finden des Elementes mit Rang k einer n-elementigen Menge benötigt. Zunächst müssen wir aus jeder 5-er Gruppen den Median bestimmen. Hierfür sind jeweils 7 Vergleiche pro Gruppe ausreichend. Den genauen Beweis hierfür überlassen wir dem Leser als Übungsaufgabe. Anschließend wird der BFPRT-Algorithmus rekursiv zum Bestimmen des Medians der Mediane aufgerufen. Hierfür sind maximal $V_{\text{BFPRT}}(\lceil n/5 \rceil)$ Vergleiche erforderlich. Dann wird das Feld nach dem Median der Mediane partitioniert, wofür $n-1$ Vergleiche ausreichend sind. Schließlich wird rekursiv weitergesucht. Dafür müssen wir nun die Größe der Menge abschätzen, in der weitergesucht wird.

Ohne Beschränkung der Allgemeinheit nehmen wir an, dass der Rang des Medians der Mediane größer als der gesuchte Rang k war. Hierzu betrachten wir noch einmal Bild 3.3. In diesem Bild sind in jeder Spalte die Elemente aufsteigend sortiert, und die Mediane sind von links nach rechts aufsteigend sortiert. Dann wissen wir, dass die grau unterlegten Elemente alle größer als der Median der Mediane sind und somit ebenfalls einen Rang größer als k haben. Im oben angegebenen Algorithmus werden die Elemente im Feld nach dem Aufruf von **partition** anders angeordnet, allerdings ist die hier gegebene Darstellung für die Analyse die angemessenere.

Wie groß kann nun der graue Bereich sein? Es gibt mindestens $\lceil \lceil \frac{n}{5} \rceil /2 \rceil = \lceil \frac{n}{10} \rceil$ Mediane, die mindestens so groß sind wie der Median der Mediane. Zu jedem Median wissen wir von noch zwei Elementen, dass sie größer als diese Mediane sind. Nur maximal vier Leerstellen können in dem grauen Bereich auftreten, wenn die Anzahl der Elemente nicht durch 5 teilbar war. Damit ist die Anzahl der Element im grauen Bereich mindestens

$$3 \left\lceil \frac{n}{10} \right\rceil - 4 \geq \frac{3n}{10} - 4.$$

Bezeichnen wir mit m die Anzahl der Elemente im weißen Bereich, welchen wir jetzt noch zu durchsuchen haben, dann gilt:

$$m \leq n - \left(\frac{3n}{10} - 4 \right) = \frac{7n}{10} + 4.$$

Damit erhalten wir die folgende Rekursionsgleichung:

$$V_{\text{BFPRT}}(n) = V_{\text{BFPRT}} \left(\left\lceil \frac{n}{5} \right\rceil \right) + V_{\text{BFPRT}}(m) + 7 \left\lceil \frac{n}{5} \right\rceil + n - 1.$$

Wir zeigen nun mittels vollständiger Induktion, dass $V_{\text{BFPRT}}(n) \leq 25n$.

Induktionsanfang ($n \leq 1400$): Die genaue Analyse von Heapsort zeigt, dass Heapsort maximal $2n \log(n) + 7/2 \cdot n$ Vergleiche benötigt (siehe Theorem 2.10 auf Seite 53). Da $n \leq 1400$, ist $\log(n) \leq 10{,}5$. Damit folgt für $n \leq 1400$:

$$2n \log(n) + \frac{7}{2}n \leq 2 \cdot \frac{21}{2}n + \frac{7}{2}n = \frac{49}{2}n < 25n.$$

Damit ist der Induktionsanfang gelegt.

Induktionsschritt ($\to n > 1400$): Für $n > 1400$ gilt:

$$V_{\text{BFPRT}}(n) = V_{\text{BFPRT}} \left(\left\lceil \frac{n}{5} \right\rceil \right) + V_{\text{BFPRT}}(m) + 7 \left\lceil \frac{n}{5} \right\rceil + n - 1$$

Da $\lceil \frac{n}{5} \rceil \leq n - 1$ und $m \leq \frac{7}{10}n + 4 \leq n - 1$ für $n > 1400$, gilt:

$$\overset{\text{I.V.}}{\leq} \quad 25 \left\lceil \frac{n}{5} \right\rceil + 25m + 7 \left\lceil \frac{n}{5} \right\rceil + n - 1$$

Da $\lceil \frac{n}{5} \rceil \leq \frac{n+4}{5}$ und $m \leq \frac{7n}{10} + 4$, gilt weiter:

$$\leq \quad 25 \left(\frac{n}{5} + \frac{4}{5} \right) + 25 \left(\frac{7n}{10} + 4 \right) + 7 \left(\frac{n}{5} + \frac{4}{5} \right) + n - 1$$

$$\leq \quad \frac{249n + 1246}{10}$$

$$\text{da } 1246 < 1400 < n$$

$$< \quad 25 \cdot n.$$

Theorem 3.4 *Der BFPRT-Algorithmus benötigt zur Bestimmung des Elements mit Rang k einer n-elementigen Menge maximal $25 \cdot n$ Vergleiche.*

Implementiert man den Algorithmus geschickter, so kann man die Anzahl der Vergleiche noch auf $19 \cdot n$ senken. Man kann auf den Aufruf von `partition` verzichten und stattdessen den Rang des Medians der Mediane bestimmen, indem man den Median der Mediane nur noch mit den Elementen vergleicht, von denen man noch nicht weiß, ob sie größer oder kleiner sind. Davon gibt es maximal $\frac{4}{10}n + 8$. Dazu ist es bei der Bestimmung des Medians der Mediane allerdings nötig, dass man sich merkt, welche Elemente kleiner und welche größer als der Median der Mediane sind. Damit kann man in der Rekursionsgleichung den Summanden $n - 1$ durch $\frac{4}{10}n + 8$ ersetzen. Da diese Implementierung aber technisch aufwendiger ist, wollen wir sie hier nur der Vollständigkeit halber erwähnen.

Aus der Komplexität der Selektion ergibt sich für die Komplexität der Medianbestimmung unmittelbar das folgende Korollar:

Korollar 3.5 *Der BFPRT-Algorithmus benötigt zur Bestimmung des Medians einer n-elementigen Menge maximal $25 \cdot n$ Vergleiche.*

Das folgende Theorem, dessen Beweis wir als Übungsaufgabe dem Leser überlassen, stellt den einfachen, aber wichtigen Zusammenhang zwischen dem Finden des Medians und dem Sortieren her.

Theorem 3.6 *Genügen zur Bestimmung des Medians einer Menge mit n Elementen maximal $c \cdot n$ Vergleiche, so benötigt die Variante von Quicksort, die als Pivot den Median auswählt, maximal $(c + 1)n \log(n) + O(n)$ Vergleiche.*

Korollar 3.7 *Die modifizierte Variante von Quicksort, die als Pivot den Median mit Hilfe des BFPRT-Algorithmus auswählt, benötigt zum Sortieren einer Folge der Länge n maximal $O(n \log(n))$ Vergleiche.*

3.3 Der Spinnen-Algorithmus

In diesem Abschnitt stellen wir einen Median-Algorithmus aus dem Jahre 1976 von A. Schönhage, A. Paterson und N. Pippenger vor, der mit $5n + o(n)$ Vergleichen auskommt. Dieser wurde von denselben Autoren kurz darauf noch auf $3n + o(n)$ verbessert.

3.3.1 Spinnen

Der Kern des Algorithmus ist die so genannte Spinnenfabrik, die aus ungeordneten Elementen Spinnen erzeugt. Wir müssen also zunächst einmal erklären, was wir unter einer Spinne verstehen. Eine k-*Spinne* oder einfach eine *Spinne* ist eine Menge von $2k + 1$ Elementen mit einem ausgezeichneten Element z, dem so genannten *Zentrum*, so dass genau k Elemente der Spinne kleiner als z und genau k Elemente größer als z sind.

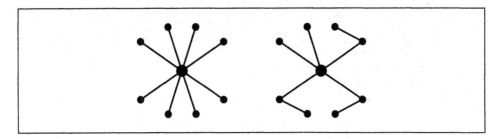

Bild 3.4: Darstellung von 4-Spinnen

Im Bild 3.4 ist eine solche Spinne illustriert. In diesem Bild sind die größeren Elemente oberhalb und die kleineren Elemente unterhalb des Zentrums dargestellt. Wir stellen uns Spinnen immer wie im linken Teil des Bildes 3.4 vor. In Wirklichkeit können die Vergleiche allerdings wie im rechten Teil des Bildes 3.4 ausgegangen sein. Durch die Transitivität erhalten wir die Spinnen als Teilmenge des transitiven Abschlusses der bereits bekannten partiellen Ordnung.

Das Herz des folgenden Algorithmus wird die so genannte *Spinnenfabrik* sein, die aus den gegebenen Elementen k-Spinnen konstruiert. Wir werden im Weiteren zeigen, dass die Produktionskosten einer Spinnenfabrik die folgenden sind:

- Produktionskosten einer k-Spinne: $5k$.

- Maximale Anzahl der Elemente in der Spinnenfabrik, wenn keine k-Spinne mehr produziert werden kann: $r = O(k^2)$.

- Initialisierungskosten der Spinnenfabrik: $O(r) = O(k^2)$.

Mit Kosten bezeichnen wir, wie in diesem Kapitel üblich, die Anzahl benötigter Vergleiche.

3.3.2 Der Algorithmus

Wir lassen zuerst die Spinnenfabrik laufen, bis sie keine Spinnen mehr produzieren kann. Die ausgegebenen Spinnen sortieren wir nach den Werten in den Zentren. Wir bezeichnen wie üblich mit n die Anzahl aller Elemente und mit $\rho \leq r$ die Anzahl der Elemente, die in der Spinnenfabrik verbleiben. Die Anzahl der sortierten Spinnen beträgt dann zu Beginn

$$s = \frac{n - \rho}{2k + 1} \leq \frac{n}{k}.$$

Eine Illustration der sortierten Spinnen findet man in Bild 3.5.

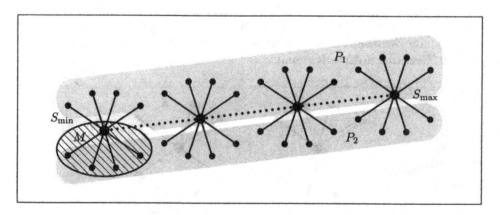

Bild 3.5: Eine sortierte Liste von Spinnen

Wir betrachten nun die Spinne $S_{\min}$ mit dem kleinsten Zentrum. Sei M die Menge, die aus den kleinen Beinen und dem Zentrum der Spinne $S_{\min}$ besteht. Jedes Element aus M ist kleiner als ein Element aus P_1, welches aus den größeren Beinen aus $S_{\min}$ sowie den Zentren der anderen Spinnen und deren größeren Beinen besteht. Daher sind also mindestens

$$p_1 := |P_1| = k + (s - 1)(k + 1) = sk - 1 + s$$

Elemente größer als jedes Element in M. Mit P_2 bezeichnen wir die Menge der Elemente, die in den kleineren Beinen der Spinnen stehen. Also kann jedes Element in M nur größer als jedes Element in P_2 und als jedes Element in der Spinnenfabrik sein. Also gibt es zu jedem Element in M maximal

$$p_2 := |P_2| + \rho = sk + \rho \leq sk + r$$

Elemente, die kleiner sind.

Solange $p_1 > p_2$ ist, kann der Median nicht in den kleineren Beinen oder dem Zentrum der Spinne $S_{\min}$ sein. Analoges gilt für die Spinne $S_{\max}$ mit dem größten Zentrum. Der Median kann sich nicht in den größeren Beinen oder dem Zentrum der Spinne $S_{\max}$ befinden. Diese Elemente werden also aus der Gesamtmenge eliminiert und die verbleibenden Elemente (die in den größeren Beinen der Spinne $S_{\min}$ und die in den kleineren Beinen der Spinne $S_{\max}$) werden in der Spinnenfabrik recycelt. Beim Recycling verwendet die Spinnenfabrik die Reste von Spinnen und generiert daraus wieder neue Spinnen, die in die Liste der sortierten Spinnen einsortiert werden.

Wir bemerken an dieser Stelle, dass wir aus der verbleibenden Menge immer noch den Median suchen, da wir jeweils $k + 1$ Elemente eliminiert haben, die entweder sicherlich größer oder sicherlich kleiner als der Median waren. Wie lange können wir also Elemente eliminieren? Offensichtlich ist die Bedingung $p_1 > p_2$ sicherlich dann erfüllt, wenn $s > r + 1$ gilt. Wenn $s \leq r + 1$ wird, lassen wir auf den restlichen Elementen den BFPRT-Algorithmus laufen.

3.3.3 Analyse des Algorithmus

Für die Analyse bezeichne t die Anzahl der produzierten Spinnen. Wir erinnern uns, dass wir für das Eliminieren von $k + 1$ Elementen genau eine Spinne von einem Ende der Liste entfernen müssen. Da wir maximal n Elemente entfernen, ist die Anzahl der entfernten Spinnen maximal $\lfloor n/(k+1) \rfloor$. Damit ist die Anzahl der insgesamt produzierten Spinnen beschränkt durch die Anzahl der vernichteten und der übriggebliebenen Spinnen. Da maximal $s \leq r + 1$ Spinnen übrigbleiben, und maximal $\lfloor n/(k + 1) \rfloor \leq n/k$ Spinnen vernichtet werden, werden maximal $t \leq n/k + r + 1 = n/k + O(k^2)$ Spinnen produziert.

Wir stellen nun erst einmal die Gesamtkosten des Algorithmus zusammen. Die Beweise hierfür werden wir in den folgenden Abschnitten nachliefern.

- Die Initialisierungskosten der Spinnenfabrik: $r = O(k^2)$.
- Die Produktionskosten der Spinnen: $5k \cdot t = 5k(n/k + O(k^2)) = 5n + O(k^3)$.
- Die Kosten zum Einsortieren der neuen Spinnen in die bereits sortierte Spinnenliste: $O(t \cdot \log(s)) = O((n/k + k^2) \log(n/k))$.
- Die Kosten eines linearen Median-Algorithmus für die restlichen Elemente: $O(r + (r + 1)(2k + 1)) = O(k^3)$.

Die Initialisierungskosten werden benötigt, um die Spinnenproduktion zu starten. Wir werden diese im folgenden Abschnitt analysieren. Wenn der Spinnenalgorithmus stoppt, befinden sich noch maximal $r = O(k^2)$ Elemente in der Spinnenfabrik. Auch dies werden wir im nächsten Abschnitt noch zeigen. Zusätzlich befinden sich am Ende noch maximal $s \leq r + 1 = O(k^2)$ Spinnen mit je $2k + 1$ Elementen in der sortierten Liste. Damit wird der BFPRT-Algorithmus auf $O(k^3)$ Elemente angewendet. Insgesamt werden also $5n + O(k^3 + (n/k + k^2) \log(n/k))$

Vergleiche benötigt. Wählen wir nun $k \in \Theta(n^{1/4})$, dann werden insgesamt maximal $5n + O(n^{3/4}\log(n))$ Vergleiche benötigt.

Theorem 3.8 *Der Spinnenalgorithmus von Schönhage, Paterson und Pippenger zur Bestimmung des Medians benötigt maximal $5n + o(n)$ Vergleiche.*

3.3.4   Die Spinnenfabrik

Wir erläutern nun, wie wir die k-Spinnen für den Spinnenalgorithmus erzeugen. Dabei werden wir zuerst so genannte Gruppen erzeugen, aus denen wir dann letztendlich die gewünschten Spinnen extrahieren können. Zunächst beschreiben wir die Initialisierungsphase. Wir erzeugen Mengen von Gruppen in verschiedenen Klassen H_i. In der i-ten Phase werden die Gruppen der Klasse H_i gebildet. Jede Gruppe enthält ein ausgezeichnetes Element, welches wir das Zentrum der Gruppe nennen. Zu Beginn bildet jedes Element eine Gruppe der Klasse H_0 und ist das Zentrum seiner Gruppe.

Wir unterscheiden im Folgenden zwischen „geraden" und „ungeraden" Phasen. In der $2i$-ten Phase bilden wir aus den Gruppen der Klasse H_{2i-1} neue Gruppen der Klasse H_{2i}. Dazu vergleichen wir die Zentren von zwei Gruppen A und B und machen das größere zum Zentrum der neuen Gruppe $A \cup B$. In der $2i+1$-ten Phase bilden wir aus den Gruppen der Klasse H_{2i} neue Gruppen der Klasse H_{2i+1}. Dazu vergleichen wir die Zentren von zwei Gruppen A und B und machen das kleinere zum Zentrum der neuen Gruppe $A \cup B$. Wir halten an dieser Stelle noch fest, dass jede Gruppe in der Klasse H_j aus genau 2^j Elementen besteht.

Das folgende Lemma sichert uns zu, dass in jeder Gruppe der Klasse $H_{2\ell}$ die von uns gewünschte Spinne enthalten ist.

Lemma 3.9 *Jede Gruppe der Klasse $H_{2\ell}$ enthält genau $2^\ell - 1$ Elemente, von denen bekannt ist, dass sie größer als das Zentrum sind, und genau $2^\ell - 1$ Elemente, von denen bekannt ist, dass sie kleiner als das Zentrum sind.*

Beweis: Wir beweisen die Aussage nach Induktion über ℓ.

Induktionsanfang ($\ell = 0$): Dies gilt offensichtlich.

Induktionsschritt ($\ell - 1 \rightarrow \ell$): Eine Gruppe der Klasse $H_{2\ell}$ ist entstanden aus zwei Gruppen der Klasse $H_{2\ell-1}$ und somit aus vier Gruppen der Klasse $H_{2(\ell-1)}$. Sei v das Zentrum der Gruppe aus $H_{2(\ell-1)}$, das zugleich das Zentrum der betrachteten Gruppe aus $H_{2\ell}$ ist. Mit u_1 bezeichnen wir dann das Zentrum der Gruppe aus $H_{2(\ell-1)}$, welches größer als v ist. Ebenso bezeichnen u_2 bzw. u_3 die Zentren der anderen beiden Gruppen aus $H_{2(\ell-1)}$, wobei u_2 das Zentrum der anderen Gruppe aus $H_{2\ell-1}$ ist. Dies ist im Bild 3.6 illustriert, wobei wieder die größeren Elemente oben gezeichnet sind.

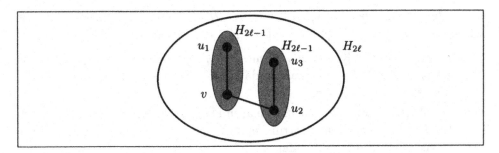

Bild 3.6: Die Zentren der vier Gruppen aus $H_{2(\ell-1)}$

Wir zählen nun die Elemente, die bekanntermaßen größer als v sind. Dies sind die größeren Elemente der Gruppe der Klasse $H_{2(\ell-1)}$ mit Zentrum u_1, die größeren Elemente der Gruppe der Klasse $H_{2(\ell-1)}$ mit dem Zentrum v und das Element u_1 selbst. Dies sind mit Hilfe der Induktionsvoraussetzung genau

$$(2^{\ell-1} - 1) + (2^{\ell-1} - 1) + 1 = 2^{\ell} - 1.$$

Analog können wir die Anzahl der Elemente bestimmen, die bekanntermaßen kleiner als v sind. ∎

Die Spinnenfabrik bildet nun Gruppen der Klassen H_j wie folgt: Wann immer zwei Gruppen der Klasse H_{j-1} verfügbar sind, bildet sie eine neue Gruppe der Klasse H_j. Sobald eine Gruppe der Klasse $H_{2\ell}$ generiert wird, erzeugt die Spinnenfabrik aus dieser Gruppe eine k-Spinne. Wir wählen also den Parameter k so, dass $k = 2^{\ell} - 1$ und $k = \Theta(n^{1/4})$ für ein geeignetes ℓ gilt. Also z.B. $k := 2^{\lfloor \log(n)/4 \rfloor} - 1$, d.h. $\ell = \lfloor \log(n)/4 \rfloor = \log(k+1)$.

Wenn die Spinnenfabrik keine Spinnen mehr produzieren kann, ist in jeder Klasse höchstens eine Gruppe vorhanden. Damit sind in einer unproduktiven Spinnenfabrik maximal

$$r \leq \sum_{i=0}^{2\ell-1} 2^i \leq 2^{2\ell} \leq 2^{2\log(k+1)} = (k+1)^2 = O(k^2)$$

Elemente vorhanden.

Lemma 3.10 *Wenn die Spinnenfabrik keine Spinnen mehr produzieren kann, ist die Anzahl der Elemente in der Spinnenfabrik maximal $r = O(k^2)$.*

Wir müssen uns nur noch überlegen, was die Spinnenfabrik ausgibt. Wir haben ja nur eine Gruppe der Klasse $H_{2\ell}$ erzeugt. Nach dem Lemma 3.9 wissen wir jedoch, dass diese Gruppe eine k-Spinne enthält. Wir müssen diese nur noch extrahieren und überlegen, was wir mit den restlichen Elementen machen. Hierzu betrachten wir die vier Gruppen der Klasse $H_{2(\ell-1)}$ mit den Zentren v, u_1, u_2 und u_3, aus denen die Gruppe der Klasse $H_{2\ell}$ zusammengesetzt ist.

- Die Gruppe der Klasse $H_{2\ell-2}$ mit dem Zentrum u_3 werfen wir als ganzes zurück in die Spinnenfabrik, da wir keine Ahnung haben, wie sich die Elemente zu v verhalten.

- Das Zentrum und alle bekanntermaßen kleineren Elemente der Gruppe der Klasse $H_{2\ell-2}$ mit dem Zentrum u_2 belassen wir in der Spinne. Den Rest recyceln wir in der Spinnenfabrik.

- Das Zentrum und alle bekanntermaßen größeren Elemente der Gruppe der Klasse $H_{2\ell-2}$ mit dem Zentrum u_1 belassen wir in der Spinne. Den Rest recyceln wir in der Spinnenfabrik.

- Das Zentrum und alle bekanntermaßen größeren sowie kleineren Elemente der Gruppe der Klasse $H_{2\ell-2}$ mit dem Zentrum v belassen wir in der Spinne. Den Rest recyceln wir in der Spinnenfabrik. Wir wählen außerdem v als das Zentrum der Spinne.

Damit befinden sich in der Spinne nur solche Elemente, von denen wir auch im Beweis von Lemma 3.9 nachgewiesen haben, dass sie korrekt sind.

Zur Bestimmung der Komplexität müssen wir die ausgeführten Vergleiche zählen, die wir ja als Linien in den einzelnen Gruppen illustriert haben. Zum einen zählen wir die Beine der ausgegebenen Spinnen, zum anderen zählen wir die Kanten, die zerstört werden, um Reste der Gruppe zurück in die Spinnenfabrik zum Recyceln zu werfen.

Offensichtlich wurden für jede Spinne, die die Spinnenfabrik verlässt, genau $2k$ Vergleiche durchgeführt. Wir bezeichnen mit $K_>(\ell)$ die Anzahl der aufgebrochenen Kanten, die nötig sind, um von einer Gruppe der Klasse $H_{2\ell}$ mit Zentrum v alle Kanten zu entfernen, so dass nur die Kanten zu Elementen erhalten bleiben, von denen wir definitiv wissen, dass sie größer als v sind. Dies ist im Bild 3.7a illustriert. Damit erhalten wir die folgende Rekursionsgleichung:

$$K_>(\ell) = 1 + 2K_>(\ell-1); \qquad K_>(1) = 1.$$

Analog bezeichnen wir mit $K_<(\ell)$ die Anzahl der aufgebrochenen Kanten, die nötig sind, um von einer Gruppe der Klasse $H_{2\ell}$ mit Zentrum v alle Kanten zu entfernen, so dass nur die Kanten zu Elementen erhalten bleiben, von denen wir definitiv wissen, dass sie kleiner als v sind. Dies ist im Bild 3.7b illustriert. Wir erhalten hierfür:

$$K_<(\ell) = 2 + 2K_<(\ell-1); \qquad K_<(1) = 2.$$

Man beachte hierbei insbesondere, dass durch das Entfernen der Kanten alle Komponenten, die nicht das Zentrum v enthalten, wieder Gruppen einer geeigneten Klasse H_j (für ein geeignetes j) sind.

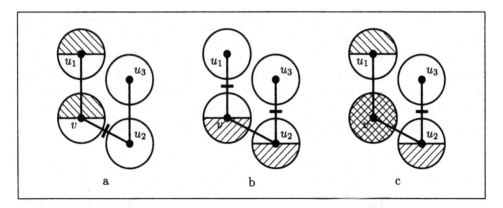

Bild 3.7: Extraktion einer k-Spinne aus einer Gruppe der Klasse $H_{2\lfloor \log(k+1)\rfloor}$

Man kann leicht nachrechnen, dass dann gilt:

$$K_>(\ell) = 2^\ell - 1,$$
$$K_<(\ell) = 2(2^\ell - 1).$$

Wir können nun die Kosten bestimmen, die nötig sind, um die von uns gewünschte k-Spinne zu erhalten. Dazu müssen wir wie im Bild 3.7c illustriert vorgehen: Wir entfernen rekursiv die Kanten in der Gruppe mit Zentrum v der Klasse $H_{2(\ell-1)}$. Zusätzlich entfernen wir in der Gruppe mit Zentrum u_1 der Klasse $H_{2(\ell-1)}$ alle Kanten, von denen nicht bekannt ist, dass sie größer als das Zentrum sind. Ebenso entfernen wir in der Gruppe mit Zentrum u_2 alle Kanten zu Elementen, von denen nicht bekannt ist, dass sie kleiner als das Zentrum sind. Außerdem entfernen wir noch die Kante zwischen u_2 und u_3. Bezeichnen wir mit $K_{<,>}(\ell)$ die Anzahl der entfernten Kanten, um eine $2^\ell - 1$-Spinne zu erhalten, dann bekommen wir die folgende Rekursionsgleichung:

$$K_{<,>}(\ell) = K_{<,>}(\ell-1) + K_<(\ell-1) + K_>(\ell-1) + 1$$
$$= K_{<,>}(\ell-1) + 3 \cdot 2^{\ell-1} - 2$$
$$K_{<,>}(1) = 1.$$

Man kann nun ebenfalls leicht überprüfen, dass dann gilt:

$$K_{<,>}(\ell) = 3(2^\ell - 1) - 2\ell \le 3(2^\ell - 1).$$

Damit erhalten wir für die Ausgabe einer k-Spinne unter der Verwendung von $\ell = \lfloor 1/4 \log(n)\rfloor = \log(k+1)$, dass maximal $3(2^{\log(k+1)} - 1) = 3k$ Vergleiche verbraucht wurden. Damit sind die Kosten pro Spinne nun maximal $5k$, wie wir bereits behauptet haben.

Lemma 3.11 *Für jede ausgegebene Spinne waren maximal $5k$ Vergleiche nötig.*

Wir müssen uns nun noch um die Initialisierungskosten kümmern. Dies sind diejenigen Vergleiche, die wir gemacht haben, aber eigentlich nie benötigt haben. Wir müssen also nur noch die Kanten derjenigen Gruppen zählen, die am Ende in der Spinnenfabrik verblieben sind. Da zum Schluss nur noch maximal r Elemente in der Spinnenfabrik verblieben sind und die Kanten auf diesen Elementen nach Konstruktion einen Wald von Bäumen bilden, ist die Anzahl der in der Spinnenfabrik verbliebenen Kanten durch $r - 1 = O(k^2)$ beschränkt.

Lemma 3.12 *In der Initialisierungsphase der Spinnenfabrik werden $O(k^2)$ Vergleiche ausgeführt.*

Damit ist der Beweis über die Anzahl der benötigten Vergleiche für den Spinnenalgorithmus zur Medianbestimmung vollständig.

3.4 Eine untere Schranke

In diesem Abschnitt wollen wir eine einfache untere Schranke für die Anzahl von Vergleichen zur Bestimmung des Medians angeben.

3.4.1 Ein Gegenspielerargument

Zum Beweis der unteren Schranke wird ein so genanntes *Gegenspielerargument* verwendet. Dazu nehmen wir an, der Gegenspieler hätte Zugriff auf alle n Elemente, aus denen der Median zu bestimmen ist. Bei der Medianbestimmung muss der Algorithmus für jeden Vergleich den Gegenspieler fragen, welches das größere Element ist. Der Gegenspieler versucht nun, die Antworten so zu geben, dass der Algorithmus möglichst viele Vergleiche benötigt. Allerdings muss der Gegenspieler konsistent antworten, d.h. er darf auf die Frage (a, c) nicht $a > c$ antworten, wenn er z.B. vorher bereits $a < b$ sowie $b < c$ oder $a < c$ geantwortet hat.

Wir geben zuerst einen kurzen Überblick über die Strategie des Gegenspielers. Der Gegenspieler teilt sich die Elemente in drei Klassen ein:

- Die Klasse G: In dieser Klasse sind alle Elemente, für die der Gegenspieler entschieden hat, dass sie größer als der Median sind.
- Die Klasse L: In dieser Klasse sind alle Elemente, für die der Gegenspieler entschieden hat, dass sie kleiner als der Median sind.
- Die Klasse U: Dies ist die Klasse von Elementen, die für den Gegenspieler noch als Kandidaten für den Median in Frage kommen. Zu Beginn sind alle Elemente in dieser Klasse.

Wenn $|L| \leq \lfloor \frac{n-1}{2} \rfloor$ und $|G| \leq \lfloor \frac{n-1}{2} \rfloor$ ist, befindet sich der Median noch in der Klasse U. Ferner werden sich in der Klasse U nur solche Elemente befinden, die mit maximal einem anderen Element aus U verglichen worden sind.

Nun geben wir die Strategie des Gegenspielers an. Werden zwei Elemente aus G (bzw. L) verglichen, so antwortet der Gegenspieler irgendwie, aber konsistent. Wird ein Element aus G mit einem Element aus L verglichen, so wird das Element aus G als das größere bestimmt. Wird ein Element aus G (bzw. L) mit einem Element aus U verglichen, so ist das Element aus U das kleinere (bzw. das größere). Der Kern der Strategie des Gegenspielers liegt beim Vergleich von zwei Elementen aus U. Diese ist im Bild 3.8 angegeben.

	Vergleich	Antwort	$\Delta\|U\|_2$	$\Delta\|U\|$
1	$x \sim y$	$x < y$	$+1$	0
2	$x \sim y$ mit $y > y'$	$x < y$ und $y \to G$	-1	-1
3	$x \sim y$ mit $y < y'$	$x > y$ und $y \to L$	-1	-1
4	$x \sim y$ mit $x > x'$ und $y > y'$	$x < y$ und $y \to G$	-1	-1
5	$x \sim y$ mit $x > x'$ und $y < y'$	$x > y$ und $y \to L$	-1	-1
6	$x \sim y$ mit $x < x'$ und $y > y'$	$x < y$ und $y \to G$	-1	-1
7	$x \sim y$ mit $x < x'$ und $y < y'$	$x > y$ und $y \to L$	-1	-1

Bild 3.8: Strategie des Gegenspielers beim Vergleich zweier Elemente aus U

Betrachten wir also den Vergleich von zwei Elementen x und y aus U. Vergleichen wir zwei Elemente, die bislang noch mit keinem anderen Element aus U verglichen wurden, so antworten wir irgendwie (1). Vergleichen wir ein Element x, das bislang noch mit keinem anderen Element aus U verglichen wurde, mit einem Element y, das bereits mit einem Element y' aus U verglichen wurde (2–3), so entfernen wir y aus U und lassen den Vergleich so ausgehen, das wir keine Information über das Verhältnis von x zu y' erhalten. Vergleichen wir zwei Elemente x bzw. y miteinander, die jeweils schon mit dem Element x' bzw. y' aus U verglichen wurden (4–7), so entfernen wir y aus U und lassen den Vergleich so ausgehen, dass wir keine Information über das Verhältnis von x und x' zu y' erhalten.

3.4.2 Mindestanzahl von Vergleichen im schlimmsten Falle

Um die untere Schranke für die Anzahl der Vergleiche im schlimmsten Fall herzuleiten, werden wir im Weiteren zeigen, dass die folgende Invariante dabei immer erfüllt bleibt:

$$C - |U|_2 + 2|U| \geq 2n.$$

Hierbei bezeichnet C die Anzahl der ausgeführten Vergleiche und $|U|_2$ die Anzahl von Paaren in U. Ein Paar in U sind zwei Elemente aus U, die bereits einmal miteinander verglichen wurden.

Zu Beginn gilt diese Invariante sicherlich, da sich alle Elemente in U befinden und es keine Paare in U gibt. Daher gilt $0 - 0 + 2n \geq 2n$. Mit Hilfe der Tabelle im Bild 3.8 kann man leicht nachprüfen, dass diese Invariante für einen Vergleich von zwei Elementen aus U erhalten bleibt. Im Fall 1 wird die Zunahme um 1 bei der Zahl der Paare durch die Zunahme der Vergleiche um 1 kompensiert. In den Fällen 2 bis 7 wächst die linke Seite der Invariante um 2 (wegen des Vergleichs und dem Verlust eines Paares), fällt aber gleichzeitig um 2 (da die Menge U um eins kleiner wird). Somit bleibt in diesen Fällen die linke Seite der Invarianten unverändert. In allen anderen Fällen ändert sich U nicht (und somit auch $|U|$ und $|U|_2$ nicht). Allerdings erhöht sich C, so dass die Invariante sicherlich erhalten bleibt.

Der Gegenspieler verfolgt diese Strategie solange, bis entweder $|L| = \lfloor \frac{n-1}{2} \rfloor$, $|G| = \lfloor \frac{n-1}{2} \rfloor$ oder $|U| = 2$ wird.

Ist der Fall $|U| = 2$ eingetreten, dann folgt unmittelbar aus der Invariante, dass für $n \geq 4$:

$$C \geq 2n + |U|_2 - 2|U| = 2n - 4 \geq \left\lfloor \frac{3n-3}{2} \right\rfloor .$$

Andernfalls nehmen wir ohne Beschränkung der Allgemeinheit an, dass der Fall $|L| = \lfloor \frac{n-1}{2} \rfloor$ eingetreten ist. Der Gegenspieler muss nun ein minimales Element aus U als Median verwenden. Von den dazu nötigen $|U| - 1$ Vergleichen sind höchstens $|U|_2$ bereits ausgeführt worden. Damit sind also unter Zuhilfenahme der Invarianten insgesamt

$$C + |U| - 1 - |U|_2 \geq \underbrace{2n + |U|_2 - 2|U|}_{C\geq} + |U| - 1 - |U|_2 \geq 2n - |U| - 1$$

Vergleiche nötig. Da

$$|U| \leq n - |L| = \left(1 + \left\lceil \frac{n-1}{2} \right\rceil + \left\lfloor \frac{n-1}{2} \right\rfloor \right) - \left\lfloor \frac{n-1}{2} \right\rfloor = \left\lceil \frac{n+1}{2} \right\rceil ,$$

ist die Anzahl der nötigen Vergleiche mindestens

$$2n - 1 - |U| \geq 2n - 1 - \left\lceil \frac{n+1}{2} \right\rceil = \left\lceil \frac{3n-3}{2} \right\rceil \geq \left\lfloor \frac{3n-3}{2} \right\rfloor .$$

Somit haben wir eine untere Schranke für jeden deterministischen, vergleichsbasierten Median-Algorithmus bewiesen. Für $n \leq 3$ lässt sich die Gültigkeit des folgenden Theorems leicht von Hand überprüfen.

Theorem 3.13 *Im schlimmsten Fall benötigt jeder deterministische, vergleichsbasierte Median-Algorithmus mindestens $\lfloor \frac{3(n-1)}{2} \rfloor$ Vergleiche.*

3.5 Ein randomisierter Median-Algorithmus

In diesem Abschnitt wollen wir einen randomisierten Median-Algorithmus vorstellen, der mit sehr wenig Vergleichen auskommt. Wie wir im nächsten Abschnitt sehen werden, kann kein deterministischer Algorithmus diesen im Hinblick auf die Anzahl der Vergleiche schlagen. Dieser Algorithmus wurde bereits 1975 von R.W. Floyd und R.L. Rivest vorgestellt.

3.5.1 Der Algorithmus

Gegeben sei eine Menge N mit n Elementen, aus denen wir den Median bestimmen wollen. Wir wollen hier der einfacheren Analyse wegen annehmen, dass n ungerade ist. Zuerst wird zufällig eine Menge $M \subset N$ mit $m = n^{3/4}$ Elementen ausgewählt und diese mit einem worst-case-optimalen Sortieralgorithmus (z.B. Heapsort oder Mergesort) sortiert. Dann wählt man aus dieser sortierten Liste die Elemente p_1 mit Rang $m/2 - \sqrt{n}$ und p_2 mit Rang $m/2 + \sqrt{n}$ in M aus. Nun bestimmt man alle Elemente der gegebenen Menge N, die im Intervall $[p_1 : p_2]$ liegen. Wir bezeichnen dann mit

$$
\begin{aligned}
L &:= \{x \in N : x < p_1\}, \\
G &:= \{x \in N : x > p_2\}, \\
C &:= N \setminus (L \cup G).
\end{aligned}
$$

Der Median befindet sich genau dann in C, wenn sowohl $|L| \le \lfloor n/2 \rfloor$ als auch $|G| \le \lfloor n/2 \rfloor$ ist. Ist dies nicht der Fall oder ist die Menge C der Kandidaten für den Median zu groß, so startet der Algorithmus wieder von vorne. Andernfalls sortieren wir die Elemente in C und können daraus den Median ablesen, nämlich das Element mit Rang $\lceil n/2 \rceil - |L|$ in C.

Dieser Algorithmus ist im Bild 3.9 angegeben. Hier repräsentiert das Feld c die Menge C und ℓ bzw. j ist die Kardinalität der Menge L bzw. C. Wir wollen an dieser Stelle anmerken, dass wir der einfacheren Implementation und Analyse wegen Elemente aus N mehr als einmal auswählen können, d.h. M ist eigentlich eine Multimenge. Weiter wollen wir hier anmerken, dass wir der Einfachheit halber auf notwendige Rundungen bei der Beschreibung, wie z.B. bei der Wahl von m oder p_i, verzichtet haben.

3.5.2 Ein wenig Wahrscheinlichkeitstheorie

Dieser Abschnitt kann natürlich eine echte Einführung in die Wahrscheinlichkeitstheorie nicht ersetzen, sondern soll nur die für die Analyse des randomisierten Median-Algorithmus benötigten fundamentalen Begriffe und grundlegenden Ergebnisse zusammenfassen.

RANDOMMEDIAN (int $array[]$, int n)
{

    do   /* while median ist not in c or c is too large */
    {

        /* choose m elements of $array$ at random ... */
        int $m = \lceil n^{3/4} \rceil$;
        int $b[m]$;
        for (int $i = 0$; $i < m$; i++);
           $b[i] = array[\text{rand}(n)]$;
        /* ... and sort them */
        Heapsort(b,m);

        /* select elements from $array$ between pivots p_1 and p_2 */
        int $p_1 = b[m/2 - \lceil \sqrt{n} \rceil]$;
        int $p_2 = b[m/2 + \lceil \sqrt{n} \rceil]$;
        int $c[n]$, $j = 0$, $\ell = 0$;

        for (int $i = 0$; $i < n$; i++)
        {

            if ($rand(2) == 0$)
            {

                /* with probability 1/2 check p_1 first */
                if ($array[i] < p_1$)
                    ℓ++;
                elsif ($array[i] \leq p_2$)
                    $c[j$++$] = array[i]$;
            }
            else
            {

                /* with probability 1/2 check p_2 first */
                if ($array[i] \leq p_2$)
                    if ($array[i] < p_1$)
                      ℓ++;
                else
                  $c[j$++$] = array[i]$;
            }
        }
    }
    while (($\ell > \lfloor n/2 \rfloor$) || ($n - (\ell + j) > \lfloor n/2 \rfloor$) || ($j \geq 4m$))

    /* determine Median */
    Heapsort(c,j);
    return $c[\lceil \frac{n+1}{2} \rceil - \ell - 1]$;
}

Bild 3.9: Ein randomisierter Medianalgorithmus

Kommen wir zuerst zur Definition von Elementarereignissen und Ereignisräumen.

Definition 3.14 *Ein* endlicher Ereignisraum *E ist eine endliche Menge von sich gegenseitig ausschließenden* Elementarereignissen. *Dabei ist jedem Elementarereignis $e \in E$ eine* Wahrscheinlichkeit $p_e \in \mathbb{R}_+$ *zugeordnet, wobei $\sum_{e \in E} p_e = 1$ gilt.*

Wir sagen, p_e ist die Wahrscheinlichkeit, dass das Elementarereignis $e \in E$ eintritt. Eine Teilmenge $A \subseteq E$ nennen wir ein *Ereignis* und es gilt $\mathrm{Ws}[A] = \sum_{e \in A} p_e$. Hierbei bezeichnet $\mathrm{Ws}[A]$ die Wahrscheinlichkeit, dass das Ereignis A eintritt.

Betrachten wir das Werfen eines Würfels. Als endlichen Ereignisraum wählen wir $[1:6]$, wobei das Elementarereignis i angibt, dass mit dem Würfel i Augen gewürfelt wurden. Für einen normalen Würfel legen wir die Wahrscheinlichkeiten der Elementarereignisse für $i \in [1:6]$ mit $p_i = \frac{1}{6}$ fest. Die Wahrscheinlichkeit, eine gerade Augenzahl zu würfeln, entspricht dann der Wahrscheinlichkeit, eine 2, 4 oder 6 zu würfeln, also $\mathrm{Ws}[\{2,4,6\}] = p_2 + p_4 + p_6 = \frac{1}{2}$.

Definition 3.15 *Zwei Ereignisse $A, B \subseteq E$ heißen* stochastisch unabhängig, *wenn $\mathrm{Ws}[A \cap B] = \mathrm{Ws}[A] \cdot \mathrm{Ws}[B]$ gilt. Andernfalls heißen sie* stochastisch abhängig.

Man beachte, dass diese Bedingung im Allgemeinen nicht gelten muss. Wir betrachten jetzt das Werfen von zwei Würfeln (von einem weißen und einem roten). Dann wählen wir $E = \{(i,j) : i, j \in [1:6]\}$, wobei das Elementarereignis (i,j) angibt, dass der weiße bzw. rote Würfel i bzw. j Augen anzeigt. Die Wahrscheinlichkeit jedes der 36 Elementarereignisse sei gleich $\frac{1}{36}$. Seien A bzw. B die Ereignisse, dass mit dem weißen bzw. mit dem roten Würfel eine 6 gewürfelt wurde. Es gilt $\mathrm{Ws}[A \cap B] = \mathrm{Ws}[\{(6,6)\}] = \frac{1}{36}$. Also sind A und B stochastisch unabhängig, weil $\mathrm{Ws}[\{(6,j) : j \in [1:6]\}] = \mathrm{Ws}[\{(i,6) : i \in [1:6]\}] = \frac{1}{6}$ gilt.

Betrachten wir noch das Ereignis C, dass die Summe der Augenzahlen mindestens 10 ist. Dann gilt $\mathrm{Ws}[A \cap C] = \mathrm{Ws}[\{(6,6),(6,5),(6,4)\}] = \frac{3}{36}$. Da aber $\mathrm{Ws}[A] = \frac{1}{6}$ und $\mathrm{Ws}[C] = \mathrm{Ws}[\{(i,j) : i, j \in [1:6] \wedge i + j \geq 10\}] = \frac{6}{36}$ gilt, sind A und C stochastisch abhängig.

Folgende fundamentale Ergebnisse wollen wir hier noch festhalten: Für ein Ereignis A ist die Wahrscheinlichkeit, dass das Ereignis A nicht eintritt, gegeben durch $\mathrm{Ws}[\bar{A}] = 1 - \mathrm{Ws}[A]$. Weiter gilt $\mathrm{Ws}[\emptyset] = 0$ und $\mathrm{Ws}[E] = 1$. Für disjunkte Ereignisse $A, B \subseteq E$ gilt nach Definition $\mathrm{Ws}[A \cup B] = \mathrm{Ws}[A] + \mathrm{Ws}[B]$. Für beliebige Ereignisse $A, B \subseteq E$ gilt dann:

$$
\begin{aligned}
\mathrm{Ws}[A \cup B] &= \mathrm{Ws}[(A \setminus (A \cap B)) \cup (B \setminus (A \cap B)) \cup (A \cap B)] \\
&= \mathrm{Ws}[A \setminus (A \cap B)] + \mathrm{Ws}[B \setminus (A \cap B)] + \mathrm{Ws}[A \cap B]
\end{aligned}
$$

$$= (\text{Ws}[A] - \text{Ws}[A \cap B]) + (\text{Ws}[B] - \text{Ws}[A \cap B]) + \text{Ws}[A \cap B]$$
$$= \text{Ws}[A] + \text{Ws}[B] - \text{Ws}[A \cap B].$$

Da $\text{Ws}[A \cap B] \geq 0$, gilt die so genannte *Subadditivität von Wahrscheinlichkeiten*, d.h. es gilt $\text{Ws}[A \cup B] \leq \text{Ws}[A] + \text{Ws}[B]$.

Kommen wir nun zur zentralen Definition einer Zufallsvariablen.

Definition 3.16 *Eine* reelle Zufallsvariable X *über einem Ereignisraum E ist eine Funktion, die jedem Elementarereignis $e \in E$ einen reellen Wert zuweist, d.h. $X : E \to \mathbb{R}$.*

Für eine reelle Zufallsvariable können wir den erwarteten Wert, den sie annimmt, formalisieren.

Definition 3.17 *Sei X eine reelle Zufallsvariable über dem Ereignisraum E, dann ist der* Erwartungswert $\mathbb{E}(X)$ *von X wie folgt definiert:*

$$\mathbb{E}(X) := \sum_{e \in E} X(e) \cdot p_e = \sum_{x \in X(E)} x \cdot \text{Ws}[X = x].$$

Oft bezeichnet man den Erwartungswert als das *erste Moment* der Zufallsvariablen und $\mathbb{E}(X^2) = \sum_{x \in X(E)} x^2 \cdot \text{Ws}[X = x]$ als das *zweite Moment*. Allgemein ist das *k-te Moment.* durch $\mathbb{E}(X^k) = \sum_{x \in X(E)} x^k \cdot \text{Ws}[X = x]$ definiert.

Definition 3.18 *Sei X eine reelle Zufallsvariable über dem Ereignisraum E, dann ist die* Varianz $\mathbb{V}(X)$ *der Zufallsvariablen X über $E \subseteq \mathbb{R}$ definiert als der Erwartungswert der Zufallsvariablen $(X - \mathbb{E}(X))^2$, also*

$$\mathbb{V}(x) := \mathbb{E}\left((X - \mathbb{E}(X))^2\right).$$

Die Varianz ist ein Maß dafür, wie weit die Zufallsvariable um den Erwartungswert streut. Eigentlich würde man dafür als Definition $\mathbb{E}(|X - \mathbb{E}(X)|)$ erwarten. Da aber die Betragsfunktion im Nullpunkt nicht differenzierbar ist und damit häufig rechentechnische Probleme aufwirft, verwendet man stattdessen die Quadratfunktion, die im Wesentlichen dieselben Eigenschaften besitzt.

Definition 3.19 *Zwei reelle Zufallsvariablen X und Y, die auf demselben Ereignisraum E definiert sind, heißen* stochastisch unabhängig, *wenn für alle $x \in X(E)$ und $y \in Y(E)$ die Ereignisse $X = x$ und $Y = y$ stochastisch unabhängig sind, d.h. es gilt:*

$$\text{Ws}[X = x \wedge Y = y] = \text{Ws}[X = x] \cdot \text{Ws}[Y = y].$$

Andernfalls nennen wir X und Y stochastisch abhängig.

Betrachten wir noch einmal das Werfen eines Würfels. Den Ereignisraum definieren wir als $E = [1 : 6]$, wobei das Elementarereignis $i \in E$ das Würfeln von i Augen ist. Die zugehörigen Wahrscheinlichkeiten seien $p_i = \frac{1}{6}$. Wir definieren nun eine Zufallsvariable X, deren Wert genau die gewürfelte Zahl angibt, also $X(i) = i$. Der Erwartungswert von X ist dann $\sum_{i=1}^{6} i \cdot \frac{1}{6} = 3{,}5$. Wir erwarten also, dass wir im Mittel 3,5 Augen pro Wurf erzielen. Das zweite Moment von X berechnet sich zu $\mathbb{E}(X^2) = \sum_{i=1}^{6} i^2 \cdot \frac{1}{6} = \frac{91}{6}$. Für die Varianz von x ergibt sich somit $\mathbb{V}(x) = \sum_{i=1}^{6} (i - \frac{7}{2})^2 \cdot \frac{1}{6} = \frac{35}{12}$.

Lemma 3.20 *Seien X und Y zwei reelle Zufallsvariablen, die auf demselben Ereignisraum definiert sind. Dann gilt: $\mathbb{E}(X + Y) = \mathbb{E}(X) + \mathbb{E}(Y)$.*

Beweis: Die Behauptung folgt unmittelbar aus der Definition des Erwartungswertes:

$$
\begin{aligned}
\mathbb{E}(X + Y) &= \sum_{z \in (X+Y)(E)} z \, \mathrm{Ws}[X + Y = z] \\
&= \sum_{z \in (X+Y)(E)} \sum_{\substack{x \in X(E), y \in Y(E) \\ x+y=z}} (x + y) \, \mathrm{Ws}[X = x \wedge Y = y] \\
&= \sum_{x \in X(E)} x \sum_{y \in Y(E)} \mathrm{Ws}[X{=}x \wedge Y{=}y] + \sum_{y \in Y(E)} y \sum_{x \in X(E)} \mathrm{Ws}[X{=}x \wedge Y{=}y] \\
&\quad \text{da } \textstyle\sum_{y \in Y(E)} \mathrm{Ws}[X = x \wedge Y = y] = \mathrm{Ws}[X = x] \\
&= \sum_{x \in X(E)} x \, \mathrm{Ws}[X = x] + \sum_{y \in Y(E)} y \, \mathrm{Ws}[Y = y] \\
&= \mathbb{E}(X) + \mathbb{E}(Y).
\end{aligned}
$$

Damit ist die Behauptung gezeigt. ∎

Den analogen Beweis des folgenden Lemmas überlassen wir dem Leser als Übungsaufgabe.

Lemma 3.21 *Sei X eine reelle Zufallsvariable und a eine reelle Zahl, dann gilt $\mathbb{E}(aX) = a\,\mathbb{E}(X)$.*

Aus den obigen beiden Lemmata folgt, dass der Erwartungswert *linear* ist, d.h. $\mathbb{E}(aX + bY) = a\,\mathbb{E}(X) + b\,\mathbb{E}(Y)$. Wir merken an dieser Stellen noch an, dass der Erwartungswert auch *monoton* ist, d.h. für zwei reelle Zufallsvariablen X und Y mit $X(e) \leq Y(e)$ für alle Elementarereignisse $e \in E$ gilt $\mathbb{E}(X) \leq \mathbb{E}(Y)$.

Wir zeigen jetzt noch, wie man die Varianz aus dem ersten und zweiten Moment der Zufallsvariablen berechnen kann.

Lemma 3.22 *Für eine reelle Zufallsvariable X gilt $\mathbb{V}(X) = \mathbb{E}(X^2) - (\mathbb{E}(X))^2$.*

Beweis: Die Behauptung folgt unmittelbar aus der Definition und der Linearität des Erwartungswertes:

$$\begin{aligned}
\mathbb{V}(X) &= \mathbb{E}\left((X - \mathbb{E}(X))^2\right) \\
&= \mathbb{E}\left(X^2 - 2X \cdot \mathbb{E}(X) + (\mathbb{E}(X))^2\right) \\
&= \mathbb{E}(X^2) - 2\,\mathbb{E}(X) \cdot \mathbb{E}(X) + (\mathbb{E}(X))^2 \\
&= \mathbb{E}(X^2) - (\mathbb{E}(X))^2.
\end{aligned}$$

Damit ist die Behauptung bewiesen.   ■

Damit können wir für unser obiges Beispiel des Werfen eines Würfels noch einmal die Varianz für X ausrechnen: $\mathbb{V}(X) = \mathbb{E}(X^2) - (\mathbb{E}(X))^2 = \frac{91}{6} - \frac{49}{4} = \frac{35}{12}$.

Für stochastisch unabhängige Zufallsvariablen ist der Erwartungswert sogar *multiplikativ*.

Lemma 3.23 *Seien X und Y zwei stochastisch unabhängige reelle Zufallsvariablen, dann gilt $\mathbb{E}(X \cdot Y) = \mathbb{E}(X) \cdot \mathbb{E}(Y)$.*

Beweis: Da X und Y stochastisch unabhängig sind, gilt nach Definition der Unabhängigkeit $\mathrm{Ws}[X = x \wedge Y = y] = \mathrm{Ws}[X = x] \cdot \mathrm{Ws}[Y = y]$. Somit gilt:

$$\begin{aligned}
\mathbb{E}(X \cdot Y) &= \sum_{x \in X(E), y \in Y(E)} x \cdot y \cdot \mathrm{Ws}[X = x \wedge Y = y] \\
&= \sum_{x \in X(E), y \in Y(E)} x \cdot y \cdot \mathrm{Ws}[X = x] \cdot \mathrm{Ws}[Y = y] \\
&= \sum_{x \in X(E)} x \cdot \mathrm{Ws}[X = x] \cdot \sum_{y \in Y(E)} y \cdot \mathrm{Ws}[Y = y] \\
&= \mathbb{E}(X) \cdot \mathbb{E}(Y).
\end{aligned}$$

Damit ist die Behauptung gezeigt.   ■

Mit Hilfe dieses Lemmas können wir die *Linearität der Varianz* von zwei stochastisch unabhängigen Zufallsvariablen beweisen.

Lemma 3.24 *Seien X und Y zwei stochastisch unabhängige reelle Zufallsvariablen, dann gilt $\mathbb{V}(X + Y) = \mathbb{V}(X) + \mathbb{V}(Y)$.*

Beweis: Mit Lemma 3.22, der Linearität des Erwartungswertes und des vorherigen Lemmas erhalten wir:

$$\begin{aligned}
\mathbb{V}(X + Y) &= \mathbb{E}((X + Y)^2) - (\mathbb{E}(X + Y))^2 \\
&= \mathbb{E}(X^2) + 2\,\mathbb{E}(XY) + \mathbb{E}(Y^2) - (\mathbb{E}(X))^2 - 2\,\mathbb{E}(X)\,\mathbb{E}(Y) - (\mathbb{E}(Y))^2
\end{aligned}$$

$$= \mathbb{V}(X) + \mathbb{V}(Y) + 2(\mathbb{E}(XY) - \mathbb{E}(X)\,\mathbb{E}(Y))$$
$$= \mathbb{V}(X) + \mathbb{V}(Y).$$

Damit ist das Lemma bewiesen. ∎

Nun beweisen wir zwei elementare Ungleichungen für reelle Zufallsvariablen. Mit diesen können wir die Wahrscheinlichkeit abschätzen, dass eine Zufallsvariable weit von ihrem Erwartungswert abweicht.

Theorem 3.25 (Markovsche Ungleichung) *Sei $t > 0$ und sei X eine nicht-negative reelle Zufallsvariable, dann gilt*

$$\mathrm{Ws}[X \geq t] \leq \frac{\mathbb{E}(X)}{t}.$$

Beweis: Zuerst definieren wir eine Hilfsfunktion $h : \mathbb{R} \to \mathbb{R}$:

$$h(x) = \begin{cases} 0 & \text{falls } x < t \\ 1 & \text{falls } x \geq t \end{cases}$$

Damit folgt für den Erwartungswert von $h(X)$:

$$\mathbb{E}(h(X)) = \sum_x h(x) \cdot \mathrm{Ws}[X = x] = \sum_{x \geq t} \mathrm{Ws}[X = x] = \mathrm{Ws}[X \geq t].$$

Da $h(x) \leq x/t$ folgt unmittelbar mit der Monotonie und der Linearität des Erwartungswertes:

$$\mathrm{Ws}[X \geq t] = \mathbb{E}(h(X)) \leq \mathbb{E}(X/t) = \frac{\mathbb{E}(X)}{t}$$

und somit die Behauptung. ∎

Mit Hilfe der Markovschen Ungleichung können wir die noch etwas stärkere Chebyshevsche Ungleichung beweisen:

Theorem 3.26 (Chebyshevsche Ungleichung) *Sei $t > 0$ und sei X eine reelle Zufallsvariable, dann gilt*

$$\mathrm{Ws}[|X - \mathbb{E}(X)| \geq t] \leq \frac{\mathbb{V}(X)}{t^2}.$$

Beweis: $Y := (X - \mathbb{E}(X))^2$ ist eine nichtnegative Zufallsvariable. Dann erhalten wir mit der Markovschen Ungleichung unter Verwendung von $\mathbb{E}(Y) = \mathbb{V}(X)$:

$$\mathrm{Ws}[|X - \mathbb{E}(X)| \geq t] = \mathrm{Ws}[(X - \mathbb{E}(X))^2 \geq t^2] = \mathrm{Ws}[Y \geq t^2] \leq \frac{\mathbb{E}(Y)}{t^2} = \frac{\mathbb{V}(X)}{t^2}$$

und die Behauptung ist bewiesen. ∎

Sei $X \in \{0, 1\}$ eine Zufallsvariable mit $\text{Ws}[X = 1] = p$, $\text{Ws}[X = 0] = q$ und $p + q = 1$. Man stelle sich zum Beispiel das Werfen einer gezinkten Münze vor, bei der mit Wahrscheinlichkeit p Kopf und mit Wahrscheinlichkeit q Zahl erscheint. Diese Verteilung nennt man *Bernoulli-Verteilung*. Betrachtet man nun n solcher Bernoulli-verteilter Zufallsvariablen X_i für $i \in [1 : n]$, dann heißt die Zufallsvariable $X = \sum_{i=1}^{n} X_i$ *binomialverteilt* zum Parameter $(n; p, q)$. Die zugehörige Verteilung heißt dann *Binomialverteilung*. Wir wollen nun für die Binomialverteilung Erwartungswert und Varianz bestimmen, die wir später für die Analyse benötigen.

Lemma 3.27 *Sei X eine Zufallsvariable, die binomial zum Parameter $(n; p, q)$ verteilt ist. Dann gilt $\mathbb{E}(X) = n \cdot p$ und $\mathbb{V}(X) = n \cdot p \cdot q$.*

Beweis: Nach Definition der Binomialverteilung ist $X = \sum_{i=1}^{n} X_i$, wobei die X_i eine Bernoulli-verteilte Zufallsvariablen sind. Mit Hilfe der Linearität des Erwartungswertes ist erhalten wir:

$$\mathbb{E}(X) = \mathbb{E}\left(\sum_{i=1}^{n} X_i\right) = \sum_{i=1}^{n} \mathbb{E}(X_i) = \sum_{i=1}^{n}(0 \cdot q + 1 \cdot p) = \sum_{i=1}^{n} p = n \cdot p.$$

Wie man leicht nachrechnet, sind für beliebige, aber disjunkte $I, J \subseteq [1 : n]$ die beiden Zufallsvariablen $\sum_{i \in I} X_i$ und $\sum_{j \in J} X_j$ stochastisch unabhängig. Daher können wir die Varianz mit Hilfe ihrer Linearität berechnen:

$$
\begin{aligned}
\mathbb{V}\left(\sum_{i=1}^{n} X_i\right) &= \sum_{i=1}^{n} \mathbb{V}(X_i) \\
&= \sum_{i=1}^{n} \left(\mathbb{E}(X_i^2) - (\mathbb{E}(X_i))^2\right) \\
&\quad \text{da } X_i \in \{0, 1\}, \text{ gilt } X_i^2 = X_i \\
&= \sum_{i=1}^{n} \left(\mathbb{E}(X_i) - (\mathbb{E}(X_i))^2\right) \\
&= \sum_{i=1}^{n} \left((0 \cdot q + 1 \cdot p) - (0 \cdot q + 1 \cdot p)^2\right) \\
&= n(p - p^2) \\
&= n \cdot p \cdot q.
\end{aligned}
$$

Damit ist der Beweis abgeschlossen.   ∎

3.5.3 Analyse des randomisierten Algorithmus

Wir wollen nun die Anzahl der Vergleiche für einen Durchgang des Algorithmus bestimmen. Wir werden zeigen, dass die **do-while**-Schleife mit großer Wahrscheinlichkeit nur einmal durchlaufen wird.

Zum Sortieren für die zufällig gewählten Elemente genügen

$$O(m\log(m)) = O(n^{3/4}\log(n^{3/4})) = o(n)$$

Vergleiche. Wie wir gleich sehen werden, werden für die Partitionierung mit hoher Wahrscheinlichkeit nur $3/2n + o(n)$ Vergleiche ausgeführt. Dazu sei k_i der Rang des Elementes p_i in N für $i \in [1:2]$. Vergleichen wir zuerst ein Feldelement mit p_1, dann benötigen wir im Erwartungswert

$$1 \cdot \frac{k_1 - 1}{n} + 2 \cdot \frac{n - (k_1 - 1)}{n} = \frac{2n - k_1 + 1}{n}$$

Vergleiche. Vergleichen wir zuerst mit p_2, dann benötigen wir im Erwartungswert

$$1 \cdot \frac{n - k_2}{n} + 2 \cdot \frac{k_2}{n} = \frac{n + k_2}{n}$$

Vergleiche. Wir bestimmen nun mit Hilfe eines Zufallsbits, mit welchem der beiden ausgewählten Elemente p_i wir ein Element aus N zuerst vergleichen. Damit erhalten wir für den Erwartungswert der Anzahl der ausgeführten Vergleiche mit einem Element aus N:

$$\frac{1}{2} \cdot \frac{2n - k_1 + 1}{n} + \frac{1}{2} \cdot \frac{n + k_2}{n} = \frac{3}{2} + \frac{(k_2 - k_1 + 1)}{2n}.$$

Wir müssen also nur noch beweisen, dass mit großer Wahrscheinlichkeit die Differenz der Ränge der beiden Pivots wesentlich kleiner als n ist. Hierfür werden wir nun zeigen, dass

$$\text{Ws}[k_2 - k_1 + 1 \geq 4n^{3/4}] = O(n^{-1/4}).$$

Dann ist klar, dass mit Wahrscheinlichkeit $1 - O(n^{-1/4})$ maximal $\frac{3}{2}n + o(n)$ Vergleiche ausreichend sind. Dazu genügt es zu zeigen, dass

$$\text{Ws}[k_1 \leq \frac{1}{2}n - 2n^{3/4}] = O(n^{-1/4}) \quad \text{und}$$

$$\text{Ws}[k_2 \geq \frac{1}{2}n + 2n^{3/4}] = O(n^{-1/4})$$

gilt. Im Folgenden bezeichne $N(k)$ alle Elemente aus N mit Rang kleiner gleich k. Wir stellen fest, dass genau dann $k_1 \leq \frac{1}{2}n - 2n^{3/4}$ ist, wenn wir mindestens $\frac{1}{2}n^{3/4} - n^{1/2}$ Elemente aus $N(\frac{1}{2}n - 2n^{3/4})$ auswählen. Wir bezeichnen mit X die

Zufallsvariable, deren Wert die Kardinalität von $M \cap N(\frac{1}{2}n - 2n^{3/4})$ ist. Weiter sei X_i für $i \in [1 : m]$ die *Indikatorvariable*, die angibt, ob ein gewähltes Element aus $N(\frac{1}{2}n - 2n^{3/4})$ ist oder nicht, also

$$X_i = \begin{cases} 1 & \text{falls das } i\text{-te gewählte Element in } N(\frac{1}{2}n - 2n^{3/4}) \text{ ist,} \\ 0 & \text{sonst.} \end{cases}$$

Damit gilt offensichtlich, dass

$$p \; := \; \mathrm{Ws}[X_i = 1] \; = \; \frac{1}{2} - 2n^{-1/4} \qquad \text{und}$$

$$q \; := \; \mathrm{Ws}[X_i = 0] \; = \; \frac{1}{2} + 2n^{-1/4}$$

sowie dass $X = \sum_{i=1}^m X_i$ zum Parameter $(m; p, q)$ binomialverteilt ist. Damit erhalten wir mit Lemma 3.27, dass

$$\mathbb{E}(X) \; = \; mp \; = \; \frac{1}{2}n^{3/4} - 2n^{1/2},$$

$$\mathbb{V}(X) \; = \; mpq \; = \; n^{3/4}\left(\frac{1}{4} - 4n^{-1/2}\right) \; = \; \frac{1}{4}n^{3/4} - 4n^{1/4}.$$

Mit Hilfe der Chebyshevschen Ungleichung (siehe Theorem 3.26) können wir nun die gewünschte Wahrscheinlichkeit abschätzen:

$$\begin{aligned}
\mathrm{Ws}\left[k_1 \leq \frac{1}{2}n - 2n^{3/4}\right] \; &\leq \; \mathrm{Ws}\left[X \geq \frac{1}{2}n^{3/4} - n^{1/2}\right] \\
&= \; \mathrm{Ws}[X \geq \mathbb{E}(X) + n^{1/2}] \\
&= \; \mathrm{Ws}[X - \mathbb{E}(X) \geq n^{1/2}] \\
&\leq \; \mathrm{Ws}[|X - \mathbb{E}(X)| \geq n^{1/2}] \\
&\quad \text{mittels der Chebyshevschen Ungleichung} \\
&\leq \; \frac{\mathbb{V}(X)}{n} \\
&= \; \frac{\frac{1}{4}n^{3/4} - 4n^{1/4}}{n} \\
&\leq \; \frac{1}{4}n^{-1/4}.
\end{aligned}$$

Analog erhält man

$$\mathrm{Ws}\left[k_2 \geq \frac{1}{2}n + 2n^{3/4}\right] \leq \frac{1}{4}n^{-1/4}.$$

Daraus erhalten wir mit Hilfe der Subadditivität der Wahrscheinlichkeiten das gewünschte Resultat:

$$\mathrm{Ws}[k_2 - k_1 + 1 \geq 4n^{3/4}] \quad \leq \quad \mathrm{Ws}\left[k_1 \leq \frac{1}{2}n - 2n^{3/4}\right] + \mathrm{Ws}\left[k_2 \geq \frac{1}{2}n + 2n^{3/4}\right]$$

$$\leq \quad \frac{1}{2}n^{-1/4}. \tag{3.1}$$

Wir wollen nun noch zeigen, dass die **do-while**-Schleife mit großer Wahrscheinlichkeit nur einmal durchlaufen wird. Dazu genügt es, die folgenden Abschätzungen zu beweisen:

1. $\mathrm{Ws}[\ell > \lfloor n/2 \rfloor] \leq O(n^{-1/4})$,
   d.h. der Median ist mit großer Wahrscheinlichkeit nicht in L.
2. $\mathrm{Ws}[n - (\ell + j) > \lfloor n/2 \rfloor] \leq O(n^{-1/4})$,
   d.h. der Median ist mit großer Wahrscheinlichkeit nicht in G.
3. $\mathrm{Ws}[j \geq 4n^{3/4}] \leq O(n^{-1/4})$,
   d.h. C ist mit großer Wahrscheinlichkeit nicht zu groß.

Zuerst erkennen wir, dass die Aussagen über die Wahrscheinlichkeiten im Punkt 3 identisch zur Abschätzung (3.1) ist, da $j = k_2 - k_1 + 1$ ist.

Wir zeigen nun den Punkt 1, der Punkt 2 folgt dann unmittelbar aus Symmetriegründen. Zuerst bemerken wir, dass die Menge L genau dann zu groß wird, wenn wir maximal $\frac{1}{2}n^{3/4} - n^{1/2}$ Feldelemente aus $N(\lfloor n/2 \rfloor)$ gewählt haben. Wir berechnen also zunächst diese Wahrscheinlichkeit. Mit X bezeichnen wir nun die Zufallsvariable, deren Wert die Kardinalität von $M \cap N(\lfloor n/2 \rfloor)$ ist. Wiederum bezeichnen wir für $i \in [1 : m]$ mit X_i die Indikatorvariable, die angibt, ob ein gewähltes Element aus $N(\lfloor n/2 \rfloor)$ ist oder nicht, also

$$X_i = \begin{cases} 1 & \text{falls das } i\text{-te gewählte Element in } N(\lfloor n/2 \rfloor) \text{ ist,} \\ 0 & \text{sonst.} \end{cases}$$

Damit gilt offensichtlich, dass

$$p \quad := \quad \mathrm{Ws}[X_i = 1] \quad = \quad \frac{1}{2}\left(1 - \frac{1}{n}\right) \qquad \text{und}$$

$$q \quad := \quad \mathrm{Ws}[X_i = 0] \quad = \quad \frac{1}{2}\left(1 + \frac{1}{n}\right)$$

sowie dass $X = \sum_{i=1}^{m} X_i$ zum Parameter $(m; p, q)$ binomialverteilt ist. Damit erhalten wir mit Lemma 3.27, dass

$$\mathbb{E}(X) \quad = \quad mp \quad = \quad \frac{1}{2}(n^{3/4} - n^{-1/4}),$$

$$\mathbb{V}(X) \quad = \quad mpq \quad = \quad n^{3/4}\frac{1}{4}\left(1 - \frac{1}{n^2}\right) \quad = \quad \frac{1}{4}(n^{3/4} - n^{-5/4}).$$

Somit können wir folgern, dass

$$
\begin{aligned}
\mathrm{Ws}[\ell > \lfloor n/2 \rfloor] \;&\leq\; \mathrm{Ws}\left[X \leq \frac{1}{2}n^{3/4} - n^{1/2}\right] \\[2mm]
&=\; \mathrm{Ws}[X \leq \mathbb{E}(X) - n^{1/2} + \frac{1}{2}n^{-1/4}] \\[2mm]
&=\; \mathrm{Ws}[X - \mathbb{E}(X) \leq -n^{1/2} + \frac{1}{2}n^{-1/4}] \\[2mm]
&\leq\; \mathrm{Ws}[|X - \mathbb{E}(X)| \geq n^{1/2} - \frac{1}{2}n^{-1/4}]
\end{aligned}
$$

mittels der Chebyshevschen Ungleichung

$$
\begin{aligned}
&\leq\; \frac{\mathbb{V}(X)}{(n^{1/2} - \frac{1}{2}n^{-1/4})^2} \\[2mm]
&\leq\; \frac{\frac{1}{4}n^{3/4} - \frac{1}{4}n^{-5/4}}{(n^{1/2} - \frac{1}{2}n^{1/2})^2} \\[2mm]
&\leq\; \frac{\frac{1}{4}n^{3/4}}{\frac{1}{4}n} \\[2mm]
&\leq\; n^{-1/4}.
\end{aligned}
$$

Wir haben nun gesehen, dass jedes der drei Ereignisse, das die **do-while**-Schleife wiederholen lässt, nur mit Wahrscheinlichkeit $O(n^{-1/4})$ eintrifft. Also wird die **do-while**-Schleife mit Wahrscheinlichkeit $1 - O(3n^{-1/4})$ nur einmal durchlaufen und wir haben das folgende Theorem bewiesen.

Theorem 3.28 *Der randomisierte Algorithmus benötigt zur Medianbestimmung mit einer Wahrscheinlichkeit von $1 - O(n^{-1/4})$ nur $\frac{3}{2}n + o(n)$ Vergleiche.*

Wie wir im nächsten Abschnitt sehen werden, benötigt jeder deterministische, vergleichsbasierte Medianalgorithmus mindestens $2n - o(n)$ Vergleiche. Somit ist der eben vorgestellte randomisierte Medianalgorithmus mit sehr großer Wahrscheinlichkeit schneller als jeder denkbare deterministische. Manchmal können also randomisierte Algorithmen mit sehr großer Wahrscheinlichkeit Ergebnisse liefern, die wir von keinem deterministischen Algorithmus erwarten dürfen.

3.6 Neuere Ergebnisse

Zum Schluss dieses Kapitel wollen wir noch ein paar neuere Ergebnisse zum Selektieren ohne Beweise festhalten. Der Leser sei für eine detaillierte Darstellung auf die Originalarbeiten verwiesen.

3.6.1 Algorithmen

Der Spinnen-Algorithmus von A. Schönhage, A. Paterson und N. Pippenger wurde 1976 von denselben Autoren auf eine Laufzeit von $3n + o(n)$ verbessert. Dieser war lange Zeit der beste bekannte Algorithmus zur Medianbestimmung. Im Jahre 1995 haben D. Dor und U. Zwick den bislang besten vergleichsbasierten deterministischen Algorithmus zur Medianbestimmung vorgestellt:

Theorem 3.29 *Der Median einer n-elementigen Menge kann mit $2{,}95 \cdot n + o(n)$ Vergleichen gefunden werden.*

3.6.2 Untere Schranken

Bereits 1985 wurde von S. Bent und J. John eine bessere untere Schrank als die im Abschnitt 3.4 bewiesene gefunden. Diese besagt, dass mindestens $2n - o(n)$ Vergleiche notwendig sind. Die bislang beste untere Schranke stammt von D. Dor und U. Zwick aus dem Jahre 1996.

Theorem 3.30 *Es existiert ein $\varepsilon > 0$, so dass jeder deterministische, vergleichs-basierte Algorithmus zur Bestimmung des Medians einer Menge aus n Elementen im schlimmsten Fall mindestens $(2 + \varepsilon)n - o(n)$ Vergleiche benötigt.*

Das ε im vorhergehenden Theorem ist allerdings sehr klein, es liegt ungefähr bei $\varepsilon \approx 2^{-80}$.

Die letztere untere Schranke zeigt, dass es keinen deterministischen Media-nalgorithmus geben kann, dessen worst-case Laufzeit die erwartete Laufzeit des vorgestellten randomisierten Medianalgorithmus unterbieten kann. Somit gibt es Probleme, bei denen randomisierte Algorithmen deutlich besser sein können als deterministische Algorithmen. Allerdings sollte man dabei beachten, dass der Vergleich nicht ganz fair ist, da man hier besser bei deterministischen Algorithmen zum Vergleich die mittlere Laufzeit betrachten sollte.

3.7 Übungsaufgaben

Aufgabe 3.1° Angenommen wir haben einen Algorithmus, der zur Bestimmung des Medians mit $c \cdot n$ Vergleichen auskommt. Zeigen Sie, dass die modifizierte Variante von Quicksort, die zur Bestimmung des Pivot den Median mit Hilfe dieses Algorithmus auswählt, zum Sortieren einer Folge der Länge n maximal $(c + 1)n \log(n) + O(n)$ Vergleiche benötigt.

Aufgabe 3.2° Zeigen Sie, dass zur Bestimmung des Medians von 5 Elementen 7 Vergleiche hinreichend und notwendig sind.

Aufgabe 3.3$^+$ Betrachten Sie die folgende Variante des BFPRT-Algorithmus: Zur Bestimmung des Ranges des Medians der Mediane werden nur noch Vergleiche mit denjenigen Elementen durchgeführt, von denen man noch nicht weiß, ob sie größer oder kleiner als der Median der Mediane sind. Zeigen Sie, dass maximal $19n$ Vergleiche ausreichend sind.

Hinweis: Verwenden Sie für Mengen mit weniger als 1024 Elementen Mergesort.

Aufgabe 3.4* Analysieren Sie den BFPRT-Algorithmus, wenn zu Beginn die Elemente in $\lceil n/k \rceil$ Gruppen mit maximal k und mindestens $k-1$ Elementen eingeteilt werden, wobei $k \in \{3, 7, 9, 11, \ldots\}$. Überlegen Sie sich, welche Wahl von k optimal ist.

Aufgabe 3.5* Gegeben seien zwei sortierte Listen der Länge n bzw. m. Geben Sie einen Algorithmus an, der mit $O(\log(n+m))$ Vergleichen den Median beider Listen bestimmt.

Aufgabe 3.6* Zeigen Sie, dass zum Bestimmen des größten und zweitgrößten Elementes aus einer n-elementigen Menge im schlimmsten Fall $n + \lceil \log(n) \rceil - 2$ Vergleiche ausreichend und notwendig sind.

Aufgabe 3.7* Zeigen Sie, dass zum Bestimmen des größten und kleinsten Elementes aus einer n-elementigen Menge im schlimmsten Fall $n + \lceil n/2 \rceil - 2$ Vergleiche ausreichend und notwendig sind.

Aufgabe 3.8* Sei $\mathcal{A}$ ein vergleichsbasierter Selektionsalgorithmus, der das Element x mit Rang k bestimmt. Zeigen Sie, dass man $\mathcal{A}$ so modifizieren kann, dass er für jedes Element mitbestimmt, ob es größer oder kleiner als x ist, ohne dabei die Anzahl der Vergleiche zu erhöhen.

Aufgabe 3.9$^+$ Sei $\mathcal{M}$ ein Medianalgorithmus, der mit linear vielen Vergleichen auskommt. Konstruieren Sie einen auf $\mathcal{M}$ basierenden Selektionsalgorithmus, der ebenfalls mit linear vielen Vergleichen auskommt.

Suchen 4

4.1 Wörterbücher

In diesem Kapitel wollen wir uns mit dem Wiederfinden von bereits gespeicherten Informationen (wie z.B. Adressbücher) befassen. Hierfür nehmen wir an, dass jeder Datensatz einen Schlüssel beinhaltet, der diesen Datensatz eindeutig identifiziert. Zum Beispiel identifiziert die Matrikelnummer einen Studenten einer Hochschule, das Kraftfahrzeugkennzeichen ein zugelassenes Automobil oder das Benutzerkennzeichen einen berechtigten Rechnerbenutzer.

Die möglichen Schlüssel stammen dabei in der Regel aus einem sehr großen Universum. Die Anzahl der zu speichernden Datensätze ist dahingegen relativ klein. Betrachten wir z.B. die möglichen Benutzerkennzeichen einer Unix-Rechenanlage. Hierfür sind Zeichenreihen aus maximal acht Zeichen über dem Alphabet $\{a, \ldots, z\}$ erlaubt. Davon gibt es bereits mehr als 200 Milliarden, aber oft nur einige tausend Benutzer.

Als Universum wollen wir der Einfachheit halber die Menge $U = [0 : N - 1]$ betrachten, wobei dann N die Anzahl der Elemente im Universum ist. Die Anzahl der vorkommenden Schlüssel, die abgespeichert werden sollen, wollen wir mit m bezeichnen. Hierbei wird m immer wesentlich kleiner als N sein.

Wir bezeichnen eine Datenstruktur als *Wörterbuch* (engl. *dictionary*), wenn sie die folgenden drei elementaren Operationen zur Verfügung stellt:

data is_member(key k): Testet, ob zu dem Schlüssel k ein Datensatz im Wörterbuch enthalten ist. Falls der zugehörige Datensatz vorhanden ist, wird dieser ausgegeben, ansonsten ein leerer Datensatz.

insert(data d, key k): Fügt einen Datensatz d in das Wörterbuch unter der Voraussetzung ein, dass nicht ein anderer Datensatz mit Schlüssel k bereits im Wörterbuch enthalten ist.

delete(key k): Löscht den Datensatz aus dem Wörterbuch, der den Schlüssel k enthält, unter der Voraussetzung, dass dieser bereits enthalten ist.

Mit n bezeichnen wir im Folgenden die Größe des betrachteten Wörterbuchs, d.h. die Anzahl der Einträge, die das Wörterbuch aufnehmen kann. In der Regel wird daher $m \leq n \ll N$ gelten.

Wir wollen in diesem Kapitel verschiedene Methoden vorstellen, wie man Datensätze mit ihren Schlüsseln geschickt abspeichern kann, so dass sich die obigen Operationen effizient ausführen lassen.

4.2 Ausnutzen von Sortierung

Wie allseits bekannt ist, kann eine Sortierung bei der Realisierung von Wörterbüchern helfen. Alle bekannten Wörterbücher, wie Lexika, Telefonbücher, Sprachwörterbücher, etc., sind sortierte Listen mit direktem Zugriff, da man jede einzelne Seite direkt aufschlagen kann. Allerdings handelt es sich bei den obigen Beispielen um statische Wörterbücher, in denen die Einfüge- und Lösch-Operationen nicht unterstützt werden.

4.2.1 Lineare Suche

Im Abschnitt 2.1.3 auf Seite 31 haben wir gesehen, wie wir eine Sortierung zum Finden und Einfügen eines Elementes mittels linearer Suche ausnützen können. Das Löschen von Elementen kann analog ausgeführt werden.

Theorem 4.1 *Ist ein Wörterbuch der Größe n als sortiertes Feld implementiert, so lassen sich die Operationen* is_member, insert *und* delete *mittels linearer Suche mit Zeitkomplexität $O(n)$ realisieren.*

Leider ist der Zeitaufwand für praktische Anwendungen viel zu hoch, so dass die lineare Suche kaum verwendet wird.

4.2.2 Binäre Suche

Im Abschnitt 2.1.4 auf Seite 33 haben wir gesehen, wie wir die Anzahl der Vergleiche beim Suchen von linear auf logarithmisch senken können, wenn man eine binäre Suche verwendet. Leider bleibt die Anzahl der nötigen Vertauschungen im Feld bei den Operationen insert und delete immer noch linear.

Theorem 4.2 *Ist ein Wörterbuch der Größe n als sortiertes Feld implementiert, so lassen sich mittels binärer Suche die Operation* is_member *mit Zeitkomplexität $O(\log(n))$ und die Operationen* insert *sowie* delete *mit Zeitkomplexität $O(n)$ realisieren.*

Der lineare Zeitbedarf für die Operationen insert und delete ist für praktische Zwecke im Allgemeinen nicht brauchbar. Nur wenn die Operationen insert und delete selten aufgerufen werden (wie z.B. bei statischen Wörterbüchern), kann eine solche Implementierung sinnvoll sein.

4.2.3 Exponentielle Suche

Eine Verbesserung der Operation is_member lässt sich noch wie folgt erzielen, wenn man die Laufzeit in Abhängigkeit vom Rang des gesuchten Elements angeben will. Wir werden zeigen, dass man ein Element mit Rang k in einem sortierten Feld mit $O(\log(k))$ Vergleichen finden kann. Damit kann man die Suche nach Elementen mit kleinen Rang drastisch beschleunigen, während die Suche nach Elementen mit einem großen Rang kaum langsamer wird.

Man beachte, dass man im Allgemeinen den Rang des gesuchten Schlüssels vorher nicht kennt. Für ein Element, das sich nicht im Wörterbuch befindet, definiert man dessen Rang als den des nächstgrößeren Elements im Wörterbuch bzw. als $m + 1$, falls es größer als alle Einträge des Wörterbuches ist.

Dazu werden wir in einer ersten Phase erst einmal den Rang des gesuchten Elementes bis auf den Faktor zwei eingrenzen. Im i-ten Schritt der ersten Phase vergleichen wir das gesuchte Element mit dem 2^i-ten Element des sortierten Feldes (für $i \geq 0$), also mit dem Element an Position $2^i - 1$ im Feld. Sobald das Element an Position $2^i - 1$ größer gleich dem gesuchten Element ist, brechen wir die erste Phase ab. Haben wir das gesuchte Element gefunden, so sind wir fertig. Andernfalls hat das gesuchte Element einen Rang im Intervall $k \in [2^{i-1} + 1 : 2^i - 1]$. Damit haben wir in der ersten Phase $i + 1 = \lceil \log(k) \rceil + 1$ Vergleiche gemacht.

Nun suchen wir im Intervall $[2^{i-1} + 1 : 2^i - 1]$ mittels der binären Suche weiter. Da das Intervall genau $2^{i-1} - 1$ Elemente umfasst, benötigen wir nach Lemma 2.5 auf Seite 34 genau $i - 1$ Vergleiche, sofern $i \geq 1$ ist. Also genügen uns insgesamt $\max\{1, 2i\} = \max\{1, 2\lceil \log(k) \rceil\}$ Vergleiche zum Feststellen, ob sich ein Element mit Rang k in einem sortierten Feld befindet. Diese Art der Suche wird oft auch als *exponentielle Suche* bezeichnet.

Theorem 4.3 *Ist ein Wörterbuch der Größe n als sortiertes Feld implementiert, so lässt sich mittels exponentieller Suche die Operation* `is_member` *mit Zeitkomplexität $O(\log(k))$ realisieren, wobei k der Rang k des gesuchten Elements im Wörterbuch ist, die Operationen* `insert` *sowie* `delete` *lassen sich mit Zeitkomplexität $O(n)$ realisieren.*

4.3 Hashing

Beim *Hashing* implementieren wir ein Wörterbuch als ein (unsortiertes) Feld der Größe $n = O(m)$. Dabei soll die Größe des Feldes nur möglichst wenig größer sein als die Anzahl der abzuspeichernden Datensätze, umso wenig wie möglich Speicherplatz zu verschenken. Meist wird $n \in [m : 2m]$ sein. An dieser Stelle wollen wir erst noch eine grundlegende Definition festhalten:

Definition 4.4 *Eine Funktion $f : M \to M'$ heißt* injektiv, *wenn $f(x) \neq f(y)$ für alle $x, y \in M$ mit $x \neq y$ gilt. Eine Funktion $f : M \to M'$ heißt* surjektiv, *wenn für alle $y \in M'$ ein $x \in M$ existiert, so dass $f(x) = y$. Eine Funktion heißt* bijektiv, *wenn sie sowohl injektiv als auch surjektiv ist.*

4.3.1 Hashfunktionen

Wie können wir nun einem Datensatz in Abhängigkeit von seinem Schlüssel eine Position im Feld zuordnen? Dazu wählen wir eine so genannte *Hashfunktion*, die jedem Schlüssel des Universums $U = [0 : N - 1]$ eine Position $i \in [0 : n - 1]$ im Feld zuweist. Im Folgenden betrachten wir Hashfunktionen mit

$$h : [0 : N - 1] \rightarrow [0 : n - 1].$$

Die prinzipielle Idee ist nun die, dass der in das Wörterbuch aufzunehmende Datensatz mit Schlüssel k an die Position $h(k)$ des Feldes geschrieben wird. Um die Hashtabelle möglichst gut auszunutzen, werden wir fordern, dass die Funktion h surjektiv sein soll.

Da $n \ll N$ ist, kann die Hashfunktion leider nicht injektiv sein. Daher wird manchen Schlüsseln dieselbe Position im Feld zugewiesen. Wenn zwei Schlüssel gemäß der Hashfunktion auf dieselbe Stelle des Feldes gehasht werden, so spricht man von einer *Kollision*. Wir werden in den folgenden Abschnitten sehen, wie man solche Kollisionen auflösen kann.

Vorweg sollten wir noch erwähnen, dass solche Kollisionen nicht selten sind, was auf den ersten Blick überhaupt nicht klar ist. Man erinnere sich dazu an das Geburtstagsparadoxon, welches besagt, dass es in einem Raum mit 23 Personen mit Wahrscheinlichkeit größer als $\frac{1}{2}$ zwei Personen gibt, die am selben Tag Geburtstag haben. Das ist äquivalent dazu, dass es in einer Hashtabelle der Größe 365 mit nur 23 Einträgen bereits mit Wahrscheinlichkeit größer als $\frac{1}{2}$ zu einer Kollision gekommen ist. Bei dieser Betrachtung haben wir Schaltjahre unberücksichtigt gelassen

Theorem 4.5 *In einer Hashtabelle der Größe n mit m Einträgen tritt mit einer Wahrscheinlichkeit von mindestens $1 - e^{-m(m-1)/(2n)}$ mindestens eine Kollision auf, wenn für jeden Schlüssel jede Hashposition gleich wahrscheinlich ist.*

Beweis: Zuerst bemerken wir, dass für $x \in \mathbb{R}$ gilt:

$$e^x = \sum_{i=0}^{\infty} \frac{x^i}{i!} \geq 1 + x.$$

Da der Logarithmus eine monoton wachsende Funktion ist, folgt daraus unmittelbar, dass $\ln(1 + x) \leq x$ für $x \in \mathbb{R}$.

Wir schätzen zuerst die Wahrscheinlichkeit ab, dass keine Kollision eintritt. Dazu müssen alle Hashwerte paarweise verschieden sein. Somit ist die Wahrscheinlichkeit, dass der i-te eingefügte Schlüssel keine Kollision auslöst, gerade $\frac{n-(i-1)}{n}$ für $i \in [1 : m]$.

$$\text{Ws[keine Kollision]} = \prod_{i=0}^{m-1} \frac{n - i}{n}$$

$$= \exp\left(\sum_{i=0}^{m-1} \ln\left(1 - \frac{i}{n}\right)\right)$$

Da $\ln(1 + x) \leq x$ für $x \in \mathbb{R}$ gilt und die Exponentialfunktion monoton wachsend ist, folgt:

$$\leq \exp\left(\sum_{i=0}^{m-1}\left(-\frac{i}{n}\right)\right)$$

$$= \exp\left(-\frac{m(m - 1)}{2n}\right).$$

Damit ist die Behauptung gezeigt.   ∎

Als Konsequenz dieses Satzes erhalten wir die schlechte Nachricht, dass Kollisionen im Prinzip unvermeidlich sind.

Korollar 4.6 *Hat eine Hashtabelle der Größe n mindestens $\omega(\sqrt{n})$ Einträge und ist für einen Schlüssel jede Hashposition gleich wahrscheinlich, so tritt mit Wahrscheinlichkeit $1 - o(1)$ mindestens eine Kollision auf.*

Um die Anzahl solcher Kollisionen dennoch so gering wie möglich zu halten, sind wir an Hashfunktionen interessiert, die möglichst gut streuen. Wenn man sich z.B. ein Adressbuch anschaut, welches im Allgemeinen nach den Anfangsbuchstaben der Nachnamen gehasht wird, so zeigt sich, dass diese Hashfunktion schlecht streut. Es gibt z.B. sehr viele Nachnamen, die mit S beginnen, aber nur wenige Nachnamen, die mit I beginnen. Man muss also bei der Wahl der Hashfunktion sehr umsichtig zu Werke gehen, da man im Allgemeinen nicht erwarten kann, dass alle Schlüssel des Universums gleich wahrscheinlich sind.

Definition 4.7 *Eine Hashfunktion heißt* ideal, *wenn sie die folgende Gleichung erfüllt:*

$$\forall j \in [0 : n - 1] : \sum_{\substack{k \in U \\ h(k) = j}} p(k) = \frac{1}{n},$$

wobei $p(k)$ die Wahrscheinlichkeit ist, mit der ein Schlüssels $k \in U$ vorkommen kann.

Im Allgemeinen ist jedoch die Verteilung p nicht bekannt.

Außerdem ist es wichtig, dass sich die Hashfunktion leicht berechnen lässt, d.h. sie sollte möglichst in konstanter Zeit berechenbar sein (bzw. möglichst in linearer Zeit im logarithmischen Kostenmodell, welches hier angebrachter ist). Wenn man zu viel Zeit für die Berechnung der Hashfunktion verbraucht, ist ein vernünftiger Gebrauch des Wörterbuches meist nicht mehr möglich.

Wir geben nun drei Beispiele für gebräuchliche Hashfunktionen an:

Additionsmethode: Hier werden aus dem Schlüssel gewisse Segmente heraus-geschnitten und als Binärzahl interpretiert addiert, also:

$$h(k) = \left(\sum_{i=0}^{r} \left((k \bmod 2^{\alpha_i}) \operatorname{div} 2^{\beta_i} \right) \right) \bmod n \quad \text{für } \alpha_i \geq \beta_i \in [0 : \ell(N) - 1].$$

Multiplikationsmethode: Sei $a \in (0,1)$ eine Konstante, dann setze

$$h(k) = \lfloor n \cdot ((k \cdot a) - \lfloor k \cdot a \rfloor) \rfloor.$$

Eine gute Wahl von a ist z.B. $a = \frac{\sqrt{5}-1}{2} = \frac{1}{\varphi} \approx 0{,}618\ldots$, wobei $\varphi = \frac{1+\sqrt{5}}{2}$ der goldene Schnitt ist (siehe z.B. D.E. Knuth: The Art of Computer Programming Vol. 3: Sorting and Searching).

Teilermethode: $h(k) = k \bmod n$, wobei n keine Zweier- oder Zehnerpotenz und auch nicht von der Form $2^k - 1$ sein sollte. Eine gute Wahl für n ist im Allgemeinen eine Primzahl, die nicht nahe einer Zweierpotenz ist.
Zweier- bzw. Zehnerpotenzen sollte man vermeiden, da zum einen die von Menschen geschaffenen Daten gerne im Dezimalsystem erzeugt werden und zum anderen im Rechner Daten meist an Zweier-Potenzen ausgerichtet werden. Daher können bei der Verwendung solcher Moduli oft Artefakte entstehen.

Hier bezeichnet a div b bzw. a mod b das Ergebnis der ganzzahligen Division mit Rest, d.h. $a = (a \operatorname{div} b) \cdot b + (a \bmod b)$. Im Folgenden schreiben wir $a \equiv b \bmod n$, wenn $a \bmod n = b \bmod n$ ist. Wir sagen „a ist äquivalent zu b modulo n", wenn $a \equiv b \bmod n$. Bei längeren Äquivalenzketten schreiben wir dann auch

$$a \equiv b \equiv c \bmod n \qquad \text{für} \qquad a \equiv b \bmod n \quad \text{und} \quad b \equiv c \bmod n.$$

Im restlichen Teil dieses Abschnittes wollen wir uns mit den verschiedenen Strategien der *Kollisionsauflösung* beschäftigen. Dazu werden wir natürlich auch noch Bemerkungen machen, wie die einzelnen Funktionen `is_member`, `insert` und `delete` zu realisieren sind und welchen Zeitaufwand sie benötigen. Dabei setzen wir voraus, dass einer `delete` Operation eine erfolgreiche Suche und einer `insert` Operation eine erfolglose Suche vorausging. Wir werden zur Laufzeit nur die Ergebnisse darstellen. Für die Analyse wird zugrunde gelegt, dass eine ideale Hashfunktion verwendet wird. Die Herleitung ist zum Teil nicht einfach, besteht aber meist nur aus technischen, wahrscheinlichkeitstheoretischen Berechnungen. Wir verweisen den interessierten Leser z.B. auf das Buch von D.E. Knuth.

4.3.2 Hashing durch Verkettung

Die einfachste Methode zur Kollisionsauflösung ist Hashing durch *Verkettung* (engl. *chaining*). Grob gesagt besteht die Idee der Kollisionsauflösung darin, sie nicht aufzulösen. Analog wie in unserem Adressbuch haben wir für einen Nachnamen genügend Platz, um dort auch mehrere Adressen eintragen zu können. Wenn der Platz auf der Seite ausgeht, heften wir einfach eine neue Seite hinzu, die nun weitere Einträge aufnehmen kann.

Wie beim Bucketsort ist nun jedes Feldelement eine lineare Liste, die beliebig viele Elemente aufnehmen kann. Die Realisierungen der Operationen `insert`, `delete` und `is_member` sind offensichtlich.

Betrachten wir noch den mittleren Zeitbedarf für eine erfolgreiche bzw. erfolglose Suche. Bezeichne hierfür $\mathcal{S}_{\text{SUC}}^{\text{Strat}}$ bzw. $\mathcal{S}_{\text{UNS}}^{\text{Strat}}$ die Anzahl der Zugriffe auf die Hashtabelle bei einer erfolgreichen bzw. erfolglosen Suche unter Verwendung der Strategie *Strat* zur Kollisionsauflösung. Diese Zugriffe wollen wir *Sondierungen* nennen. Im Falle des Hashing durch Verkettung werten wir der Fairness halber zusätzlich auch jeden Zugriff auf ein Listenelement als eine Sondierung.

Wir bezeichnen im Folgenden mit $\alpha = \frac{m}{n}$ den *Füllfaktor* der Hashtabelle. Es ist plausibel, dass die erwartete Länge einer Liste α ist. Bei einer erfolgreichen Suche müssen wir im Mittel die Hälfte der linearen Liste des gehashten Feldindex durchgehen, während im erfolglosen Fall immer die ganze Liste durchsucht werden muss. Damit folgt:

$$\mathcal{S}_{\text{SUC}}^{\text{Chain}} \approx 1 + \frac{\alpha}{2} \quad \text{bzw.} \quad \mathcal{S}_{\text{UNS}}^{\text{Chain}} \approx 1 + \alpha.$$

Diese Resultate sind im Bild 4.1 noch einmal graphisch dargestellt, wobei der Füllfaktor α auf der x-Achse und die Anzahl der Sondierungen auf der y-Achse aufgetragen sind.

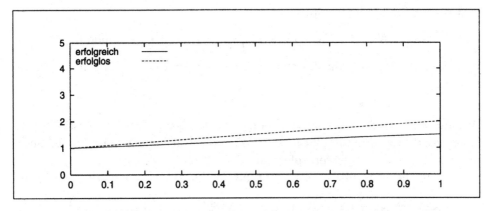

Bild 4.1: Anzahl Sondierungen bei Hashing durch Verkettung

Halten wir das Ergebnis noch im folgenden Theorem fest.

Theorem 4.8 *Bei Verwendung der Verkettung zur Kollisionsauflösung benötigt die erfolgreiche bzw. erfolglose Suche ungefähr $1 + \frac{\alpha}{2}$ bzw. $1 + \alpha$ Sondierungen, wobei α der Füllfaktor der Hashtabelle ist. Die Operationen* delete *und* insert *können in Zeit $O(1)$ realisiert werden.*

Da beim Hashing mit Verkettung die Datensätze immer nur in der Feldposition abgespeichert werden, die die Hashfunktion angibt, spricht man auch von einem *geschlossenen Hashverfahren* oder kurz von *geschlossenem Hashing*.

Wir weisen darauf hin, dass beim Hashing mit Verkettung die Hashtabelle auch überfüllt werden darf, ohne dass bei der erwarteten Anzahl der Sondierungen ein dramatischer Anstieg erfolgt. Da die Einträge allerdings außerhalb der eigentlichen Hashtabelle gespeichert werden, benötigt sowohl das Verwalten der linearen Listen als auch das Speichern der Verweise auf die Datensätze zusätzlichen Speicherplatz.

4.3.3 Linear Probing

Beim *Linear Probing* oder auch *linearen Sondieren* wird nun versucht, für ein Element, das eine Kollision ausgelöst hat, eine freie Position innerhalb der Hashtabelle zu finden. Deshalb spricht man hier nun auch von einem *offenen Hashverfahren* oder auch kurz *offenem Hashing*. Auch die weiter unten vorgestellten Strategien zur Kollisionsauflösung gehören dem offenen Hashing an.

Dazu führt man eine *erweiterte Hashfunktion* $h(k, i)$ ein, die angibt, an welche Position das Element k gehasht werden soll, wenn bereits i Versuche mit dieser erweiterten Hashfunktion zu einer Kollision geführt haben. Das bedeutet also, dass man nun der Reihe nach die Positionen $h(k, 0)$, $h(k, 1)$, $h(k, 2)$, ... durchprobiert, bis man auf einen freien Eintrag in der Hashtabelle trifft.

Im Falle des linearen Sondierens versucht man nun linear weiterzusuchen, also sieht diese Erweiterung wie folgt aus:

$$h : [0 : N - 1] \times \mathbb{N}_0 \to [0 : n - 1] : \; h(k, i) = (h(k) + i) \bmod n.$$

Man beachte, dass die auf das zweite Argument restringierte erweiterte Hashfunktion

$$h_k : [0 : N - 1] \to [0 : N - 1] : \; i \mapsto h(k, i)$$

für jedes $k \in [0 : N - 1]$ eine Bijektion darstellt. Damit ist sichergestellt, dass die erweiterte Hashfunktion für jedes Element des Universums in jedem Fall auch eine freie Hashposition findet, sofern die Hashtabelle nicht voll ist.

Für das lineare Sondieren kann man für die Anzahl der Sondierungen zeigen:

$$S_{\text{SUC}}^{\text{LinProb}} \approx \frac{1}{2}\left(1 + \frac{1}{1 - \alpha}\right) \quad \text{bzw.} \quad S_{\text{UNS}}^{\text{LinProb}} \approx \frac{1}{2}\left(1 + \frac{1}{(1 - \alpha)^2}\right).$$

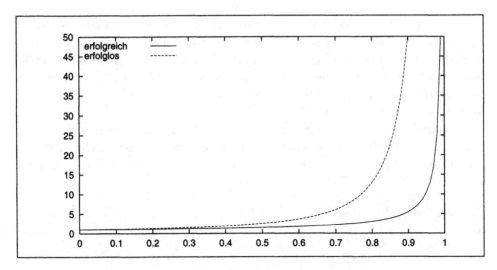

Bild 4.2: Anzahl Sondierungen bei linearem Sondieren

Diese Resultate sind im Bild 4.2 graphisch dargestellt. Man beachte, dass die hier angegebenen Resultate für offene Hashverfahren nur ohne Verwendung von `delete`-Operationen gelten. Es fällt hierbei sofort auf, dass die Anzahl der Sondierungen dramatisch ansteigt, wenn der Füllfaktor nahe 1 ist. Wir werden sehen, dass dies bei allen offenen Hashverfahren der Fall ist.

Es ist klar, dass man (nach einer erfolglosen Suche) immer noch in konstanter Zeit einfügen kann. Allerdings wird hier das Löschen komplizierter. Man kann nun ein gefundenes Element x nicht mehr einfach löschen. Beim Einfügen eines anderen Elementes y sind wir beim linearen Sondieren eventuell über diese Position hinweggelaufen und haben das Element y dahinter eingefügt. Würde man nun einfach das Element x löschen, so würde die Suche nach dem Element y mit dem linearen Sondieren nun an der Stelle erfolglos aufhören, an der x gestanden hat. Obwohl das Element y noch in der Hashtabelle steht, würde es dann nicht mehr gefunden werden.

Die Unterstützung der Operation `delete` ist daher sehr aufwendig. Eine Möglichkeit ist es, nach jeder `delete` Operation einfach die Hashtabelle völlig neu aufzubauen. Diese Lösung ist allerdings extrem teuer und daher unpraktikabel.

Eine andere Strategie ist es, an den Stellen in der Hashtabelle, an denen einmal ein Element gelöscht worden ist, eine Markierung anzubringen. Für eine solche Markierung genügt bereits ein einziges zusätzliches Bit. Trifft man nun auf der Suche nach einem Element auf eine solche leere, aber markierte Hashposition, so weiß man nun, dass man die Suche nicht erfolglos abbrechen darf, sondern dass sich das gesuchte Element durchaus noch hinter dieser Position befinden kann. In diesem Fall behandelt die Suchprozedur also eine leere, aber markierte Position in der Hashtabelle genauso wie eine belegte.

Wenn nur selten gelöscht wird, ist diese Strategie durchaus praktikabel. Wird hingegen oft gelöscht, so kann im schlimmsten Falle jede Position in der Hashtabelle als bereits einmal belegt markiert sein, obwohl die Hashtabelle mittlerweile wieder fast leer ist. Diese gelöschten und nicht wieder belegten Hashpositionen verlängern die Suchzeiten erheblich. Deshalb ist auch hier von Zeit zu Zeit eine Neukonstruktion der Hashtabelle unumgänglich.

Aufgrund dieser oft unzulänglichen Methoden für das Löschen verzichtet man beim linearen Sondieren bzw. ganz allgemein bei offenen Hashverfahren oft auf die Unterstützung der Operation `delete`. Fassen wir den positiven Teil des Ergebnisses in dem folgenden Theorem zusammen.

Theorem 4.9 *Bei Verwendung des linearen Sondierens zur Kollisionsauflösung benötigt die erfolgreiche bzw. die erfolglose Suche ungefähr $\frac{1}{2}\left(1 + \frac{1}{1-\alpha}\right)$ bzw. $\frac{1}{2}\left(1 + \frac{1}{(1-\alpha)^2}\right)$ Sondierungen, wobei α der Füllfaktor der Hashtabelle ist. Die Operation* `insert` *kann in Zeit $O(1)$ realisiert werden.*

Ein weiteres Problem beim linearen Sondieren ist, dass eine überfüllte Hashposition auch das Einfügen von Datensätzen in unmittelbar davor und dahinter liegenden Hashpositionen erschweren kann. Durch das lineare Sondieren bilden sich aufgrund der Kollisionen lange Bereiche von belegten Hashpositionen. Wird nun auf Positionen unmittelbar vor oder in so einem langen belegten Bereich gehasht und werden dadurch bedingte Kollisionen mit dem linearen Sondieren aufgelöst, so wird ebenfalls versucht, diese kollidierten Elemente in diesem bereits belegten Bereich abzulegen. Dadurch werden diese Bereiche immer länger und mehrere solcher Bereiche können auch noch zusammenwachsen. Man nennt diesen Effekt auch *primary clustering* oder *primäre Häufung*.

Dieser Effekt kann nicht nur beim linearen Sondieren auftreten, sondern bei allen offenen Hashverfahren. Formal ausgedrückt entsteht die primäre Häufung genau dann, wenn für zwei beliebige Schlüssel $k, k' \in U$ mit $h(k) \neq h(k')$ gilt:

$$\exists i, i' \in \mathbb{N}_0 : \forall j \in \mathbb{N}_0 : h(k, i + j) = h(k', i' + j).$$

Ein weiterer negativer Effekt ist das so genannte *secondary clustering* oder die *sekundäre Häufung*. Diese liegt vor, wenn für zwei Schlüssel mit demselben Hashwert auch die folgenden erweiterten Hashwerte gleich sind, d.h. wenn für $k, k' \in U$ mit $h(k) = h(k')$ gilt:

$$\forall i \in \mathbb{N}_0 : h(k, i) = h(k', i).$$

Beim linearen Sondieren ist dies erfüllt, so dass hier also immer die sekundäre Häufung eintritt. Dies führt wiederum zu einer großen Zahl von Sondierungen, wenn viele Elemente auf dieselbe Position gehasht werden sollen.

4.3.4 Quadratic Probing

Im Falle des *Quadratic Probing* oder *quadratischen Sondierens* versucht man nun „quadratisch" eine leere Stelle in der Hashtabelle zu finden. Eine mögliche erweiterte Hashfunktion wäre die folgende:

$$h : [0, N-1] \times \mathbb{N}_0 \to [0 : n-1] : h(k,i) = (h(k) - (-1)^i (\lceil i/2 \rceil^2)) \bmod n.$$

Hier muss man sich allerdings überlegen, ob die Funktion $h(k,i)$ für jedes feste k auch surjektiv ist. Andernfalls könnte das Hashverfahren keine leere Position in der Hashtabelle finden, obwohl die Hashtabelle nicht voll ist! Beim linearen Sondieren war dies offensichtlich der Fall. Bei der obigen erweiterten Hashfunktion ist dies sichergestellt, wenn n prim und $n \equiv 3 \bmod 4$ ist. Auf den Beweis hierfür wollen wir verzichten. Für die obige Version des quadratischen Sondierens gilt:

$$S_{\text{SUC}}^{\text{QuadProb}} \approx 1 - \frac{\alpha}{2} + \ln\left(\frac{1}{1-\alpha}\right) \quad \text{bzw.} \quad S_{\text{UNS}}^{\text{QuadProb}} \approx 1 + \frac{\alpha^2}{1-\alpha} + \ln\left(\frac{1}{1-\alpha}\right).$$

Diese Resultate sind im Bild 4.3 graphisch dargestellt. Es sei hier angemerkt, dass die primäre Häufung beim quadratischen Sondieren nicht auftritt. Intuitiv ist dies klar, da für zwei Schlüssel k und k' mit $h(k,0) \neq h(k',0)$ und $h(k,i) = h(k',j)$ gilt, dass zumindest für „kleine" i und j $i \neq j$ ist. Somit ist also aufgrund der Strategie des quadratischen Sondierens $h(k,i+1) \neq h(k',j+1)$. Auf den genauen Beweis wollen wir an dieser Stelle verzichten. Allerdings bleibt beim quadratischen Sondieren immer noch das Problem der sekundären Häufung bestehen. Auch

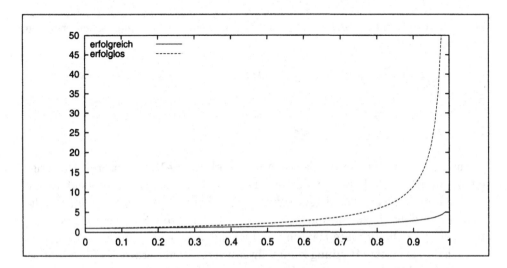

Bild 4.3: Anzahl Sondierungen bei quadratischem Sondieren

hier hat man bei der Operation `delete` dieselben Probleme wie beim linearen Sondieren.

Theorem 4.10 *Bei Verwendung des quadratischen Sondierens zur Kollisions-auflösung benötigt die erfolgreiche bzw. erfolglose Suche in der Hashtabelle unge-fähr $1-\frac{\alpha}{2}+\ln\left(\frac{1}{1-\alpha}\right)$ bzw. $1+\frac{\alpha^2}{1-\alpha}+\ln\left(\frac{1}{1-\alpha}\right)$ Sondierungen, wobei α der Füllfaktor der Hashtabelle ist. Die Operation* `insert` *kann in Zeit $O(1)$ realisiert werden.*

4.3.5 Double Hashing

Im Falle des *Double Hashing* versucht man nun mit einer zweiten, anderen Hash-funktion h', die Kollisionen aufzulösen. Dadurch erhält man die folgende Erwei-terung der Hashfunktion:

$$h : [0 : N - 1] \times \mathbb{N}_0 \rightarrow [0 : n - 1] : h(k,i) = (h(k) + i \cdot h'(k)) \bmod n,$$

wobei $h'(k)$ für alle k teilerfremd zu n sein sollte. Man wähle z.B.

$$h'(k) = 1 + (k \bmod (n - 1)) \quad \text{oder} \quad h'(k) = 1 + (k \bmod (n - 2))$$

für ein primes n. Man kann dann zeigen, dass wiederum $h(k,i)$ für jedes k surjektiv ist, wobei jedoch die Tatsache benötigt wird, dass n eine Primzahl ist.

Für das Double Hashing mit der oben angegebenen Methode erhalten wir für die folgenden Suchzeiten:

$$S_{\text{SUC}}^{\text{DblHash}} \approx \frac{1}{\alpha} \cdot \ln\left(\frac{1}{1-\alpha}\right) \quad \text{bzw.} \quad S_{\text{UNS}}^{\text{DblHash}} \approx \frac{1}{1-\alpha}.$$

Diese Resultate sind im Bild 4.4 graphisch dargestellt. Zusammenfassend erhalten wir das folgende Theorem.

Theorem 4.11 *Bei Verwendung des Double Hashing zur Kollisionsauflösung benötigt die erfolgreiche bzw. erfolglose Suche ungefähr $\frac{1}{\alpha} \cdot \ln\left(\frac{1}{1-\alpha}\right)$ bzw. $\frac{1}{1-\alpha}$ Sondierungen, wobei α der Füllfaktor der Hashtabelle ist. Die Operation* `insert` *kann in Zeit $O(1)$ realisiert werden.*

Auch hier bereitet die Realisierung der Funktion `delete` größere Schwierig-keiten. An dieser Stelle wollen wir anmerken, dass Double Hashing ebenfalls die primäre Häufung weitgehend vermeidet, da im Allgemeinen ja $h'(k) \neq h'(k')$ gilt. Da dies allerdings nicht notwendigerweise für alle Paare (k, k') gilt, können wir nur sagen, dass die primäre Häufung weitgehend vermieden wird.

Auch die sekundäre Häufung kann teilweise vermieden werden, da für k bzw. k' mit $h(k,0) = h(k',0)$ im weiteren Verlauf verschiedene Position sondiert werden,

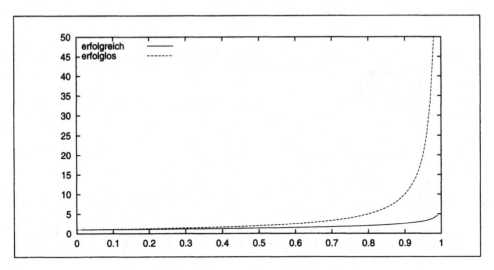

Bild 4.4: Anzahl Sondierungen bei Double Hashing

wenn $h'(k) \neq h'(k')$ ist. Dies gilt allerdings ebenfalls nicht für alle Schlüsselpaare, so dass die sekundäre Häufung nur teilweise vermieden wird.

Zum Abschluss haben wir noch einmal die Resultate der erfolgreichen bzw. der erfolglosen Suche jeweils miteinander vergleichend im Bild 4.5 graphisch dargestellt. Man sieht bei den offenen Hashverfahren sofort, dass diese schlagartig schlechter werden, wenn der Füllfaktor nahe 1 ist. Insbesondere sollte man im Hinblick auf die erfolgreiche bzw. erfolglose Suche bestrebt sein, den Füllfaktor einer Hashtabelle bei einem offenen Verfahren unterhalb von ca. 80% zu halten.

Im Gegensatz dazu spielt bei geschlossenen Hashverfahren der Füllfaktor eine untergeordnete Rolle. Dafür muss man bei geschlossenen Hashverfahren den nicht unerheblichen zusätzlichen Speicherplatzbedarf in Kauf nehmen.

Ist von vornherein abzusehen, dass die Füllfaktoren während des Gebrauchs der Hashtabelle erheblich schwanken (also wenn auch das Löschen erlaubt ist), so kann man mit Hilfe des *dynamischen Hashings* diesem vorbeugen. Dazu wird die Hashtabelle immer in Größen von Zweierpotenzen angelegt. Übersteigt der Füllfaktor den vorgegebenen Maximalwert β (z.B. 80%), dann wird die Größe der Hashtabelle verdoppelt. Dazu wird eine neue Hashtabelle aufgebaut und die Werte der alten Hashtabelle werden mit Hilfe der neuen Hashfunktion in diese eingefügt. Anschließend wird der Speicherplatz der alten Hashtabelle wieder freigegeben. Sinkt der Füllfaktor auf $\beta/4$ ab, dann wird eine neuen Hashtabelle der halben Größe angelegt und mit Hilfe der neuen Hashfunktion werden die Daten der alten Hashtabelle in die neue eingefügt.

Hierbei ist zu beachten, dass der Füllfaktor für jede neu angelegte Hashtabelle bei $\beta/2$ liegt. Damit wird sichergestellt, dass bei alternierendem Einfügen und Löschen nicht dauernd die Größe der Hashtabelle verändert werden muss. Das

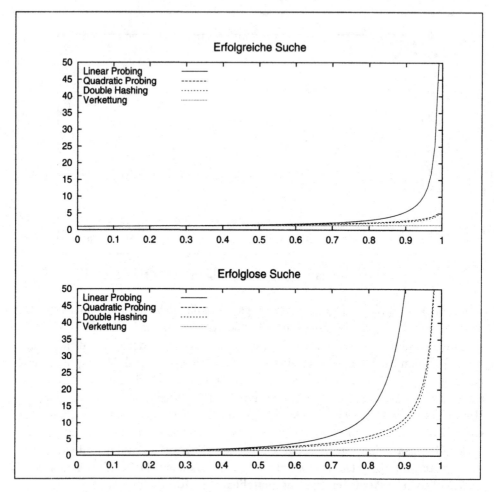

Bild 4.5: Vergleich der vorgestellten Strategien zur Kollisionsauflösung

eigentliche Umspeichern kann auch im Hintergrund geschehen. Dann wird noch auf die alte Hashtabelle zugegriffen, während im Hintergrund bereits die neue Hashtabelle aufgebaut wird.

4.3.6 Universelle Hashfunktionen

Als Hashfunktion würden wir gerne eine ideale Hashfunktion auswählen. Leider ist die Verteilung der Elemente des Universums im Allgemeinen unbekannt, so dass wir die Idealität einer Hashfunktion nicht nachweisen können. Ein Ausweg aus diesem Dilemma bietet das zufällige Auswählen einer Hashfunktion zur Laufzeit aus einem Pool von möglichen Hashfunktionen. Damit sind wir zwar vor der schlechten Wahl einer Hashfunktion nicht gefeit, allerdings können wir zeigen, dass wir im Erwartungswert eine gut streuende Hashfunktion erhalten, sofern der Pool geeignet gewählt ist. Diese Idee wurde 1979 von J.L. Carter und M.N. Wegman entwickelt.

Definition 4.12 *Eine Familie $\mathcal{H}$ von Hashfunktionen heißt* universell, *wenn gilt:*

$$\forall x \neq y \in U : \frac{|\{h \in \mathcal{H} : h(x) = h(y)\}|}{|\mathcal{H}|} = \frac{1}{n}.$$

Wir werden nun zeigen, dass die Auswahl einer zufälligen Hashfunktion aus einer universellen Familie von Hashfunktionen uns im Mittel eine optimal Anzahl von Kollisionen mit einem festen Element des Universums garantiert.

Theorem 4.13 *Sei $\mathcal{H}$ eine universelle Familie von Hashfunktionen (für eine Hashtabelle der Größe n) und sei $h \in \mathcal{H}$ eine zufällige Hashfunktion, wobei alle Hashfunktionen aus $\mathcal{H}$ gleich wahrscheinlich sind. Für eine Menge $M \subset U$ von m Schlüsseln ist die erwartete Anzahl von Kollisionen eines festen Schlüssels $x \in M$ mit einem anderen Element aus M kleiner als 1.*

Beweis: Sei $K_x(y)$ eine binäre Zufallsvariable, die genau dann 1 ist, wenn $h(x) = h(y)$ ist. Nach Wahl von h und der Tatsache, dass $\mathcal{H}$ eine universelle Familie von Hashfunktionen ist, gilt für feste $x \neq y \in U$:

$$\mathbb{E}[K_x(y)] = 0 \cdot \text{Ws}[h(x) \neq h(y)] + 1 \cdot \text{Ws}[h(x) = h(y)] = \text{Ws}[h(x) = h(y)] = \frac{1}{n}.$$

Man beachte hierbei, dass der Wahrscheinlichkeitsraum aus den Hashfunktionen und nicht aus den Elementen des Universums besteht.

Sei K_x eine reelle Zufallsvariable, die die Anzahl der Kollisionen mit dem Schlüssel x zählt, also $K_x = \sum_{x \neq y \in M} K_x(y)$. Dann gilt für den Erwartungswert von K_x mit Hilfe der Linearität des Erwartungswertes:

$$\mathbb{E}[K_x] = \sum_{x \neq y \in M} \mathbb{E}[K_x(y)] = \sum_{x \neq y \in M} \frac{1}{n} = \frac{m-1}{n} < 1.$$

Damit ist die erwartete Anzahl von Kollisionen für jedes Element des Universums kleiner als 1. ∎

Wir zeigen jetzt, dass solche Familien von universellen Hashfunktionen wirklich existieren. Betrachten wir das Universum $U = [0 : n-1]^{r+1}$, wobei n prim ist. Wir definieren die Familie $\mathcal{H} := \{h_\alpha : \alpha \in U\}$ von Hashfunktionen für eine Hashtabelle der Größe n wie folgt:

$$h_\alpha : U \to [0 : n-1] : (x_0, \ldots, x_r) \mapsto \left(\sum_{i=0}^{r} \alpha_i \cdot x_i \right) \mod n.$$

Theorem 4.14 $\mathcal{H}$ *ist universell.*

Beweis: Seien $x = (x_0, \ldots, x_r) \neq y = (y_0, \ldots, y_r) \in U$. Ohne Einschränkung der Allgemeinheit sei $x_0 \neq y_0$. Ist $h_\alpha(x) = h_\alpha(y)$ für ein $\alpha = (\alpha_0, \ldots, \alpha_r) \in U$, dann gilt:

$$\alpha_0(y_0 - x_0) = \sum_{i=1}^{r} \alpha_i(x_i - y_i).$$

Betrachten wir eine beliebige, aber feste Wahl von $(\alpha_1, \ldots, \alpha_r) \in [0 : n - 1]^r$ und zählen die $\alpha_0 \in [0 : n - 1]$ ab, so dass die obige Gleichung erfüllt ist. Setzen wir $a = (y_0 - x_0)$, $b = \sum_{i=1}^{r} \alpha_i(x_i - y_i)$, und $x = \alpha_0$, dann ist dies äquivalent zur Frage, wie viele Lösungen die Gleichung $a \cdot x = b \bmod n$ hat. Wie wir im Abschnitt 7.2.2 noch sehen werden, gibt es genau eine Lösung. Somit gibt es für eine beliebige Wahl von $(\alpha_1, \ldots, \alpha_r)$ genau ein α_0, so dass h_α für x und y eine Kollision auslöst. Für feste $x, y \in U$ gibt es damit n^r Möglichkeiten $(\alpha_0, \ldots, \alpha_r)$ auszuwählen, so dass $h_\alpha(x) = h_\alpha(y)$ ist. Da es insgesamt n^{r+1} Möglichkeiten gibt $(\alpha_0, \ldots, \alpha_r)$ auszuwählen, folgt

$$\frac{|\{h \in \mathcal{H} : h(x) = h(y)\}|}{|\mathcal{H}|} = \frac{n^r}{n^{r+1}} = \frac{1}{n}.$$

Damit ist die Behauptung bewiesen.   ∎

Zum Abschluss wollen wir noch anmerken, dass wir die obige Familie von Hashfunktion immer verwenden können. Wir interpretieren die interne binäre Darstellung des Schlüssels als eine n-äre Darstellung einer natürlichen Zahl (der Einfachheit halber sei n eine Zweierpotenz). Dann ist jede Ziffer dieser Darstellung aus $[0 : n - 1]$ und wir können die obige Konstruktion einsetzen.

4.4 Binäre Suchbäume

Eine andere Möglichkeit, ein Wörterbuch zu implementieren, ist die Verwendung von Bäumen. Hierbei werden die Datensätze geschickt in den Knoten des Baumes abgespeichert. Um einen Datensatz zu finden, nutzt man eine totale Ordnung auf dem gegebenen Universum der Schlüssel aus.

4.4.1 Suchbaumeigenschaft

Die einfachste Art ein Wörterbuch mit Hilfe eines Baumes zu implementieren, ist die Verwendung eines binären Baumes. Wir gehen ähnlich wie bei der Implementierung eines Heaps vor. Die Datensätze (bzw. besser Verweise auf diese) werden

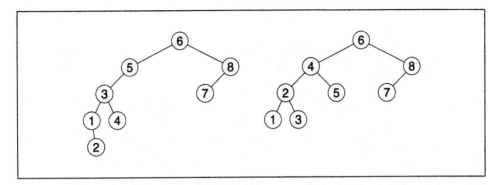

Bild 4.6: Binäre Suchbäume mit acht Elementen

in den Knoten des binären Baumes abgespeichert. Um die Darstellung zu vereinfachen, nehmen wir an, dass ein Datensatz nur aus dem Schlüssel besteht. Zudem
muss jeder Knoten des Baumes die *Suchbaum-Eigenschaft* erfüllen:

> *Der in einem Knoten x abgespeicherte Schlüssel ist größer bzw. klei-
> ner als jeder Schlüssel, der in einem Knoten des linken bzw. rechten
> Teilbaumes von x abgespeichert ist.*

Ist in einem binären Baum an jedem Knoten die Suchbaum-Eigenschaft erfüllt,
so sprechen wir von einem *binären Suchbaum*. Im Bild 4.6 sind zwei Beispiele für
binäre Suchbäume angegeben.

4.4.2 Suchen und Einfügen im binären Suchbaum

Damit lässt sich die Funktion `is_member` leicht implementieren. Beginnend an der
Wurzel des Baumes vergleicht man den Schlüssel des zu suchenden Elements mit
dem im betrachteten Knoten gespeicherten Schlüssel. Ist der gesuchte kleiner als
der in dem betrachteten Knoten gespeicherte Schlüssel, so sucht man rekursiv im
linken Teilbaum weiter; ist er größer, so sucht man rekursiv im rechten Teilbaum
weiter. Andernfalls hat man das Element gefunden. Falls der gesuchte linke bzw.
rechte Teilbaum nicht vorhanden ist, bricht die Suche erfolglos ab.

Hat man nun das gesuchte Element nicht gefunden, so kann man dieses in den
Suchbaum wie folgt einfügen. An den während des Suchens zuletzt betrachteten
Knoten des Baumes hängt man den neuen Schlüssel als neues linkes oder rechtes
Blatt an, je nachdem, ob der einzufügende Schlüssel kleiner oder größer war.

4.4.3 Löschen im binären Suchbaum

Wie löscht man nun ein Element? Ist der Schlüssel in einem Blatt gespeichert,
so kann man einfach das Blatt entfernen. Ist der Schlüssel in einem Knoten x
gespeichert, der genau ein Kind z hat, so entfernt man einfach den Knoten x und

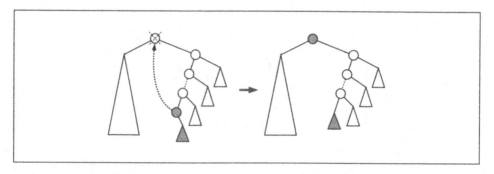

Bild 4.7: Löschen eines Knoten mit zwei Kindern in einem binären Suchbaum

macht z zum linken oder rechten Kind des Elters von x, je nachdem, ob x das linke oder rechte Kind gewesen ist.

Ist das Element in einem inneren Knoten abgespeichert, der zwei Kinder hat, so ist diese Operation etwas komplizierter (siehe zur Illustration auch Bild 4.7). Man sucht zuerst im rechten Teilbaum den Knoten mit dem kleinsten Schlüssel und vertauscht diesen mit dem zu löschenden Schlüssel. Da dieser Knoten dann nur noch maximal ein Kind hat, können wir diesen Knoten jetzt leicht löschen.

Wie findet man aber den Knoten mit dem kleinsten Schlüssel in einem Baum? Beginnend an der Wurzel verzweigen wir jeweils immer nur zum linken Kind, bis wir auf einen Knoten stoßen, der kein linkes Kind mehr hat. Aus der Suchbaumeigenschaft folgt, dass in diesem Knoten der kleinste Schlüssel des Baumes abgespeichert ist.

Es bleibt die Frage, ob nach dem Löschen die Suchbaumeigenschaft erfüllt bleibt. Der neue Schlüssel in der Wurzel des Teilbaumes war ja der kleinste Schlüssel, der im rechten Teilbaum abgespeichert war. Damit ist er auch kleiner als alle Schlüssel, die nun noch im rechten Teilbaum abgespeichert sind. Andererseits war dieser Schlüssel größer als der zu löschende, der seinerseits größer war als alle Schlüssel im linken Teilbaum. Andererseits beeinflusst die Permutation der Schlüssel eines Teilbaums nicht die Suchbaumeigenschaft der Knoten außerhalb dieses Teilbaumes. Somit bleibt die Suchbaumeigenschaft erhalten.

Theorem 4.15 *Sei T ein binärer Suchbaum. Die Operationen* insert, delete *und* is_member *benötigen $O(h(T))$ Schritte.*

Leider kann die Höhe eines binären Suchbaumes mit n Elementen $O(n)$ erreichen (man füge z.B. die Datensätze in der Reihenfolge ihrer sortierten Schlüssel ein). Man kann jedoch zeigen, dass für eine jede Schlüsselmenge der binäre Suchbaum im Mittel Höhe $O(\log(n))$ hat, wenn man annimmt, dass für die Reihenfolge beim Einfügen alle Permutationen der Schlüssel gleich wahrscheinlich sind.

Im Bild 4.8 und im Bild 4.9 ist eine rudimentäre Implementierung von binären Suchbäumen angegeben. Man beachte, dass bei gewöhnlichen binären Suchbäumen in der Prozedur `insert` die Rebalancierung nicht aufgerufen wird. Diese wird erst später für die AVL-Bäume benötigt.

4.5 AVL-Bäume

Wie wir gesehen haben, sind binäre Suchbäume dann sehr effizient, wenn die Höhe der Bäume beschränkt ist. Eine wichtige Teilklasse der binären Suchbäume sind die im Jahre 1962 eingeführten AVL-Bäume, die nach ihren Erfindern G. Adelson-Velskii und Y. Landis benannt sind.

4.5.1 Höhenbalancierung

Ein Knoten ist genau dann *höhenbalanciert*, wenn sich die Höhen der an seinen Kindern hängenden Teilbäume um maximal eins unterscheiden. Ein binärer Suchbaum heißt *AVL-Baum*, wenn jeder Knoten des Baumes höhenbalanciert ist. Im Bild 4.6 ist der rechte Suchbaum ein AVL-Baum, der linke jedoch nicht, da die Knoten mit den Schlüsseln 5 und 6 nicht höhenbalanciert sind.

Theorem 4.16 *Ein AVL-Baum der Höhe h hat mindestens $f_{h+3} - 1$ und höchstens $2^{h+1} - 1$ Knoten, wobei f_n die n-te Fibonacci-Zahl ist.*

Beweis: Die obere Schranke ist klar, da jeder AVL-Baum auch ein binärer Baum ist und jeder binäre Baum auf Level ℓ maximal $2^{\ell-1}$ Knoten haben kann. Also gilt für die maximale Anzahl an Knoten in einem binären Baum der Höhe h:

$$\sum_{\ell=1}^{h+1} 2^{\ell-1} = \sum_{\ell=0}^{h} 2^\ell = 2^{h+1} - 1.$$

Zum Beweis der unteren Schranke definieren wir die so genannten *Fibonacci-Bäume*: F_3 ist der Baum der aus einem Knoten besteht. F_4 ist der Baum der aus zwei Knoten besteht, der Wurzel und ihrem linken Kind. Für $n \geq 5$ ist F_n definiert als der Baum, an dessen Wurzel ein F_{n-1} (als linker Teilbaum) und ein F_{n-2} (als rechter Teilbaum) hängt. Offensichtlich ist die Höhe von F_n gerade $n - 3$. Wir werden durch vollständige Induktion zeigen, dass bis auf Isomorphie der F_{h+3} der kleinste AVL-Baum mit Höhe h ist.

Induktionsanfang ($h \in \{0, 1\}$): Bis auf Isomorphie sind F_3 bzw. F_4 gerade die minimalen AVL-Bäume der Höhe 0 bzw. 1.

Induktionsschritt ($h-1 \rightarrow h$): Betrachten wir einen minimalen AVL-Baum T der Höhe h. Da die Wurzel höhenbalanciert ist, hängt an der Wurzel ein Teilbaum der Höhe $h - 1$ und ein Teilbaum der Höhe $h - 2$ oder $h - 1$. Da ein minimaler

```
CLASS NODE ()
int key, height;
node *left, *right, *parent;

void replace_child(node* n)
{     /* n replaces the actual node as a child of the root */
      if (parent && (parent→right == this))
            parent→right = n;
      elsif (parent && (parent→left == this))
            parent→left = n;
      if (n)
            n→parent = parent;
}

void delete_node()
{
      replace_child(NULL);
      delete this;
}

node* find_min()
{
      if (left)
            return left→find_min();
      else
            return this;
}

node* lookup(int k, bool create)
{     /* assuming that the tree is not empty */
      if (key == k)
            return this;
      elsif (key < k)
            if (right)
                  return right→lookup(k, create);
            elsif (create)
                  return right = new node(this, k);
            else
                  return NULL;
      else /* key > k */
            if (left)
                  return left→lookup(k, create);
            elsif (create)
                  return left = new node(this, k);
            else
                  return NULL;
}
```

Bild 4.8: Binäre Suchbäume: Hilfsfunktionen

```
CLASS NODE ()
node(node *p, int k)
{
    key = k;
    height = 0;
    left = right = NULL;
    parent = p;
}

bool is_member(int k)
{
    return (lookup(k, FALSE) == NULL);
}

node* insert(int k)
{
    /* requires a non-empty tree and returns the new root (for AVL-trees) */
    node* v = lookup(k, TRUE);
    if (AVL)
        return v→parent→rebalance();
    else
        return NULL;
}

void delete(int k)
{
    if (node *v = lookup(k, FALSE))
    {
        if (v→left && v→right)
        {
            /* v has two children */
            node* w = v→right→find_min();
            v→key = w→key;
            w→key = k;
            v = w;
        }
        /* now v has at most one child */
        if (v→right)
            v→replace_child(v→right);
        elsif (v→left)
            v→replace_child(v→left);
        v→delete_node();
    }
}
```

Bild 4.9: Binäre Suchbäume: Grundfunktionen

AVL-Baum der Höhe $h-2$ offensichtlich weniger Knoten als ein minimaler AVL-Baum der Höhe $h-1$ hat, folgt, dass der zweite Teilbaum Höhe $h-2$ haben muss. Nach Induktionsvoraussetzung ist nun ein minimaler AVL-Baum der Höhe $h-1$ bzw. $h-2$ isomorph zu F_{h+2} bzw. F_{h+1}. Also ist T isomorph zu F_{h+3}. $\square$

Es bleibt zu zeigen, dass die Anzahl der Knoten in F_{h+3} gerade $f_{h+3} - 1$ ist. Nach Definition gilt

$$|F_h| = |F_{h-1}| + |F_{h-2}| + 1 \quad \text{für } h \geq 5 \quad \wedge \quad |F_3| = 1, \quad |F_4| = 2.$$

Eine solche Rekursionsgleichung haben wir bereits in Abschnitt 1.2 behandelt. Mit $g_h := |F_h| + 1$ gilt

$$g_h = g_{h-1} + g_{h-2} \quad \text{für } h \geq 5 \quad \wedge \quad g_3 = 2, \quad g_4 = 3.$$

Nimmt man noch $g_1 = g_2 = 1$ hinzu, so erhält man genau die Fibonacci-Zahlen $g_h = f_h$. Also ist $|F_{h+3}| = f_{h+3} - 1$.   ∎

Vielleicht wundert man sich an dieser Stelle über die etwas seltsame Definition der Fibonacci-Bäume F_i. Hängt man in einem F_i an jeden Knoten mit genau einem Kind noch ein Blatt an und an jeden Knoten mit keinem Kind genau zwei Blätter, so hat jeder dermaßen modifizierte Fibonacci-Baum $\hat{F}_i$ genau f_i Blätter. In der Literatur werden oft diese erweiterten Bäume als *Fibonacci-Bäume* bezeichnet. Zusammen mit Lemma 1.3 auf Seite 4 erhalten wir das folgende Korollar.

Korollar 4.17 *Die Höhe eines AVL-Baumes mit n Knoten ist $\Theta(\log(n))$.*

Man kann dieses Korollar auch einfacher ohne Verwendung von Theorem 4.16 beweisen. Allerdings gibt uns der Beweis des Theorems noch einige Auskünfte über die Struktur von minimalen AVL-Bäumen. Somit hat jeder AVL-Baum eine logarithmische Höhe und wir erhalten folgendes Theorem:

Theorem 4.18 *In einem AVL-Baum mit n Knoten kann in Zeit $O(\log(n))$ festgestellt werden, ob sich ein gegebener Schlüssel im Baum befindet oder nicht.*

4.5.2   Einfügen in einen AVL-Baum

Die Suchprozedur in einem AVL-Baum ist genau dieselbe wie für normale binäre Suchbäume. Nur beim Einfügen oder Löschen von Elementen müssen wir uns mehr Gedanken machen, da hierbei mit der Methode für binäre Suchbäume die Eigenschaft der Höhenbalancierung verletzt werden kann. Um eine Verletzung der Höhenbalancierung leicht feststellen zu können, merken wir uns an jedem Knoten noch die Höhe des Teilbaumes, der an diesem Knoten gewurzelt ist.

Betrachten wir zunächst das Einfügen eines neuen Elementes. Wie bei gewöhnlichen binären Suchbäumen hängen wir nach einer erfolglosen Suche am zuletzt betrachteten Knoten einfach ein neues Blatt mit dem neuen Schlüssel an. Hat dieses eingefügte Blatt bereits ein Geschwister, dann wird an keinem Knoten des Baumes die Höhenbalancierung verletzt, da der einzige Teilbaum, dessen Höhe sich ändert, nur aus dem eingefügten Blatt besteht. Also kann nur beim Anhängen eines Blattes an ein Blatt die Höhenbalancierung des Baumes verlorengehen.

Wir beschreiben nun eine Prozedur, mit der man eine so verursachte Verletzung der Höhenbalancierung heilen kann. Dieses Wiederherstellen der Höhenbalancierung bezeichnen wir kurz als *Rebalancierung*. Für die Rebalancierung nehmen wir im Folgenden ohne Beschränkung der Allgemeinheit an, dass an dem betrachteten Knoten immer der rechte Teilbaum in der Höhe gewachsen ist.

Außerdem nehmen wir an, dass beim Wachsen des rechten Teilbaumes nur einer seiner beiden Teilbäume dafür verantwortlich ist, d.h. der rechte Teilbaum besteht aus zwei unterschiedlich hohen Teilbäumen. Wenn wir die Prozedur an dem Elter des Knotens aufrufen, an dem das neue Blatt angehängt wurde, stimmen die Voraussetzungen. Wir werden ebenfalls zeigen, dass die letzte Voraussetzung beim Aufruf der Rebalancierung immer erfüllt sein wird.

Sei also x der Knoten, an dem die Rebalancierung aufgerufen wird, weil sein rechter Teilbaum mit Wurzel z in der Höhe um eins gewachsen ist. Am Anfang ist z der Elter des eingefügten Blattes. Hatte vor dem Einfügen der linke Teilbaum von x Höhe $h+1$ und der rechte Teilbaum Höhe h gehabt, so bleibt der Knoten x balanciert. Weiterhin bleibt die Höhe des Teilbaumes gewurzelt an x unverändert. Wir können also mit der Rebalancierung aufhören.

Hatten beide Teilbäume vorher Höhe h, so bleibt der Knoten x höhenbalanciert, allerdings ist die Höhe des Baumes gewurzelt an x nun um eins gewachsen. Wir rufen nun die Rebalancierung am Elter von x auf. Man beachte, dass genau ein Teilbaum von x für das Höhenwachstum verantwortlich ist.

Hat der linke Teilbaum Höhe $h-1$ und hatte der rechte Teilbaum bereits vor dem Einfügen Höhe h, so hat der rechte Teilbaum nun Höhe $h+1$, da wir die Rebalancierung an x nur aufrufen, wenn sich durch das Einfügen die Höhe erhöht

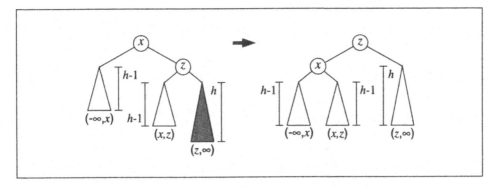

Bild 4.10: Einfache Rotation zur Rebalancierung beim Einfügen

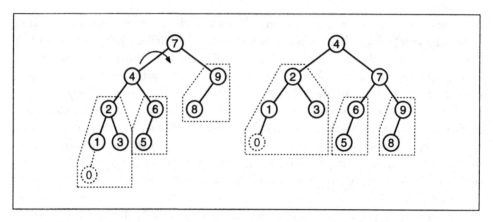

Bild 4.11: Einfügen des Schlüssels 0 mittels einer einfachen Rotation

hat. Der Knoten x ist also nun nicht mehr höhenbalanciert. Wir unterscheiden zwei Fälle, je nachdem, ob der linke oder rechte Teilbaum von z gewachsen ist.

Betrachten wir zuerst den Fall, dass der rechte Teilbaum von z gewachsen ist, also nun Höhe h hat. Dann muss der linke Teilbaum von z nach wie vor Höhe $h-1$ haben. Dieser Fall ist im Bild 4.10 dargestellt, wobei der graue Baum den Teilbaum darstellt, der in der Höhe gewachsen ist. Durch eine so genannte *einfache Rotation* können wir den Baum, wie im Bild 4.10 angegeben, umbauen. Dabei wird der Knoten z zur neuen Wurzel. Da nun der Teilbaum mit der neuen Wurzel z Höhe $h+1$ hat, genau wie der alte Teilbaum mit Wurzel x vor dem Einfügen (da hatte der graue Teilbaum noch Höhe $h-1$!), kann die Rebalancierung erfolgreich abgeschlossen werden.

Bleibt nun noch der Fall, dass beim Einfügen der linke Teilbaum von z in der Höhe gewachsen ist. Dies ist im Bild 4.12 dargestellt, wobei ebenfalls wieder der in der Höhe gewachsene Teilbaum grau dargestellt ist. Durch eine so genannte *doppelte Rotation* werden die Bäume, wie im Bild 4.12 angegeben, umgehängt.

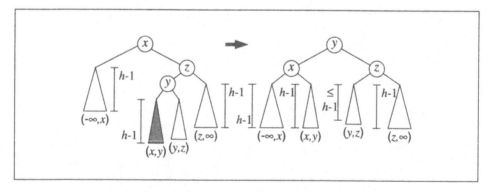

Bild 4.12: Doppelte Rotation zur Rebalancierung beim Einfügen

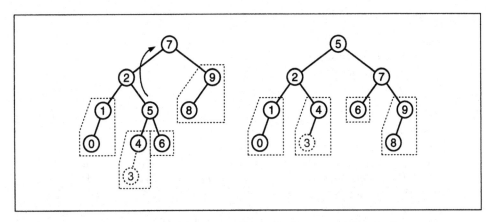

Bild 4.13: Einfügen des Schlüssels 3 mittels einer doppelten Rotation

Zuerst stellt man fest, dass alle Knoten x, y und z nun höhenbalanciert sind. Die Höhe des Baumes mit der alten Wurzel x hatte vor dem Einfügen Höhe $h+1$. Nach der doppelten Rotation ist die Höhe des Teilbaumes mit neuer Wurzel ebenfalls wieder $h + 1$. Also kann die Rebalancierung erfolgreich abgeschlossen werden.

Es bleibt noch zu zeigen, dass der Baum nach den Rebalancierungen weiterhin die Suchbaumeigenschaft erfüllt. Dies kann man allerdings sehr leicht dem Bild 4.10 und dem Bild 4.12 entnehmen, wobei dort unterhalb jedes Teilbaumes das Intervall der möglichen Schlüssel angegeben ist. Zusammen mit Korollar 4.17 erhalten wir das folgende Lemma.

Lemma 4.19 *In einem AVL-Baum mit n Knoten kann ein neuer Schlüssel in Zeit $O(\log(n))$ eingefügt werden.*

Im Bild 4.11 bzw 4.13 ist das Einfügen mittels einer einfachen bzw. doppelten Rotation an einem Beispiel illustriert. Im Bild 4.14 ist eine Implementierung der Rebalancierung skizziert, die die Realisierung aus den Bildern 4.8 und 4.9 ergänzt.

4.5.3 Löschen im AVL-Baum

Auch das Löschen von Elementen verläuft zunächst wie bei gewöhnlichen Suchbäumen. Auch hier werden, nach einer eventuellen Vertauschung, immer nur Knoten mit maximal einem Kind gelöscht. Bei AVL-Bäumen gilt jedoch für einen Knoten mit genau einem Kind, dass dieses ein Blatt ist.

Wie beim Einfügen muss man nun darauf achten, dass sich beim Löschen eines Knotens mit maximal einem Kind (das, wie bereits bemerkt, dann ein Blatt ist) die Höhe von einigen Teilbäumen ändern kann. Beim Löschen kann die Höhe eines Teilbaumes um eins sinken und damit kann es passieren, dass einige Knoten nicht mehr höhenbalanciert sind. Wir werden auch hier wieder eine Rebalancie-

```
CLASS NODE ()
node* root()
{   /* returns the root of the tree */
    if (parent) return parent→root();
    else return this;
}


node* rebalance()
{   /* returns new root */
    if ((((!left) && (right→height == 0)) || ((!right) && (left→height == 0))
        || (right && left && (abs(right→height − left→height) == 1)))
        if (parent)
        {
            height++;    return parent→rebalance();
        }
        else
        {
            height++;    return root();
        }
    elsif ((!left) || (right && (right→height > left→height + 1)))
        if (right→right && (right→right→height == height − 1))
        {   /* single rotation */
            node* new_root = right;    replace_child(new_root);
            if (right→left) right→left→parent = this;
            right = new_root→left;    new_root→left = this;
            parent = new_root;    height−−;    return root();
        }
        else
        {   /* double rotation */
            node* new_root = right→left;
            replace_child(new_root);    right→left = new_root→right;
            if (new_root→right) new_root→right→parent = right;
            new_root→right = right;    right→parent = new_root;
            parent = new_root;    right = new_root→left;
            if (new_root→left) new_root→left→parent = this;
            new_root→left = this;    new_root→right→height−−;
            new_root→height++;    height−−;    return root();
        }
    }
    elsif ((!right) || (left && (left→height > right→height + 1)))
    {
        /* symmetric to the previous case */
    }
    else return root();
}
```

Bild 4.14: Rebalancierung für das Einfügen

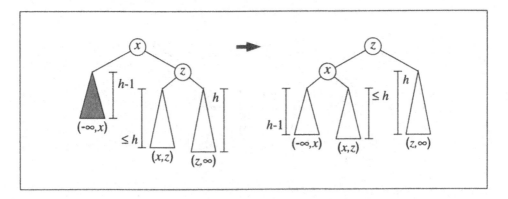

Bild 4.15: Einfache Rotation zur Rebalancierung beim Löschen

rung angeben, die an den Knoten aufgerufen wird, von denen genau einer der Teilbäume in der Höhe geschrumpft ist. Diese Prozedur wird zuerst am Elter des gelöschten Knotens aufgerufen.

Betrachten wir nun einen Knoten x, an dem ohne Beschränkung der Allgemeinheit der linke Teilbaum um eins in der Höhe geschrumpft ist. Sei h die Höhe des linken Teilbaumes vor dem Löschen gewesen, also ist seine Höhe jetzt nur noch $h-1$. Hat der rechte Teilbaum Höhe $h-1$ so ist der Knoten x höhenbalanciert, allerdings ist die Höhe des an x gewurzelten Teilbaumes um 1 gesunken, so dass wir die Rebalancierung am Elter von x aufrufen müssen.

War die Höhe des rechten Teilbaumes h, so ist x weiterhin höhenbalanciert und die Höhe des Teilbaumes mit Wurzel x hat sich nicht geändert. In diesem Fall sind wir also fertig. Es bleibt noch der Fall, dass der rechte Teilbaum Höhe $h+1$ hat. Nun ist der Knoten x nicht mehr höhenbalanciert. Sei z das rechte Kind von x. Wir unterscheiden nun zwei Fälle, je nachdem, ob der rechte Teilbaum von z Höhe h oder $h-1$ hat.

Nehmen wir zunächst an, dass der rechte Teilbaum von z Höhe h hat. Der linke Teilbaum von z hat dann entweder Höhe $h-1$ oder auch Höhe h. Dann können wir wieder durch eine *einfache Rotation*, wie im Bild 4.15 angegeben, den Baum umstrukturieren. Wie man ebenfalls Bild 4.15 entnimmt, ist der Baum nun an den Knoten x und z höhenbalanciert. Darüber hinaus ist die Höhe des Teilbaumes mit neuer Wurzel z nun $h+1$ oder $h+2$, je nachdem, ob der alte linke Teilbaum des Knotens z Höhe $h-1$ oder h gehabt hat. Im ersten Fall hat sich die Höhe des Teilbaumes um eins erniedrigt, so dass wir nun die Rebalancierung noch einmal am Elter von z aufrufen müssen. Andernfalls bleibt die Höhe des Teilbaumes mit neuer Wurzel z unverändert und wir sind fertig.

Betrachten wir jetzt den Fall, dass der rechte Teilbaum von z Höhe $h-1$ hat. Sei y das linke Kind von z. Mindestens einer der Teilbäume, die am Knoten y hängen, hat die Höhe $h-1$ (ansonsten hätte der Teilbaum mit Wurzel z nicht

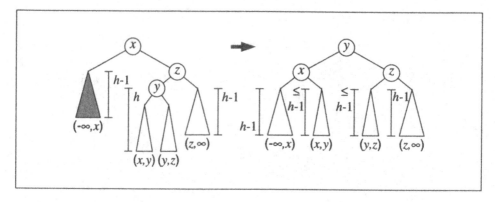

Bild 4.16: Doppelte Rotation zur Rebalancierung beim Löschen

Höhe $h + 1$). Der andere Teilbaum hat dann entweder Höhe $h - 1$ oder $h - 2$. Wiederum können wir den Baum mit einer *doppelten Rotation*, wie im Bild 4.16 angegeben, rebalancieren. Aus Bild 4.16 folgt nun, dass die Knoten x, y und z höhenbalanciert sind, und dass die Höhe des Teilbaumes mit neuer Wurzel y genau $h + 1$ ist. Da sich die Höhe des gesamten Teilbaumes um eins erniedrigt hat, müssen wir die Rebalancierung am neuen Elter von y aufrufen.

Wie im Falle des Einfügens bleibt noch zu überprüfen, ob die Suchbaumeigenschaft erfüllt bleibt. Dies folgt aber gerade wieder aus den gewählten Rotationen, was leicht anhand von Bild 4.15 und Bild 4.16 verifiziert werden kann.

Lemma 4.20 *In einem AVL-Baum mit n Knoten kann ein im Baum enthaltener Schlüssel in Zeit $O(\log(n))$ gelöscht werden.*

Damit ergibt sich das folgende Theorem für die Implementierung von Wörterbüchern mit Hilfe von AVL-Bäumen.

Theorem 4.21 *Ein Wörterbuch der Größe n lässt sich mit Hilfe eines AVL-Baumes so realisieren, dass sich die Operationen* `is_member`*,* `delete` *und* `insert` *in Zeit $O(\log(n))$ ausführen lassen.*

4.6 (a, b)-Bäume

Im letzten Abschnitt haben wir gesehen, wie man die Level der Blätter eines Baumes auf $O(\log(n))$ beschränken kann. Nun wollen wir eine Methode vorstellen, wie man dafür sorgen kann, dass sich sogar alle Blätter auf demselben Level befinden, der maximal $\log(n) + 2$ ist. Dafür erlauben wir, dass wir in einem Knoten mehr als eine Information (d.h. Schlüssel) abspeichern.

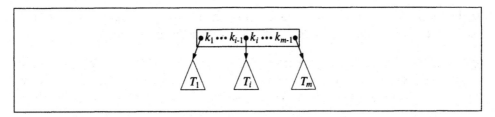

Bild 4.17: Ein innerer Knoten eines allgemeinen Suchbaumes

4.6.1 Definition

Im Folgenden betrachten wir einen beliebigen Baum, in dem die Datensätze in den Blättern abgespeichert sind, und zwar ein Datensatz pro Blatt. Die inneren Knoten enthalten im Wesentlichen nur Schlüssel, die uns mitteilen, in welchem Teilbaum ein bestimmter Schlüssel zu finden ist. Hat ein innerer Knoten m Kinder, so beinhaltet der innere Knoten $m - 1$ Schlüssel.

Die Schlüssel, die im i-ten Teilbaum von links abgespeichert sind, sind alle kleiner als die Schlüssel, die im $(i + 1)$-ten Teilbaum von links abgespeichert sind. In einem inneren Knoten seien die Schlüssel $(k_1, \ldots, k_{m-1})$ abgespeichert, wobei $k_1 < \cdots < k_{m-1}$ gilt und der Einfachheit halber $k_0 = -\infty$ und $k_m = \infty$ ist. Einen Datensatz mit Schlüssel $k \in (k_{i-1}, k_i]$ muss man dann im i-ten Teilbaum suchen. Daraus folgt unmittelbar, dass die Schlüssel in den Blättern von links nach rechts aufsteigend sortiert sind. Siehe dazu auch Bild 4.17.

Ein solcher Suchbaum heißt (a, b)-*Baum*, wenn er die folgenden Eigenschaften erfüllt:

- alle Blätter befinden sich auf demselben Level,
- jeder innere Knoten hat maximal b Kinder,
- die Wurzel bzw. jeder andere innere Knoten hat mindestens 2 bzw. a Kinder,
- und es gilt $b \geq 2a - 1$ und $a \geq 2$.

(a, b)-Bäume wurden 1982 von S. Huddleston und K. Mehlhorn eingeführt. Dass es für beliebige n überhaupt (a, b)-Bäume mit n Blättern gibt, werden wir noch mit Hilfe der Einfüge-Prozedur sehen. Für die Effizienz von (a, b)-Bäumen halten wir noch das folgende Lemma fest, dessen Beweis wir dem Leser als Übungsaufgabe überlassen.

Theorem 4.22 *Ein (a, b)-Baum mit n Blättern hat mindestens Höhe $\lceil \log_b(n) \rceil$ und höchstens Höhe $\lceil \log_a(n/2) \rceil + 1$.*

Damit ist auch die Zeit zum Suchen logarithmisch in der Anzahl der abgespeicherten Daten. Wir wollen noch festhalten, dass das Auffinden des richtigen

Teilbaumes, in dem man weitersuchen muss, hier etwas mühsamer ist. Mit Hilfe der binären Suche lässt sich aber auch dies recht effizient gestalten.

Theorem 4.23 *In einem* (a, b)*-Baum mit* n *Blättern und* $b \leq a^c$ *für eine Konstante* $c > 0$ *kann mit* $O(c \cdot \log(n)) = O(\log(n))$ *Vergleichen festgestellt werden, ob sich ein gegebener Schlüssel im Baum befindet oder nicht.*

Beweis: Nach Theorem 4.22 müssen wir maximal $O(\log_a(n))$ innere Knoten überprüfen. Mit Hilfe der binären Suche benötigen wir für jeden inneren Knoten $O(\log(b))$ Vergleiche. Dies sind also maximal

$$O(\log_a(n) \cdot \log(b)) \leq O\left(\log_a(n) \cdot \frac{\log_a(a^c)}{\log_a(2)}\right) = O(c \cdot \log(n)) = O(\log(n))$$

Vergleiche.   ∎

Warum betrachtet man überhaupt solche Bäume, in denen relativ viele Schlüssel in einem inneren Knoten abgespeichert sind? Die Motivation kommt aus dem Bereich der Datenbanken, in denen Datenmengen schnell so groß werden, dass man sie nicht mehr im Hauptspeicher halten kann. Also speichert man diese Daten auf Sekundärspeichern ab, wie Festplatten bzw. RAID-Servern.

Ein Zugriff auf solche Sekundärspeicher ist meist recht zeitintensiv. Darüber hinaus ist es ineffizient, einzelne Bytes aus einem Sekundärspeicher zu lesen. Auf Sekundärspeichern sind die Daten meistens in großen Blöcken (mehrere kBytes) organisiert. Bei einer Anfrage wird gleich der gesamte Block in den Hauptspeicher bzw. einen Puffer kopiert. Daher ist es sinnvoll, auch gleich einen ganzen Block auszuwerten. Organisiert man nun einen (a, b)-Baum so, dass ein innerer Knoten in solch einem ganzen Block abgespeichert wird, kann man die Anzahl der Zugriffe auf den Sekundärspeicher recht gering halten. Die Zeit, die für die binäre Suche benötigt wird, ist relativ klein gegenüber dem Zeitaufwand, einen solchen Block einzulesen bzw. zurückzuspeichern.

Damit die Speicherauslastung möglichst gut ist, versucht man, möglichst viele Daten in einem Block unterzubringen. Also wählt man a und b so, dass $b = 2a - 1$ gilt. Eine genaue Wahl der Parameter a und b ist allerdings diffizil und hängt auch noch von anderen Größen als der Blockgröße ab (siehe auch Abschnitt 4.7.1).

4.6.2 Einfügen in einen (a, b)-Baum

Überlegen wir uns nun, wie man ein neues Element in einen (a, b)-Baum einfügen kann. Wie bei normalen Suchbäumen geht dem Einfügen eine erfolglose Suche voraus, bei der wir in einem Blatt des (a, b)-Baumes landen. Sei y' der einzufügende Schlüssel und $y \neq y'$ der Schlüssel im gefundenen Blatt. Dann gibt es im Elter des gefundenen Blattes zwei aufeinander folgende Schlüssel $x < z$ mit

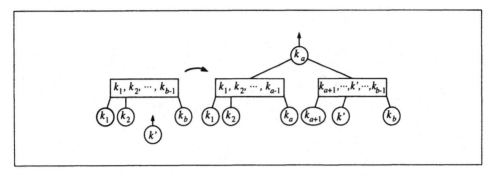

Bild 4.18: Einfügen in einen (a, b)-Baum mit Knotenaufteilung

$x < y' < z$ und $x < y \leq z$. Falls y das linkeste bzw. rechteste Kind seines Elters ist, dann sind x bzw. z nicht wirklich vorhanden. Für die folgende Argumentation interpretieren wir diese als die virtuellen Schlüssel $k_0 = -\infty$ bzw. $k_m = \infty$.

Ist nun $y' < y$, so fügen wir in die Liste des internen Knoten y' zwischen x und z ein und fügen ein neues Blatt mit dem Schlüssel y' zwischen x und y' ein. Das alte Blatt mit dem Schlüssel y befindet sich nun zwischen den Schlüsseln y' und z. Ist andererseits $y < y'$, dann fügen wir in die Liste des internen Knoten y zwischen x und z ein und fügen ein neues Blatt mit dem Schlüssel y' zwischen y und z ein. Das alte Blatt mit dem Schlüssel y befindet sich nun zwischen den Schlüsseln x und y.

Hat nun der Elter nach dem Einfügen weiterhin maximal b Kinder, so sind wir fertig. Andernfalls hat der Elter genau $b + 1 \geq 2a$ Kinder. In diesem Falle teilen wir den Elter in zwei Knoten mit jeweils mindestens a Kindern auf. Den überzähligen Schlüssel des Elterknotens fügen wir in die sortierte Liste der Schlüssel im Großelter ein. Damit hat sich nun am Großelter die Anzahl der Kinder erhöht. Nun führen wir die Prozedur rekursiv weiter. Entweder bricht die Prozedur von selbst ab, oder wir kommen an der Wurzel an und die Höhe des Gesamtbaumes wächst. Im letzten Fall hat die Wurzel nur zwei Kinder, was aber nach Definition zulässig ist. Ferner befinden sich alle Blätter auf demselben Level.

Im Bild 4.18 ist dieses Vorgehen schematisch dargestellt. Im Bild 4.19 sind die wesentlichen Schritte des Einfügens noch einmal an einem konkreten Beispiel illustriert. Halten wir das Ergebnis noch als Lemma fest:

Lemma 4.24 *Beim Einfügen eines Elements in einen (a, b)-Baum werden maximal $O(\log_a(n))$ Knoten inspiziert.*

4.6.3 Löschen im (a, b)-Baum

Wie können wir nun ein Element löschen? Nach einer erfolgreichen Suche haben wir ein Blatt gefunden. Dieses wird gelöscht und der zugehörige Schlüssel der

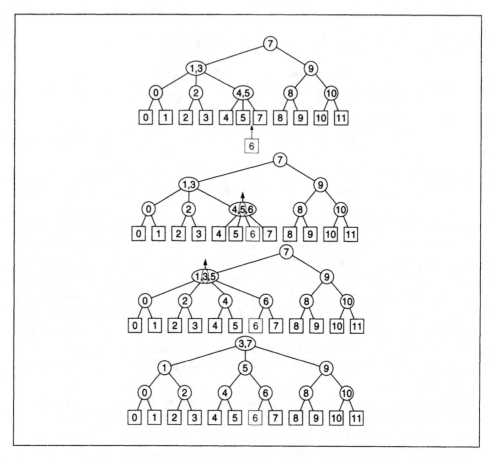

Bild 4.19: Einfügen des Schlüssels 6 in einen $(2,3)$-Baum

sortierten Liste im Elter x wird ebenfalls gelöscht. Hat nun der Elter x immer noch mindestens a Kinder, so sind wir fertig. Andernfalls betrachten wir ein Geschwister y des Elters x und verschmelzen diese beiden Knoten zu einem neuen Knoten. Hat dieser neue Knoten mindestens $b + 1 \geq 2a$ Kinder, so spalten wir diesen Knoten wieder in zwei Knoten mit je mindestens a Kindern auf und sind fertig. Dabei wurde insgeheim ein Schlüssel aus der sortierten Liste im Großelter gelöscht und ein anderer dafür eingefügt.

Hat der verschmolzene Knoten nur maximal b Kinder (allerdings hat er mindestens $2a - 1 \geq a$ Kinder, da $a \geq 2$), so ist am Großelter (dem Elter von x und y) die Anzahl der Kinder um eins gesunken und wir führen die Prozedur rekursiv am Großelter fort.

Falls wir bereits an der Wurzel angelangt sind, so müssen wir zwei Fälle unterscheiden. Hat die Wurzel nur noch ein Kind, so löschen wir die Wurzel und dessen Kind wird zur neuen Wurzel des (a, b)-Baumes, d.h. die Höhe des (a, b)-Baumes sinkt um eins. Andernfalls sind wir fertig, da nach Definition eines (a, b)-Baumes die Wurzel nur mindestens zwei Kinder haben muss.

Lemma 4.25 *Beim Löschen eines Elements in einem (a, b)-Baum werden maximal $O(\log_a(n))$ Knoten inspiziert.*

Damit haben wir folgendes Theorem gezeigt, wenn wir voraussetzen, dass $b \leq a^c$ für ein konstantes c ist.

Theorem 4.26 *Ist $b \leq a^c$ für eine Konstante c, dann lässt sich ein Wörterbuch der Größe n mit Hilfe eines (a, b)-Baumes realisieren, so dass sich die Operationen* is_member, insert *und* delete *in Zeit $O(c \cdot \log(n)) = O(\log(n))$ ausführen lassen.*

4.7 Weitere Varianten von Suchbäumen

Abschließend stellen wir noch weitere Varianten von Suchbäumen vor. Auf die Einfüge- und Lösch-Operationen gehen wir dabei nicht besonders ein, da hierfür im Wesentlichen dieselben Konzepte wie die bereits behandelten verwendet werden, wobei die Details durchaus technisch etwas aufwendiger sein können.

4.7.1 Vielweg-Suchbäume

Ein Spezialfall des (a, b)-Baumes ist der so genannte $(2, 3)$-*Baum* (oft auch als 2-3-Baum bezeichnet), der bereits 1970 von J. Hopcroft eingeführt wurde. Historisch gesehen ist der (a, b)-Baum eine spätere Verallgemeinerung des $(2, 3)$-Baumes. Ein weiterer Spezialfall des (a, b)-Baumes ist der so genannte B-*Baum*, entwickelt von R. Bayer und E.M. McCreight im Jahre 1970. Ein B-Baum der Ordnung m ist ein $(\lceil m/2 \rceil, m)$-Baum. Auch dieser wurde historisch gesehen bereits vor dem (a, b)-Baum entwickelt.

Wie wir gesehen haben, ist es beim Einfügen bzw. Löschen durchaus möglich, dass alle $O(\log(n))$ inneren Knoten auf dem Pfad von der Wurzel des (a, b)-Baums

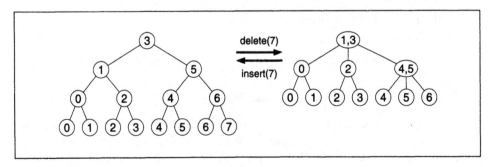

Bild 4.20: Eine Folge teurer Operationen in einem $(2, 3)$-Baum

bis zum betrachteten Blatt inspiziert und modifiziert werden müssen. Es gibt Folgen von Lösch- und Einfüge-Operationen in einen (a, b)-Baum, so dass bei jeder Operation logarithmisch viele innere Knoten modifiziert werden müssen. Dies ist im Bild 4.20 illustriert, wobei immer wieder der Schlüssel 7 eingefügt und gelöscht wird. Wenn man nun die Bedingung an a und b so verschärft, dass nun $b \geq 2a$ gilt, dann kann man zeigen, dass solche Fälle nicht mehr auftreten und dass insbesondere bei jeder Folge von $\ell \geq \log(n)$ Einfüge- oder Lösch-Operationen nur $O(\ell)$ innere Knoten betrachtet bzw. modifiziert werden müssen. Diese von K. Mehlhorn eingeführte Variante mit $b = 2a$ wird auch *schwacher B-Baum* genannt.

4.7.2 Balancierte Suchbäume

Es gibt auch noch andere Arten balancierter Bäume, wie etwa die so genannten *α-balancierten Bäume*, die 1973 von I. Nievergelt und E.M. Reingold eingeführt wurden. Hier fordert man, dass statt fast gleich hoher Teilbäume fast gleich große Teilbäume an jedem Knoten hängen. Ein Knoten v eines binären Baumes heißt *α-balanciert*, wenn gilt:

$$\alpha \leq \frac{|T_\ell(v)| + 1}{|T(v)| + 1} \leq 1 - \alpha,$$

wobei $T(v)$ bzw. $T_\ell(v)$ der Teilbaum gewurzelt an v bzw. der linke Teilbaum von v ist. Man überlege sich, dass die Definition symmetrisch ist (man kann in der Bedingung $T_\ell(v)$ durch den rechten Teilbaum $T_r(v)$ von v ersetzen) und nur für $\alpha \in [0, \frac{1}{3}]$ Sinn macht. Man kann sich leicht davon überzeugen, dass die Höhe von α-balancierten Bäumen wiederum logarithmisch in der Größe des Baumes ist und dass sich die Einfüge- und Lösch-Operationen mit Hilfe von geeigneten Rotationen in logarithmischer Zeit realisieren lassen.

Eine weitere Art balancierter Bäume sind die *Rot-Schwarz-Bäume* (engl. *red-black tree*), die auf Ideen von R. Bayer (1972) sowie L.J. Guibas und R. Sedgewick (1978) zurückgehen. Ein Rot-Schwarz-Baum ist ein binärer Baum, dessen Knoten entweder rot oder schwarz gefärbt sind und folgende Eigenschaften erfüllen:

- jeder innere Knoten hat *genau* 2 Kinder,
- alle Blätter sind schwarz,
- auf jedem Pfad von der Wurzel zu einem Blatt ist die Anzahl der schwarzen Knoten gleich,
- jedes Kind eines roten Knotens ist schwarz.

Auch bei Rot-Schwarz-Bäumen ist die Höhe logarithmisch in der Größe. Da ein Rot-Schwarz-Baum immer eine ungerade Anzahl an Knoten hat, verwendet man einen Rot-Schwarz-Baum als Suchbaum, indem man die Schlüssel nur in den inneren Knoten abspeichert (d.h. die Blätter bleiben leer).

Man kann einen Rot-Schwarz-Baum auch als einen $(2,4)$-Baum interpretieren, indem man die roten Knoten in den Elterknoten mit aufnimmt. Nach Definition eines Rot-Schwarz-Baumes enthält dann jeder Knoten ein bis drei Schlüssel und somit zwei bis vier Kinder. Die Details seien dem Leser zur Übung überlassen.

Das Einfügen eines neuen Schlüssels in einen Rot-Schwarz-Baum geschieht ähnlich wie bei einem gewöhnlichen binären Suchbaum. Dabei stoßen wir bei einer erfolglosen Suche auf ein leeres schwarzes Blatt. Dort fügen wir den neuen Schlüssel ein, färben den Knoten rot und hängen an das ehemalige Blatt zwei neue schwarze Blätter. Damit sind die Bedingungen 1 mit 3 erfüllt. Es kann allerdings passieren, dass der Elter und Großelter der neuen Blätter beide rot sind. Mit Hilfe von Rotationen und Umfärbungen kann die Bedingung 4 wiederhergestellt werden, ohne dabei die Bedingungen 1 mit 3 zu verletzen. Damit lassen sich die Einfüge- bzw. Lösch-Operationen ebenfalls in logarithmischer Zeit implementieren. Die Einzelheiten bleiben dem Leser zur Übung überlassen.

4.8 Tries

Für die Konstruktion der vorherigen Suchbäume haben wir nur die totale Ordnung auf den Schlüsseln ausgenutzt. Die Konstruktion dieser Suchbäume war sozusagen vergleichsbasiert. Wir wollen nun noch einen Suchbaum vorstellen, den so genannten *Trie*, der zum Aufbau die Werte der Schlüssel direkt inspiziert.

Wir betrachten im Folgenden Zeichenreihen über einem festen Alphabet. Der Einfachheit halber beschränken wir uns auf das Alphabet der ASCII-Zeichen. Ein *Vielweg-Baum* ist ein Baum mit einem relativ hohen Verzweigungsgrad. In einem solchen Baum kann jeder Knoten bis zu 256 Kinder haben, nämlich für jedes Zeichen des Alphabets eines. Für einen festen Knoten haben seine potentiellen Kinder Namen, die gerade die Symbole des zugrunde liegenden Alphabets sind.

4.8.1 Einfügen und Löschen in Tries

Wir zeigen zunächst, wie man einen Trie aufbaut. Nehmen wir an, wir wollen das Wort $w = w_1 \cdots w_n$ in den Trie aufnehmen. Wir starten an der Wurzel (dem Knoten auf Level 1). Befinden wir uns an einem Knoten auf Level i, so betrachten wir das Zeichen w_i. Wir gehen nun weiter zu dem Kind des betrachteten Knoten mit Namen w_i, sofern es vorhanden ist. Andernfalls erzeugen wir an dem betrachteten Knoten ein neues Kind mit Namen w_i und verzweigen zu diesem.

Unter der Voraussetzung, dass man in konstanter Zeit auf das Kind mit Hilfe seines Namens zugreifen kann, lassen sich Schlüssel effizient in einem Trie suchen, einfügen oder löschen.

Theorem 4.27 *In einem Trie lassen sich die Operationen* `is_member`, `insert` *und* `delete` *Zeit* $O(\ell)$ *ausführen, wobei ℓ die Länge des gesuchten Wortes ist.*

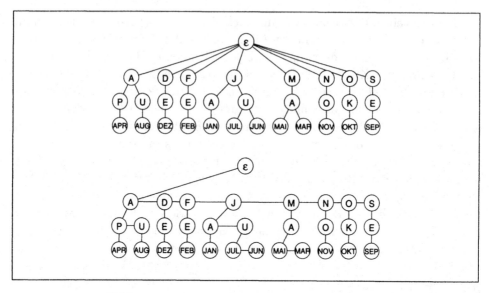

Bild 4.21: Ein Trie für die Monatsabkürzungen

Im Bild 4.21 ist im oberen Teil ein Trie für die Abkürzungen der Monatsnamen angegeben. Hierbei haben wir der Übersichtlichkeit halber die Namen der Kinder in die Knoten geschrieben. Üblicherweise werden mit den Namen der Kinder die eingehenenden Kanten markiert. Außerdem haben wir in den Blättern statt deren Namen das gesuchte Wort notiert.

4.8.2 Implementierung von Tries

Beim Aufbau eines Tries muss man darauf achten, dass man beim Anlegen eines Knotens nicht gleich den Platz für alle seine Kinder alloziert, da dies zu einem enormen Speicherplatzverbrauch führt. Selbst das Anlegen von Zeigern kann schon zu verschwenderisch sein. Unter der Voraussetzung, dass ein Zeiger 4 Bytes belegt und wir als Alphabet die ASCII-Zeichen betrachten, benötigt ein einzelner Knoten bereits mehr als 1024 Bytes an Speicherplatz.

Man kann solche Vielweg-Bäume aber auch als binäre Bäume implementieren, indem man jedem Knoten zwei Verweise gibt: einen zu seinem ältesten Kind und einen zu seinem nächstjüngeren Geschwister. Eine solche Realisierung eines Vielweg-Baumes als binärer Baum ist im unteren Teil des Bildes 4.21 angegeben. Da nun die Kinder eines Knotens in dieser Realisierung als lineare Liste gegeben sind, kann man nun allerdings nicht mehr in konstanter Zeit auf das Kind mit einem bestimmten Namen zugreifen.

Wir wollen noch eine Realisierung mit Hilfe von Hashfunktionen vorstellen. Wir implementieren den Vielweg-Baum im Wesentlichen nur mit den Referenzen auf die Elterknoten. Um von einem Knoten zu einem Kind mit einem bestimmten

Position	1	2	3	4	5	6	7	8	9	10
$h^{-1}(\cdot)$	AKU	BLV	CMW	DNX	EOY	FPZ	GQ	HR	IS	JT
Elter	10	0	0	1	3	2	—	6	5	0
Symbol	A	A	M	N	A	P	—	R	R	J

Bild 4.22: Eine Realisierung eines Tries mittels Hashing

Namen zu gelangen, verwenden wir dann eine Hashfunktion. Konkret legt man sich dazu ein Feld der gewünschten Größe des Wörterbuches an (bzw. wegen des Hashings besser ein wenig größer). Hierbei sei die Größe die Anzahl der verwendeten Zeichen (und nicht der verwendeten Wörter).

Jeder Feldeintrag besteht aus zwei Komponenten: einem Verweis auf den Elterknoten und dem Namen des Knotens, d.h. der Name des Kindes bezüglich seines Elters. Sucht man nach einem Kind eines Knotens, so schaut man an der Position des Feldes nach, die die Hashfunktion für diesen Knoten aus dem Namen des Kindes ermittelt. Kollisionen werden mit den bereits vorgestellten Methoden der Kollisionsauflösung behandelt.

Wie können wir nun beim Suchen eine Kollision feststellen? Wir betrachten einen Knoten x, der im Feld an der Position i abgespeichert ist, und suchen nach seinem Kind mit Namen α. Steht an der Position $h(\alpha)$ im Verweis auf den Elternknoten nicht i, so hatten wir eine Kollision beim Einfügen und wir suchen gemäß der angewandten Strategie zur Kollisionsauflösung weiter. Steht dort i, testen wir noch, ob in der zweiten Komponente das richtige Symbol steht, d.h. der Name des Kindes, also α. Falls nicht, hatten wir ebenfalls eine Kollision. Andernfalls haben wir den gesuchten Knoten gefunden.

Als Beispiel betrachten wir noch einmal die Abkürzungen der Monatsnamen. Im Bild 4.22 ist ein Feld der Länge 10 aufgezeigt. Dort haben wir JAN, APR und MAR in dieser Reihenfolge eingefügt. Die Wurzel haben wir dabei nicht explizit abgespeichert. Ein Verweis auf den Elter 0 stellt dann den Verweis auf die Wurzel des Tries dar. Der Einfachheit halber haben wir immer dieselbe Hashfunktion verwendet. In der Praxis wird die Hashfunktion natürlich von dem betrachteten Knoten abhängig sein. Im obigen Beispiel haben wir zur Kollisionsauflösung das lineare Sondieren verwendet.

Verwendet man für jeden Schlüssel seine Binärdarstellung, so nennt man den daraus resultierenden Trie einen *binären Trie*, da er durch einen binären Baum dargestellt wird. Entfernt man lange Pfade in einem Trie, auf denen jeder Knoten jeweils nur ein Kind hat, so spricht man von *Patricia-Tries*. In der Regel schreibt man dann die Folge der Symbole, die ansonsten in den Knoten des Pfades auftreten, an die Kanten. Für die Abkürzungen der Monatsnamen würde z.B. an der Wurzel des Patricia-Tries direkt der Knoten SEP hängen bzw. am Knoten J der Knoten JAN.

4.9 Übungsaufgaben

Aufgabe 4.1° Ist $h(k) = k^2 \bmod n$ für $n \in \mathbb{N}$ eine gut gewählte Hashfunktion?

Aufgabe 4.2° Sei h eine Hashfunktion und $n \in \mathbb{N}$. Beim *verallgemeinerten linearen Sondieren* wird die folgende erweiterte Hashfunktion verwendet:

$$h(k, i) = (h(k) + (i \cdot \ell)) \bmod n.$$

Welche Bedingungen muss ℓ erfüllen, damit dies eine gut gewählte erweiterte Hashfunktion ist? Wie sieht es mit den primären und sekundären Häufungen beim verallgemeinerten linearen Sondieren aus?

Aufgabe 4.3⁺ Zeigen Sie, dass bei den angegebenen Varianten für das Quadratic Probing bzw. Double Hashing die Funktionen $g_k : [0 : n-1] \to [0 : n-1]$ vermöge $x \mapsto h(k, x)$ für alle $k \in U$ bijektiv sind.

Aufgabe 4.4° Kann man Suchbäume auch zum Sortieren verwenden? Wenn ja, wie und was wäre die Zeitkomplexität?

Aufgabe 4.5⁺ Zeigen Sie ohne Verwendung von Theorem 4.16, dass ein AVL-Baum der Höhe h mindestens φ^h Knoten besitzt, wobei $\varphi = \frac{1+\sqrt{5}}{2}$ ist.

Aufgabe 4.6° Berechnen Sie die minimale und maximale Anzahl von Knoten in einem Rot-Schwarz-Baum der Höhe h.

Aufgabe 4.7* Geben Sie für Rot-Schwarz-Bäume in Worten eine rekursive Prozedur zur Wiederherstellung der Eigenschaften 1 bis 4 an, falls diese nach einer Einfügung verletzt sein sollten.

Aufgabe 4.8⁺ Zeigen Sie, wie man einen Rot-Schwarz-Baum als $(2, 4)$-Baum interpretieren kann.

Aufgabe 4.9° Zeigen Sie, dass für jeden Knoten v in einem α-balancierten Baum gilt:

$$\alpha \le \frac{|T_r(v)| + 1}{|T(v)| + 1} \le 1 - \alpha.$$

Aufgabe 4.10° Berechnen Sie die minimale und maximale Anzahl von Knoten in einem α-balancierten Baum der Höhe h.

Aufgabe 4.11* Geben Sie Prozeduren für das Einfügen und Löschen in einem α-balancierten Baum an.

Aufgabe 4.12° Konstruieren Sie einen Patricia-Trie für die 16 Bundesländer.

Graphen 5

5.1 Grundlagen der Graphentheorie

Viele Probleme lassen sich mit Hilfe von Graphen modellieren. So kann man etwa Straßennetze, Eisenbahnverbindungen und dergleichen als einen Graphen darstellen. Ebenso lassen sich Abhängigkeiten bzw. Präzedenzen mit Hilfe von Graphen repräsentieren. Auch Suchbäume haben wir bereits als spezielle Graphen kennen gelernt. Zunächst werden wir den notwendigen Begriffsapparat der Graphentheorie bereitstellen.

5.1.1 Ungerichtete Graphen

Ein *ungerichteter Graph* G ist ein Paar (V, E). Dabei ist V eine Menge von Elementen, die wir als *Knoten* (engl. vertices) bezeichnen. Die Menge E, deren Elemente wir als *Kanten* (engl. edges) bezeichnen, ist eine Teilmenge der Menge der ungeordneten Paare von Knoten, d.h. $E \subseteq \{\{v, w\} : v \neq w \in V\} =: \binom{V}{2}$. Im Folgenden werden wir die Knotenmenge bzw. die Kantenmenge eines Graphen G auch mit $V(G)$ bzw. $E(G)$ bezeichnen.

Zwei Knoten $v, w \in V$ eines Graphen $G = (V, E)$ heißen *adjazent* oder *benachbart*, wenn es eine Kante zwischen ihnen gibt, d.h. $\{v, w\} \in E$. Eine Kante $e \in E$ und ein Knoten $v \in V$ heißen *inzident*, wenn $v \in e$ gilt. Zwei Kanten $e, e' \in E$ heißen *adjazent*, wenn sie einen gemeinsamen Knoten besitzen, d.h. $|e \cap e'| \geq 1$. Manchmal werden wir bei ungerichteten Graphen auch einelementige Mengen als Kanten zulassen, also $E \subseteq \{\{v, w\} : v, w \in V\}$. Solche Kanten $e = \{v\}$ bezeichnen wir als *Schleifen*. Wenn aus dem Kontext klar ist, dass wir über ungerichtete Graphen sprechen, so schreiben wir für eine Kante $\{v, w\}$ auch (v, w).

Lemma 5.1 *In einem ungerichteten Graphen (mit Schleifen) auf n Knoten ist die Anzahl der Kanten maximal $\binom{n}{2}$ ($\binom{n}{2} + n = \binom{n+1}{2}$).*

Die zu einem Knoten adjazenten Knoten bezeichnen wir als seine *Nachbarn*. Die Menge der Nachbarn eines Knotens $v \in V(G)$ bezeichnen wir mit $N(v)$. Der *Grad* eines Knotens $v \in V(G)$ ist die Anzahl seiner Nachbarn und wird mit $\deg(v) = |N(v)|$ bezeichnet. Einen Knoten mit Grad 0 nennen wir einen *isolierten Knoten*. Den maximalen bzw. minimalen Grad eines Knotens in einem ungerichteten Graphen G bezeichnen wir als seinen *Maximalgrad* $\Delta(G)$ bzw. *Minimalgrad* $\delta(G)$.

Lemma 5.2 *Sei $G = (V, E)$ ein ungerichteter Graph, dann gilt:*

$$2|E| = \sum_{v \in V} \deg(v).$$

Beweis: Die Behauptung folgt sofort aus der Beobachtung, dass in der rechten Summe jede Kante genau zweimal gezählt wird, da jede Kante zu genau zwei verschiedenen Knoten inzident ist.   ■

Neben dieser fundamentalen Beziehung zwischen der Kantenanzahl und den Knotengraden eines Graphen halten wir auch noch das folgende kombinatorische Lemma fest.

Lemma 5.3 *Sei G ein ungerichteter Graph, dann ist die Anzahl der Knoten mit ungeradem Grad gerade.*

Beweis: Nach Lemma 5.2 gilt, dass

$$2|E| = \sum_{v \in V} \deg(v) = \sum_{\substack{v \in V \\ \deg(v) \equiv 0 \bmod 2}} \deg(v) + \sum_{\substack{v \in V \\ \deg(v) \equiv 1 \bmod 2}} \deg(v).$$

Betrachten wir nun die ganze Gleichung modulo 2, dann gilt

$$0 \equiv \sum_{\substack{v \in V \\ \deg(v) \equiv 1 \bmod 2}} 1 \equiv |\{v \in V : \deg(v) \equiv 1 \bmod 2\}| \bmod 2.$$

Also ist die Anzahl der Knoten mit ungeradem Grad ($\deg(v) \equiv 1 \bmod 2$) gerade ($\equiv 0 \bmod 2$).   ■

Eine Folge $p = (v_0, \ldots, v_n)$ von Knoten bezeichnen wir als *Pfad* oder *Weg* im Graphen $G = (V, E)$, wenn $\{v_{i-1}, v_i\} \in E$ für alle $i \in [1 : n]$ gilt. Wir bezeichnen die Knoten v_0 und v_n als die *Endknoten* des Pfades $p = (v_0, \ldots, v_n)$. Ein Pfad p *verbindet* die Knoten v und w, wenn v und w die Endknoten dieses Pfades p sind. Ein Pfad $p = (v_0, \ldots, v_n)$ heißt *einfach*, wenn jeder Knoten des Pfades nur einmal auftaucht, d.h. $|\{v_0, \ldots, v_n\}| = n+1$. Für einen Pfad $p = (v_0, \ldots, v_n)$ nennen wir n die *Länge des Pfades p*. Ein Pfad $p = (v_0, \ldots, v_n)$ heißt *Kreis*, wenn $v_0 = v_n$. Ein Kreis $c = (v_0, \ldots, v_n)$ heißt *einfacher Kreis*, wenn er mindestens Länge 3 hat und außer $v_0 = v_n$ jeder Knoten nur einmal auftaucht, d.h. $|\{v_1, \ldots, v_n\}| = n$.

Ein Graph $G' = (V', E')$ heißt *Teilgraph* von $G = (V, E)$ (in Zeichen $G' \subseteq G$), wenn $V' \subseteq V$ und $E' \subseteq E \cap \binom{V'}{2}$ gilt. Ein Teilgraph $G' = (V', E')$ von $G = (V, E)$ heißt *induzierter Teilgraph* (in Zeichen $G' \sqsubseteq G$), wenn alle Kanten in G, die Knoten aus V' verbinden, auch in E' enthalten sind, d.h. $E' = E \cap \binom{V'}{2}$. Sei $G = (V, E)$ ein Graph und $V' \subseteq V$ eine Teilmenge der Knoten, dann bezeichnen wir den von V' induzierten Teilgraphen mit $G[V'] = (V', E \cap \binom{V'}{2})$.

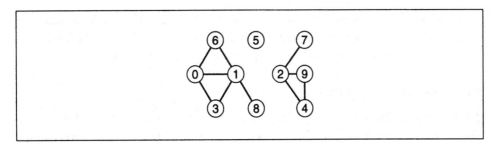

Bild 5.1: Beispiel für einen ungerichteten Graphen

Ein ungerichteter Graph heißt *zusammenhängend*, wenn je zwei Knoten durch einen Pfad verbunden sind. Eine *Zusammenhangskomponente* eines Graphen G ist ein maximaler zusammenhängender Teilgraph $G' \subseteq G$. Da jeder Knoten nur in genau einer Zusammenhangskomponente sein kann, induziert eine Zerlegung eines Graphen in seine Zusammenhangskomponenten eine Partition seiner Knotenmenge. Ein Teilgraph G' eines zusammenhängenden Graphen G heißt *spannender Teilgraph*, wenn er zusammenhängend ist und $V(G') = V(G)$ gilt.

Ein ungerichteter Graph heißt *azyklisch*, wenn er keinen Kreis enthält. Ein azyklischer, zusammenhängender ungerichteter Graph wird als *freier Baum* oder *ungerichteter Baum* bezeichnet. Ein azyklischer Graph wird *Wald* genannt, da jede seiner Zusammenhangskomponenten ein Baum ist. Einen zusammenhängenden Teilgraphen eines Baumes bezeichnen wir als einen *Teilbaum*. Ein Knoten eines Baumes mit Grad 1 wird als *Blatt* oder *äußerer* bzw. *externer Knoten* bezeichnet. Alle anderen Knoten werden *innere* oder *interne Knoten* genannt.

Ungerichtete Graphen können wir recht schön bildlich darstellen. Knoten werden als Kreise gezeichnet und eine Kante verbindet die zu ihren Endknoten gehörigen Kreise. Im Bild 5.1 ist der Graph $G = (V, E)$ dargestellt, wobei:

$$V = \{0, 1, 2, 3, 4, 5, 6, 7, 8, 9\},$$
$$E = \Big\{\{0, 1\}, \{0, 3\}, \{0, 6\}, \{1, 3\}, \{1, 6\}, \{1, 8\}, \{2, 4\}, \{2, 7\}, \{2, 9\}, \{4, 9\}\Big\}.$$

In diesem Beispiel ist der Knoten 5 ein isolierter Knoten. Der Minimalgrad des Graphen ist $\delta(G) = 0$ und der Maximalgrad ist $\Delta(G) = 4$. Die Folge $(1, 3, 0, 1, 6)$ ist ein Pfad, der allerdings nicht einfach ist. Die Folge $(6, 1, 3, 0, 6)$ ist ein einfacher Kreis. Der Graph $G' = (V', E')$ mit

$$V' = \{2, 4, 7, 9\} \quad \text{und} \quad E' = \{\{2, 4\}, \{2, 7\}, \{2, 9\}\}$$

ist ein Teilgraph von G. G' ist allerdings kein induzierter Teilgraph, da $\{4, 9\} \notin E'$. Der Teilgraph $G[\{0, 1, 3, 6\}]$ ist zusammenhängend, aber keine Zusammenhangskomponente des Graphen G, da sich dieser um den Knoten 8 noch zu einem größeren zusammenhängenden Teilgraph erweitern lässt. Die Zusammenhangs-komponenten des Graphen G sind: $G[\{0,1,3,6,8\}]$, $G[\{5\}]$ und $G[\{2,4,7,9\}]$. Davon ist nur die Zusammenhangskomponente $G[\{5\}]$ azyklisch.

5.1.2 Gerichtete Graphen

Ein *gerichteter Graph* G ist ebenfalls ein Paar (V, E). Wieder ist V eine Menge von Elementen, die wir als *Knoten* bezeichnen. Die Menge E besteht nun aus geordne-ten Paaren von Knoten, also $E \subseteq \{(v, w) : v, w \in V\} = V \times V =: V^2$. Auch hier bezeichnen wir die Elemente aus E als *Kanten*. Mit $V(G)$ bzw. $E(G)$ bezeich-nen wir die Knotenmenge bzw. Kantenmenge eines Graphen G. Eine Kante $(v, v) \in E(G)$ eines Graphen G nennen wir eine *Schleife*. Ein Graph $G = (V, E)$ heißt *schleifenfrei*, wenn er keine Schleife enthält.

Lemma 5.4 *In einem gerichteten (schleifenfreien) Graphen mit n Knoten ist die Anzahl der Kanten höchstens n^2 $(n(n-1))$.*

Sei $G = (V, E)$ ein gerichteter Graph und sei $e = (v, w) \in E$ eine Kante, dann bezeichnen wir v als *Anfangsknoten* und w als *Endknoten* der Kante e. Ein Knoten $v \in V$ heißt *direkter Vorgänger* eines Knotens $w \in V$, wenn es eine Kante $(v, w) \in E$ gibt. Wir bezeichnen dann auch w als einen *direkten Nachfolger* von v. Zwei Knoten $v, w \in V$ heißen adjazent, wenn $(v, w) \in E$ oder $(w, v) \in E$ gilt. Ein Knoten $v \in V$ und eine Kante $e \in E$ heißen *inzident*, wenn $e = (v, w)$ oder $e = (w, v)$ für ein $w \in V$ ist. Zwei Kanten heißen *adjazent*, wenn sie einen Knoten gemeinsam haben.

Analog wie bei ungerichteten Graphen bezeichnen wir die zu einem Kno-ten adjazenten Knoten als *Nachbarn*. Die Menge der Nachbarn eines Knotens v bezeichnen wir mit $N(v)$. Im Falle gerichteter Graphen unterteilen wir die Nach-barschaft in die Menge der direkten Nachfolger und der direkten Vorgänger, die wir mit $N^+(v)$ und $N^-(v)$ bezeichnen wollen:

$$
\begin{aligned}
N^+(v) &= \{w \in V : (v, w) \in E\}, \\
N^-(v) &= \{w \in V : (w, v) \in E\}, \\
N(v) &= N^+(v) \cup N^-(v).
\end{aligned}
$$

Der *Eingangsgrad* bzw. *Ausgangsgrad* eines Knotens $v \in V(G)$ ist die Anzahl seiner direkten Vorgänger bzw. Nachfolger und wird mit $\deg^-(v) = |N^-(v)|$ bzw. $\deg^+(v) = |N^+(v)|$ bezeichnet. Der *Grad* eines Knotens $v \in V(G)$ ist definiert als $\deg(v) := \deg^-(v) + \deg^+(v)$ und es gilt somit $\deg(v) \geq |N(v)|$. Wir bezeichnen den minimalen bzw. maximalen Grad eines Knotens in einem Graphen G als *Minimalgrad* $\delta(G)$ bzw. *Maximalgrad* $\Delta(G)$. Für einen Graphen G bezeichnen wir den *minimalen* bzw. *maximalen Eingangsgrad* mit $\delta^-(G)$ bzw. $\Delta^-(G)$ und den *minimalen* bzw. *maximalen Ausgangsgrad* mit $\delta^+(G)$ bzw. $\Delta^+(G)$. Wir halten noch das zu Lemma 5.2 korrespondierende Lemma für gerichtete Graphen fest.

Lemma 5.5 *Sei* $G = (V, E)$ *ein gerichteter Graph, dann gilt:*

$$|E| = \sum_{v \in V} \deg^+(v) = \sum_{v \in V} \deg^-(v) = \frac{1}{2} \sum_{v \in V} \deg(v).$$

Eine Folge $p = (v_0, \ldots, v_n)$ von Knoten ist ein *ungerichteter Pfad* oder *Weg* in einem gerichteten Graphen $G = (V, E)$, wenn für jedes $i \in [1 : n]$ gilt, dass $(v_{i-1}, v_i) \in E$ oder $(v_i, v_{i-1}) \in E$. Eine Folge $p = (v_0, \ldots, v_n)$ von Knoten heißt *gerichteter Pfad* oder *Weg* im Graphen G, wenn $(v_{i-1}, v_i) \in E$ für alle $i \in [1 : n]$ gilt. Wir bezeichnen dann v_0 als *Anfangsknoten* und v_n als *Endknoten* des (un)gerichteten Pfades p. Wenn aus dem Zusammenhang klar wird, ob gerichtete oder ungerichtete Pfade gemeint sind, dann reden wir einfach von Pfaden. Ein (un)gerichteter Pfad p *verbindet* zwei Knoten $v, w \in V$, wenn v der Anfangs- und w der Endknoten des Pfades p ist. Ein Knoten $w \in V$ eines Graphen $G = (V, E)$ heißt *Nachfolger* eines Knotens $v \in V$, wenn es einen gerichteten Weg von v nach w gibt. In diesem Fall heißt v auch *Vorgänger* von w.

Ein (un)gerichteter Pfad $p = (v_0, \ldots, v_n)$ heißt *einfach*, wenn jeder Knoten des Pfades nur einmal auftaucht, d.h. $|\{v_0, \ldots, v_n\}| = n+1$. Für einen (un)gerichteten Pfad $p = (v_0, \ldots, v_n)$ nennen wir n die *Länge des Pfades* p. Einen gerichteten Pfad $p = (v_0, \ldots, v_n)$ nennen wir einen *gerichteten Kreis*, wenn $v_0 = v_n$. Ein gerichteter Kreis $c = (v_0, \ldots, v_n)$ heißt *einfach*, wenn außer $v_0 = v_n$ jeder Knoten nur einmal auftaucht, d.h. $|\{v_1, \ldots, v_n\}| = n$.

Ein gerichteter Graph $G' = (V', E')$ heißt *Teilgraph* von einem gerichteten Graphen $G = (V, E)$ (in Zeichen $G' \subseteq G$), wenn $V' \subseteq V$ und $E' \subseteq E \cap (V' \times V')$ gilt. Ein gerichteter Teilgraph $G' = (V', E')$ heißt *induzierter Teilgraph*, wenn alle Kanten im gerichteten Graphen G, die Knoten in V' verbinden, auch in E' enthalten sind, d.h. $E' = E \cap (V' \times V')$. Sei $G = (V, E)$ ein gerichteter Graph und $V' \subseteq V$ eine Teilmenge der Knoten, dann bezeichnen wir den von V' induzierten Teilgraphen mit $G[V'] = (V', E \cap (V' \times V'))$.

Ein gerichteter Graph heißt *schwach zusammenhängend*, wenn je zwei Knoten durch einen ungerichteten Pfad verbunden sind. Ein gerichteter Graph $G = (V, E)$ heißt *stark zusammenhängend*, wenn es für jedes Paar $v, w \in V$ sowohl einen gerichteten Pfad von v nach w als auch einen gerichteten Pfad von w nach v gibt.

Ein maximaler schwach zusammenhängender Teilgraph eines gerichteten Graphen heißt *schwache Zusammenhangskomponente*. Analog bezeichnen wir einen maximal stark zusammenhängenden Teilgraphen eines gerichteten Graphen als eine *starke Zusammenhangskomponente*. Auch hier kann jeder Knoten nur in genau einer starken (bzw. schwachen) Zusammenhangskomponente sein. Damit induziert eine Zerlegung eines gerichteten Graphen in seine starken (bzw. schwachen) Zusammenhangskomponenten ebenfalls eine Partition seiner Knotenmenge.

Ein gerichteter Graph ist *azyklisch*, wenn er keinen gerichteten Kreis enthält. Einen azyklischen gerichteten Graphen nennen wir einen *DAG* (engl. *directed acyclic graph*). Einen schwach zusammenhängenden und azyklischen gerichteten Graph bezeichnen wir als *gewurzelten Baum*, wenn jeder Knoten Eingangsgrad maximal 1 hat. Man kann zeigen, dass es dann genau einen Knoten mit Eingangsgrad 0 gibt, den wir als die *Wurzel* $r(T)$ des Baumes T bezeichnen (engl. root). Einen azyklischen gerichteten Graphen, in dem jeder Knoten Eingangsgrad höchstens 1 hat, bezeichnen wir als *gewurzelten Wald*, da jede schwache Zusammenhangskomponente ein gewurzelter Baum ist. Diese Definition von Bäumen als spezielle Graphen ist äquivalent zur Definition aus Abschnitt 2.3.3.

In einem gewurzelten Baum bezeichnen wir die Knoten mit Ausgangsgrad 0 als *Blätter* oder *äußere* bzw. *externe Knoten*. Alle anderen Knoten nennen wir *innere* oder *interne Knoten*. Anstelle von direktem Vorgänger bzw. Nachfolger sprechen wir bei gewurzelten Bäumen auch von *Elter* bzw. *Kind*. Zwei Knoten eines gewurzelten Baumes mit demselben Elter bezeichnet man als *Geschwister*.

Wie schon früher definiert, hat die Wurzel eines Baumes den *Level* 1. Der Level eines Knotens ungleich der Wurzel ist der Level seines Elters plus eins. Für einen Baum T ist die *Tiefe* $d(T)$ der maximale Level eines Knotens in T. Die *Höhe* $h(T)$ eines Baumes T ist seine Tiefe minus eins.

Einen schwach zusammenhängenden Teilgraphen eines gewurzelten Baumes nennen wir einen *Teilbaum*. Ein Teilbaum T' eines Baumes T heißt *gewurzelter Teilbaum*, wenn jeder Nachfolger $v \in V(T)$ des Knotens $r(T') \in V(T)$ im Baum T auch im Baum T' enthalten ist, d.h. $v \in V(T')$.

Lemma 5.6 *Ein gewurzelter Baum, in dem jeder innere Knoten mindestens zwei Kinder hat, besitzt mehr Blätter als innere Knoten.*

Beweis: Der Beweis erfolgt durch Induktion über die Anzahl der inneren Knoten.

Induktionsanfang ($n = 0$): Der Baum, der nur aus der Wurzel besteht, besitzt keine inneren Knoten, aber ein Blatt.

Induktionsschritt ($\rightarrow n$): Sei T ein Baum mit mindestens einem inneren Knoten. Betrachte die gewurzelten Teilbäume $T_1, \ldots, T_k$ mit $k \geq 2$, deren Wurzeln gerade die Kinder von $r(T)$ sind. Nach Induktionsvoraussetzung hat jeder dieser gewurzelten Teilbäume mindestens ein Blatt mehr als innere Knoten. Also haben alle gewurzelten Teilbäume zusammen mindestens k Blätter mehr als innere Knoten. Somit hat der Baum T, der ja einen inneren Konten zusätzlich hat (die Wurzel), insgesamt mindestens $k - 1 \geq 1$ Blätter mehr als innere Knoten. ∎

Ein gewurzelter Baum heißt *geordnet*, wenn für jeden Knoten des Baumes eine Ordnung auf seinen Kindern gegeben ist. Ein gewurzelter Baum heißt *k-är*, wenn

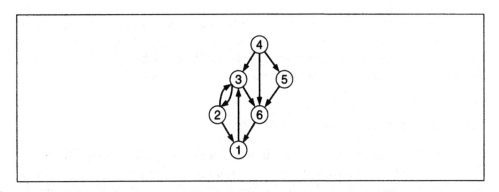

Bild 5.2: Beispiel für einen gerichteten Graphen

jeder Knoten maximal k Kinder hat. Ein k-ärer gewurzelter Baum heißt *erweitert*, wenn jeder interne Knoten genau k Kinder hat. Wir nennen einen erweiterten k-ären gewurzelten Baum der Tiefe d *vollständig*, wenn der Level jedes Blattes genau d ist.

Suchbäume sind z.B. binäre, geordnete gewurzelte Bäume. Darüber hinaus haben Suchbäume sogar noch eine Eigenschaft mehr, da wir bei Knoten mit genau einem Kind unterscheiden können, ob dieses ein linkes oder ein rechtes Kind ist. Definiert man Suchbäume etwas anders als in diesem Buch, nämlich in Anlehnung an Rot-Schwarz-Bäume, so sind Suchbäume erweiterte binäre, geordnete gewurzelte Bäume. Hierbei werden die Schlüssel allerdings nur in den inneren Knoten abgespeichert. Löscht man in einem solchen Baum alle (leeren) Blätter, so erhält man genau unsere Suchbäume.

Auch gerichtete Graphen lassen sich sehr schön bildlich darstellen. Hierbei erhält jede Kante einen Pfeil, der vom Anfangs- zum Endknoten hin gerichtet ist. Im Bild 5.2 ist eine solche Darstellung des folgenden Graphen $G = (V, E)$ gegeben, wobei:

$$V = \{1, 2, 3, 4, 5, 6\},$$
$$E = \Big\{(1,3),(2,1),(2,3),(3,2)(3,6),(4,3),(4,5),(4,6),(5,6),(6,1)\Big\}.$$

Der minimale Eingangsgrad bzw. maximale Ausgangsgrad dieses Graphen ist 0 bzw. 3. Die Folge $(6, 5, 4, 3, 2)$ ist ein ungerichteter Pfad der Länge 4, der allerdings kein gerichteter Pfad ist. Die Folge $(3, 6, 1, 3, 2)$ ist ein gerichteter Pfad der Länge 4, der allerdings nicht einfach ist. Die Folge $(3, 6, 1, 3)$ ist ein einfacher gerichteter Kreis der Länge 3. Der Graph $G' = (V', E')$ mit

$$V' = \{3, 4, 5, 6\} \quad \text{und} \quad E' = \{(4,3),(4,5),(4,6),(5,6)\}$$

ist ein Teilgraph von G, der allerdings nicht induziert ist, da $(3,6) \notin E'$. Der gesamte Graph G ist schwach zusammenhängend, allerdings nicht stark zusammenhängend, da der Knoten 4 von keinem anderen Knoten über einen gerichteten

Pfad erreicht werden kann. Damit ist $G[\{4\}]$ eine starke Zusammenhangskomponente des Graphen G. Nun sieht man leicht, dass dann ebenfalls $G[\{5\}]$ eine starke Zusammenhangskomponente des Graphen G ist. Die restlichen Knoten induzieren die letzte starke Zusammenhangskomponente: $G[\{1, 2, 3, 6\}]$.

5.1.3 Repräsentationen von Graphen

In diesem Abschnitt wollen wir uns nun überlegen, wie wir Graphen im Rechner repräsentieren können. Wir wollen hierzu die beiden gängigsten Methoden vorstellen. Sei also $G = (V, E)$ ein (un)gerichteter Graph mit n Knoten und m Kanten, d.h. $|V| = n$ und $|E| = m$. Für die Knoten werden wir immer annehmen, dass sie aus dem Bereich der ganzen Zahlen stammen. Für eine effiziente Speicherung stellen wir uns die Menge der Knoten als $V = [1 : n]$ vor. In Zusammenhang mit C-ähnlichen Programmen werden wir auch manchmal annehmen, dass $V = [0 : n - 1]$ ist. Aus dem Zusammenhang wird klar werden, welche Darstellung der Knoten wir gewählt haben.

Wie können wir nun die Menge der Kanten darstellen? Eine einfache Möglichkeit sind so genannte *Adjazenzmatrizen*. Eine Adjazenzmatrix ist eine $n \times n$-Matrix $A = (a_{ij})_{1 \leq i,j \leq n}$. Dabei ist bei ungerichteten Graphen $G = (V, E)$ genau dann $a_{ij} = 1$, wenn i und j adjazent sind, d.h. $\{i, j\} \in E$. Ansonsten ist $a_{ij} = 0$. Bei gerichteten Graphen $G = (V, E)$ ist genau dann $a_{ij} = 1$, wenn es eine Kante von i nach j gibt, d.h. $(i, j) \in E$, und 0 sonst.

Für ungerichtete Graphen ist die Matrix A also symmetrisch, d.h. $a_{ij} = a_{ji}$. Die Diagonalelemente von ungerichteten Graphen sind nach Definition immer gleich 0 ($a_{ii} = 0$). Nur wenn wir in ungerichteten Graphen Schleifen erlauben, kann $a_{ii} = 1$ sein. Manchmal wird für algorithmische Zwecke die Forderung sinnvoll sein, dass a_{ii} immer gleich 0 oder immer gleich 1 sein soll, unabhängig davon, ob im (un)gerichteten Graphen Schleifen vorhanden sind oder nicht.

Das Hauptproblem bei der Repräsentation durch Adjazenzmatrizen ist der recht verschwenderische Umgang mit Speicherplatz. Um einen Graphen mit n Knoten und m Kanten darzustellen, benötigt man immer $O(n^2)$ Platz. Für Graphen mit relativ wenig Kanten (z.B. $m = O(n)$) ist dies sehr ungünstig.

$$\begin{pmatrix} 0 & 0 & 1 & 0 & 0 & 0 \\ 1 & 0 & 1 & 0 & 0 & 0 \\ 0 & 1 & 0 & 0 & 0 & 1 \\ 0 & 0 & 1 & 0 & 1 & 1 \\ 0 & 0 & 0 & 0 & 0 & 1 \\ 1 & 0 & 0 & 0 & 0 & 0 \end{pmatrix}$$

Bild 5.3: Repräsentation des Graphen aus Bild 5.2 mit Hilfe einer Adjazenzmatrix

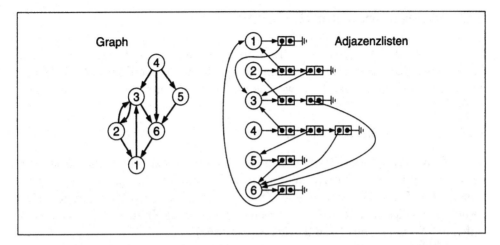

Bild 5.4: Repräsentation des Graphen aus Bild 5.2 mit Hilfe von Adjazenzlisten

Eine andere, speicherplatzsparendere Darstellung kann mit Hilfe so genannter *Adjazenzlisten* erfolgen. Hierbei werden die zu einem Knoten v adjazenten Knoten in einer linearen Liste dargestellt. Entweder werden in diesen Listen die Namen der adjazenten Knoten (d.h. die Zahlen aus $[0 : n-1]$) gespeichert oder, meist besser, nur ein Verweis auf den Knoten selbst. Im Falle ungerichteter Graphen beinhaltet die Adjazenzliste eines Knotens v also alle zu v adjazenten Knoten bzw. Verweise auf diese in einer beliebigen Reihenfolge.

Im Falle gerichteter Graphen beinhaltet die Adjazenzliste des Knotens v nur die direkten Nachfolger des Knotens v bzw. Verweise auf diese in beliebiger Reihenfolge. Manchmal wird für gerichtete Graphen diese Darstellung um eine zweite Adjazenzliste für jeden Knoten erweitert. In dieser zweiten Adjazenzliste eines Knotens v werden dann alle direkten Vorgänger des Knotens v bzw. Verweise auf diese in ebenfalls beliebiger Reihenfolge aufgelistet. Man sieht leicht, dass der Speicherplatzbedarf einer Darstellung mittels Adjazenzlisten nur $O(n+m)$ ist. Meist spendiert man zusätzlich noch ein Feld der Länge n, in dem an Position v ein Verweis auf die Adjazenzliste des Knotens v bzw. ein Verweis auf den Knoten v selbst eingetragen ist.

Diese beiden Darstellungen verhalten sich jedoch sehr unterschiedlich, wenn man den Zeitbedarf der Frage „$(i,j) \in E$?" betrachtet. Im Falle von Adjazenzmatrizen benötigen wir nur konstante Zeit, da wir nur die Adjazenzmatrix an Position (i,j) inspizieren müssen. Im Falle von Adjazenzlisten benötigen wir Zeit $O(\deg(i)) = O(\Delta(G)) = O(n)$, da wir im schlimmsten Fall die gesamte Adjazenzliste des Knotens i durchlaufen müssen.

An dieser Stelle wollen wir noch darauf hinweisen, dass es für spezielle Klassen von Graphen geeignetere Darstellungen geben kann. Als Beispiel sei hier nur die Repräsentation von binären Bäumen erwähnt.

5.2 Traversieren von Graphen

Im Folgenden stellen wir einige einfache Algorithmen vor, mit denen man einen Graphen einmal ganz durchlaufen kann. Diese Algorithmen bilden eine Grundlage für viele Graphalgorithmen bzw. werden in diesen als Unterprozeduren benötigt.

5.2.1 Tiefensuche (DFS)

Die einfachste Art, einen Graphen ganz zu durchlaufen, ist die *Tiefensuche* oder *DFS* (engl. *depth-first search*). Wie in einem Labyrinth gehen wir solange durch Gänge (d.h. Kanten), bis wir eine Kreuzung (d.h. Knoten) zum zweiten Mal besuchen. Zu diesem Zweck markiert man jede besuchte Kreuzung mit einer fortlaufenden Nummer (mit Hilfe des Feldes *dfs_num*).

Besuchen wir eine Kreuzung zum zweiten Mal, d.h. wenn ihre Nummer bereits größer als 0 ist, gehen wir den Weg, den wir gekommen sind, wieder so weit zurück, bis wir eine Kreuzung finden, von der aus ein noch unbesuchter Gang abzweigt. Dabei zählen wir an jedem neu besuchten Knoten eine globale Variable *number* hoch und weisen diesen Wert dem besuchten Knoten zu (mittels *dfs_num*). Diese bei der Tiefensuche generierte Nummerierung der Knoten heißt *DFS-Nummerierung* und die Nummern an den Knoten *DFS-Nummern*.

Die Reihenfolge, in der die adjazenten Kanten eines bestimmten Knotens durchlaufen werden, wird dabei von der Tiefensuche nicht vorgegeben. In der

```
DFS (graph G)
{
      int dfs_num[|V(G)|], number = 0;
      for each (int v ∈ V(G))
          dfs_num[v] = 0;

      for each (int v ∈ V(G))
          if (dfs_num[v] == 0)        /* v has not been visited */
              dfs(G, v, dfs_num, number);
}

dfs(graph G, int v, int dfs_num[], int& number);
{
      dfs_num[v] = ++number;
      for each (int w ∈ N⁺(v))
          if (dfs_num[w] == 0)        /* w has not been visited */
              dfs(G, w, dfs_num, number);
}
```

Bild 5.5: Ein rekursiver Algorithmus zur Tiefensuche

```
DFS (graph G)
{
    int dfs_num[|V(G)|], number = 0;
    for each (int v ∈ V(G))
        dfs_num[v] = 0;

    for each (int v ∈ V(G))
        if (dfs_num[v] == 0)        /* v has not been visited */
            dfs(G, v, dfs_num, number);
}


dfs(graph G, int v, int dfs_num[], int& number);
{
    stack s = empty();
    s.push(v);
    while (!s.is_empty())
    {
        v=s.pop();
        if (dfs_num[v] == 0)
        {   /* v has not been visited */
            dfs_num[v] = ++number;
            for each (int w ∈ N⁺(v))
                s.push(w);
        }
    }
}
```

Bild 5.6: Realisierung der Tiefensuche mit Hilfe eines Kellers

Regel wird die Implementierung der Datenstruktur **graph** eine bestimmte Reihenfolge nahe legen.

Die Prozedur DFS für gerichtete Graphen ist im Bild 5.5 angegeben. Offensichtlich lässt sich diese Prozedur auch leicht für ungerichtete Graphen modifizieren. Eine echte Implementierung hängt von der Definition der Datenstruktur **graph** ab. Zur Übung wird empfohlen, wirklich einmal die Datenstruktur **graph** und den Algorithmus zur Tiefensuche zu programmieren.

Wir stellen jetzt noch eine iterative Implementierung vor. Dazu stellen wir uns eine Tiefensuche wieder als ein Durchlaufen eines Labyrinths vor. Wir notieren uns für jeden Knoten, den wir zum ersten Mal besuchen, alle seine Nachbarknoten in einem Notizbuch. Der nächste zu besuchende Knoten ist der zuletzt im Notizbuch eingetragene, den wir dann aus dem Notizbuch streichen. Man beachte, dass ein Knoten mehrfach im Notizbuch stehen kann, da er Nachbar mehrerer bereits besuchter Knoten gewesen sein kann. Daher müssen wir für jeden zu besuchenden Knoten erst überprüfen, ob er nicht bereits besucht wurde. Falls ja, fahren wir mit dem nächsten Knoten vom Ende unseres Notizbuches fort.

Ein solches Notizbuch lässt sich mit Hilfe eines Kellers realisieren. Ein Keller
(engl. *stack*) ist eine Datenstruktur, die die folgenden Operationen unterstützt:

stack empty(): Erzeugt einen leeren Keller;

push(elt *e*): Fügt ein Element *e* in den Keller ein.

elt pop(): Entfernt das zuletzt in den Keller eingefügte Element und gibt es aus.

bool is_empty(): Testet, ob der Keller leer ist.

Die Implementierung der Tiefensuche mit einem Keller ist im Bild 5.6 angegeben.
Man erhält dann im Allgemeinen nicht genau dieselbe Reihenfolge der besuchten
Knoten wie im rekursiven Algorithmus. Der einzige Unterschied besteht lediglich
darin, dass bei der Auswahl der nächsten zu durchlaufenden Kante eines Knotens
eine andere Reihenfolge gewählt wird. Wie wir aber bereits bemerkt haben, ist
diese Reihenfolge für die Tiefensuche nicht genau festgelegt.

Zum Schluss wollen wir noch festhalten, dass bei ungerichteten Graphen jede
Kante genau zweimal betrachtet wird. Im Falle gerichteter Graphen wird jede
Kante sogar nur genau einmal betrachtet. Damit ergibt sich folgendes Theorem:

Theorem 5.7 *Das Traversieren eines (un)gerichteten Graphen G mit n Knoten
und m Kanten mittels Tiefensuche benötigt Zeit $O(n + m)$.*

Die Kanten eines gerichteten Graphen werden durch die Tiefensuche in die
folgenden vier Klassen partitioniert:

Baumkanten (engl. *tree edges*) Eine Baumkante ist dadurch definiert, dass mit
dieser Kante $(v, w) \in E$ ein noch nicht besuchter Knoten erreicht wird, also
wenn beim Besuch $dfs\_num[w] = 0$ gilt.
Wie der Name schon sagt, bildet diese Klasse der Kanten einen Wald, der
im Falle stark zusammenhängender Graphen dann natürlich ein Baum ist.
Diesen Teilgraphen bezeichnet man oft auch als *spannenden DFS-Wald*. Die
einzelnen Zusammenhangskomponenten werden als *DFS-Baum* bezeichnet.

Vorwärtskanten (engl. *forward edges*) Eine Kante $(v, w) \in E$ heißt Vorwärts-
kante, wenn sie zu einem bereits besuchten Knoten w führt, so dass es einen
Pfad von v nach w gibt, der nur aus Baumkanten besteht. Dies ist äquivalent
dazu, dass beim Besuch bereits $dfs\_num[v] < dfs\_num[w]$ gilt.

Rückwärtskanten (engl. *backward edges*) Eine Kante $(v, w) \in E$ heißt Rückwärtskante, wenn sie zu einem bereits besuchten Knoten w führt, so dass
es einen Pfad von w nach v gibt, der nur aus Baumkanten besteht. Dies ist
äquivalent dazu, dass $dfs\_num[v] > dfs\_num[w]$ und dass die Prozedur dfs,
aufgerufen am Knoten w, noch *nicht* beendet ist, wenn w von v aus erneut
besucht wird.

Querkanten (engl. *cross edges*) Alle übrigen Kanten des Graphen werden als
Querkanten bezeichnet. Für eine Kante (v, w) ist dies äquivalent dazu, dass

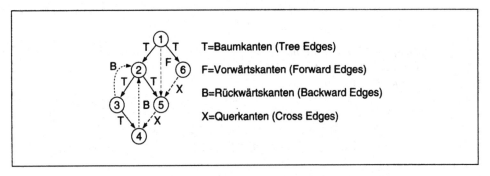

Bild 5.7: Ein Beispiel zur Einteilung der Kanten mittels Tiefensuche

$dfs\_num[v] > dfs\_num[w]$ und dass die Prozedur dfs, aufgerufen am Knoten w, *bereits* beendet ist, wenn der Knoten w besucht wird.

Diese Einteilung der Kanten kann auch bei ungerichteten Graphen vorgenommen werden, wobei es dann keine Quer- und Vorwärtskanten geben kann.

Um die Kanten bereits während eines DFS-Laufs erkennen zu können, muss man also wissen, an welchen Knoten ein DFS-Durchlauf noch nicht abgeschlossen ist. Dazu kann man z.B. ein Boolesches Feld *active* verwenden, das angibt, ob von einem Knoten noch eine Tiefensuche aktiv ist. Diese Modifikation lässt sich im rekursiven DFS-Algorithmus unmittelbar vornehmen. Bei der iterativen Variante müssen wir merken, wann alle direkten Nachfolger eines Knotens abgearbeitet sind. Zu diesem Zeitpunkt muss dann *active*[v] auf FALSE gesetzt werden. Die Details überlassen wir dem Leser als Übungsaufgabe.

Im Bild 5.7 ist ein DFS-Durchlauf durch einen Graphen dargestellt, wobei die Tiefensuche am Knoten 1 begonnen hat. Die Nummern in den Knoten geben die DFS-Nummerierung an und die Kantenbeschriftung die Einteilung der Kanten gemäß der eben angegebenen Klassen.

5.2.2 Breitensuche (BFS)

Bei der Tiefensuche versucht man immer, erst einmal so tief wie möglich in das Labyrinth vorzustoßen. Im Falle der *Breitensuche* oder *BFS* (engl. *breadth-first search*) durchläuft man die Knoten in der Reihenfolge des Auffindens. Trifft man auf einen noch nicht besuchten Knoten, so notiert man sich die von dort erreichbaren Knoten in einem Notizbuch. Der nächste zu besuchende Knoten ist dann der Knoten, der als oberstes im Notizbuch steht und noch nicht besucht wurde. Nach dem Besuch eines Knotens streicht man diesen aus dem Notizbuch.

Analog zur Tiefensuche haben wir jedem Knoten noch eine Zahl zugeordnet, die angibt, als wievielter Knoten er besucht wurde. Die so erzeugte Nummerierung wird als *BFS-Nummerierung* bezeichnet, wobei diese Zahlen als *BFS-Nummern* bezeichnet werden.

```
    BFS (graph G)
    {
        int bfs_num[|V(G)|], number = 0;
        for each (int v ∈ V(G))
            bfs_num[v] = 0;

        for each (int v ∈ V(G))
            if (bfs_num[v] == 0)        /* v has not been visited */
                bfs(G, v, bfs_num, number);
    }


    bfs(graph G, int v, int bfs_num[], int& number);
    {
        queue q=empty();
        q.enqueue(v);
        while (!q.is_empty())
        {
            v=q.dequeue();
            if (bfs_num[v] == 0)
            {    /* v has not been visited */
                bfs_num[v] = ++number;
                for each (int w ∈ N⁺(v))
                    q.enqueue(w);
            }
        }
    }
```

Bild 5.8: Realisierung der Breitensuche mit Hilfe einer Queue

Damit ist sofort klar, dass der Tiefen- und Breitensuche im Wesentlichen derselbe Algorithmus zugrunde liegt. Nur beim Speichern der noch zu besuchenden Knoten wird eine andere Strategie verwendet: LIFO (engl. last in first out) bei der Tiefen- und FIFO (engl. first in first out) bei der Breitensuche. Mit einer geeigneten konkreten Realisierung kann man die beiden Prozeduren durch Austauschen der Datenstrukturen zum Speichern der noch zu besuchenden Knoten ineinander überführen. Für die Tiefensuche werden Keller und für die Breitensuche werden Warteschlangen bzw. Queues verwendet. Hierbei ist eine Warteschlange bzw. Queue eine Datenstruktur, die die folgenden Operationen unterstützt:

queue empty(): Erzeugt eine leere Queue.

enqueue(elt e): Fügt ein Element e in die Queue ein.

elt dequeue(): Entfernt das zuerst in die Queue eingefügte Element und gibt es aus.

bool is_empty(): Testet, ob die Queue leer ist.

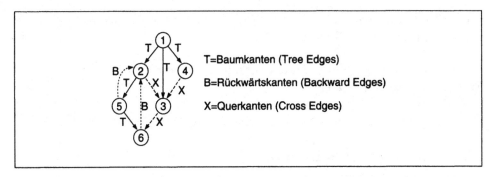

Bild 5.9: Ein Beispiel zur Breitensuche

Auch bei der Breitensuche können wir die Kanten in verschiedene Klassen aufteilen. Die Baumkanten bilden auch hier wieder einen *aufspannenden BFS-Wald*. Die Zusammenhangskomponenten werden wiederum als *BFS-Baum* bezeichnet. Allerdings gibt es hier keine Vorwärtskanten und bei ungerichteten Graphen auch kein Rückwärtskanten. Querkanten können auch nur zwischen Knoten im BFS-Baum auftreten, deren Level sich um maximal 1 unterscheiden.

Wie bei der Tiefensuche halten wir fest, dass bei ungerichteten Graphen jede Kante genau zweimal und bei gerichteten Graphen jede Kante sogar nur genau einmal betrachtet wird. Damit erhalten wir das folgende Theorem:

Theorem 5.8 *Das Traversieren eines (un)gerichteten Graphen G mit n Knoten und m Kanten mittels Breitensuche benötigt Zeit $O(n + m)$.*

Wir geben jetzt noch eine erste Anwendung der Breitensuche an. Ein ungerichteter Graph $G = (V, E)$ heißt *bipartit*, wenn es eine Partition der Knotenmenge $V = A \cup B$ mit $A \cap B = \emptyset$ gibt, so dass alle Kanten nur Knoten aus der Menge A mit Knoten aus der Menge B verbinden, d.h. $E \cap (\binom{A}{2} \cup \binom{B}{2}) = \emptyset$.

Lemma 5.9 *Ein ungerichteter Graph ist genau dann bipartit, wenn er keinen Kreis ungerader Länge enthält.*

Beweis: Sei $G = (A \cup B, E)$ mit $A \cap B = \emptyset$ ein bipartiter Graph. Dann hat jeder Kreis offensichtlich gerade Länge, da sich auf diesem Kreis die Knoten aus den Mengen A und B abwechseln müssen.

Sei $G = (V, E)$ ein ungerichteter Graph, der keinen Kreis ungerader Länge enthält. Wir konstruieren eine Partition $V = A \cup B$ ausgehend von einem BFS-Baum. Wir werfen alle Knoten auf einem geradem Level in die Menge A und die übrigen in die Menge B. Angenommen wir hätten $v, w \in V$ mit $\{v, w\} \in E$ in dieselbe Menge geworfen. Nach Konstruktion der Breitensuche kann dies nur passiert sein, wenn sich beide Knoten im BFS-Baum auf demselben Level befunden haben. Damit hat der Kreis, gebildet aus dem BFS-Pfad von der Wurzel nach v, dem BFS-Pfad von der Wurzel nach w und der Kante $\{v, w\}$, eine ungerade Länge und wir erhalten einen Widerspruch.   ∎

Aus dem zweiten Teil des Beweises erhalten wir bereits den Algorithmus zur Erkennung bipartiter Graphen.

Korollar 5.10 *Bipartite Graphen lassen sich in linearer Zeit erkennen.*

5.2.3   Traversieren von Bäumen

Zum Abschluss wollen wir noch Durchlauftechniken für geordnete gewurzelte Bäume angeben. Eine *Traversierung* eines geordneten gewurzelten Baumes ist die Auflistung seiner Knoten in einer bestimmten vorgegebenen Reihenfolge.

Die Traversierung eines geordneten gewurzelten Baumes T in *Preorder* ist rekursiv wie folgt definiert. Sei $r(T)$ die Wurzel des Baumes T und $T_1, \ldots, T_k$ alle an den Kindern der Wurzel gewurzelten Teilbäume. Dann gibt man zuerst die Wurzel $r(T)$ aus und traversiert anschließend die gewurzelten Bäume $T_1, \ldots, T_k$ in der Reihenfolge, die durch die Ordnung der Kinder von $r(T)$ gegeben ist.

Die Traversierung eines geordneten gewurzelten Baumes T in *Postorder* ist rekursiv wie folgt definiert. Sei $r(T)$ die Wurzel des Baumes T und $T_1, \ldots, T_k$ alle an den Kindern der Wurzel gewurzelten Teilbäume. Man traversiert zuerst die gewurzelten Bäume $T_1, \ldots, T_k$ in der Reihenfolge, die durch die Ordnung der Kinder von $r(T)$ gegeben ist, und gibt dann die Wurzel $r(T)$ des Baumes aus.

Die Traversierung eines binären geordneten gewurzelten Baumes T in *Inorder* ist rekursiv wie folgt definiert. Sei $r(T)$ die Wurzel des Baumes T sowie T_ℓ bzw. T_r der linke bzw. rechte Teilbaum von $r(T)$, die durchaus leer sein können. Nun traversiert man zuerst den linken Teilbaum T_ℓ, gibt dann die Wurzel $r(T)$ aus und traversiert zum Schluss den rechten Teilbaum T_r.

Im Bild 5.10 ist für einen Baum die Preorder, Inorder und Postorder angegeben. Man beachte, dass die Preorder auch eine zulässige DFS-Nummerierung liefert. Eine Traversierung der Knoten in Preorder, Inorder oder Postorder allein

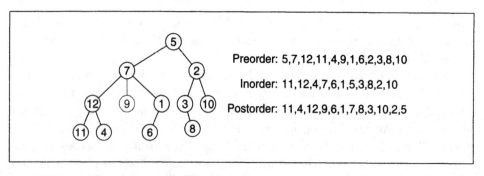

Bild 5.10: Beispiele von Preorder, Inorder, und Postorder Traversierung

genügt leider nicht, um daraus die Struktur des Baumes zu rekonstruieren. Man kann allerdings zeigen, dass die Traversierung in Preorder und Postorder eines Baumes zusammen genügen, um den Baum rekonstruieren zu können.

Man kann diese Traversierungen auch auf freie Bäume anwenden, indem man einen Knoten als Wurzel auswählt und alle Kanten von der Wurzel wegrichtet. Auf den Kindern jedes Knotens definiert man dann noch eine beliebige Ordnung.

5.3 Zusammenhang von Graphen

Nun wollen wir uns überlegen, wie man die Zusammenhangskomponenten von Graphen effizient ermitteln kann.

5.3.1 Ungerichtete Graphen

Betrachten wir zunächst den einfachen Fall ungerichteter Graphen. Nach Definition ist eine Zusammenhangskomponente ein maximaler zusammenhängender Teilgraph, wobei zusammenhängend bedeutet, dass zwischen je zwei Knoten ein Pfad existiert. Bei der Tiefensuche haben wir aber gerade solche Zusammenhangskomponenten abgelaufen. Jedesmal wenn die Prozedur dfs in der Hauptprozedur DFS beendet wurde, haben wir eine Zusammenhangskomponente gefunden. Mit dem Suchen nach dem nächsten noch nicht besuchten Knoten in DFS haben wir einen Knoten in einer neuen Zusammenhangskomponente bestimmt.

Theorem 5.11 *Die Zusammenhangskomponenten eines ungerichteten Graphen $G = (V, E)$ lassen sich in Zeit $O(|V| + |E|)$ bestimmen.*

5.3.2 Gerichtete Graphen

Die schwachen Zusammenhangskomponenten eines gerichteten Graphen entsprechen gerade den Zusammenhangskomponenten des korrespondierenden ungerichteten Graphen. Mittels eines DFS-Durchlaufs können wir jedoch sehr einfach einen gerichteten Graphen in einen ungerichteten verwandeln. Für jeden Knoten w in einer Adjazenzliste des Knotens v hängen wir an die Adjazenzliste des Knotens w den Knoten v an. Dann können wir den Algorithmus für Zusammenhang für ungerichtete Graphen auf dem modifizierten Graphen laufen lassen.

Theorem 5.12 *Die schwachen Zusammenhangskomponenten eines gerichteten Graphen $G = (V, E)$ lassen sich in Zeit $O(|V| + |E|)$ bestimmen.*

Die Bestimmung der starken Zusammenhangskomponenten eines gerichteten Graphen ist etwas komplizierter, da wir nicht nur feststellen müssen, ob wir von v

nach w im Graphen gelangen können (was ja der DFS-Algorithmus leistet), sondern gleichzeitig feststellen müssen, ob man auch von w nach v zurückgelangt.

Zunächst einmal nehmen wir ohne Beschränkung der Allgemeinheit an, dass der betrachtete Graph schwach zusammenhängend ist. Andernfalls betrachten wir jede schwache Zusammenhangskomponente getrennt, da offensichtlich jede starke Zusammenhangskomponente ein Teilgraph einer schwachen Zusammenhangskomponente ist.

Zuerst stellen wir fest, dass die Baumkanten einer starken Zusammenhangskomponente selbst wieder zusammenhängend sind. Also bildet die starke Zusammenhangskomponente einen (zusammenhängenden) Teilbaum des spannenden DFS-Baumes. Im Folgenden werden wir basierend auf einer DFS-Traversierung solche Teilbäume bestimmen, die zu einer starken Zusammenhangskomponente korrespondieren. Da der DFS-Wald gewurzelt ist, nennen wir die Wurzel eines Teilbaumes, der zu einer starken Zusammenhangskomponente korrespondiert, die *Wurzel* dieser starken Zusammenhangskomponente.

Für $v, w \in V$ bezeichne $v \leftrightarrow w$, dass es in einem Graphen $G = (V, E)$ einen gerichteten Pfad von v nach w und einen gerichteten Pfad von w nach v gibt. Mit Hilfe dieser Notation können wir nun für einen gerichteten Graphen $G = (V, E)$ die folgende nützliche Hilfsfunktion $LowLink : V \to \mathbb{N}$ definieren:

$$
LowLink(v) = \min \left\{ dfs\_num[w] : \begin{array}{l} (v = w) \ \vee \\ (v \leftrightarrow w \wedge \exists (v_0, \dots, v_n) : v_0 = v \wedge v_n = w \ \wedge \\ \forall i \in [1 : n-1] : (v_{i-1}, v_i) \text{ ist Baumkante} \wedge \\ (v_{n-1}, v_n) \text{ ist Rückwärts- oder Querkante)} \end{array} \right\}
$$

Wir halten hier noch fest, dass $LowLink(v) \leq dfs\_num[v]$ gilt. Der Wert $LowLink$ eines Knotens gibt die kleinste DFS-Nummer eines Knotens an, der vom betrachteten Knoten aus über einen Pfad aus Baumkanten gefolgt von einer Quer- oder Rückwärtskante erreicht werden kann. Mit Hilfe dieser Funktion $LowLink$ können wir die Wurzeln von starken Zusammenhangskomponenten charakterisieren.

Lemma 5.13 *Ein Knoten $v \in V(G)$ ist genau dann die Wurzel einer starken Zusammenhangskomponente eines Graphen G, wenn $LowLink(v) = dfs\_num[v]$.*

Beweis: $\Rightarrow$: Wir führen den Beweis durch Widerspruch. Wir nehmen dazu an, dass $LowLink(v) < dfs\_num[v]$ ist. Nach Definition von $LowLink$ gibt es dann einen Knoten w mit kleinerer DFS-Nummer als v (nämlich mit $LowLink(v)$), so dass es einen gerichteten Pfad von v nach w und einen gerichteten Pfad von w nach v gibt. Da eine starke Zusammenhangskomponente einen Teilbaum des DFS-Waldes bildet und die Wurzel dieses Teilbaumes die kleinste DFS-Nummer des Baumes hat, ist die DFS-Nummer der Wurzel maximal $dfs\_num[w] < dfs\_num[v]$. Dies steht im Widerspruch zur Annahme, dass v die Wurzel der starken Zusam-

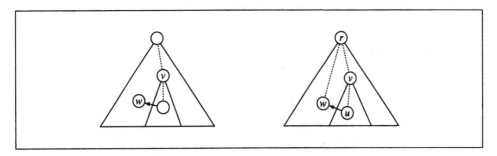

Bild 5.11: Illustration zum Beweis von Lemma 5.13

menhangskomponente ist. Diese Argumentation ist auch noch einmal im linken Teil von Bild 5.11 illustriert.

⇐: Für einen Widerspruchsbeweis sei $r \neq v$ die Wurzel der starken Zusammenhangskomponente, in der v liegt. Dann gibt es einen gerichteten Pfad p von v nach r. Dieser Pfad p muss irgendwann den Teilbaum T' verlassen, der aus den Nachfolgern von v im DFS-Baum gebildet wird. Sei $e = (u, w)$ die Kante, mit der auf diesem Pfad dieser Teilbaum zum ersten Mal verlassen wird. Diese Kante e muss eine Rückwärts- oder Querkante sein. Die vorherigen Kanten auf dem Pfad können alle als Baumkanten gewählt werden, da sich u im Teilbaum T' befindet. Weiterhin muss der Endknoten w nun ebenfalls in der starken Zusammenhangskomponente von v liegen, da w auf einem Pfad von v nach r liegt und es nach Wahl von r einen Pfad von r nach v gibt. Nach Definition der Tiefensuche ist die DFS-Nummer von w kleiner als die DFS-Nummer von v und damit erhalten wir $LowLink(v) < dfs\_num[v]$ und somit einen Widerspruch zur Voraussetzung. Diese Argumentation ist im rechten Teil von Bild 5.11 illustriert. ∎

Damit erhalten wir den im Bild 5.12 angegebenen Algorithmus. Wir werden jetzt zeigen, dass der Algorithmus auch korrekt ist.

Lemma 5.14 *Der Algorithmus SCC berechnet die starken Zusammenhangskomponenten eines gerichteten Graphen korrekt.*

Beweis: Zur Korrektheit genügt es zu zeigen, dass die Werte $low\_link[v]$ für alle Knoten v korrekt berechnet werden. Wir führen den Beweis mittels vollständiger Induktion über die Anzahl der Knoten im Graphen, bei denen die Prozedur **Strong** beendet worden ist. Bezeichne n diese Anzahl von abgearbeiteten Knoten.

Induktionsanfang ($n = 0$): Trivialerweise ist der Induktionsanfang erfüllt, da für keinen Knoten etwas gelten muss.

Induktionsschritt ($n - 1 \rightarrow n$): Sei im Folgenden v der n-te Knoten, an dem die Prozedur **Strong** beendet wird. Wir zeigen zunächst, dass bei der Minimumbildung nur erlaubte DFS-Nummern berücksichtigt werden. Daraus folgt dann, dass $LowLink(v) \leq low\_link[v]$.

```
SCC (graph G)
{
    stack s=empty();
    int dfs_num[|V(G)|], number = 0, low_link[|V(G)|];
    for each (int v ∈ V(G))
        low_link[v] = dfs_num[v] = 0;
    for each (int v ∈ V(G))
        if (dfs_num[v] == 0)
            Strong(G, v, dfs_num, number, low_link, s);
}

Strong(graph G, int v, int dfs_num[], int& number, int low_link[], stack s);
{
    low_link[v] = dfs_num[v] = ++number;
    s.push(v);
    for each (int w ∈ N⁺(v))
        if (dfs_num[w] == 0)
        {   /* (v,w) is a tree edge */
            Strong(G, w, dfs_num, number, low_link, s);
            low_link[v] = min(low_link[v], low_link[w]);
        }
        elsif ((dfs_num[w] < dfs_num[v]) && (w ∈ s))
                /* (v,w) is a back or cross edge within a SCC */
                low_link[v] = min(low_link[v], dfs_num[w]);
    if (low_link[v] == dfs_num[v])       /* v is the root of a SCC */
    {   /* output all vertices including v on the top of the stack s */
        output 'SCC: ';
        do
            output w=s.pop();
        while (w ≠ v);
    }
}
```

Bild 5.12: Bestimmung der starken Zusammenhangskomponenten

Im **if**-Teil wird zunächst Strong für jeden direkten Nachfolger w aufgerufen. Nach Beendigung von Strong am Knoten w ist nach Induktionsvoraussetzung $low\_link[w]$ korrekt berechnet worden. Ist $low\_link[w] \geq dfs\_num[v]$, so wird korrekterweise $low\_link[v]$ nicht verändert, da ja $low\_link[v]$ mit $dfs\_num[v]$ initialisiert wurde. Es bleibt noch für den Fall $low\_link[w] < dfs\_num[v]$ zu zeigen, dass die Betrachtung des Wertes $low\_link[w]$ zulässig ist.

Sei u der Knoten mit der DFS-Nummer $low\_link[w]$. Da es einen Pfad von w nach u nur über Baumkanten gefolgt von einer Rückwärts- oder Querkante gibt, gibt es einen solchen auch von v aus. Wir müssen also nur noch zeigen, dass $v \leftrightarrow u$ gilt. Sei r die Wurzel der starken Zusammenhangskomponente, in der

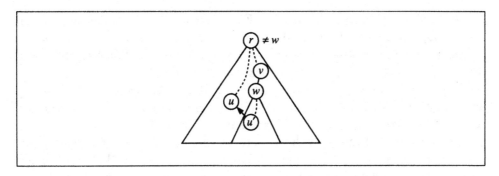

Bild 5.13: Aktualisierung von LowLink im **if**-Teil

sich u und w befinden. Da eine starke Zusammenhangskomponente einen Teilbaum T' des DFS-Baumes bildet, muss r ein Vorgänger von w und u sein. Da $dfs\_num[u] < dfs\_num[w]$, muss außerdem $r \neq w$ gelten. Weil aber v direkter Vorgänger von w im Teilbaum T' ist, muss v ebenfalls in diesem Teilbaum T' enthalten sein. Damit gilt $v \leftrightarrow u$. Also ist die Berücksichtigung von $low\_link[w]$ in der Bestimmung von $low\_link[v]$ korrekt. Dies ist im Bild 5.13 illustriert.

Im **elsif**-Teil ist die Kante (v, w) eine Rückwärts- oder Querkante, wobei sich w noch im Keller befindet. Sei r die Wurzel der starken Zusammenhangskomponente, in der sich w befindet. Falls r kein Vorgänger von v im DFS-Baum ist, so wäre **Strong** am Knoten r bereits beendet, da $dfs\_num[r] < dfs\_num[v]$. Da nach Induktionsvoraussetzung $low\_link[r]$ bereits korrekt berechnet worden ist, wären die Knoten dieser Zusammenhangskomponente inklusive w bereits ausgegeben worden, d.h. w wäre nicht mehr auf dem Keller. Also muss r ein Vorgänger von v sein und damit gibt es einen Weg von r nach v. Da $w \leftrightarrow r$, gibt es einen Weg von w nach r und somit auch einen von v nach r. Damit ist auch in diesem Fall die Berücksichtigung der DFS-Nummer von w in der Bestimmung von $low\_link[v]$ korrekt. Dies ist im Bild 5.14 noch einmal illustriert.

Damit haben wir nun bewiesen, dass $LowLink(v) \leq low\_link[v]$. Es bleibt also noch zu zeigen, dass low_link das Minimum auch wirklich annimmt, also

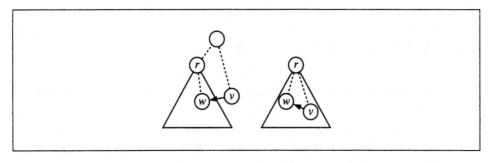

Bild 5.14: Aktualisierung von LowLink im **elsif**-Teil

$LowLink(v) = low\_link[v]$. Sei $(u, u') \in E$ die Rückwärts- oder Querkante, die für die Bildung von $LowLink(v)$ verantwortlich ist, d.h. $LowLink(v) = dfs\_num[u']$. Für einen Widerspruchsbeweis nehmen wir an, dass die DFS-Nummer von u' bei der Bildung von $low\_link[v]$ nicht berücksichtigt wurde.

Wäre $u = v$, so würde offensichtlich im **elsif**-Teil der Wert von $low\_link[v]$ korrekt gesetzt werden. Also muss $u \neq v$ sein. Sei nun w der direkte Nachfolger von v, der ein Vorgänger von u ist. Da aus $v \leftrightarrow u'$ folgt, dass auch $w \leftrightarrow u'$, muss bereits $low\_link[w]$ falsch berechnet worden sein, andernfalls wäre $low\_link[v]$ vom Algorithmus korrekt berechnet worden. Dies steht aber im Widerspruch zur Induktionsvoraussetzung, nach der $low\_link[w]$ bereits korrekt berechnet wurde. ∎

Da die Prozedur SCC im Wesentlichen auf der Tiefensuche basiert, folgt unmittelbar die Abschätzung der Laufzeit mit $O(n + m)$. Dieser Algorithmus wurde bereits im Jahre 1972 von R.E. Tarjan entwickelt. Damit erhalten wir das folgende Theorem:

Theorem 5.15 *Die Prozedur SCC bestimmt in Zeit $O(n+m)$ die starken Zusammenhangskomponenten eines gerichteten Graphen mit n Knoten und m Kanten.*

5.4 Kürzeste Wege

In diesem Abschnitt wollen wir kürzeste Wege in gerichteten Graphen berechnen. Dazu erweitern wir die Graphen um eine Gewichtsfunktion $\gamma : E \to \mathbb{R} \cup \{-\infty, \infty\}$ auf den Kanten. Diese Gewichte wollen wir als „Länge" einer Kante interpretieren. Die gewichtete Länge eines Pfades $p = (v_0, \ldots, v_n)$ der Länge n ist nun die Summe der Kantengewichte:

$$\gamma(p) = \sum_{i=1}^{n} \gamma((v_{i-1}, v_i)).$$

Hierbei nehmen wir ohne Beschränkung der Allgemeinheit, dass $\gamma(i, i) = 0$ ist. Im Folgenden wollen wir unter einem kürzesten Weg von v nach w immer einen Pfad von v nach w mit kleinster gewichteter Länge verstehen. Andernfalls werden wir explizit darauf hinweisen, dass wir bei kürzesten Wegen die Länge und nicht die gewichtete Länge zugrunde legen. Ziel dieses Abschnittes ist es, Algorithmen zur Lösung der folgenden Probleme anzugeben:

1. Für ein gegebenes Paar von Knoten $v, w \in V$ soll ein kürzester Weg von v nach w (d.h. ein Pfad mit kleinster gewichteter Länge) bestimmt werden.

2. Für einen Knoten $s \in V$ sollen die kürzesten Wege (d.h. die Pfade mit kleinster gewichteter Länge) zu allen anderen Knoten bestimmt werden.

3. Für jedes Paar $v, w \in V$ soll ein kürzester Weg von v nach w (d.h. ein Pfad mit kleinster gewichteter Länge) bestimmt werden.

Wir werden jetzt Algorithmen zur Lösung der Probleme 2 und 3 angeben. Interessanterweise ist kein Algorithmus für Problem 1 bekannt, der nicht gleich auch eine Lösung für Problem 2 erzeugt. Für die Lösung obiger Probleme genügt es offensichtlich, sich auf schwach zusammenhängende Graphen zu beschränken. Wie wir in Abschnitt 5.3 gesehen haben, kann man die schwachen Zusammenhangskomponenten effizient berechnen. Man kann die folgenden Resultate leicht auf ungerichtete Graphen übertragen, indem man jede Kante $\{v, w\}$ des ungerichteten Graphen als zwei Kanten (v, w) und (w, v) desselben Gewichtes des gerichteten Graphen interpretiert.

5.4.1 Der Algorithmus von Floyd

Der folgende Algorithmus aus dem Jahre 1962 geht auf R.W. Floyd zurück und wird deshalb oft als *Floyd-Algorithmus* bezeichnet. S. Warshall hat einen sehr ähnlichen Algorithmus zur Bestimmung der transitiven Hülle von Graphen angegeben (siehe auch Abschnitt 5.4.2), so dass der hier vorgestellte Algorithmus oft auch *Floyd-Warshall-Algorithmus* genannt wird.

In diesem Abschnitt werden wir annehmen, dass die betrachteten Graphen *vollständig* sind, d.h., dass je zwei Knoten mit einer Kante verbunden sind. Damit sind die Einträge der Adjazenzmatrix eines solchen Graphen alle 1. Die Knotenmenge sei wieder $V = [0 : n - 1]$. Dann bezeichnen wir für einen Graphen $G = (V, E)$ die Matrix, die als Einträge gerade die Gewichte der entsprechenden Kanten hat, also $\Gamma_{ij} = \gamma((i, j))$, als *Gewichtsmatrix* $\Gamma(G)$.

In diesem Abschnitt erlauben wir auch negative Kantengewichte. Wir wollen aber gerichtete Kreise mit einem negativen Gewicht ausschließen. In diesem Fall gibt es nämlich keine kürzesten Wege, da wir einen solchen Kreis beliebig oft durchlaufen können und so das Gewicht eines Pfades beliebig klein wird.

Für unseren Algorithmus benötigen wir eine Folge von Matrizen $D^{(k)}$. Dabei ist $D^{(k)}_{i,j}$ definiert als die gewichtete Länge eines kürzesten Pfades p zwischen den Knoten i und j, wobei der Pfad p nur Knoten $v < k$ besuchen darf. Einzige Ausnahme bilden dabei der Anfangs- und Endknoten des Pfades p, die gerade i bzw. j sind.

Offensichtlich ist die Matrix $D^{(0)}$ gerade die Gewichtsmatrix des Graphen, d.h. $D^{(0)}_{i,j} = \gamma((i, j))$. Die Matrix $D^{(n)}$ ist dann genau die Matrix, die die Länge eines kürzesten gewichteten Weges von i nach j im Graphen G als Eintrag an der Position (i, j) enthält. Dann ist nämlich die Einschränkung an die betrachteten Pfade hinfällig. Das Ziel ist es nun, aus der Gewichtsmatrix $D^{(0)}$ die benötigte Matrix $D^{(n)}$ zu berechnen.

Der Algorithmus basiert auf der folgenden Beobachtung. Ein kürzester Pfad von i nach j, der Knoten kleiner als $k + 1$ besucht, ist offensichtlich entweder die Kombination aus einem kürzesten Weg von i nach k und einem kürzesten Pfad

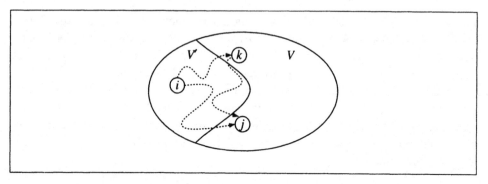

Bild 5.15: Kürzester Weg von i nach j über Knoten mit Nummer $\leq k$

von k nach j, die nur Knoten kleiner als k besuchen, oder aber ein kürzester Pfad von i nach j, der nur Knoten kleiner als k besucht. Da alle Kreise im Graphen nichtnegative gewichtete Länge haben, genügt es Pfade zu betrachten, die den Knoten k nur einmal besuchen. Damit erhalten wir folgende Rekursionsgleichung:

$$D_{i,j}^{(k+1)} = \min\{D_{i,j}^{(k)}, D_{i,k}^{(k)} + D_{k,j}^{(k)}\}.$$

Diese Argumentation ist im Bild 5.15 veranschaulicht. Hierbei ist allerdings zu beachten, dass sich die Knoten i und j jeweils sowohl innerhalb als auch außerhalb der Menge $V' = [0 : k-1]$ befinden können. Die so erhaltene Rekursionsgleichung lässt sich nun ganz leicht in den folgenden Algorithmus umsetzen, der im Bild 5.16 angegeben ist. Offensichtlich wird das Minimum n^3-mal gebildet.

Theorem 5.16 *Für einen gerichteten Graphen mit Kantengewichtsfunktion γ, in dem jeder gerichtete Kreis eine nichtnegative gewichtete Länge hat, lassen sich die kürzesten Wege für alle Paare von Knoten in Zeit $O(n^3)$ berechnen.*

FLOYD (int $\gamma[][]$, int $D[][]$, int n)
{
    for (int $i = 0$; $i < n$; i++)
        for (int $j = 0$; $j < n$; j++)
            $D_{i,j}^{(0)} = \gamma(i,j)$;
    for (int $k = 0$; $k < n$; k++)
        for (int $i = 0$; $i < n$; i++)
            for (int $j = 0$; $j < n$; j++)
                $D_{i,j}^{(k+1)} = \min(D_{i,j}^{(k)}, D_{i,k}^{(k)} + D_{k,j}^{(k)})$;
}

Bild 5.16: Der Floyd-Algorithmus zur Bestimmung kürzester Wege

---

FLOYD2 (int $\gamma[][]$, int $D[][]$, int n)
{
    for (int $i = 0$; $i < n$; i++)
        for (int $j = 0$; $j < n$; j++)
            $D_{i,j} = \gamma(i,j)$;
    for (int $k = 0$; $k < n$; k++)
        for (int $i = 0$; $i < n$; i++)
            for (int $j = 0$; $j < n$; j++)
                $D_{i,j} = \min(D_{i,j}, D_{i,k} + D_{k,j})$;
}

Bild 5.17: Speicherplatzsparende Version des Floyd-Algorithmus

Bei der Entwicklung des Floyd-Algorithmus haben wir ein wichtiges Paradigma zum Erstellen von Algorithmen verwendet, die so genannte *Dynamische Programmierung*. Die Grundidee hierbei ist, eine Lösung des Gesamtproblems aus den Lösungen von vielen Teilproblemen zu konstruieren. Dabei spielten die Elemente $D_{i,j}^{(k)}$ die Rolle der Teilprobleme und $D_{i,j}^{(n)}$ waren die zu lösenden Gesamtprobleme. Dazu muss man jedoch wissen, welche Teilprobleme man lösen muss.

Wie in diesem Fall hilft hierbei oft eine Rekursion. Würde man diese Rekursion allerdings direkt lösen, wäre der Zeitbedarf viel zu groß, da im Allgemeinen verschiedene Teilprobleme mehrfach zu lösen sind. Die Dynamische Programmierung kann man sich als eine geschickte Implementierung einer Rekursion vorstellen, bei der jedes auftretende Teilproblem nur einmal gelöst wird und das entsprechende Resultat zur Wiederverwertung gespeichert wird. Man beachte, dass Programmierung hier nicht im üblichen Sinne zu verstehen ist, sondern eher als Ausfüllen eines Tableaus.

Als weiteres Beispiel der Dynamischen Programmierung sei die iterative Variante zur Berechnung der n-ten Fibonacci-Zahl erwähnt. Man kann diese als Dynamische Programmierung der rekursiven Variante auffassen. Bei der rekursiven Variante ist das Hauptproblem, dass die Teilprobleme mehrfach (zum Teil exponentiell oft) zu lösen sind. Anstatt (wie bei der rekursiven Variante) die Teilprobleme jeweils neu zu lösen, speichern wir bei der Dynamischen Programmierung (wie bei der iterativen Variante) einfach die Lösungen der Teilprobleme, um sie wieder verwenden zu können.

Wenn man genau hinschaut, hat der Algorithmus von Floyd allerdings auch einen Platzbedarf von $O(n^3)$. Lassen wir bei der Folge von Matrizen die Indizes (k) weg, so erhalten wir einen Algorithmus mit kubischer Laufzeit und quadratischem Platzbedarf. Diese Variante ist im Bild 5.17 angegeben.

Wir müssen uns nur noch überlegen, dass dieser Algorithmus auch korrekt ist. In der Rekursion wird nun bei der Minimumbildung eventuell statt dem Wert $D_{i,j}^{(k)}$ bereits der Wert $D_{i,j}^{(k+1)}$ herangezogen, falls er schon neu berechnet wurde.

```
FLOYD3 (int γ[][], int D[][], int P[][], int n)
{
     for (int i = 0; i < n; i++)
          for (int j = 0; j < n; j++)
               { D_{i,j} = γ(i,j);    P_{i,j} = i; }
     for (int k = 0; k < n; k++)
          for (int i = 0; i < n; i++)
               for (int j = 0; j < n; j++)
                    if (D_{i,k} + D_{k,j} < D_{i,j})
                         { D_{i,j} = D_{i,k} + D_{k,j};    P_{i,j} = P_{k,j}; }
}
```

Bild 5.18: Floyd-Algorithmus mit Angabe kürzester Wege

Dies ist bei den benötigten Werten $D_{i,k}^{(k)}$ bzw. $D_{k,j}^{(k)}$ der Fall, wenn $j > k$ bzw. $i > k$ ist. In diesem Fall werden bei der Berechnung von $D_{i,j}^{(k+1)}$ bereits Pfade von und nach k berücksichtigt, die selbst schon den Knoten k beinhalten. Da aber bei den betrachteten Pfaden ein Endknoten der Knoten k ist, spielt dies keine Rolle, da wir angenommen haben, dass Kreise eine nichtnegative gewichtete Länge haben, und daher solche kürzesten Kreise um k genau gewichtete Länge 0 haben müssen. Daher berechnen wir im k-ten Durchlauf immer noch die gewichteten Längen von Pfaden von i nach j, die Knoten kleiner als $k + 1$ benutzen. Also bleibt der Algorithmus korrekt.

Theorem 5.17 *Für einen gerichteten Graphen mit Kantengewichtsfunktion γ, in dem jeder gerichtete Kreis eine nichtnegative gewichtete Länge hat, lassen sich die kürzesten Pfade für alle Paare von Knoten in Zeit $O(n^3)$ mit einem Speicherplatzbedarf von $O(n^2)$ berechnen.*

Wir wollen den obigen Algorithmus noch so modifizieren, dass er nicht nur die gewichteten Längen der kürzesten Pfade berechnet, sondern jeweils auch einen kürzesten Pfad mitkonstruiert (siehe Bild 5.18). Dazu verwenden wir noch eine Matrix P, deren Eintrag $P_{i,j}$ angibt, welcher Zwischenknoten auf einem kürzesten Weg von i nach j als letzter besucht wurde. Dies ist offensichtlich ausreichend, da wir dann als vorletzten Zwischenknoten $P_{i,P_{i,j}}$ verwenden können. Dies lässt sich rekursiv so weit fortsetzen, bis wir auf den Knoten i gestoßen sind.

Die Korrektheit der Vorgehensweise folgt aus der Tatsache, dass ein kürzester Weg von i nach j mit letztem Zwischenknoten k impliziert, dass der erste Teil des Weges von i nach k ein kürzester Weg von i nach k gewesen sein muss. Für die Konstruktion eines kürzesten Weges von i nach j ist es letztendlich egal, welchen kürzesten Weg wir dabei von i nach k verwenden, solange k ein letzter Zwischenknoten auf einem kürzesten Weg von i nach j ist.

Wir weisen noch darauf hin, dass sich die obigen Algorithmen auch für unvollständige Graphen verwenden lassen. Man fügt alle nicht vorhandenen Kanten zu dem Graphen hinzu und setzt das Kantengewicht für solche Kanten auf $+\infty$.

5.4.2 Transitive Hülle von Graphen

In diesem Abschnitt wollen wir die reflexive, transitive Hülle eines gerichteten Graphen $G = (V, E)$ berechnen. Anschaulich wollen wir zwischen zwei Knoten i und j eine Kante hinzufügen, wenn i der Anfangspunkt und j der Endpunkt eines gerichteten Pfades im Graphen G ist.

Definition 5.18 *Sei $G = (V, E)$ ein (un)gerichteter Graph. Dann heißt der Graph $G^* = (V, E^*)$ reflexiver, transitiver Abschluss des Graphen G, wenn G^* der kleinste Graph (bezüglich $\subseteq$) ist, für den gilt:*

- *$\forall v \in V: (v, v) \in E^*$,*   *(Reflexivität)*
- *$\forall u, v, w \in V: (u, v) \in E \wedge (v, w) \in E^* \Rightarrow (u, w) \in E^*$.*   *(Transitivität)*

Für ungerichtete Graphen ist dabei jede Kante (v, w) als $\{v, w\}$ zu interpretieren.

Der Floyd-Algorithmus lässt sich leicht so modifizieren, dass er zur Berechnung des reflexiven, transitiven Abschlusses von (un)gerichteten Graphen verwendet werden kann. Sei analog wie beim Floyd-Algorithmus $A_{i,j}^{(k)} = 1$, wenn es einen (un)gerichteten Pfad von i nach j gibt, der nur Knoten kleiner als k besucht, und $A_{i,j}^{(k)} = 0$ sonst. Wiederum ist offensichtlich $A_{i,j}^{(0)} = A_{i,j} \vee I$, wobei A die Adjazenzmatrix des gegebenen (un)gerichteten Graphen G und I die $|V| \times |V|$-Einheitsmatrix ist. Ähnlich wie beim Floyd-Algorithmus erhalten wir die folgende Rekursionsgleichung

$$A_{i,j}^{(k+1)} = A_{i,j}^{(k)} \vee (A_{i,k}^{(k)} \wedge A_{k,j}^{(k)}),$$

wobei $\wedge$ das logische Und sowie $\vee$ das logische Oder bezeichnet. Setzt man diese Rekursion an die entsprechende Stelle des Floyd-Algorithmus ein, so erhält man den so genannten *Warshall-Algorithmus* zur Bestimmung des reflexiven, transitiven Abschlusses eines (un)gerichteten Graphen. Auch hier ist die Betrachtung der Indizes (k) analog wie beim Floyd-Algorithmus nicht nötig. Der nach S. Warshall benannte Algorithmus aus dem Jahre 1962 ist im Bild 5.19 angegeben.

Theorem 5.19 *Der Warshall-Algorithmus berechnet den reflexiven, transitiven Abschluss eines (un)gerichteten Graphen G mit $O(n^3)$ Booleschen Operationen und Platzbedarf $O(n^2)$.*

Wir können hier auch eine andere Variante verwenden. Sei hierzu $A_{i,j}^{[k]} = 1$, wenn es einen Pfad der Länge maximal k von i nach j gibt, und $A_{i,j}^{[k]} = 0$ sonst.

```
WARSHALL (bool A[][], int n)
{
    for (int i = 0; i < n; i++) A_{i,i} = TRUE;
    for (int k = 0; k < n; k++)
        for (int i = 0; i < n; i++)
            for (int j = 0; j < n; j++)
                A_{i,j} = A_{i,j} ∨ (A_{i,k} ∧ A_{k,j});
}
```

Bild 5.19: Warshall-Algorithmus für den reflexiven, transitiven Abschluss

Dann gilt die folgende Rekursionsgleichung:

$$A_{i,j}^{[k+\ell]} = \bigvee_{m=0}^{n-1} (A_{i,m}^{[k]} \wedge A_{m,j}^{[\ell]}).$$

Diese besagt nichts anderes, als dass es genau dann einen Pfad der Länge höchstens $k + \ell$ von i nach j gibt, wenn es für ein $m \in V$ einen Pfad der Länge höchstens k von i nach m und einen Pfad der Länge höchstens ℓ von m nach j gibt. $A_{i,j}^{[1]}$ ist dann gerade die Adjazenzmatrix modifiziert um die Einträge $A_{i,i}^{[1]} = 1$. Gesucht ist dann die Matrix $A_{i,j}^{[n-1]}$. Setzt man $\ell = 1$, erhält man die folgende im Bild 5.20 angegebene Version eines Algorithmus zur Berechnung der reflexiven, transitiven Hülle. Wie man sich leicht überlegt, hat dieser Algorithmus allerdings eine Laufzeit von $O(n^4)$. Dabei haben wir wiederum die oberen Indizes an der Matrix B weggelassen.

```
TRANSITIVECLOSURE1 (bool A[][], int n)
{
    bool B[n][n];
    for (int i = 0; i < n; i++)
        for (int j = 0; j < n; j++)
            B_{i,j} = A_{i,j} ∨ (i == j);
    for (int k = 0; k < n; k++)
        for (int i = 0; i < n; i++)
            for (int j = 0; j < n; j++)
            {
                bool b = FALSE;
                for (int m = 0; m < n; m++)
                    b = b ∨ (B_{i,m} ∧ (A_{m,j} ∨ m == j));
                B_{i,j} = b;
            }
}
```

Bild 5.20: Ein n^4-Algorithmus für den reflexiven, transitiven Abschluss

```
TRANSITIVECLOSURE2 (bool A[][], int n)
{
    for (int i = 0; i < n; i++)
        A_{i,i} = TRUE;
    for (int k = 0; k < ⌈log(n)⌉; k *= 2)
        for (int i = 0; i < n; i++)
            for (int j = 0; j < n; j++)
            {   /* product of two matrices */
                bool a = FALSE;
                for (int m = 0; m < n; m++)
                    a = a ∨ (A_{i,m} ∧ A_{m,j});
                A_{i,j} = a;
            }
}
```

Bild 5.21: Reflexiver, transitiver Abschluss mittels Matrizenmultiplikation

Wenn man in jeder Iteration über k die Länge der Pfade verdoppelt, also in der Rekursionsgleichung $\ell = k$ statt 1 wählt, so erhalten wir einen effizienteren Algorithmus, der im Bild 5.21 angegeben ist. Damit hat dieser Algorithmus nun Laufzeit $O(n^3 \log(n))$, was leider immer noch schlechter ist als die Zeitkomplexität des Warshall-Algorithmus.

Der Trick ist nun, dass man erkennt, dass die drei **for**-Schleifen über i, j und m gerade der Berechnung eines Matrizenprodukts entsprechen, wenn man das logische Oder als Addition und das logische Und als Multiplikation interpretiert. Damit kann man das Problem auf die Matrizenmultiplikation zurückführen. Ist A die Adjazenzmatrix eines Graphen, so müssen wir also nur $(A \vee I)^{n-1}$ berechnen, wobei I die Einheitsmatrix ist. Mit Hilfe des iterierten Quadrierens (siehe Theorem 1.7) lässt sich die Matrix $(A \vee I)^{(n-1)}$ mit $O(\log(n))$ Matrizenmultiplikationen und Matrizenadditionen berechnen.

Theorem 5.20 *Sei $\mathcal{M}(n)$ die Komplexität, um zwei Boolesche $(n \times n)$-Matrizen zu multiplizieren. Dann lässt sich der reflexive, transitive Abschluss eines Graphen mit n Knoten in Zeit $O(\mathcal{M}(n) \cdot \log(n))$ berechnen.*

Wie im Abschnitt 7.8 noch gezeigt wird, lassen sich Matrizen über Ringen in Zeit $o(n^3 / \log(n))$ multiplizieren. Damit kann man dann den reflexiven, transitiven Abschluss in Zeit $o(n^3)$ berechnen. Im Abschnitt 7.8.6 werden wir auch noch zeigen, dass wir auch noch den log-Faktor eliminieren können.

Die subkubischen Algorithmen zur Berechnung des Matrizenproduktes setzen allerdings voraus, dass die Matrizeneinträge Elemente eines Ringes sind. Leider bildet $(\mathbb{B}, \vee, \wedge)$ keinen Ring, da das logische Oder nicht invertierbar ist. Hierbei bezeichne $\mathbb{B} = \{0, 1\}$ die Booleschen Wahrheitswerte. Betrachtet man aber stattdessen den Ring der ganzen Zahlen $(\mathbb{Z}, +, \cdot)$, so kann man leicht folgende

Beziehung für zwei $n \times n$-Matrizen $X, Y \in \mathbb{B}^{n \times n}$ nachweisen:

$$\bigvee_{k=1}^{n} (x_{i,k} \wedge y_{k,j}) = 0 \qquad \Longleftrightarrow \qquad \sum_{k=1}^{n} (x_{i,k} \cdot y_{k,j}) = 0$$

Wir können also $(A \vee I)^{n-1}$ im Ring der ganzen Zahlen berechnen und können anschließend aus diesem Produkt sofort das Ergebnis interpretiert über dem Booleschen Halbring $\mathbb{B}$ bestimmen.

Wir wollen hier noch anmerken, dass man auf diese Weise nicht sofort zu einem Algorithmus mit Laufzeit $o(n^3)$ zur Bestimmung kürzester gewichteter Pfade gelangen kann. Zur Bestimmung kürzester gewichteter Pfade sieht ein Element des Matrizenprodukts wie folgt aus:

$$a_{i,j}^{(2k)} = \min_{m}\{a_{i,m}^{(k)} + a_{m,j}^{(k)}\}.$$

Die Rolle der gewöhnlichen Addition spielt hier die Minimum-Bildung, die ebenfalls nicht invertierbar ist. Hier ist allerding kein Trick bekannt, wie man das Matrizenprodukt für einen geeignet gewählten Ring berechnen kann, so dass man das gewünschte Ergebnis daraus extrahieren kann.

5.4.3 Der Algorithmus von Dijkstra

In diesem Abschnitt wollen wir einen effizienteren Algorithmus für Problem 2 angeben, also die kürzesten Wege von einem festen Knoten s zu allen anderen Knoten bestimmen. Dieser Algorithmus aus dem Jahre 1959 wird nach seinem Entwickler E.W. Dijkstra auch *Dijkstra-Algorithmus* genannt.

In diesem Abschnitt setzen wir allerdings voraus, dass alle Kanten nichtnegatives Gewicht haben. Ansonsten lässt sich zeigen, dass der Algorithmus nicht korrekt ist. Wir setzen hier zunächst noch vollständige Graphen voraus, die mit Hilfe von Adjazenzlisten abgespeichert sind. Im zweiten Teil dieses Abschnittes werden wir dann auch unvollständige Graphen betrachten.

In jeder Iteration wird die Menge der Knoten, zu denen ein kürzester Weg bestimmt worden ist, um einen Knoten erweitert. Zu Beginn besteht diese Menge nur aus dem Startknoten s, zu dem der Weg mit gewichteter Länge 0 offensichtlich ein kürzester Weg ist. Die Idee hierbei ist, die Menge V' der Knoten, zu denen ein kürzester Weg bereits bestimmt worden ist, um denjenigen Knoten aus $V \setminus V'$ zu erweitern, der jetzt einen kürzesten berechneten Weg vom Startknoten aus hat. Dann wird für die übrigen Knoten, zu denen ein kürzester Weg noch nicht korrekt berechnet worden ist, eine neue Alternative ausprobiert, nämlich diejenige über den neuen, nun als korrekt betrachteten Knoten.

```
DIJKSTRA (graph G, int s)
{
    set F = V(G) \ {s}, V' = {s};
    int D[|V(G)|];
    for each (v ∈ V(G))
        D[v] = γ(s, v);        /* D[s] = γ(s, s) = 0 */
    while (|F| > 0)
    {
        let v ∈ F s.t. D[v] is minimal;
        F = F \ {v};
        V' = V' ∪ {v};
        for each (w ∈ N⁺(v))
            D[w] = min(D[w], D[v] + γ(v, w));
    }
}
```

Bild 5.22: Abstrakte Formulierung des Dijkstra Algorithmus

Der Algorithmus ist im Bild 5.22 angegeben. Die Korrektheit des Algorithmus folgt im Wesentlichen aus der Voraussetzung, dass keine Kante ein negatives Gewicht besitzt.

Lemma 5.21 *Für einen gewichteten, gerichteten Graphen bestimmt Dijkstras Algorithmus zu einem Startknoten die kürzesten Wege zu allen anderen Knoten.*

Beweis: Die Korrektheit des Algorithmus beweisen wir mit vollständiger Induktion über die Kardinalität der Menge $V' = V \setminus F$ der bereits als korrekt betrachteten Knoten. Die Induktionsannahme lautet:

Für einen Knoten $v \in V'$ ist die gewichtete Länge eines kürzesten Weges korrekt berechnet.

Induktionsanfang ($|V'| = 1$): Da zu Beginn $V' = \{s\}$ und $D[s] = 0$ ist, ist der Induktionsanfang gelegt, da alle Kanten nichtnegatives Gewicht haben.

Induktionsschritt ($V' \rightarrow V' \cup \{v\}$): Sei v der Knoten, den der Dijkstra-Algorithmus als letzten zur Menge V' hinzugefügt hat. Nehmen wir für einen Widerspruchsbeweis an, dass $D[v]$ nicht korrekt berechnet worden ist (siehe auch Bild 5.23). Sei p ein kürzester Weg von s nach v. Weiter sei (u, w) die erste Kante des Weges p, die V' verlässt, d.h. es gilt $u \in V'$ und $w \notin V'$.

Wir zeigen zunächst, dass $w \neq v$ gilt. Zuerst stellen wir fest, dass nach Induktionsvoraussetzung $D[u]$ korrekt berechnet wurde. Außerdem ist das Anfangsstück des Weges p von s nach v ein kürzester Weg von s nach w. Wenn es einen kürzeren Weg von s nach w gäbe, könnten wir sofort einen kürzeren Weg $p' \neq p$ von s nach v konstruieren. Also wurde auch $D[w]$ korrekt berechnet, als die aus-

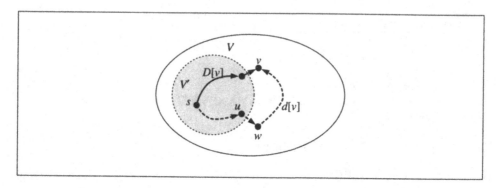

Bild 5.23: Beweis der Korrektheit von Dijkstras Algorithmus

gehenden Kanten von u betrachtet wurden. Da nach Annahme $D[v]$ nicht korrekt
berechnet wurde, muss also $v \neq w$ sein.

Bezeichnen wir die gewichtete Länge eines kürzesten Weges von s nach v
mit $d[v]$. Da der Algorithmus $D[v]$ falsch berechnet hat und da bei der Berechnung
von $D[v]$ nur Pfade von s nach v berücksichtigt wurden, gilt $d[v] < D[v]$. Da
alle Kanten nichtnegatives Gewicht haben, gilt $d[w] \leq d[v]$. Damit erhalten wir
$D[w] = d[w] \leq d[v] < D[v]$. Dann hätte der Algorithmus aber w anstelle von v
ausgewählt und wir erhalten einen Widerspruch.   ■

Wir analysieren nun noch die Laufzeit. Dazu geben wir erst einmal eine etwas
konkretere Fassung im Bild 5.24 an. Die Menge F ist hier durch ein Boolesches
Feld implementiert. Statt der Menge der direkten Nachfolger von v betrachten wir
alle Knoten w, da wir uns hier ja zunächst auf vollständige Graphen beschränken.

Da in jedem Durchlauf der **while**-Schleife die Kardinalität von V' um eins
erhöht wird, kann diese Schleife maximal n-mal durchlaufen werden. Den minimalen Knoten v können wir in Zeit $O(n)$ bestimmen. Die Werte der restlichen
Knoten können ebenfalls in Zeit $O(n)$ neu berechnet werden.

Theorem 5.22 *Für einen Graphen mit n Knoten berechnet Dijkstras Algorithmus die kürzesten Wege von einem festen Knoten in Zeit $O(n^2)$.*

Für Graphen mit n Knoten und $\Theta(n^2)$ Kanten ist Dijkstras Algorithmus optimal. Falls der Graph nur $o(n^2)$ Kanten hat, kann man Dijkstras Algorithmus
jedoch verbessern. Dies soll uns im Rest dieses Abschnittes beschäftigen.

5.4.4   Der Algorithmus von Dijkstra mit Priority Queues

Insbesondere die Minimumbestimmungen über den Knoten in F haben den Algorithmus teuer gemacht. Um unter bestimmen Umständen effizienter sein zu kön-

```
DIJKSTRA (graph G, int s)
{
    int v, n = |V(G)|, D[n], n' = 1;   /* n' == |V'| */
    bool F[n], V'[n];                   /* the sets F and V' */
    for (int i = 0; i < n; i++)
    {
        F[i] =!(V'[i] = (i == s));
        D[i] = γ(s, i);
    }

    while (n' < n)
    {
        int min = ∞;
        for (int i = 0; i < n; i++)
            if (F[i] && (D[i] ≤ min))
                min = D[v = i];
        V'[v] =!(F[v] = FALSE);        n'++;
        for (int w = 0; w < n; w++)
            D[w] = min(D[w], D[v] + γ(v, w));
    }
}
```

Bild 5.24: Der Dijkstra-Algorithmus für vollständige Graphen

nen, benötigen wir eine Datenstruktur PQ namens *Priority Queue* oder *Vorrang-Warteschlange*, die die folgenden Operationen unterstützt:

PQ empty(): Erzeugt eine leere Priority Queue.

ref insert(elt e, int key): Fügt das Element e mit Schlüssel key in die Priority Queue ein und gibt eine Referenz von e zurück.

int size(): Liefert die Anzahl der Elemente in der Priority Queue.

elt delete_min() Liefert bezüglich der vorgegebenen totalen Ordnung ein minimales Element auf den Schlüsseln und entfernt dieses Element aus der Priority Queue.

bool decrease_key(ref r, int key): Erniedrigt den Schlüssel des Elements mit Referenz r der Priority Queue auf den Wert key und gibt genau dann TRUE zurück, wenn der neue Wert kleiner als der alte ist. Andernfalls bleibt e und die Priority Queue unverändert. Dabei wird vorausgesetzt, dass das Element e bereits in der Priority Queue enthalten ist.

Manchmal wird auch noch gefordert, dass man aus einer Priority Queue mittels einer Operation `delete` ein beliebiges Element entfernen kann. Mit Hilfe von Priority Queues können wir nun den Dijkstra-Algorithmus wie im Bild 5.25 angegeben formulieren.

```
PQ_DIJKSTRA (graph G, int s)
{
    int n = |V(G)|, D[n], n' = 1;
    bool V'[n], F[n];
    for (int i = 0; i < n; i++)
    {
        V'[i] = (i == s);
        F[i] = FALSE;
        D[i] = (i == s)?0 : ∞;
    }

    PQ q=empty();
    for each (int w ∈ N⁺(s))
        if (w ≠ s)
        {
            F[w] = TRUE;
            D[w] = γ(s, w);
            insert(q, w, D[w]);
        }

    while (size(q) > 0)
    {
        int v = q.delete_min();
        V'[v] =!(F[v] = FALSE);
        for each (w ∈ N⁺(v))
            if (!V'[w])
                if (F[w])
                {
                    D[w] = min(D[w], D[v] + γ(v, w));
                    q.decrease_key(w, D[w]);
                }
                else
                {
                    F[w] = TRUE;
                    D[w] = D[v] + γ(v, w);
                    q.insert(w, D[w]);
                }
    }
}
```

Bild 5.25: Dijkstra-Algorithmus mit Priority Queues

In Abschnitt 2.3 haben wir bereits eine Datenstruktur kennen gelernt, die die ersten drei der obigen Operationen zur Verfügung stellt: den Heap. Allerdings hatten wir dort die Operation `delete_max` anstelle von `delete_min` gefordert. Die nötigen Modifikationen, um von `delete_max` zu `delete_min` überzugehen, sind so offensichtlich, dass wir an dieser Stelle nicht näher darauf eingehen.

Wir werden nun zeigen, wie man die Operation `decrease_key` auf einem Heap simulieren kann. Dabei setzen wir allerdings voraus, dass ein aus der Priority Queue gelöschtes Element nicht noch einmal in diese eingefügt wird. Zur Realisierung von `decrease_key` fügen wir einfach ein „neues" Element desselben Namens mit dem kleineren Schlüssel noch einmal in den Heap ein.

Wir müssen dann nur bei der `delete_min` Operation aufpassen, dass beim Löschen eines Elements mit einem minimalen Schlüssel aus dem Heap dieses nicht unbedingt das Minimum der Priority Queue sein muss. Es könnte ja sein, dass es sich dabei um einen alten Wert eines längst gelöschten Elements aus der Priority Queue handelt, der nun noch nutzlos im Heap herumliegt. Um dies zu vermeiden, merken wir uns zusätzlich in einem Booleschen Feld, welche Elemente wirklich noch in der Priority Queue enthalten sind.

Damit erhalten wir die folgende Komplexität für die Operationen einer Priority Queue realisiert durch einen Heap, wobei wir annehmen, dass n `insert` Operationen, maximal n `delete_min` Operationen und m `decrease_key` Operationen ausgeführt werden. Zunächst halten wir noch fest, dass sich dann maximal $n + m$ Elemente im Heap befinden können, da dort noch bis zu m ungültige Elemente liegen können, die durch unsere Implementation der `decrease_key` Operation erzeugt worden sind.

Das Einfügen (`insert`) benötigt Zeit $O(\log(n + m))$, da sich maximal $n + m$ Elemente im Heap befinden. Die Abfrage der Größe (`size`) benötigt Zeit $O(1)$. Das Bestimmen des Minimums in der Priority Queue (`delete_min`) benötigt Zeit maximal $O(m \log(n+m))$, da maximal $n + m$ Elemente im Heap vorhanden sind und maximal m nutzlose `delete_min` des Heaps ausgeführt werden, bevor ein noch in der Priority Queue enthaltenes Element gefunden wird. Das Erniedrigen des Schlüssels in der Priority Queue (`decrease_key`) benötigt Zeit $O(\log(n+m))$, da maximal $O(n + m)$ Elemente im Heap vorhanden sind.

Der Zeitbedarf für die `delete_min` Operation sieht sehr schlecht aus. Allerdings handelt es sich hier um eine worst-case Abschätzung, die nur *selten* bei einer Anwendung der Priority Queue auftreten kann. Für eine beliebige Folge von n `insert`, n `delete_min` und m `decrease_key` Operationen benötigt man maximal Zeit $O((n + m) \log(n + m))$ für *alle* `delete_min` Operationen der Priority Queue. Die Begründung hierfür ist recht einfach. Jedes `delete_min` als Heap-Operation kostet maximal Zeit $O(\log(n+m))$, da die Größe des Heaps durch $n+m$ beschränkt ist. Andererseits kann es daher auch nur maximal $n + m$ `delete_min` Operationen des Heaps geben.

Damit können wir die Zeitkomplexität des Dijkstra-Algorithmus mit Priority Queues basierend auf Heaps analysieren. In unserem Fall ist nun $n = |V|$ und $m = |E|$. Man erinnert sich, dass $m = O(n^2)$ und damit $\log(m) = O(\log(n))$ ist. Wie wir eben ausgeführt haben, kosten die n `delete_min` Operationen Zeit $O((n + m) \log(n + m)) = O(m \log(n))$. Ferner wird die Operation `decrease_key`

maximal für jede Kante einmal aufgerufen, also ergeben auch alle `decrease_key`
Operationen zusammen einen Zeitbedarf von $O(m \log(n))$. Die Initialisierung der
Priority Queue benötigt maximal $O(n \log(n))$ Zeit. Die Initialisierung des Feldes D benötigt hingegen nur Zeit $O(n)$. Alles zusammen haben wir damit folgendes Theorem bewiesen.

Theorem 5.23 *Der Dijkstra-Algorithmus basierend auf Priority Queues, die mit
Hilfe von Heaps realisiert sind, berechnet die kürzesten Pfade von einem bestimm-
ten Knoten zu allen anderen Knoten in einem Graphen $G = (V, E)$ in maximal
$O(|E| \log(|V|))$ Zeit.*

Für dünne Graphen, d.h. für Graphen mit wenig Kanten ($m = o(n^2 / \log(n))$),
ist diese Version effizienter als die Standard-Version. Man kann eine noch bessere
Implementierung erhalten, wenn wir die Priority Queues als Fibonacci-Heaps
implementieren. Für Fibonacci-Heaps kann man zeigen, dass eine Folge von ℓ
Operationen `insert`, `delete_min` und `decrease_key` in beliebiger Reihenfolge
insgesamt Kosten $O(\ell + k \log(n))$ verursacht, wobei n die maximale Zahl von
Elementen im Fibonacci-Heap und k die Anzahl der `delete_min` Operationen ist
(siehe auch Theorem 5.28 auf Seite 199). Wir werden im nächsten Abschnitt auf
die Details der Implementierung der Fibonacci-Heaps eingehen, aber wir wollen
hier bereits das folgende Theorem festhalten:

Theorem 5.24 *Der Dijkstra-Algorithmus basierend auf Fibonacci-Heaps berechnet die kürzesten Pfade von einem bestimmten Knoten zu allen anderen Knoten
in einem Graphen $G = (V, E)$ in Zeit $O(|E| + |V| \log(|V|))$.*

5.5 Interludium: Fibonacci-Heaps

In diesem Abschnitt wollen wir eine effizientere Methode zur Realisierung von
Priority Queues angeben, nämlich die so genannten Fibonacci-Heaps. Diese wurden im Jahre 1984 von M.L. Fredman und R.E. Tarjan entwickelt.

5.5.1 Aufbau eines Fibonacci-Heaps

Ein *Fibonacci-Heap* ist im Wesentlichen ein Wald, in dem die Wurzeln der einzelnen Bäume in einer Liste kreisförmig verkettet sind. Diese Liste wollen wir in
Zukunft auch *Wurzelliste* nennen. Die Elemente mit ihren Schlüsseln sind dabei
so in den Bäumen abgespeichert, dass jeder Baum die *Heap-Eigenschaft* erfüllt.
Man beachte, dass hier für jeden Knoten gilt, dass der Schlüssel im Elter immer
kleiner gleich dem eigenen Schlüssel ist. Um schnell das Minimum zu finden, gibt
es noch einen Zeiger auf diejenige Wurzel eines Baumes, die ein Element mit
minimalem Schlüssel enthält.

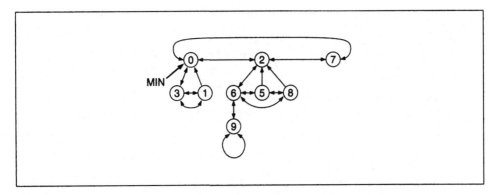

Bild 5.26: Beispiel eines Fibonacci-Heaps

Für die folgende Implementierung wollen wir noch festhalten, wie diese Bäume realisiert sind und welche zusätzlichen Attribute die einzelnen Knoten erhalten. Jeder Knoten hat einen Verweis auf seinen Elter, auf eines seiner Kinder (man stelle sich der Einfachheit halber einen Verweis auf das linkeste Kind vor), auf sein linkes und auf sein rechtes Geschwister. Dazu werden die Geschwister in einer doppelt verketteten Liste gehalten. Dabei ist das linke bzw. rechte Geschwister eines linkesten bzw. rechtesten Kindes das rechteste bzw. linkeste Kind seines Elters. Die Anzahl der Kinder eines Knotens nennen wir im Folgenden seinen *Rang*. Außerdem kann jeder Knoten entweder markiert sein oder nicht. Dabei halten wir hier fest, dass Wurzeln aus Prinzip immer unmarkiert sind. Im Bild 5.26 ist ein Beispiel eines Fibonacci-Heaps mit neun Elementen angegeben, wobei die Verweise durch Pfeile angedeutet sind.

Nun müssen wir noch die Operationen auf einem Fibonacci-Heap realisieren. Die Operation `size` wird mit Hilfe einer Variablen implementiert, die die Knoten im Fibonacci-Heap mitzählt. Die Operation `insert` hängt einfach einen neuen einelementigen Baum in die Wurzelliste ein. Anschließend wird noch der Zeiger auf die minimale Wurzel aktualisiert. Zum Beispiel könnte in den Fibonacci-Heap im Bild 5.26 zuletzt der Knoten mit dem Schlüssel 7 eingefügt worden sein.

Bei der Operation `decrease_key` wird der Schlüssel des entsprechenden Knotens erniedrigt. Um den Knoten schnell aufzufinden, liefert die `insert` Operation einen Verweis auf diesen zurück, der dann bei einer `decrease_key` Operation auf diesem Knoten wieder mitübergeben werden muss. Um einer Verletzung der Heap-Eigenschaft vorzubeugen, wird der modifizierte Knoten samt dem darunter hängenden Teilbaum von seinem Elter abgehängt und die Wurzel des so abgetrennten Teilbaumes in die Wurzelliste eingehängt. Nun muss noch der Zeiger auf eine minimale Wurzel aktualisiert werden.

Anschließend wird noch der ehemalige Elter des Knotens markiert, sofern er keine Wurzel ist. War dieser Knoten bereits markiert, so wird auch dieser Knoten samt seinem noch an ihm hängenden Teilbaum in die Wurzelliste eingehängt.

```
FIBONACCI-HEAP (int n)
int min_root = NULL;              /* a minimal root */
int left[n], right[n];            /* its left and right sibling */
int child[n], parent[n];          /* one of its children and its parent */
int key[n], rank[n];              /* its key and its rank */
bool marked[n];                   /* its mark */
/* note that the list of roots is also implemented with left/right */

int insert(int k)
{
    int v=get_free_number();
    if (min_root == NULL) /* the root list is empty */
        min_root = left[v] = right[v] = v;
    else
    {   /* insert v into the rootlist */
        right[v] = min_root;      left[v] = left[min_root];
        left[min_root] = right[left[min_root]] = v;
        if (k < key[min_root]) min_root = v;
    }
    child[v] = parent[v] = NULL;
    rank[v] = 0;      key[v] = k;      marked[v] = FALSE;
    return v;     /* returns a reference */
}


bool decrease_key(int v, int k)
{
    if (key[v] ≤ k) return FALSE;
    key[v] = k;
    if (parent[v] ≠ NULL) cut(v);
    return TRUE;
}


cut(int v);
{   /* remove v from its siblings */
    right[left[v]] = right[v];      left[right[v]] = left[v];
    if (left[v] == v)                         /* v is a lonely child */
        child[parent[v]] = NULL;
    elsif (child[parent[v]] == v)             /* v has some siblings */
        child[parent[v]] = left[v];
    rank[parent[v]]--;
    /* now v will be inserted into the root list */
    right[v] = min_root;      left[v] = left[min_root];
    left[min_root] = right[left[min_root]] = v;
    if (key[v] < key[min_root]) min_root = v;        /* updating minimal root */
    if (marked[parent[v]]) cut(parent[v]);           /* cascading cut */
    elsif (parent[parent[v]] ≠ NULL) marked[parent[v]] = TRUE;
    parent[v] = NULL;      marked[v] = FALSE;      /* unmark root */
}
```

Bild 5.27: Implementierung von Fibonacci-Heaps (I)

FIBONACCI-HEAP (int n)

int delete_min()
{   /* assuming that the heap is not empty */
      int $old\_root = min\_root$, $new\_root = child[min\_root]$;
      if ($left[min\_root] \neq min\_root$)   /* there are at least two trees */
          if ($new\_root \neq$ NULL)
              {
                  int $v = new\_root$;
                  $right[left[min\_root]] = v$; $left[right[min\_root]] = left[v]$;
                  $right[left[v]] = right[min\_root]$; $left[v] = left[min\_root]$;
              }
          else $new\_root = right[min\_root]$;
      put_free_number(min_root); $min\_root = new\_root$;   clean_up();
      return old_root; /* returns a reference to an element / that's all we have */
}

clean_up();
{
      int $root[2\lceil \log(n) \rceil]$;   /* containing roots with rank i */
      for (int $i = 0$; $i < 2\lceil \log(n) \rceil$; i++) $root[i] =$ NULL;
      if ($min\_root \neq$ NULL) $right[left[min\_root]] =$ NULL;   /* break up rootlist */
      for (int $v = min\_root$; $v \neq$ NULL; $v = right[v]$)
      {   /* process tree with root v */
            while ($root[rank[v]] \neq$ NULL)
            {   /* while there are two roots v and w having the same rank */
                  $w = root[rank[v]]$; $root[rank[v]] =$ NULL;
                  if ($key[w] < key[v]$) { swap(v,w); $right[v] = right[w]$; }
                  /* now v becomes parent of w */
                  if ($rank[v] == 0$) { $child[v] = w$; $left[w] = w$; }
                  $parent[w] = v$; $rank[v]$++;
                  $right[w] = child[v]$; $left[w] = left[child[v]]$;
                  $right[left[child[v]]] = w$; $left[child[v]] = w$;
            }
            $parent[v] =$ NULL;   /* a root has no parent */
            $root[rank[v]] = v$;   /* store processed tree */
      }
      $min\_root =$ NULL;
      for ($i = 0$; $i < 2\lceil \log(n) \rceil$; i++)
          if ($root[i] \neq$ NULL)   /* insert tree with rank i into rootlist */
              if ($min\_root ==$ NULL) /* rootlist is still empty */
                  $left[min\_root] = right[min\_root] = min\_root = root[i]$;
              else
              {   /* insert $root[i]$ into the rootlist */
                    $right[root[i]] = min\_root$; $left[root[i]] = left[min\_root]$;
                    $left[min\_root] = right[left[min\_root]] = root[i]$;
                    if ($key[root[i]] < key[min\_root]$) $min\_root = root[i]$;
              }
}

Bild 5.28: Implementierung von Fibonacci-Heaps (II)

Dann wird ebenfalls dessen Elter markiert, wenn er keine Wurzel ist, und die
Prozedur wiederholt sich, bis wir auf einen unmarkierten Elter treffen (spätestens
die Wurzel eines Baumes). Dieses wiederholte Abschneiden von Teilbäumen wird
als *kaskadenartiger Schnitt* (engl. *cascading cut*) bezeichnet.

Zum Beispiel könnte im Fibonacci-Heap im Bild 5.26 zuletzt der Teilbaum mit
Wurzel 2 in der Wurzelliste durch eine `decrease_key` Operation vom Knoten mit
dem Schlüssel 3 abgeschnitten worden sein, wobei der neue Wurzelknoten vorher
den Schlüssel 4 gespeichert haben könnte.

Bei der Operation `delete_min` wird die minimale Wurzel als Ergebnis zurückgegeben und alle Kinder der minimalen Wurzel in die Wurzelliste aufgenommen.
Nun muss der Zeiger auf das Minimum neu berechnet werden. Da dies sehr zeit-
aufwendig ist, weil die gesamte Wurzelliste durchsucht werden muss, werden wir
dabei gleichzeitig die Wurzelliste aufräumen.

Bei den Aufräumarbeiten der Wurzelliste werden je zwei Wurzeln mit demselben Rang zu einem neuen Baum verschmolzen, wobei die Wurzel mit dem
kleineren Schlüssel zum Elter der anderen Wurzel wird. Nach dem Aufräumen
haben dann alle Wurzeln der Bäume, die in der Wurzelliste hängen, verschiedene
Ränge. Die Implementierung des Fibonacci-Heaps ist detailliert noch einmal in
den Bildern 5.27 und 5.28 auf den Seiten 194f. angegeben.

5.5.2 Analyse von Fibonacci-Heaps

Nun wollen wir die amortisierten Kosten für eine Folge von Operationen auf einem
Fibonacci-Heap analysieren. Hierfür benötigen wir erst noch ein paar wichtige
Eigenschaften von Fibonacci-Heaps.

Lemma 5.25 *Sei v ein Knoten im Fibonacci-Heap und seien $v_1, \ldots, v_k$ seine
Kinder in der Reihenfolge, in der sie an v angehängt wurden. Dann ist der Rang
von v_i immer mindestens $i - 2$.*

Beweis: Für $i \leq 2$ ist nichts zu zeigen. Nur beim Aufräumen der Wurzelliste
werden Knoten zu Kindern von anderen Knoten, wobei beide Knoten denselben
Rang hatten. Als also v_i ein Kind von v wurde, war der Rang von v mindestens
$i - 1$, da er bereits die Kinder $v_1, \ldots, v_{i-1}$ hatte. Damit war damals auch der
Rang von v_i mindestens $i - 1$, da beide Knoten beim Verschmelzen denselben
Rang haben mussten. Seit diesem Zeitpunkt kann v_i höchstens ein Kind verlo-
ren haben, da es beim Verlust eines zweiten Kindes durch den kaskadenartigen
Schnitt selbst von seinem Elter v getrennt worden wäre. Also ist der Rang von v_i
mindestens $i - 2$.   ∎

Mit Hilfe dieses Lemmas können wir nun eine wichtige Aussage über die Größen von Teilbäumen des Fibonacci-Heaps machen. Allerdings benötigen wir dazu
noch die folgende schöne Eigenschaft von Fibonacci-Zahlen.

Lemma 5.26 *Sei f_i die i-te Fibonacci-Zahl, dann gilt für alle $k \in \mathbb{N}_0$:*

$$f_{k+2} = 1 + \sum_{i=1}^{k} f_i.$$

Beweis: Wir führen den Beweis mit vollständiger Induktion über k.

Induktionsanfang ($k = 0$): $f_2 = 1 = 1 + 0 = 1 + \sum_{i=1}^{0} f_i.$

Induktionsschritt ($k - 1 \to k$): Es gilt:

$$1 + \sum_{i=1}^{k} f_i = 1 + \sum_{i=1}^{k-1} f_i + f_k \overset{\text{I.V.}}{=} f_{k+1} + f_k = f_{k+2}.$$

Damit ist die Behauptung gezeigt. ∎

Damit können wir nun eine Abschätzung für die Größe eines Teilbaums mit Hilfe des Ranges seiner Wurzel angeben.

Lemma 5.27 *Sei v ein Knoten des Fibonacci-Heaps mit Rang k, dann ist die Größe des an v gewurzelten Teilbaumes mindestens f_{k+2}. Hierbei bezeichne f_i die i-te Fibonacci-Zahl.*

Beweis: Wir führen den Beweis mit vollständiger Induktion über den Rang k.

Induktionsanfang ($k = 0, 1$): Offensichtlich hat ein Teilbaum, dessen Wurzel Rang 0 bzw. 1 hat, mindestens $1 = f_2$ bzw. $2 = f_3$ Knoten

Induktionsschritt ($\to k$): Sei v ein Knoten mit Rang k. Nach Lemma 5.25 hat das i-te Kind mindestens Rang $i - 2$. Nach Induktionsvoraussetzung erhalten wir, dass der Teilbaum von v mindestens $2 + \sum_{i=2}^{k} f_i$ Knoten enthalten muss, wobei der Term 2 für die Wurzel selbst und das erste Kind der Wurzel steht. Mit Lemma 5.26 erhalten wir somit für die Mindestanzahl von Knoten im Teilbaum mit Wurzel v: $2 + \sum_{i=2}^{k} f_i = 1 + \sum_{i=1}^{k} f_i = f_{k+2}.$ ∎

Nun wird auch der Name Fibonacci-Heap klar. Da die Fibonacci-Zahlen exponentiell wachsen (siehe auch Lemma 1.3), ist der Rang eines Knotens in einem Fibonacci-Heap mit n Knoten durch $O(\log(n))$ beschränkt ist.

Wir analysieren jetzt die Kosten der einzelnen Operationen. Die Operationen **insert** und **size** lassen sich offensichtlich in konstanter Zeit ausführen. Da die anderen Operationen im worst-case allerdings sehr teuer werden können, betrachten wir hier die *amortisierten Kosten*, also die Kosten, die im Mittel für eine Operation eines Typs ausgegeben werden. Hierbei wird das Mittel über alle ausgeführten Operationen gebildet.

Dazu werden wir für billige Operationen mehr bezahlen als eigentlich nötig, um dann im Falle einer teuren Operation davon Profit schlagen zu können. Das kann man sich am besten mit einem Bankkonto vorstellen. Jedesmal wenn wir etwas günstiger kaufen können als erwartet, zahlen wir den gesparten Betrag auf das Bankkonto ein. Wenn dann mal etwas teurer als erwartet ist, können wir den Mehrpreis von unserem Guthaben auf dem Bankkonto begleichen. Der Trick dabei ist, den erwarteten Preis so geschickt festzulegen, dass sich bei einem teuren Einkauf immer noch genügend Geld auf dem Bankkonto befindet. Wir nehmen hierbei an, dass uns die Bank keinen Überziehungskredit gewährt.

Unsere Vorsorgestrategie sieht wie folgt aus. Für jeden Knoten, der in die Wurzelliste eingehängt wird, zahlen wir eine Einheit auf das Bankkonto ein. Wir hoffen, damit die nötigen Aufräumarbeiten in der Wurzelliste für diese Wurzel finanzieren zu können. Für jeden Knoten, den wir markieren, zahlen wir sogar zwei Einheiten auf das Bankkonto ein. Damit wollen wir die Kosten für nötig werdende kaskadenartige Schnitte bezahlen, die ja bei einer zweiten Markierung fällig werden. Warum aber zwei Einheiten? Leider wird bei einem kaskadenartigen Schnitt der abgeschnittene Teilbaum in die Wurzelliste eingehängt. Damit sind wir sehr weitsichtig und bezahlen schon eine weitere Einheit für die später anfallenden Aufräumarbeiten, die durch einen zukünftigen kaskadenartigen Schnitt ausgelöst werden können.

Da insert zu den billigen Operationen gehört, werden wir für jede solche Operation eine Einheit auf das Bankkonto einzahlen (als Vorleistung für eventuell nötige Aufräumarbeiten). Die Zeitkomplexität der decrease_key Operation ist linear in der Anzahl der durchgeführten Schnitte. Man überlegt sich leicht (siehe Bild 5.27), dass man einen Schnitt in konstanter Zeit durchführen kann, wenn man genügend Informationen abgespeichert hat.

Da bei einem kaskadenartigen Schnitt nur solche Knoten in die Wurzelliste eingefügt werden, die vorher markiert waren, können wir sicher sein, dass wir dieses Einfügen aus unserem Ersparten bezahlen können. Da wir sogar zwei Einheiten für einen markierten Knoten gespart haben, heben wir nun eine Einheit für den Schnitt ab und sparen die zweite für eventuell später auftretende Aufräumarbeiten auf. Man beachte, dass ein kaskadenartiger Schnitt $\Theta(n)$ Teilbäume betreffen kann (siehe Aufgabe 5.18).

Bleibt noch die Operation delete_min. Dabei werden alle Kinder einer minimalen Wurzel in die Wurzelliste eingehängt. Wie wir ja oben bereits bewiesen haben, ist der Rang eines Knotens logarithmisch in der Größe des Fibonacci-Heaps beschränkt. Dieses Einhängen verursacht also höchstens logarithmische Kosten. Mit einer geschickten Implementierung (siehe auch Bild 5.28) kommt man sogar mit konstanten Kosten aus.

Nun stehen noch die Aufräumarbeiten in der Wurzelliste an. Man beachte, dass die Wurzelliste sehr viele Bäume (bis zu $\Theta(n)$) umfassen kann. Es werden jetzt je

	worst-case	amortisiert
size	$O(1)$	$O(1)$
insert	$O(1)$	$O(1)$
decrease_key	$O(n)$	$O(1)$
delete_min	$O(n)$	$O(\log(n))$

Bild 5.29: Kosten der Operationen eines Fibonacci-Heaps

zwei Bäume mit gleichem Rang verschmolzen. Bei jedem Verschmelzen erniedrigt sich die Anzahl der Bäume um eins. Offensichtlich lässt sich das Verschmelzen von zwei Bäumen in konstanter Zeit realisieren. Wir begleichen diese Kosten mit der ersparten Einheit der Wurzel, die ein Kind einer anderen Wurzel geworden ist. Somit hat nach dem Aufräumen jede noch verbliebene Wurzel eine Einheit auf dem Konto. Anschließend müssen wir noch die neue Wurzelliste aufbauen und eine neue minimale Wurzel bestimmen. Da nach dem Aufräumen jede Wurzel einen anderen Rang hat und eine Wurzel maximal Rang $O(\log(n))$ haben kann, kostet dies maximal $O(\log(n))$.

Damit erhalten wir die im Bild 5.29 angegebene Aufstellung der Kosten der einzelnen Operationen auf dem Fibonacci-Heap, unter der Annahme, dass sich maximal n Elemente im anfänglich leeren Fibonacci-Heap befinden.

Also können die Operationen size, insert sowie decrease_key in konstanter und die Operation delete_min in logarithmischer amortisierter Zeit ausgeführt werden. Damit können wir das bereits im vorigen Abschnitt verwendete Theorem nachliefern:

Theorem 5.28 *Beginnend mit einem leeren Fibonacci-Heap kann eine Folge von ℓ Operationen* insert, decrease_key *und* delete_min *in Zeit $O(\ell + k \log(n))$ ausgeführt werden, wobei n die maximale Zahl von Elementen im Fibonacci-Heap und $k \leq \ell$ die Anzahl der* delete_min *Operationen ist.*

5.6 Minimale Spannbäume

In diesem Abschnitt wollen wir minimale Spannbäume berechnen. Dabei ist ein *Spannbaum* für einen ungerichteten Graphen $G = (V, E)$ ein Baum $T = (V, D)$, der zugleich ein spannender Teilgraph des Graphen G ist. Auch hier setzen wir wieder Gewichte auf den Kanten des ungerichteten Graphen voraus. Ein *minimaler Spannbaum* eines ungerichteten Graphen G ist dann ein Spannbaum des ungerichteten Graphen G, wobei die Summe der Kantengewichte der Kanten des Spannbaumes minimal unter allen möglichen Spannbäumen für den ungerichteten Graphen G ist. Also ist für einen ungerichteten gewichteten Graphen $G = (V, E)$ mit Gewichtsmatrix γ der minimale Spannbaum $T = (V, D)$ ein

Spannbaum von G, für den gilt:

$$\gamma(T) \leq \min\{\gamma(T') \mid T' = (V, D') \text{ ist ein Spannbaum von } G \text{ mit } D' \subseteq E\}$$

wobei $\gamma(T) = \sum_{d \in D} \gamma(d)$ für einen Baum $T = (V, D)$.

Als Beispiel kann man sich die Knoten als Niederlassungen einer Firma (z.B. in verschiedenen Städten) vorstellen und die Kanten als mögliche Standleitungen zwischen den Rechenzentren der einzelnen Niederlassungen. Wenn man nun die Kantengewichte als die monatlichen Kosten für die Standleitungen interpretiert, stellt sich die Frage, welche Standleitungen man mieten muss, damit je zwei Niederlassungen über einen Pfad verbunden sind. Naturgemäß ist man an einer billigsten Lösung interessiert, die dann der minimale Spannbaum liefert.

Dies ist auch der Grund, warum wir uns in diesem Abschnitt nur mit ungerichteten Graphen beschäftigen. In diesem Zusammenhang machen gerichtete Graphen meist keinen Sinn. Um überhaupt eine Lösung zu bekommen, setzen wir außerdem voraus, dass die gegebenen ungerichteten Graphen zusammenhängend sind. Wie dies effizient überprüft werden kann, haben wir bereits im Abschnitt 5.3 gesehen.

5.6.1 Der Algorithmus von Prim

Ein erster Ansatz zur Berechnung eines minimalen Spannbaumes ist sehr ähnlich zum Dijkstra-Algorithmus. Zuerst wählt man einen beliebigen Knoten des Graphen. Dieser bildet offensichtlich einen Teilbaum des Graphen. Dann erweitert man immer den aktuellen Teilbaum um eine billigste Kante, die zu genau einem Knoten des aktuellen Teilbaumes inzident ist. Dieser Algorithmus ist im Bild 5.30 abgebildet.

Die Wahl der billigsten Kante, die einen Knoten des bisher berechneten Teilbaumes mit einem Knoten außerhalb des Teilbaumes ($\in F$) verbindet, geschieht wieder mit Hilfe einer Priority Queue. Dieser Algorithmus aus dem Jahre 1957 wird nach seinem Entwickler R.C. Prim auch *Prim-Algorithmus* genannt.

Der Prim-Algorithmus gehört zur Klasse der *Greedy-Algorithmen*. Das zentrale Vorgehen des Prim-Algorithmus ist es, den momentan konstruierten Teilbaum immer um eine billigste zu ihm inzidente Kante zu erweitern. Algorithmen für Optimierungsprobleme, die immer eine lokal optimale Entscheidung treffen (hier die Wahl einer billigsten inzidenten Kante), sind in einem gewissen Sinne gierig (engl. greedy). Diese versuchen, das Optimum zu erreichen, indem sie auf einem vermeintlichen Weg dorthin immer das bestmögliche Teilstück wählen.

Natürlich sollte es klar sein, dass es Optimierungsprobleme gibt, bei denen eine solche Strategie versagt. Es kann manchmal besser sein, sich an bestimmten Stellen mit weniger zufrieden zu geben, um dafür später umso mehr zu bekommen. In diesem Fall wird jedoch ein solcher Greedy-Ansatz zum Ziel führen.

```
PRIM (graph G)
{
    int n = |V(G)|;
    PQ q=empty();
    set tree = ∅;    /* the set of edges of the spanning tree */
    int cost = 0;    /* the sum of edge weights of the constructed tree */
    bool F[n];       /* is the vertex free, i.e. included in PQ? */
    bool T[n];       /* is the vertex already included in the tree? */
    int e[n];        /* a neighbor in T of a node in F along a shortest edge */

    T[0] = TRUE;
    for (int i = 1; i < n; i++)
        T[i] = F[i] = FALSE;

    for each (int v ∈ N(0))
    {
        F[v] = TRUE;
        e[v] = 0;
        q.insert(v, γ({0, v}));
    }

    while (q.size() > 0)
    {   /* look for a cheapest edge linking an unreached vertex */
        int v = q.delete_min();      /* v belongs to F and e[v] to T */
        tree = tree ∪ { {v, e[v]} }
        cost += γ({v, e[v]});
        T[v] =!(F[v] = FALSE);
        /* insert or update vertices which can be reached from v */
        for each (int w ∈ N(v))
            if (!T[w])      /* w is not inside the constructed tree */
                if (!F[w])
                {   /* w is inspected for the first time */
                    F[w] = TRUE;
                    e[w] = v;
                    q.insert(w, γ({v, w}));
                }
                elsif (q.decrease_key(w, γ({v, w})))
                    e[w] = v;
    }
}
```

Bild 5.30: Prims Algorithmus zur Berechnung eines minimalen Spannbaumes

Im Falle von Dijkstras Algorithmus hatten wir in der Priority Queue die Knoten gespeichert, die direkte Nachfolger eines Knotens sind, für den wir die korrekte gewichtete Länge eines kürzesten Wegs bereits berechnet hatten. Der zugehörige

Schlüssel war gerade die gewichtete Länge eines bereits bekannten kürzesten Pfades vom Knoten s zu diesem Knoten.

Wir speichern ebenfalls wieder die Knoten in der Priority Queue ab, die über eine Kante mit dem bereits konstruierten Teilbaum verbunden sind. Der zugehörige Schlüssel ist das Gewicht der günstigsten solchen Kante, was dem minimalen Abstand eines Knotens außerhalb des bisher konstruierten Spannbaumes zu diesem entspricht. Die Kante, über die der Knoten mit den angegebenen Kosten vom Teilbaum aus erreicht werden kann, speichern wir in einem Feld e ab. Man beachte, dass die Priority Queue nur solche Knoten aufnimmt, die selbst noch nicht im konstruierten Spannbaum enthalten sind, aber bereits adjazent zu einem Knoten des bereits berechneten Spannbaum sind.

Aufgrund der Ähnlichkeit zu Dijkstras Algorithmus führen wir hier die Analyse des Zeitbedarfs nicht aus. Es sollte klar sein, dass sich die Analyse von Dijkstras Algorithmus auf Prims Algorithmus übertragen lässt. Es bleibt nur noch die Korrektheit von Prims Algorithmus zu zeigen. Die Korrektheit folgt unmittelbar aus dem folgenden fundamentalen Lemma, zu dessen Formulierung wir noch die folgenden Definitionen benötigen. Sei $G = (V, E)$ ein ungerichteter Graph und $D \subseteq E$, dann sei $N(D)$ die Menge aller Kanten, die adjazent zu einer Kante aus D sind, d.h. $N(D) = \{e \in E : d \cap e \neq \emptyset \text{ für ein } d \in D\}$. Die Menge $N(D)$ bezeichnen wir als *Nachbarschaft* von D. Insbesondere gilt $D \subseteq N(D)$. Für $v \in V$ bezeichne $I(v)$ die Menge der zu v inzidenten Kanten.

Lemma 5.29 *Sei $G = (V, E)$ ein ungerichteter gewichteter Graph und γ seine Gewichtsmatrix. Seien $E', E'' \subseteq E$ zwei Teilmengen der Kanten, so dass (V, E') azyklisch ist, $N(E') \subseteq E''$ und für alle $\{v, w\} \in E'' \setminus N(E')$ gilt, dass $I(v) \subseteq E''$ oder $I(w) \subseteq E''$. Sei $e \in E'' \setminus E'$ eine Kante minimalen Gewichtes, so dass auch $(V, E' \cup \{e\})$ azyklisch ist. Dann gibt es einen Spannbaum $T = (V, D)$ mit $E' \cup \{e\} \subseteq D$, so dass*

$$\gamma(T) \leq \min\{\gamma(T') \mid T' = (V, D') \text{ ist ein Spannbaum von } G \text{ mit } E' \subseteq D'\}.$$

Beweis: Sei $\hat{T} = (V, \hat{D})$ ein minimaler Spannbaum, der alle Kanten aus E' enthält, d.h.

$$\gamma(\hat{T}) = \min\left\{\gamma(T') \mid T' = (V, D') \text{ ist ein Spannbaum von } G \text{ mit } E' \subseteq D'\right\}.$$

Falls $e \in \hat{D}$, so ist nichts zu zeigen. Sei also $e \notin \hat{D}$. Betrachte nun den Graphen $(V, \hat{D} \cup \{e\})$. Da ein Baum zusammenhängend ist, bildet die Kante e mit dem Pfad zwischen den Endpunkten von e in $\hat{T}$ einen Kreis K. Wir zeigen nun, dass dieser Kreis K eine weitere Kante aus $E'' \setminus E'$ enthalten muss. Seien $(e_0, \ldots, e_k)$ mit $e = e_0$ die Kanten dieses Kreises K, so dass e_i und $e_{(i+1)\bmod(k+1)}$ für $i \in [0 : k]$ adjazent sind. Zuerst halten wir fest, dass nicht alle anderen Kanten dieses Kreises

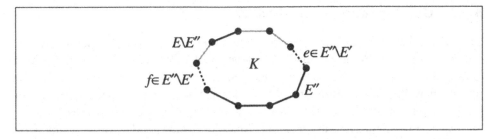

Bild 5.31: Darstellung des Fundamentallemmas für minimale Spannbäume

aus E' stammen können, denn dann wäre $E' \cup \{e\}$ nicht azyklisch. Da $e \in E'' \setminus E'$ ist, muss nach Voraussetzung $e_1 \in E''$ oder $e_k \in E''$ sein. Ohne Beschränkung der Allgemeinheit sei $e_1 \in E''$. Ist $e_1 \notin E'$, so ist $f := e_1$ die gesuchte Kante. Andernfalls ist $e_1 \in E'$ und nach Voraussetzung $e_2 \in N(E') \subseteq E''$. Nun können wir die Argumentation für e_2 wiederholen. Da es, wie oben schon erwähnt, mindestens eine Kante $e_i \notin E'$ gibt, können wir somit auf dem Kreis K mindestens eine weitere Kante $f \in E'' \setminus E'$ finden.

Damit erhalten wir einen neuen Spannbaum, indem wir in $\hat{T}$ die Kante f durch e ersetzen. Da nach Voraussetzung $\gamma(e) \leq \gamma(f)$, ist das Gewicht dieses neuen Spannbaumes höchstens so groß wie das von $\hat{T}$. Damit erfüllt der Spannbaum $T = (V, (\hat{D} \setminus \{f\}) \cup \{e\})$ die in der Behauptung gestellten Bedingungen. ∎

Die Beweisidee ist noch einmal im Bild 5.31 skizziert, wobei für den Kreis K die Kanten aus E'' schwarz, die Kanten aus $E'' \setminus E'$ gestrichelt und die übrigen Kanten grau dargestellt sind. Damit können wir nun das folgende Theorem beweisen:

Theorem 5.30 *Der Prim-Algorithmus mit der Realisierung der Priority Queues als Fibonacci-Heaps berechnet einen minimalen Spannbaum für einen ungerichteten Graphen $G = (V, E)$ in Zeit $O(|E| + |V| \log(|V|))$.*

Beweis: Wir brauchen nur noch die Korrektheit zu beweisen. In jedem Durchlauf der **while**-Schleife wird der bereits konstruierte Baum um eine Kante und einen Knoten erweitert. Der Algorithmus wählt jeweils eine Kante minimalen Gewichtes aus der Nachbarschaft der bereits gewählten Kanten aus. Zu Beginn wählen wir $E' = \emptyset$ und $E'' = I(v)$, wobei $v \in V$ ein beliebiger Knoten ist. Anschließend wählen wir in jedem Durchlauf $E'' = N(E')$, wobei E' die Kanten des bereits konstruierten Teilbaumes sind. Damit folgt aus Lemma 5.29, dass sich in jeder Iteration der bereits konstruierte Spannbaum zu einem Spannbaum mit minimalem Gewicht erweitern lässt. Da zum Schluss ein Spannbaum konstruiert wird, muss dieser dann minimales Gewicht besitzen. ∎

5.6.2 Der Algorithmus von Kruskal

Beim Prim-Algorithmus haben wir versucht, einen Baum so lange wachsen zu lassen, bis er zu einem Spannbaum des Graphen wurde. Statt einen Baum wachsen zu lassen, können wir auch einen Wald zu einem Baum schrumpfen lassen. Zu Beginn besteht der Wald aus n Bäumen, wobei jeder Baum aus genau einem Knoten des Graphen besteht. In jedem Schritt wird eine Kante minimalen Gewichtes gewählt, die zwei verschiedene Bäume verbindet. Der Algorithmus endet, wenn es nur noch einen Baum gibt, der dann offensichtlich ein Spannbaum sein muss. Dieser Algorithmus aus dem Jahre 1956 heißt nach seinem Entwickler J.B. Kruskal auch *Kruskal-Algorithmus* und ist im Bild 5.32 angegeben.

Den Algorithmus von Kruskal kann man als einen reinen Greedy-Algorithmus bezeichnen, da er im Gegensatz zum Prim-Algorithmus die Kanten nur nach ihrem Gewicht auswählt. Beim Prim-Algorithmus war ja noch die Nebenbedingung zu erfüllen, dass die Kante inzident zu einem Knoten des bisher konstruierten Teilbaumes sein musste.

Die Korrektheit folgt analog wie beim Prim-Algorithmus aus dem Lemma 5.29, wobei wir hier die Menge E'' immer als die gesamte Knotenmenge E wählen. Die Zeitkomplexität hängt im Wesentlichen von der Implementierung der verwendeten Operationen **union** und **find** ab. Wir präzisieren zunächst genauer,

```
KRUSKAL (weighted_Graph G)
{
    int n = |V(G)|;
    set tree = ∅;               /* the set of edges of the spanning tree */
    int cost = 0;               /* the weight of the constructed tree */
    heap h = create_heap(γ);    /* create a heap with all edge weights */

    while (|tree| < n − 1)       /* a spanning tree has n − 1 edges */
    {
        edge {v, w} = h.delete_min();      /* choose a cheapest edge */
        int i = find(v);
        int j = find(w);
        if (i ≠ j)
        {
            /* v and w are in different trees */
            tree = tree ∪ { {v, w} };
            cost += γ({v, w});
            union(i, j);
        }
    }
}
```

Bild 5.32: Kruskals Algorithmus zur Berechnung eines minimalen Spannbaumes

welche Datenstruktur wir für Kruskals Algorithmus zur Verfügung stellen müssen. Es wird eine Datenstruktur benötigt, die eine Partition der Menge $[0 : n - 1]$ in disjunkte Mengen repräsentieren kann und die folgenden beiden Operationen unterstützt:

int find(int i**)** Gibt den Index der Menge zurück, in der sich das Element i befindet.

union(int i**, int** j**)** Verschmilzt die beiden Mengen mit den Indizes i und j zu einer neuen Menge mit Index $k \in \{i, j\}$.

Datenstrukturen mit diesen beiden unterstützten Operationen werden als *Union-Find-Datenstrukturen* bezeichnet. Damit werden wir uns im nächsten Abschnitt eingehend beschäftigen. Dort werden wir sehen, dass eine Folge von $f(n)$ **union** und **find** Operationen in Zeit $O(n \log^*(n) + f(n) \log^*(n))$ realisiert werden kann. Damit erhalten wir für Kruskals Algorithmus das folgende Theorem:

Theorem 5.31 *Der Algorithmus von Kruskal berechnet einen minimalen Spannbaum für einen ungerichteten Graphen* $G = (V, E)$ *in Zeit* $O(|E| \log(|V|))$.

Beweis: Die meiste Zeit wird für den Heap verbraucht, nämlich $O(|E| \log(|V|))$, da im schlimmsten Fall für jede Kante des Graphen eine **delete_min** Operation ausgeführt wird. Die Union-Find-Aufrufe selbst können in Zeit $O(|E| \log^*(|V|))$ realisiert werden, wie wir im folgenden Abschnitt sehen werden. ∎

Der Kruskal-Algorithmus ist also schlechter als der Prim-Algorithmus. Allerdings können wir auf den Heap hier verzichten und die Kanten auch einfach nach ihren Gewichten sortieren. Wenn man nun weiß, dass der zulässige Bereich der Kantengewichte nur polynomiell in der Anzahl der Kanten ist, können wir die Kanten nach ihren Gewichten auch mit dem verallgemeinerten Bucketsort in Zeit $O(|E|)$ sortieren. Die entsprechenden **delete_min** Operationen kosten dann nur $O(1)$ je Operation.

Theorem 5.32 *Sei* $G = (V, E)$ *ein ungerichteter Graph mit ganzzahligen Kantengewichten, so dass die Länge des Intervalls zulässiger Kantengewichte polynomiell in* $|E|$ *ist. Dann benötigt der Kruskal-Algorithmus basierend auf der Union-Find-Datenstruktur und dem verallgemeinerten Bucketsort zum Berechnen eines minimalen Spannbaumes für* G *Zeit* $O(|E| \log^*(|V|))$.

Damit kann unter Umständen der Kruskal-Algorithmus für dünne Graphen (wenn also $|E| = o(n \log(n) / \log^*(n))$) effizienter sein als der Prim-Algorithmus.

5.7   Interludium: Union-Find-Datenstrukturen

In diesem Abschnitt geben wir zwei mögliche Realisierungen von Union-Find-Datenstrukturen an. Dabei werden wir die Mengen einmal durch Listen sowie Felder und einmal durch Bäume darstellen.

5.7.1   Darstellung von Mengen durch Listen

Die erste Darstellung ist ziemlich nahe liegend. Wir verwenden zur Darstellung ein Feld *Set* von ganzen Zahlen und ein Feld *Members* von Listen. In dem Feld *Set* speichern wir, in welcher Menge ein gegebenes Element i liegt, nämlich in $Set[i]$. Die Mengen selbst werden durch lineare Listen dargestellt, die die Elemente der Mengen auflisten.

Die Operation `find` lässt sich dann ganz einfach realisieren, indem einfach mit Hilfe des Feldes *Set* der betreffenden Index inspiziert wird. Die Operation `union` ist etwas aufwendiger, da sie alle Elemente einer Menge in die andere umhängen muss. Um Arbeit zu sparen, werden die Elemente der kleineren Menge in die größere eingefügt. Dazu durchlaufen wir die Liste der kleineren Menge und hängen die Elemente an die Liste der größeren Menge an. Dabei wird für die umgehängten Elemente ihr Eintrag im Feld *Set* aktualisiert. Die Datenstruktur und die Operationen sind im Bild 5.33 angegeben.

Offensichtlich ist die Zeitkomplexität für einen `find`-Befehl $O(1)$. Der `union`-Befehl ist etwas komplexer und benötigt zum Vereinigen der Mengen M_i und M_j Zeit $O(\min\{|M_i|, |M_j|\})$, da man die kleinere Menge in die größere einfügt.

Theorem 5.33 *Unter Verwendung von Listen und Feldern für eine Grundmenge von n Elementen benötigt jede* `find` *Operation Zeit $O(1)$ und eine Folge von $n-1$* `union` *Operationen Zeit $O(n \log(n))$.*

Beweis: Die Aussage für die `find` Operationen ist klar. Um die Kosten für die `union` Operationen zu zählen, verwenden wir einen so genannten *Buchhaltertrick*. Dabei kann man die Anzahl von Objekten (hier Kosten) durch geschicktes Abzählen leichter ermitteln, als auf die kanonische Weise. Wir haben so einen Trick bereits beim Bestimmen der Summe aller Grade eines Graphen kennen gelernt. Anstatt alle Grade aufzuaddieren (was im Allgemeinen unmöglich ist), haben wir die doppelte Anzahl der Kanten ermittelt, da jede Kante an zwei Knoten den Grad um jeweils eins erhöht.

Was passiert bei einer `union` Operation? Wir müssen die Elemente in der kleineren Menge an die größere anhängen und die Informationen über die Zugehörigkeit für die Elemente der kleineren Menge ändern. Die Kosten für eine `union` Operation sind proportional zur Anzahl der Elemente in der kleineren Menge.

```
UNION-FIND-1 (int n)
{
    int Set[n];              /* to which set belongs elt i */
    list<int> Members[n];    /* list of elements belonging to set i */
    int Size[n];             /* size of set i */
    for (int i = 0; i < n; i++)
    {
        Set[i] = i;
        Size[i] = 1;
        Members[i].append(i);
    }
}


int find(int i)
{
    return Set[i];
}


union(int i, int j)
{
    int BigSet = Set[ (Size[i] > Size[j])?i : j ];
    int SmallSet = Set[ (Size[i] ≤ Size[j])?i : j ];
    Size[BigSet] += Size[SmallSet];
    for each (m ∈ Members[SmallSet])
    {
        Members[BigSet].append(m);
        Set[m] = BigSet;
    }
}
```

Bild 5.33: Realisierung einer Union-Find-Datenstruktur mit Listen

Der Einfachheit halber nehmen wir an, dass die Kosten genau der Anzahl der Elemente in der kleineren Menge entsprechen.

Anstatt nun die Summe der Kosten der einzelnen Operationen zu berechnen, bestimmen wir die Summe der Kosten, die ein einzelnes Element verursacht. Für jedes Element der Grundmenge errichten wir nun ein Konto. Auf diese Konten verteilen wir die Kosten der union Operationen. Um nun die Kosten einer union Operation zu bezahlen, belasten wir für jedes Element in der kleineren Menge sein Konto mit einer Einheit.

Wie groß kann nun am Ende der Schuldenstand eines Elementes sein? Jedes Element macht eine Einheit Schulden, wenn es sich in der kleineren Menge der in der union Operation involvierten Mengen befindet. Jedesmal wenn ein Element Schulden macht, verdoppelt sich mindestens die Größe der Menge, in der es sich befindet. Da die Grundmenge aus n Elementen besteht, kann jedes Element maximal $O(\log(n))$ Einheiten Schulden machen. Da es insgesamt n Elemente sind, können die Schulden am Ende der union Operationen insgesamt höchstens $O(n \log(n))$ betragen.   ∎

5.7.2 Darstellung von Mengen durch Bäume

Als zweite Möglichkeit speichern wir die Mengen als Bäume ab, wobei die Kanten hier von den Kindern zu den Eltern gerichtet sind. Am Anfang bildet jede einelementige Menge einen Baum, der aus nur einem Knoten besteht. Bei der union Operation wird dann die Wurzel des kleineren Baumes (also der kleineren Menge) zum Kind der Wurzel des größeren Baumes (also der größeren Menge).

Bei der find Operation wandern wir von dem dem Element zugeordneten Knoten bis zur Wurzel des zugehörigen Baumes. Der Index der Wurzel gibt dann den Namen der Menge an, in der sich das gesuchte Element befindet. Die zweite Variante der Realisierung einer Union-Find-Datenstruktur ist im Bild 5.34 dargestellt, allerdings wird hier die for-Schleife für die später erläuterte Pfadkompression noch nicht ausgeführt.

Offensichtlich hat die union Operation nun Zeitkomplexität $O(1)$. Dafür ist die Zeitkomplexität der find Operation gestiegen. Die Zeit für eine find Operation ist durch die maximale Höhe der entstandenen Teilbäume beschränkt.

Lemma 5.34 *Ein in der zweiten Union-Find-Datenstruktur entstandener Baum mit Höhe h besitzt mindestens 2^h Knoten.*

Beweis: Wir beweisen diese Aussage mit vollständiger Induktion über die Höhe der Bäume.

Induktionsanfang ($h = 0$): Nach unserer Definition der Höhe ist ein Baum mit Höhe 0 gerade der Baum, der aus einem Knoten besteht. Damit ist der Induktionsanfang gelegt.

Induktionsschritt ($h \rightarrow h + 1$): Ein Baum der Höhe $h + 1$ entsteht durch Anhängen eines Baumes mit Höhe h an die Wurzel eines anderen Baumes. Nach Induktionsvoraussetzung hat der Baum mit Höhe h mindestens 2^h Knoten. Nach Konstruktion wird die Wurzel dieses Baumes nur dann ein Kind eines anderen Baumes, wenn dieser mindestens genauso viele Knoten hat. Also hat der Baum mit Höhe $h + 1$ mindestens $2^h + 2^h = 2^{h+1}$ Knoten.   ∎

Damit kostet nun eine find Operation $O(\log(n))$. Da bei unserem Algorithmus aber durchaus n find Operationen auftauchen können, haben wir mit dieser zweiten Union-Find-Datenstruktur erst einmal nichts gewonnen. Wir werden

```
UNION-FIND-2 (int n)
{
    int size[n], parent[n];
    for (int i = 0; i < n; i++)
    {
        size[i] = 1;           /* permissible for roots only */
        parent[i] = i;         /* a root points to itself */
    }
}

int find(int i)
{
    int j = i, p;
    while (parent[j] ≠ j)
        j = parent[j];
    int root = j;

    /* path compression */
    for (j = i; parent[j] ≠ j; j = p)
    {
        p = parent[j];
        parent[j] = root;
    }
    /* end of path compression */

    return root;
}

union(int i, int j)
{
    /* provided that i and j are roots */
    int root = (size[i] > size[j])?i : j;
    int child = (size[i] ≤ size[j])?i : j;
    parent[child] = root;
    size[root] += size[child];
}
```

Bild 5.34: Realisierung einer Union-Find-Datenstruktur mit Bäumen

im nächsten Abschnitt sehen, wie wir die find Operation im Mittel doch noch beschleunigen können.

Theorem 5.35 *Unter Verwendung von Bäumen für eine Grundmenge von n Elementen benötigt jede* find *Operation Zeit $O(\log(n))$ und jede* union *Operationen Zeit $O(1)$.*

5.7.3 Pfadkompression

Wir zeigen jetzt, wie wir die `find` Operation noch beschleunigen können. Jedesmal wenn wir bei einer `find` Operation auf einem Pfad durch einen Baum laufen, werden alle besuchten Knoten zu Kindern der Wurzel. Dadurch wird diese `find` Operation zwar nicht billiger, allerdings werden viele der folgenden `find` Operationen erheblich billiger. Die oben genannte Umordnung des Baumes, in dem Knoten des Suchpfades zu Kindern der Wurzel werden, nennt man *Pfadkompression* (engl. *path compression*). Diese zweite Variante der Realisierung einer Union-Find-Datenstruktur mit Hilfe von Bäumen wurde ja bereits im Bild 5.34 dargestellt. Zu deren Analyse müssen wir noch zwei Funktionen definieren.

Definition 5.36 *Es ist* $2 \Uparrow 0 := 1$ *und* $2 \Uparrow n := 2^{2 \Uparrow (n-1)}$. *Mit* $\log^*$ *bezeichnen wir die diskrete Umkehrfunktion von* $2 \Uparrow (\cdot)$, *also* $\log^*(n) = \min\{k : 2 \Uparrow k \geq n\}$.

Man beachte, dass $2 \Uparrow (\cdot)$ eine sehr schnell wachsende und damit $\log^*$ eine sehr langsam wachsende Funktion ist. Es gilt $2 \Uparrow 1 = 2$, $2 \Uparrow 2 = 4$, $2 \Uparrow 3 = 16$, $2 \Uparrow 4 = 65536$, $2 \Uparrow 5 = 2^{65536}$. Für alle praktischen Zwecke ist $\log^*(n) \leq 5$, da $2^{65536} \approx (2^{10})^{6553} \approx 10^{19659} \gg 10^{81}$ und damit $2 \Uparrow 5$ schon wesentlich größer als die vermutete Anzahl von Atomen im sichtbaren Weltall ist. Damit können Eingaben der Größe $2 \Uparrow 5$ schon gar nicht mehr direkt konstruiert werden!

Sei σ eine Folge von `union` und `find` Befehlen. Sei F im Folgenden der Wald, der entstanden ist, wenn *nur* die `union` Operationen in σ ausgeführt werden. Mit dem *Rang* eines Knotens v wollen wir die Länge eines längsten Pfades von v zu einem Blatt seines Baumes in diesem Wald F bezeichnen.

Lemma 5.37 *Es gibt maximal* $n/2^r$ *Knoten mit Rang* r *im Wald* F.

Beweis: Zuerst bemerken wir, dass verschiedene Knoten mit demselben Rang verschiedene Vorgänger im Baum haben müssen. Man beachte, dass Vorgänger hier Knoten auf den Pfaden zu den Blättern sind, da die Kanten ja zur Wurzel hin gerichtet sind. Nach Lemma 5.34 hat jeder Knoten mit Rang r mindestens 2^r verschiedene Vorgänger (sich selbst eingeschlossen). Gäbe es mehr als $n/2^r$ Knoten vom Rang r, so müsste der Wald mehr als n Knoten besitzen.   ■

Damit können wir sofort folgern, dass kein Knoten einen Rang größer als $\log(n)$ hat. Ist irgendwann bei der Abarbeitung der Folge σ von `union` und `find` Operationen v ein direkter Vorgänger von w, dann ist der Rang von v kleiner als der Rang von w. Dies folgt aus der Tatsache, dass die `find` Befehle die Vorgängerrelation respektieren, d.h. ein Knoten wird bei der Pfadkompression nur dann ein direkter Vorgänger eines anderen Knotens, wenn er bereits ein Vorgänger war. Also ist v auch ein Vorgänger von w, wenn man die `find` Operationen aus σ nicht ausführt. Daraus folgt sofort die obige Aussage über die Ränge der Knoten.

Nun teilen wir die Knoten in Gruppen auf. Die Knoten mit Rang i ordnen wir der Gruppe mit Nummer $\log^*(i)$ zu. Zum Beispiel gelangen die Knoten mit Rängen zwischen 5 und 16 in die Gruppe mit Nummer 3. Wir verwenden auch hier wieder den *Buchhaltertrick* und nehmen dazu an, dass die Kosten der find Operation genau der Länge des Pfades entsprechen, der zum Auffinden der Wurzel durchlaufen wird. Wir belasten auch diesmal wieder die einzelnen Knoten mit den Kosten und berechnen hinterher die Gesamtschuld aller Knoten.

Zuerst belasten wir jeden Knoten des Suchpfades mit einer Kosteneinheit. Offensichtlich bilden die Ränge der Knoten auf dem Suchpfad zur Wurzel eine aufsteigende Folge. Nun begleichen die Wurzel und diejenigen Knoten, deren Elter in einer anderen Gruppe liegen, diese neue Schuld sofort. Da es maximal $\log^*(n)+1$ verschiedene Gruppen gibt, kostet jeder find Befehl maximal $\log^*(n)+1$.

Wir groß ist nun die verbleibende Schuld eines Knotens am Ende des Ablaufs? Immer wenn ein Knoten Schulden macht, erhält er wegen der Pfadkompression einen neuen Elter, nämlich die Wurzel des Baumes. Dabei erhält er also einen neuen Elter, dessen Rang um mindestens 1 größer ist. Nur Kinder einer Wurzel bilden hierbei eine Ausnahme (aber diese Knoten haben ihre Schulden ja sofort beglichen).

In der Gruppe g befinden sich nur Elemente, die einen Rang von mindestens $2 \uparrow\uparrow (g-1) + 1$ und höchstens $2 \uparrow\uparrow g$ haben. Also macht ein Knoten maximal $2 \uparrow\uparrow g - 2 \uparrow\uparrow (g-1)$ Schulden, bevor er einen Elter in einer höheren Gruppe zugewiesen bekommt. Nach der Zuweisung eines Elters einer höheren Gruppe macht der Knoten nach Konstruktion nie wieder Schulden, sondern zahlt die Kosten sofort.

Sei nun $G(g)$ die Anzahl der Knoten in Gruppe g. Dann erhalten wir mit der obigen Beobachtung, dass es nur $n/2^r$ Knoten mit demselben Rang geben kann (siehe Lemma 5.37), folgende Abschätzung:

$$G(g) \leq \sum_{r=2\uparrow\uparrow(g-1)+1}^{2\uparrow\uparrow g} \frac{n}{2^r} \leq \frac{n}{2^{2\uparrow\uparrow(g-1)}} \cdot \underbrace{\sum_{i=1}^{\infty} \frac{1}{2^i}}_{\leq 1} \leq \frac{n}{2^{2\uparrow\uparrow(g-1)}} = \frac{n}{2 \uparrow\uparrow g}.$$

Jeder Knoten in der Gruppe mit Nummer g macht höchstens Schulden in Höhe von $(2 \uparrow\uparrow g) - (2 \uparrow\uparrow (g-1))$. Damit machen alle Knoten in der Gruppe g Schulden in Höhe von $O(\frac{n}{2\uparrow\uparrow g}((2 \uparrow\uparrow g) - (2 \uparrow\uparrow (g-1)))) = O(n)$. Da es maximal $\log^*(n)+1$ verschiedene Gruppen gibt, ist die Gesamtschuld $O(n \log^*(n))$. Damit haben wir das folgende Theorem bewiesen.

Theorem 5.38 *Zur Ausführung von $f(n)$ union und find Operationen basierend auf der Union-Find-Datenstruktur mit Baumdarstellung und Pfadkompression wird maximal Zeit $O(n \log^*(n) + f(n) \log^*(n))$ benötigt.*

Beweis: Die Behauptung folgt unmittelbar aus der vorherigen Diskussion. Der erste Term entspricht den entstandenen Schulden, der zweite Term den sofort bezahlten Kosten.   ∎

Korollar 5.39 *Zur Ausführung von $O(n)$* union *und* find *Operationen basierend auf der Union-Find-Datenstruktur mit Baumdarstellung und Pfadkompression wird maximal Zeit $O(n \log^*(n))$ benötigt.*

Die hier vorgestellten Union-Find-Datenstrukturen gehen auf viele Entwickler zurück. Die zweite Union-Find-Datenstruktur wurde von J.E. Hopcroft und J.D. Ullman im Jahr 1974 analysiert. Man kann für die zweite Variante eine noch bessere Analyse durchführen, in der der Faktor $\log^*(n)$ durch die Inverse der Ackermann-Funktion ersetzt wird, die noch deutlich langsamer wächst als $\log^*$.

5.8   Übungsaufgaben

Aufgabe 5.1° Zeigen Sie, dass in einem DAG G, in dem jeder Knoten Eingangsgrad ≤ 1 hat, mindestens ein Knoten mit Eingangsgrad 0 existiert. Zeigen Sie ferner, dass es genau einen Knoten mit Eingangsgrad 0 gibt, wenn G schwach zusammenhängend ist.

Aufgabe 5.2° Zeigen Sie, dass ein ungerichteter Graph $G = (V, E)$ genau dann ein Baum ist, wenn er zusammenhängend ist und $|E| = |V| - 1$ gilt.

Aufgabe 5.3$^+$ Zeigen Sie, dass jeder erweiterte binäre Baum mit n Blättern genau $n - 1$ innere Knoten besitzt.

Aufgabe 5.4$^+$ Zeigen Sie, dass sich für einen Graphen G die zugehörige Adjazenzmatrix in Platz $O(n^2 / \log(n))$ abspeichern lässt.
Hinweis: Man beachte, dass es nur wenige verschiedene *kleine* Teilmatrizen einer Adjazenzmatrix geben kann.

Aufgabe 5.5° Modifizieren Sie den DFS-Algorithmus so, dass er die Kanten in Baum-, Vorwärts-, Rückwärts- und Querkanten einteilt.

Aufgabe 5.6° Zeigen Sie, dass es bei einer Tiefensuche für ungerichtete Graphen keine Vorwärts- und Querkanten geben kann.

Aufgabe 5.7° Bei der Breitensuche kann man die Kanten des Graphen in verschiedene Kategorien wie bei der Tiefensuche einteilen. Überlegen Sie sich, welche Arten der Kanten bei ungerichteten und gerichteten Graphen entstehen können.

Aufgabe 5.8$^+$ Ein Kreis in einem ungerichteten Graphen G heißt *Euler-Kreis*, wenn er jede Kante genau einmal durchläuft. Zeigen Sie, dass ein zusammenhängender Graph genau dann einen Euler-Kreis besitzt, wenn jeder Knoten geraden Grad hat. Geben Sie einen Algorithmus an, der einen Euler-Kreis konstruiert, falls einer existiert.

Aufgabe 5.9$^+$ Zeigen Sie, wie man aus den Traversierungen in Preorder und in Postorder den ursprünglichen Baum rekonstruieren kann.

Aufgabe 5.10$^+$ Sei $G = (V, E)$ ein DAG. Eine Auflistung $v_{\pi(1)}, \dots, v_{\pi(n)}$ der Knoten aus V heißt *topologische Sortierung*, wenn $(v_{\pi(j)}, v_{\pi(i)}) \notin E$ für alle Paare $i < j \in [1 : n]$ gilt. Geben Sie einen Algorithmus an, der entscheidet, ob ein gegebener gerichteter Graph azyklisch ist, und der im Falle eines DAGs eine topologische Sortierung der Knoten ausgibt.

Aufgabe 5.11° Zeigen Sie, dass man bei Verwendung von Adjazenzlisten in Zeit $O(n + m)$ aus einen gerichteten Graphen einen ungerichteten konstruieren kann.

Aufgabe 5.12° Überlegen Sie sich die Laufzeit von Floyds Algorithmus, wenn man ihn mittels Rekursion implementieren würde.

Aufgabe 5.13$^+$ Konstruieren Sie einen gewichteten Graphen mit positiven und negativen Kosten, auf dem der Dijkstra-Algorithmus eine falsche Lösung liefert.

Aufgabe 5.14$^+$ Kann man Floyds Algorithmus so modifizieren, dass er Kreise mit negativer gewichteter Länge erkennt?

Aufgabe 5.15$^+$ Sei $A = (a_{i,j})$ die Adjazenzmatrix eines gerichteten Graphen G mit $a_{i,i} = 0$. Zeigen Sie, dass der Eintrag $b_{i,j}$ der Matrix $B = A^k$ die Anzahl der gerichteten Wege der Länge genau k von i nach j angibt.

Aufgabe 5.16* Sei $G = (V, E)$ ein (un)gerichteter Graph. Der kleinste (bezüglich $\subseteq$) Graph $G^- = (V, E^-)$ heißt die *reflexive, transitive Reduktion* von G, wenn der reflexive, transitive Abschluss von G^- gerade gleich dem reflexiven, transitiven Abschluss von G ist, d.h. $(G^-)^* = G^*$. Geben Sie einen effizienten Algorithmus zur Berechnung der reflexiven, transitiven Reduktion eines Graphen an.

Aufgabe 5.17$^+$ Ein k-Heap ist ein fast vollständiger k-ärer Baum, der die Heap-Eigenschaft erfüllt. Geben Sie Implementierungen von **insert** mit Zeitbedarf $O(\log_k(n))$ und **delete_min** mit Zeitbedarf $O(k \cdot \log_k(n))$ an.

Aufgabe 5.18* Zeigen Sie, dass ein anfangs leerer Fibonacci-Heap nach n Operationen aus einem Baum der Höhe $\Theta(n)$ bestehen kann.

Aufgabe 5.19* Erweitern Sie den Fibonacci-Heap um eine Operation `delete`. Die amortisierte Laufzeit sollte $O(\log(n))$ sein.

Aufgabe 5.20° Sei e eine Kante maximalen Gewichtes in einem einfachen Kreis eines gewichteten ungerichteten Graphen. Zeigen Sie, dass es immer einen minimalen Spannbaum gibt, der e nicht enthält.

Aufgabe 5.21+ In einem Währungssystem gebe es Münzen mit k verschiedenen Nennwerten $M = \{m_1, \ldots, m_k\}$. Geben Sie einen Greedy-Algorithmus an, der einen Betrag mit möglichst wenig Münzen darstellt.

In den U.S.A. ist $M = \{1, 5, 10, 25, 100\}$, in Utopia ist $M = \{1, 10, 25, 100\}$. Wo ist der Greedy-Algorithmus optimal? Welche Bedingungen müssen die Nennwerte erfüllen, damit der Greedy-Algorithmus optimal ist?

Aufgabe 5.22* Sei $(v_0, \ldots, v_k)$ der Pfad, der bei einer `find` Operation mittels Baumdarstellung durchlaufen wurde. Wir führen dann die folgende *einfache Pfadkompression* durch, bei der lediglich der Knoten v_{2i+2} zum Elter des Knoten v_{2i} gemacht wird ($i \in [0 : \lfloor k/2 \rfloor - 1]$). Zeigen Sie, dass auch bei dieser einfachen Pfadkompression die amortisierten Kosten bei $O(\log^*(n))$ pro `find` Operationen liegen. Welche Vorteile hat diese einfache Pfadkompression?

Aufgabe 5.23* Bei der Implementierung des Union-Find-Algorithmus mit Hilfe der Pfadkompression ist es weiterhin nötig ist, die Wurzel des kleineren Baumes zum Kind der Wurzel des größeren Baumes zu machen. Andernfalls kann es eine Folge von k Union-Find-Operationen geben, so dass die Laufzeit $\Omega(k \cdot \log(n))$ werden kann. Geben Sie eine solche Folge von Union-Find-Operationen an.

Texte

6

6.1 Alphabete und Zeichenketten

In diesem Kapitel wollen wir uns mit dem Suchen von „kurzen" Zeichenfolgen in „langen" Zeichenfolgen beschäftigen. Ein Beispiel hierfür ist das Suchen eines Wortes oder einer Phrase in einem langen Text. Diese Funktionalität wird sowohl von Editoren als auch von Werkzeugen wie grep unter UNIX zur Verfügung gestellt. Allerdings tauchen solche Problemstellungen z.B. auch in der Biologie auf, wo man kurze DNS-Sequenzen in einer langen DNS-Sequenz sucht. Am Ende dieses Kapitel wollen wir uns dann noch der Datenkompression widmen.

Wir benötigen zuerst einige Definitionen, was wir überhaupt unter Alphabeten und Wörtern verstehen wollen.

Definition 6.1 *Ein* Alphabet Σ *ist eine endliche Menge von Symbolen. Ein* Wort *ist eine endliche Folge von Symbolen über einem gegebenen Alphabet Σ. Die Begriffe* Zeichenkette *oder* Zeichenreihe *werden synonym zu* Wort *verwendet. Die Menge aller endlichen Zeichenreihen über Σ wird mit Σ^* bezeichnet.*

Die Länge *eines Wortes $s = s_0 \cdots s_{n-1}$ mit $s_j \in \Sigma$ für $j \in [0 : n-1]$ ist die Anzahl seiner Buchstaben und wird mit $|s| = n$ bezeichnet. Das Wort der Länge 0 heißt* leeres Wort *und wird mit ε bezeichnet.*

Oft wird von Alphabeten nicht gefordert, dass sie endlich sind. Da wir uns aber nur mit endlichen Alphabeten beschäftigen werden, vereinfacht diese Definition den Sprachgebrauch.

Für unsere Problembeschreibung von Suchen in Texten benötigen wir noch den Begriff eines Teilwortes sowie eines Präfix und Suffix.

Definition 6.2 *Sei $s = s_0 \cdots s_{n-1}$ ein Wort mit $s_j \in \Sigma$ für $j \in [0 : n-1]$. Dann ist $s' = s'_0 \cdots s'_{m-1}$ ein* Teilwort *von s, wenn es ein $i \in [0 : n-m]$ gibt, so dass $s_i \cdots s_{i+m-1} = s'$ ist. Ein Teilwort s' der Länge m des Wortes s heißt* Präfix *von s, wenn es ein Anfangsstück von s ist, d.h. $s' = s_0 \cdots s_{m-1}$. Analog heißt ein Teilwort s' der Länge m des Wortes s ein* Suffix *von s, wenn es ein Endstück von s ist, d.h. $s' = s_{n-m} \cdots s_{n-1}$. Ein Teilwort s' von s (ebenso Präfix bzw. Suffix) heißt* echt, *wenn $s' \neq s$ gilt.*

Wir merken an dieser Stelle noch an, dass das leere Wort ε Teilwort, Präfix sowie Suffix eines jeden Wortes ist.

```
INT NAIV1 (char t[], int n, char s[], int m)
{
    int i = 0, j = 0;
    while (i ≤ n − m)
    {
        while (t[i + j] == s[j])
            if (++j == m) return i;
        i++;
        j = 0;
    }
    return −1;      /* string not found */
}
```

Bild 6.1: Eine naive Methode zum Suchen von Zeichenketten

6.2   Der Algorithmus von Knuth, Morris und Pratt

In diesem Abschnitt wollen wir ausgehend von einem ganz naiven Ansatz den so genannten *Knuth-Morris-Pratt-Algorithmus* oder auch kurz *KMP-Algorithmus* entwickeln. Dieser Algorithmus wurde von D.E. Knuth, J. Morris und V. Pratt im Jahre 1977 entworfen.

6.2.1   Die Idee

Zuerst stellen wir einen ganz naiven Ansatz vor, der im Bild 6.1 angegeben ist. Sucht man nach einer Zeichenkette $s = s_0 \cdots s_{m-1}$ der Länge m in einem Text $t = t_0 \cdots t_{n-1}$ der Länge n, so testet man ab jeder Position $i \in [0 : n - m]$, ob das Teilwort $t_i \cdots t_{i+m-1}$ gleich dem gesuchten Wort s ist. Dazu benötigt man offensichtlich maximal $m(n - m + 1)$ Vergleiche von je zwei Zeichen.

Theorem 6.3 *Es genügen maximal $m(n - m + 1)$ Vergleiche um festzustellen, ob eine Zeichenreihe der Länge n eine Zeichenreihe der Länge $m \leq n$ enthält.*

Man beachte, dass die obere Schranke wirklich angenommen wird, wenn man eine Zeichenkette $a^{m-1}b$ in einer Zeichenreihe $a^{n-1}b$ sucht. Wir wollen jetzt zeigen, wie man die Anzahl der Vergleiche von $O(nm)$ auf $O(n + m)$ senken kann.

Als *Mismatch* bezeichnen wir einen Vergleich von einem Paar von Zeichen, der negativ ausfällt. Eine erste Idee ist, dass man nach einem Mismatch nicht wieder das ganze zu suchende Wort mit einem Teil des Textes vergleicht (das entspricht dem Zurücksetzen von j auf 0 und dem Hochzählen von i auf $i + 1$ im naiven Algorithmus). Es könnte ja möglich sein, dass man aus den Informationen der bereits erfolgten Vergleiche im Folgenden einige Vergleiche einsparen kann. Haben wir einen Mismatch an der Position $i + j$ in t mit der Position j in s

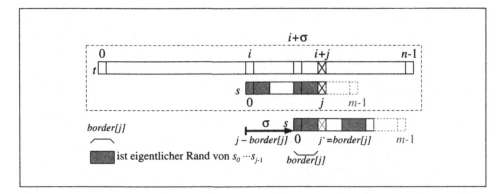

Bild 6.2: Sicherer Shift im Knuth-Morris-Pratt-Algorithmus

gefunden, dann gilt:

$$s_0 \cdots s_{j-1} = t_i \cdots t_{i+j-1} \quad \wedge \quad s_j \neq t_{i+j}.$$

Eine Erhöhung von i nennen wir einen *Shift*. Ein Shift von i auf $i + \sigma$ heißt *zulässig*, wenn $t_{i+\sigma} \cdots t_{i+j-1} = s_0 \cdots s_{j-1-\sigma}$ gilt, d.h. wir müssen t erst ab Position $i+j$ wieder mit s ab Position $j - \sigma$ vergleichen. Ein Shift ist *sicher*, wenn er der kürzeste zulässige Shift ist. Ein Shift von i auf $i+j$ ist immer zulässig. Weiter gilt für einen zulässigen Shift von i auf $i + \sigma$, dass $s' = s_0 \cdots s_{j-\sigma-1}$ sowohl ein Präfix als auch ein Suffix von $s_0 \cdots s_{j-1}$ ist. Dies motiviert die folgende Definition eines Randes:

Definition 6.4 *Sei $s \in \Sigma^*$ eine Wort über Σ. Ein Wort $s' \in \Sigma^*$ heißt* Rand *des Wortes s, wenn s' sowohl ein Präfix von s als auch auch ein Suffix von s ist. Ein Rand von s heißt* eigentlicher Rand, *abgekürzt mit $\partial(s)$, wenn er der längste echte Rand von s ist.*

Offensichtlich sind das leere Wort ε und das Wort s selbst triviale Ränder von s. Zum Beispiel ist **ung** ein Rand von **ungleichung**. In dem obigen Beispiel ist also **ung** sogar der eigentliche Rand von **ungleichung**. Man beachte, dass stets $|\partial(s)| < |s|$ gilt, wenn der eigentliche Rand des Wortes s existiert. An dieser Stelle sei noch darauf hingewiesen, dass nur das leere Wort ε keinen eigentlichen Rand besitzt.

Ein Shift von i auf $i + j - |\partial(s_0 \cdots s_{j-1})|$ ist daher sicher. Andernfalls wäre $\partial(s_0 \cdots s_{j-1})$ kein eigentlicher Rand von $s_0 \cdots s_{j-1}$. Ein solcher sicherer Shift ist im Bild 6.2 schematisch dargestellt. Der eigentliche Rand des Wortes $s_0 \cdots s_{j-1}$ ist dabei grau hinterlegt. Dabei kann es durchaus sein, dass sich der eigentliche Rand, interpretiert als Präfix und Suffix des Wortes s, überlappen kann. Betrachte hierzu das Wort *abababa*, der als eigentlichen Rand $\partial(abababa) = ababa$ hat.

```
INT KMP (char t[], int n, char s[], int m)
{
    int border[m + 1];
    compute_borders(border[], m, s[]);
    int i = 0, j = 0;
    while (i ≤ n − m)
    {
        while (t[i + j] == s[j])
            if (++j == m) return i;
        i += j − border[j];
        j = max{0, border[j]};
    }
    return −1;       /* string not found */
}
```

Bild 6.3: Der Knuth-Morris-Pratt-Algorithmus

Wenn wir nun die Längen der eigentlichen Ränder aller Präfixe von s kennen, und damit natürlich auch alle eigentlichen Ränder aller Präfixe von s, so können wir bei jedem Mismatch den Index i wie oben erhöhen. Die Vermutung liegt nahe, dass wir auf diese Weise einen besseren Algorithmus erhalten. Nehmen wir also an, wir hätten die Längen der eigentlichen Ränder aller Präfixe von s in einer Tabelle $border$ gespeichert:

$$border[j] = |\partial(s_0 \cdots s_{j-1})| \quad \text{für } j \in [1 : m].$$

Den Spezialfall $j = 0$ müssen wir gesondert betrachten, da das leere Wort keinen eigentlichen Rand besitzt. In diesem Fall setzen wir $border[0] = -1$, da dann $j - border[j] = 1$ ist und wir so den Standard-Shift von i auf $i + 1$ erhalten, der hier sicher ist. Damit erhalten wir den im Bild 6.3 angegebenen Algorithmus.

6.2.2 Analyse des Algorithmus von Knuth, Morris und Pratt

Wie sieht es nun mit der maximal benötigten Anzahl an Vergleichen aus? Wir könnten uns bei der Abschätzung dumm anstellen und behaupten, dass die äußere **while**-Schleife maximal $(n - m + 1)$-mal und die innere **while**-Schleife maximal m-mal durchlaufen wird. Damit erhalten wir für die Anzahl der Vergleiche eine Abschätzung von $O(nm)$, was keine Verbesserung gegenüber dem naiven Ansatz bedeuten würde.

Diese Abschätzung ist zwar korrekt, allerdings überschätzen wir dabei die Anzahl der wirklich gemachten Vergleiche deutlich. Um eine bessere Abschätzung zu erhalten, müssen wir etwas geschickter argumentieren. Wir werden die erfolglosen und erfolgreichen Vergleiche getrennt zählen. Einen Vergleich bezeichnen wir als *erfolglos*, wenn er ein Mismatch ist, andernfalls bezeichnen wir ihn als *erfolgreich*.

Zuerst stellen wir fest, dass bei jedem erfolglosen Vergleich der inneren **while**-Schleife der Index i um mindestens 1 erhöht wird, da der eigentliche Rand eines Wortes immer kürzer als das Wort selbst ist ($j - border[j] > 0$). Man beachte, dass dies nach Definition von *border* auch für den Spezialfall $j = 0$ gilt. Da i nie erniedrigt wird, werden maximal $n - m + 1$ erfolglose Vergleiche durchgeführt.

Für die Analyse der erfolgreichen Vergleiche betrachten wir die Summe der Indizes $i + j$. Als erstes halten wir fest, dass $i + j$ am Ende der äußeren **while**-Schleife, also nach einem erfolglosen Vergleich, nie kleiner wird. Außerdem wird j nach jedem erfolgreichen Vergleich um eins erhöht. Somit erhöht sich $i+j$ ebenfalls um eins. Da immer $0 \leq i+j \leq (n-m)+m = n$ gilt, werden maximal n erfolgreiche Vergleiche ausgeführt.

Lemma 6.5 *Der KMP-Algorithmus benötigt maximal $2n - m + 1$ Vergleiche, wenn die Tabelle border für das gesuchte Wort gegeben ist.*

6.2.3 Bestimmung eigentlicher Ränder

Nun müssen wir uns nur noch überlegen, wie wir die Einträge der Tabelle *border* effizient berechnen können. Nehmen wir an, wir hätten die Tabelle bereits bis zum Index $j - 1$ konstruiert, und wir wollen nun $border[j]$ bestimmen. Ist das Element $s[border[j - 1]] = s[j - 1]$, so ist $border[j] = border[j - 1] + 1$.

Andernfalls müssen wir ein kürzeres Präfix von $s_0 \cdots s_{j-2}$ finden, das auch ein Suffix von $s_0 \cdots s_{j-2}$ ist. Nach Konstruktion der Tabelle *border* ist das nächstkürzere Präfix mit dieser Eigenschaft das der Länge $border[border[j-1]]$. Nun testen wir, ob sich dieser Rand von $s_0 \cdots s_{j-2}$ zu einem eigentlichen Rand von $s_0 \cdots s_{j-1}$ erweitern lässt. Dies wiederholen wir solange, bis wir einen Rand gefunden haben, der sich zu einem Rand von $s_0 \cdots s_{j-1}$ erweitern lässt.

Falls sich kein Rand von $s_0 \cdots s_{j-2}$ zu einem Rand von $s_0 \cdots s_{j-1}$ erweitern lässt, so ist der eigentliche Rand von $s_0 \cdots s_{j-1}$ das leere Wort und wir setzen $border[j] = 0$. Diese Vorgehensweise ist schematisch im Bild 6.4 dargestellt.

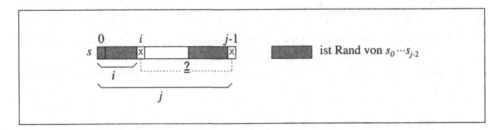

Bild 6.4: Bestimmung der Länge eines eigentlichen Randes von $s_0 \cdots s_{j-1}$

```
COMPUTE_BORDERS (int border[], int m, char s[])
{
    border[0] = -1;
    int k = border[1] = 0;
    for (int j = 2; j ≤ m; j++)
    {
        /* observe that k == border[j - 1] */
        while ((k ≥ 0) && (s[k] ≠ s[j - 1]))
            k = border[k];
        /* an extendable border is found iff k ≥ 0 (k < 0 ⇔ k = -1) */
        border[j] = ++k;
    }
}
```

Bild 6.5: Berechnung der Tabelle *border* für den KMP-Algorithmus

Wir halten noch fest, dass der eigentliche Rand maximal um ein Zeichen wachsen kann, wenn wir ein Präfix um ein Zeichen verlängern. Angenommen, bei einer Verlängerung des Präfix s' um ein Zeichen auf $s' \cdot x$ würde der eigentliche Rand von s' um mehr als ein Zeichen zum eigentlichen Rand von $s \cdot x$ wachsen, dann wäre der eigentliche Rand von $s' \cdot x$ gekürzt um das letzte Zeichen ein Rand von s', der länger als der eigentliche Rand von s' ist. Dies ist offensichtlich ein Widerspruch zur Definition des eigentlichen Randes.

Daher genügt es bei der Bestimmung der eigentlichen Ränder, immer nur den bisherigen eigentlichen Rand um ein Zeichen zu verlängern und nicht um mehrere Zeichen. Damit erhalten wir den im Bild 6.5 angegebenen Algorithmus zur Bestimmung der Tabelle *border*.

Wie viele Vergleiche benötigt dieser Algorithmus zum Aufstellen der Tabelle? Auch hier verwenden wir wieder einen Trick zum Abzählen der Vergleiche. Bei jedem erfolglosen Vergleich (d.h. $s[k] \neq s[j - 1]$) wird k verkleinert und bei jedem erfolgreichen Vergleich (d.h. $s[k] = s[j - 1]$) um eins erhöht. Da bei jedem Inkrementieren von k anschließend auch j um eins erhöht wird, kann also k nur so oft inkrementiert werden wie j. Da $j \in [2 : m + 1]$ ist, kann also k maximal $(m - 1)$-mal erhöht werden. Also gibt es maximal $m - 1$ erfolgreiche Vergleiche.

Beim Verkleinern wird k allerdings nie kleiner als -1 und es wird mindestens um 1 dekrementiert. Da k zu Beginn gleich 0 war und da beim Erniedrigen von k nur das weggenommen werden kann, was schon einmal zu k hinzugefügt worden war bzw. was zu Beginn schon auf k lag, kann k maximal $(m - 1) + 1 = m$ mal erniedrigt werden. Damit kann es auch nur maximal m erfolglose Vergleiche gegeben haben.

Lemma 6.6 *Die Tabelle border für ein Wort s der Länge m lässt sich mit maximal $2m - 1$ Vergleichen berechnen.*

Eine genauere Analyse zeigt, dass maximal $2m - 2$ Vergleiche möglich sind. Aus Lemma 6.5 und Lemma 6.6 ergibt sich das folgende Theorem.

Theorem 6.7 *Der KMP-Algorithmus benötigt maximal $2n + m$ Vergleiche um zu entscheiden, ob eine Zeichenkette der Länge m in einem Wort der Länge n enthalten ist. Dafür ist $O(m)$ zusätzlicher Speicherplatz nötig.*

Man beachte, dass die Anzahl der Vergleiche von der Größe des verwendeten Alphabets unabhängig ist. Man kann den KMP-Algorithmus auch noch dahingehend verbessern, dass man beim Verschieben die Kenntnis der Zeichen ausnutzt, die den Mismatch verursacht haben. Für solche Erweiterungen sei der Leser auf weiterführende Literatur über Textalgorithmen verwiesen.

Wir merken an dieser Stelle noch an, dass sich der KMP-Algorithmus für eine so genannte *inkrementelle Suche* eignet. Hierbei sucht (und findet) der Suchalgorithmus bereits die schon eingegebenen Präfixe der eigentlich gesuchten Zeichenreihe (wie dies etwa bei der inkrementelle Suche im Editor Emacs geschieht).

Dabei wird die Tabelle *border* inkrementell nur für den bereits bekannten Präfix berechnet. Der KMP-Algorithmus kann dann natürlich schon nach Präfixen des Suchmusters suchen, da ja nur die ersten (bereits berechneten) Teile der Tabelle *border* benötigt werden. Mit einer Vervollständigung der Tabelle *border* kann der Suchalgorithmus dann auch längere Präfixe bzw. das gesamte Suchwort finden.

6.3 Der Algorithmus von Boyer und Moore

In diesem Abschnitt stellen wir eine alternative Methode zum Suchen in Texten aus dem Jahre 1977 von R. Boyer und J. Moore vor, den so genannten *Boyer-Moore-Algorithmus*.

6.3.1 Die Idee

Der Ausgangspunkt für eine weitere Verbesserung ist die folgende, im Bild 6.6 angegebene Variante des naiven Algorithmus. Der einzige Unterschied zum ersten naiven Ansatz ist der, dass wir nun das gesuchte Wort mit einem Textstück nicht mehr von links nach rechts, sondern von rechts nach links vergleichen. Die Anzahl der Vergleiche ist im schlimmsten Falle immer noch dieselbe, nämlich $(n-m+1)m$. Betrachte hierzu den Text a^n und suche darin nach dem Wort ba^{m-1}.

Warum sollte dieser Ansatz also einen Vorteil haben? In der Praxis beinhalten die betrachteten Alphabete meist sehr viele Symbole. Löst nun ein Zeichen in dem gegebenen Text an Position $i + j$ einen Mismatch aus, welches im gesuchten Wort gar nicht vorkommt, so können wir i gleich auf $i + j + 1$ hochsetzen. Da dies in gewöhnlichen Texten, wie z.B. Schriftstücken oder Programmen, sehr oft auftritt,

```
INT NAIV2 (char t[], int n, char s[], int m)
{
    int i = 0, j = m - 1;
    while (i ≤ n - m)
    {
        while (t[i + j] == s[j])
            if (j-- == 0) return i;
        i++;
        j = m - 1;
    }
    return -1;       /* string not found */
}
```

Bild 6.6: Eine weitere naive Methode zum Suchen von Zeichenketten

können wir beim Suchen in solchen Texten mit wesentlich weniger Vergleichen
auskommen. Man beachte, dass dieser Vorteil bei Alphabeten mit kleiner Größe,
wie z.B. beim Suchen in DNS-Sequenzen, nicht zum Tragen kommt. Wir werden
später noch auf diese Heuristik zurückkommen und widmen uns erst einmal dem
eigentlichen Suchalgorithmus.

Der Boyer-Moore-Algorithmus, der detailliert im Bild 6.7 angegeben ist, sieht
nun genauso aus wie dieser zweite naive Ansatz, mit dem einzigen Unterschied,
dass nach einem Mismatch ein größerer Shift mit Hilfe einer Shift-Tabelle S ausgeführt wird. Wir müssen uns nur noch überlegen, welche Werte diese Shift-Tabelle
haben soll und wie diese Shift-Tabelle effizient zu berechnen ist.

Betrachten wir zur Bestimmung der Shift-Tabelle S das Bild 6.8. Wir nehmen
also an, dass wir gerade versuchen, das Wort $s = s_0 \cdots s_{m-1}$ mit dem Teilwort

```
INT BM (char t[], int n, char s[], int m)
{
    int S[m + 1];
    compute_shift_table(S, m, s);
    int i = 0, j = m - 1;
    while (i ≤ n - m)
    {
        while (t[i + j] == s[j])
            if (j-- == 0) return i;
        i += S[j];
        j = m - 1;
    }
    return -1;       /* string not found */
}
```

Bild 6.7: Der Boyer-Moore-Algorithmus

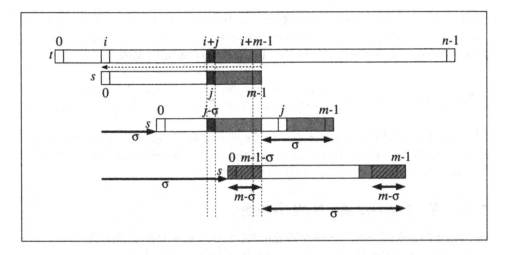

Bild 6.8: Zulässige Shifts beim Boyer-Moore-Algorithmus

$t_i \cdots t_{i+m-1}$ von t zu vergleichen. Dabei haben wir im hinteren Bereich von s (wir vergleichen von rechts nach links!) eine Übereinstimmung mit t gefunden und an der Position $i+j$ in t einen Mismatch, d.h. es gilt:

$$s_{j+1} \cdots s_{m-1} = t_{i+j+1} \cdots t_{i+m-1} \quad \wedge \quad s_j \neq t_{i+j}.$$

Für einen zulässigen Shift um σ Positionen soll gelten, dass in demselben Bereich von t wieder eine Übereinstimmung herrschen soll, also

$$s_{j+1-\sigma} \cdots s_{m-1-\sigma} = t_{i+j+1} \cdots t_{i+m-1} = s_{j+1} \cdots s_{m-1}.$$

Zusätzlich soll $s_j \neq s_{j-\sigma}$ sein, da andernfalls das Wort s kein Teilwort von t ab der Position $i+\sigma$ sein kann. Die letzten beiden Bedingungen sind nur für „kleine" Shifts mit $\sigma \leq j$ sinnvoll. Dies entspricht dem oberen Shift im Bild 6.8, wobei der Mismatch dunkelgrau und die Übereinstimmung hellgrau markiert ist.

Für „große" Shifts $\sigma > j$ muss gelten, dass das Suffix des übereinstimmenden Bereichs mit dem Präfix von s übereinstimmt. Formal muss also gelten, dass

$$s_0 \cdots s_{m-1-\sigma} = s_\sigma \cdots s_{m-1}.$$

Dieser Fall korrespondiert mit dem unteren Shift im Bild 6.8. Dabei ist hier die Übereinstimmung (also ein Rand) schraffiert gezeichnet.

Bezeichnet man mit $\mathcal{R}(s)$ die Menge aller Ränder von s, so kann man die beiden obigen Bedingungen wie folgt formulieren:

$$\sigma \leq j \quad \wedge \quad s_{j+1} \cdots s_{m-1} \in \mathcal{R}(s_{j+1-\sigma} \cdots s_{m-1}) \quad \wedge \quad s_j \neq s_{j-\sigma}$$
$$\sigma > j \quad \wedge \quad s_0 \cdots s_{m-1-\sigma} \in \mathcal{R}(s_0 \cdots s_{m-1})$$

Shifts, die eine der obigen Bedingungen erfüllen, wollen wir im Folgenden als
zulässig bezeichnen. Damit wir einen *sicheren Shift* erhalten, wählen wir den
kleinsten Wert σ, der eine der beiden Bedingungen erfüllt, also

$$S[j] = \min \left\{ \sigma : \begin{array}{l} (\sigma \leq j \wedge s_{j+1} \cdots s_{m-1} \in \mathcal{R}(s_{j+1-\sigma} \cdots s_{m-1}) \wedge s_j \neq s_{j-\sigma}) \\ \vee (\sigma > j \wedge s_0 \cdots s_{m-1-\sigma} \in \mathcal{R}(s_0 \cdots s_{m-1})) \end{array} \right\}.$$

Man beachte hierbei, dass $\sigma = m$ für die zweite Bedingung immer einen zulässigen Shift liefert. Diese Regel, nach der der obige sichere Shift berechnet wird,
bezeichnet man allgemein als *Good-Suffix-Rule*.

6.3.2 Bestimmung der Shift-Tabelle

In beiden Fällen müssen wir also wieder die Ränder von Teilwörtern des gesuchten
Wortes s kennen. Im Gegensatz zum KMP-Algorithmus benötigen wir allerdings
nicht nur die Ränder von Präfixen von s, sondern insbesondere für den ersten Fall
auch die Ränder von Suffixen von s. Im ersten Fall sind wir allerdings nicht primär
an den Rändern der Suffixe interessiert, denn wir fordern ja noch zusätzlich, dass
das Zeichen unmittelbar vor dem Rand ungleich dem Zeichen unmittelbar vor dem
Suffix sein soll. Dennoch können wir die Prozedur zur Berechnung der Ränder
des KMP-Algorithmus wieder verwerten.

Die Prozedur zur Berechnung der Shift-Tabelle S ist im Bild 6.9 angegeben.
Im ersten Teil berechnen wir die Einträge an den Positionen j, für die $\sigma \leq j$
gilt. Im zweiten Teil ergänzen wir die Tabelle für diejenigen Positionen, für die
$\sigma > j$ gilt. Der erste bzw. zweite Teil entspricht somit der ersten bzw. zweiten
Bedingung in der Disjunktion der Definition von S.

Zum besseren Verständnis der folgenden Argumentation sollte man Bild 6.8
zu Rate ziehen. Im ersten Teil sind die Ränder eines Suffixes gefragt, in denen das
Zeichen unmittelbar vor dem Rand am Ende des Suffixes ungleich dem Zeichen
unmittelbar vor dem Suffix ist. Das entspricht bei der Berechnung der Ränder
genau dem Fall, in dem wir in der **while**-Schleife den bisherigen Rand nicht
verlängern können und k' auf $border\_rev[k']$ erniedrigen. In diesem Fall können
wir also den Wert der Shift-Tabelle $S[j]$ verbessern. Hierbei ist $border\_rev$ die
Tabelle, die die Längen der eigentlichen Ränder aller Suffixe von s speichert.

Da ein bestimmtes Wort Rand verschiedener Suffixe sein kann, und wir bei
der Aktualisierung der Shift-Tabelle S nur den kleinsten Wert berücksichtigen
dürfen, wird die Tabelle über eine Minimumbildung aktualisiert. Man beachte,
dass im Algorithmus $j' \in [1 : m]$ die Länge des betrachteten Suffixes angibt,
der Mismatch also an der Position $j' - 1$ von hinten im Wort auftritt. Auch hier
zählen wir die Positionen wieder von 0 beginnend, diesmal allerdings von rechts
nach links. Daher wird bei einem Mismatch an Position k' mit $j' - 1$ (von rechts)
die Shift-Tabelle an Position $m - k' - 1$ um den Wert $(j' - 1) - k'$ aktualisiert.

```
COMPUTE_SHIFT_TABLE (int S[], int m, char s[])
{
      /* initialize shift table */
      for (int i = 0; i < m + 1; i++) S[i] = m;

      /* part 1: σ ≤ j */
      int border_rev[m + 1];        border_rev[0] = −1;
      int k' = border_rev[1] = 0;
      /* j' ∈ [2 : m] is the length of the considered suffix! */
      for (int j' = 2; j' ≤ m; j'++)
      {    /* Note that k' == border_rev[j' − 1] */
           while ((k' ≥ 0) && (s[m − k' − 1] ≠ s[m − j']))
           {
                 int σ = j' − k' − 1;
                 S[m − k' − 1] = min(S[m − k' − 1], σ);
                 k' = border_rev[k'];
           }
           border_rev[j'] = ++k';
      }


      /* part 2: σ > j */
      int j = 0, border[m + 1];
      compute_borders(border, m, s);
      for (int i = border[m]; i ≥ 0; i = border[i])
           for (int σ = m − i; j < σ; j++)
                 S[j] = min(S[j], σ);
}
```

Bild 6.9: Berechnung der sicheren Shifts im Boyer-Moore-Algorithmus

Im zweiten Teil bestimmen wir zunächst wie im KMP-Algorithmus die Tabelle *border* für alle eigentlichen Ränder aller Präfixe des gesuchten Wortes s. Mit Hilfe dieser Tabelle können wir nun die Shift-Tabelle an den Stellen aktualisieren, an denen $\sigma > j$ gilt. Solange sich die Position j noch außerhalb des aktuell betrachteten Rand des Wortes s befindet, also $j < m − i =: \sigma$ ist, ist ein Shift um σ Positionen zulässig. Andernfalls müssen wir den nächstkürzeren zulässigen Rand betrachten ($i = border[i]$).

Es bleibt noch zu zeigen, dass wir jeden zulässigen Shift σ, wie in der Definition angegeben, auch wirklich berücksichtigt haben. Für den ersten Fall, also für relativ kurze Shifts, könnten wir ja eventuell einige zulässige Shifts unberücksichtigt gelassen haben. Betrachten wir hierzu das Bild 6.10. Der dunkelgraue Bereich sei der Rand, der für den korrekten Eintrag in der Shift-Tabelle maßgeblich ist, wenn das Zeichen y ein Mismatch auslöst. Daher muss nach der Good-Suffix-Rule $x \neq y$ sein.

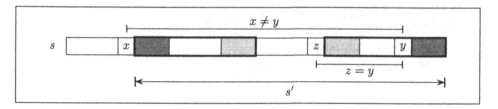

Bild 6.10: Eventuell ausgelassener zulässiger Shift

Wir aktualisieren nur dann die Shift-Tabelle nicht korrekt, wenn es bei der Berechnung des eigentlichen Randes von $x \cdot s'$ einen längeren Rand (als den dunkelgrauen) gibt. Sei also der eigentliche Rand von s' der eingerahmte Teil, den wir zu einem eigentliche Rand von $x \cdot s'$ erweitern wollen. Aufgrund der Definition des Randes tauchen die dunkelgrauen Teile in s' auch an den hellgrauen Positionen noch einmal auf. Weiterhin muss $z = y$ sein, da sonst der dunkelgraue Bereich nicht für den korrekten Eintrag der Shift-Tabelle maßgeblich sein kann. In der Shift-Tabelle würde dann s so verschoben, dass nach dem Shift statt x das Zeichen z an Stelle von y treten würde.

Dann ist jedoch auch $z = y \neq x$ und wir könnten den Rand von s' nicht zu einem Rand von $x \cdot s'$verlängern. Da wir dann den nächstkürzeren Rand ausprobieren, wiederholt sich die Argumentation, bis wir versuchen den dunkelgrauen Bereich zu einem Rand von $x \cdot s'$ zu erweitern. Da dies ebenfalls (nach Voraussetzung) nicht möglich ist, wird die Shift-Tabelle an der Position y korrekt aktualisiert.

Für den zweiten Fall, also für die relativ langen Shifts, folgt aus der Implementierung, dass wir jeweils den kürzesten solchen Shift berücksichtigt haben, da wir für jeden Eintrag immer den längstmöglichen Rand (also den kürzestmöglichen Shift) betrachten.

6.3.3 Analyse des Algorithmus von Boyer und Moore

Wir wollen jetzt noch eine einfache Analyse des Boyer-Moore-Algorithmus durchführen. Zuerst stellen wir fest, dass die Prozedur `compute_shift_table` in der Hauptsache auf die Prozedur `compute_borders` zurückgreift bzw. diese adaptiert. Wir müssen nur noch die Schleifen im zweiten Teil analysieren. Zuerst halten wir fest, dass hier überhaupt keine Vergleiche auf den Zeichen der Zeichenketten ausgeführt werden. Da weiterhin in jedem Durchgang der inneren Schleife j um eins erhöht wird, werden diese Schleifen nur m-mal durchlaufen.

Lemma 6.8 *Die Shift-Tabelle des Boyer-Moore-Algorithmus lässt sich für eine Zeichenkette der Länge m mit maximal $4m$ Vergleichen berechnen.*

Es bleibt noch die Anzahl der Vergleiche in der Hauptprozedur zu bestimmen. Dabei zählen wir zwei Arten von Vergleichen. Einen Vergleich, der zum ersten Mal ein Zeichen aus t verwendet, nennen wir *initialen Vergleich*, die anderen *wiederholte Vergleiche*. Wir betrachten dabei im Folgenden nur erfolglose Versuche bzw. den ersten erfolgreichen Versuch, die Zeichenreihe s in t zu finden.

Betrachten wir den Versuch, s mit $t_i \cdots t_{i+m-1}$ zu vergleichen. Wir werden jetzt zeigen, dass die Anzahl der ausgeführten Vergleiche durch die Anzahl der initialen Vergleiche plus viermal der Länge des anschließenden Shifts beschränkt ist. Bezeichne V_j die Anzahl der initialen Vergleiche beim j-ten Versuch, die Zeichenreihe s in t zu finden, und σ_j die Länge des darauf folgenden Shifts. War der j-te Versuch s in t zu finden erfolgreich, dann sei $\sigma_j = 0$. Werden insgesamt ν Versuche ausgeführt, dann ist die Anzahl der Vergleiche höchstens

$$\sum_{i=j}^{\nu} (V_j + 4\sigma_j) + m \leq n + 4n + m = 5n + m.$$

Der Summand m steht für den Fall, dass der letzte Versuch erfolgreich war. Die Abschätzung folgt aus der Tatsache, dass es maximal n initiale Vergleiche geben kann und dass die Summe der Shifts durch n beschränkt ist: $\sum_{j=1}^{\nu} \sigma_j \leq n$.

Betrachten wir jetzt den Versuch, s mit $t_i \cdots t_{i+m-1}$ zu vergleichen, wobei ℓ erfolgreiche Vergleiche und ein erfolgloser Vergleich ausgeführt wurden, d.h.

$$s_{m-\ell} \cdots s_{m-1} = t_{i+m-\ell} \cdots t_{i+m-1} \quad \text{und} \quad s_{m-\ell-1} \neq t_{i+m-\ell-1}.$$

Hat der anschließende Shift eine Länge von mindestens $\lceil \ell/4 \rceil$, so nennen wir ihn *lang*, andernfalls *kurz*. Für einen langen Shift gilt die geforderte Abschätzung, da

$$\ell + 1 \leq 1 + 4\lceil \ell/4 \rceil \leq 1 + 4\sigma.$$

Dabei steht die 1 für einen initialen Vergleich, da ja bei jedem Versuch mindestens ein solcher stattfinden muss.

Wir müssen uns nun noch um die kurzen Shifts kümmern. Dazu betrachten wir Bild 6.11. Wegen der Good-Suffix-Rule wissen wir, dass im Intervall $[i + m - \ell : i + m - 1]$ in t die Zeichen mit der verschobenen Zeichenreihe s übereinstimmen. Aufgrund der Kürze des Shifts der Länge σ folgt, dass das Suffix α von s der Länge σ mindestens $\lfloor \ell/\sigma \rfloor$ mal am Ende der Übereinstimmung von s und t vorkommen muss. Damit muss α also mindestens $k := 1 + \lfloor \ell/\sigma \rfloor \geq 5$ mal am Ende von s auftreten (siehe Bild 6.11 für $k = 6$). Nur falls das Wort s kürzer als $k \cdot \sigma$ ist, ist s ein Suffix von α^k. Sei im Folgenden s' das Suffix der Länge $k \cdot \sigma$ von s, falls $|s| \geq k \cdot \sigma$ ist, und $s' = s$ sonst. Wir halten noch fest, dass sich im Suffix s' die Zeichen im Abstand von σ Positionen wiederholen.

Wir werden zeigen, dass die Zeichen des Wortes t an den Positionen im Intervall $A := [i + m - (k-2)\sigma : i + m - 2\sigma - 1]$ bislang noch an keinem Vergleich

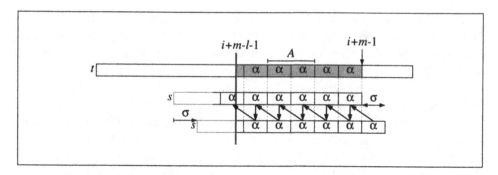

Bild 6.11: Boyer-Moore-Shift nach einem erfolglosen Vergleich

beteiligt waren. Den Beweis führen wir durch Widerspruch. Dazu betrachten wir frühere Versuche, die Vergleiche im Abschnitt A hätten ausführen können.

Zuerst betrachten wir einen früheren Versuch, bei dem mindestens σ erfolgreiche Vergleiche ausgeführt worden sind. Dazu betrachten wir nun Bild 6.12a, wobei der betrachtete Versuch oben dargestellt ist. Da mindestens σ erfolgreiche Vergleiche ausgeführt wurden, folgt aus der Periodizität von s', dass alle Vergleiche bis zur Position $i + m - \ell - 2$ erfolgreich sein müssen. Der Vergleich an Position $i + m - \ell - 1$ muss hingegen erfolglos sein, da auch der ursprüngliche Versuch s an Position i in t zu finden an Position $i + m - \ell - 1$ erfolglos war. Wir behaupten nun, dass dann jeder sichere Shift gemäß der Good-Suffix-Rule die Zeichenreihe s auf eine Position größer als i verschoben hätte.

Nehmen wir an, es gäbe einen kürzeren sicheren Shift (wie im Bild 6.12a unten dargestellt). Dann müsste an Position $i + m - \ell - 1$ in t mit einem Zeichen aus s' verglichen werden. Dort steht im verschobenen s' aber dasselbe Zeichen wie beim erfolglosen Vergleich des früheren Versuchs, da sich in s' die Zeichen alle σ Zeichen wiederholen. Damit erhalten wir einen Widerspruch zur Good-Suffix-Rule. Falls der Shift um s Zeichen zu kurz ist, damit es zu einem Vergleich mit dem Zeichen an Position $i + m - \ell - 1$ kommen kann, hätten wir s in t gefunden und wir hätten keinen Versuch an Position i unternommen.

Es bleiben noch die früheren Versuche, die weniger als σ Vergleiche ausgeführt haben. Da wir nur Versuche betrachten, die Vergleiche im Abschnitt A ausführen, muss der Versuch an einer Position im Intervall $[i - (k-2)\sigma : i - \sigma - 1]$ von rechts nach links begonnen haben. Nach Wahl von A muss der erfolglose Vergleich auf einer Position größer als $i + m - \ell - 1$ erfolgen. Betrachte hierzu den oberen Teil im Bild 6.12b. Sei α' das Suffix von α (und damit von s' bzw. s), in dem die erfolgreichen Vergleiche stattgefunden haben. Seien nun $x \neq y$ die Zeichen, die den Mismatch ausgelöst haben, wobei x unmittelbar vor dem Suffix α' in s' steht. Offensichtlich liegt α' völlig im Intervall $[i - m - \ell : i + m - \sigma - 1]$.

Wir werden jetzt zeigen, dass ein Shift auf $i - \sigma$ (wie im Bild 6.12b unten dargestellt) zulässig ist. Die alten erfolgreichen Vergleiche stimmen mit dem Teilwort

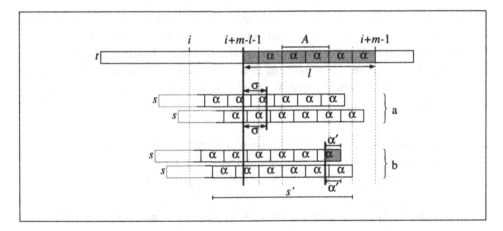

Bild 6.12: Mögliche frühere Versuche eines kurzen Shifts

in s' überein. Nach Voraussetzung steht an der Position unmittelbar vor α' in s' das Zeichen x und an der Position des Mismatches in s' das Zeichen y. Damit ist ein Shift auf $i - \sigma$ zulässig. Da dies aber nicht notwendigerweise der kürzeste sein muss, erfolgt ein sicherer Shift auf eine Position kleiner gleich $i - \sigma$.

Erfolgt ein Shift genau auf Position $i - \sigma$, dann ist der nächste Versuch bis zur Position $i + m - \ell - 1$ in t erfolgreich. Da wir dann also mindestens σ erfolgreiche Vergleiche ausführen, folgt, wie oben erläutert, ein Shift auf eine Position größer als i (oder der Versuch wäre erfolgreich abgeschlossen worden). Andernfalls haben wir einen Shift auf Position kleiner als $i - \sigma$ und wir können dieselbe Argumentation wiederholen. Also erhalten wir letztendlich immer einen Shift auf eine Position größer als i, aber nie einen Shift auf die Position i.

Damit ist bewiesen, dass bei einem kurzen Shift, die Zeichen im Abschnitt A von t zum ersten Mal verglichen worden sind. Da auch der Vergleich des letzten Zeichens von s mit einem Zeichen aus t ein initialer gewesen sein musste, folgt dass mindestens $1 + |A|$ initiale Vergleiche ausgeführt wurden. Da $|A| \geq \ell - 4\sigma$, erhalten wir die gewünschte Abschätzung:

$$1 + \ell = (1 + |A|) + (\ell - |A|) \leq (1 + |A|) + 4\sigma.$$

Wie wir zu Beginn dieses Abschnitts schon ausgeführt haben, benötigt die Hauptprozedur des Boyer-Moore-Algorithmus dann maximal $5n + m$ Vergleiche. Nach Lemma 6.8 haben wir zum Aufbau der Shift-Tabelle noch einmal $4m$ Vergleiche benötigt. Wir fassen die eben bewiesenen Ergebnisse in dem folgenden Theorem zusammen.

Theorem 6.9 *Der Boyer-Moore-Algorithmus benötigt maximal $5(n + m)$ Vergleiche um zu entscheiden, ob eine Zeichenkette der Länge m in einem Text der Länge n enthalten ist. Dafür ist $O(m)$ zusätzlicher Speicherplatz nötig.*

Wir wollen an dieser Stelle darauf hinweisen, dass unsere Analyse nur für die erfolglose Suche bzw. das erste erfolgreiche Auffinden einer Zeichenreihe gilt.

Die aufwendigere exakte Analyse des Boyer-Moore-Algorithmus führen wir hier nicht aus, sondern verweisen auf den Originalartikel von R. Cole bzw. auf das Buch von M. Crochemore und W. Rytter und halten an dieser Stelle nur das Ergebnis fest:

Theorem 6.10 *Der Boyer-Moore-Algorithmus benötigt maximal $3(n+m)$ Vergleiche um zu entscheiden, ob eine Zeichenkette der Länge m in einem Text der Länge n enthalten ist. Dafür ist $O(m)$ zusätzlicher Speicherplatz nötig.*

R. Cole hat ebenfalls gezeigt, dass der Boyer-Moore-Algorithmus im schlimmsten Falle mindestens $3n - o(n)$ Vergleiche benötigt. Damit ist im worst-case der Boyer-Moore-Algorithmus schlechter als der Knuth-Morris-Pratt-Algorithmus.

In der Praxis hat sich allerdings herausgestellt, dass für große Alphabete der Boyer-Moore-Algorithmus deutlich schneller als der Knuth-Morris-Pratt-Algorithmus ist, insbesondere wenn man zusätzlich die am Anfang des Abschnittes erwähnte Heuristik verwendet. Hierbei wird bei einem Mismatch mit einem Zeichen x im Text t das gesuchte Wort s so weit verschoben, bis das nächste Auftreten von x (nach links) im Wort s mit dem im Text t zur Deckung kommt. Ist das Zeichen x im vorderen Teil gar nicht mehr vorhanden, so wird das Wort s hinter das Auftreten von x im Text t weitergeschoben.

Der nach dieser Regel generierte sichere Shift wird als *Bad-Character-Rule* bezeichnet. Wir können dann den größeren der beiden Shifts ausführen, die von der Good-Suffix- und Bad-Character-Rule vorgeschlagen werden, da der kleinere Shift jeweils von der anderen Regel als unzulässig verworfen wird.

Wir wollen noch anmerken, dass die Verallgemeinerung des oben angegebenen Boyer-Moore-Algorithmus, die alle Vorkommen von s in t findet, eine quadratische Laufzeit von $O(nm)$ bekommt. Man suche hierzu etwa a^m in a^n.

Dies steht völlig im Gegensatz zum Knuth-Morris-Pratt-Algorithmus, der bei dieser Verallgemeinerung seine lineare Laufzeit beibehält. Allerdings kann man mit Hilfe einer Verbesserung von Z. Galil auch hier für den Boyer-Moore-Algorithmus eine lineare Laufzeit von $O(n+m)$ erhalten. Für Details verweisen wir auf das Buch von M. Crochemore und W. Rytter bzw. auf das Buch von D. Gusfield.

6.4 Tries für Texte

Wir wollen nun noch eine Methode zum Suchen in Texten vorstellen, die gerade dann sinnvoll ist, wenn der Text selbst unveränderlich ist und wir in diesem oft nach verschiedenen Zeichenreihen suchen wollen.

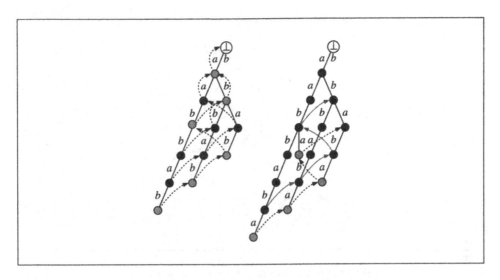

Bild 6.13: Suffix-Tries für *abbab* und *abbaba*

6.4.1 Suffix-Tries

Ein *Suffix-Trie* ist ein Trie, in dem man für ein vorgegebenes Wort $t \in \Sigma^*$ alle seine Suffixe abspeichert. Oft betrachtet man dabei das Wort $t\$$, wobei das Zeichen $\$ \notin \Sigma$ nicht im verwendeten Alphabet vorkommt. Dann ist kein Suffix ein Präfix eines anderen Suffixes und somit gehört zu jedem Suffix von $t\$$ ein eigenes Blatt, in dem die zugehörige Information gespeichert werden kann. Im rechten Teil des Bildes 6.13 ist ein Suffix-Trie für *abbaba* angegeben, wobei die gestrichelten Pfeile und der Knoten $\perp$ hier noch ohne Bedeutung sind.

Wir werden im Folgenden iterativ einen Suffix-Trie für das Wort $t = t_1 \cdots t_n$ konstruieren. Dabei bezeichne T^i den Suffix-Trie für das Wort $t^i := t_1 \cdots t_i$, wobei $t^0 := t_1 \cdots t_0 = \varepsilon$ ist. Dann ist T^0 der Suffix-Trie, der nur aus der Wurzel besteht. Um uns für die Konstruktion das Leben etwas leichter zu machen, fügen wir zu jedem Suffix-Trie noch einen virtuellen Knoten $\perp$ hinzu, von dem es für jedes Zeichen aus Σ eine Kante zur eigentlichen Wurzel des Suffix-Tries gibt.

Sei t' ein Teilwort von t. Da jedes Teilwort von t ein Präfix eines Suffixes von t ist, gibt es nach Definition im Suffix-Trie für t' einen Pfad von der Wurzel zu einem Knoten s, so dass die Abfolge der Marken der Kanten dieses Pfades t' ergibt. Wir bezeichnen für jedes Teilwort t' von t diesen korrespondierenden Knoten des Suffix-Tries mit $\overline{t'}$. Insbesondere bezeichnen wir die Wurzel des Suffix-Tries mit $\overline{\varepsilon}$.

Kommen wir nun zur Konstruktion des Suffix-Tries für $t = t_1 \cdots t_n$. Nehmen wir an, wir hätten den Suffix-Trie T^{i-1} für t^{i-1} bereits konstruiert (zu Beginn ist dies für $i = 1$ leicht zu erfüllen) und wir wollen nun daraus den Suffix-Trie T^i für t^i konstruieren. Wir müssen nun jedes Suffix $s_j := t_j \cdots t_{i-1}$ von t^{i-1} zu einem Suffix $s'_j := t_j \cdots t_i$ von t^i erweitern. Dazu betrachten wir den Knoten $\overline{s_j}$. Hat

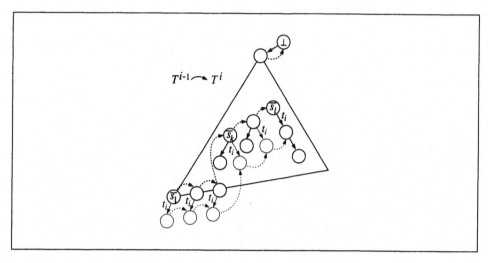

Bild 6.14: Konstruktion von T^i aus T^{i-1}

dieser bereits eine ausgehende Kante mit Marke t_i, so sind wir fertig. Andernfalls hängen wir an $\overline{s_j}$ einen neuen Knoten $\overline{s'_j}$ über eine Kante mit Marke t_i an.

Dies lässt sich naiv für jeden Knoten $\overline{s_j}$ in Zeit $O(|s_j|)$ erledigen, indem wir den Knoten $\overline{s_j}$ durch eine Suche von der Wurzel $\overline{\varepsilon}$ des Tries T^{i-1} auffinden. Das eventuell nötige Anhängen eines neuen Knotens über eine Kante mit Marke t_i kostet dann nur noch $O(1)$. Der Zeitbedarf dieser naiven Konstruktion von T^i aus T^{i-1} ist für eine Konstante c beschränkt durch:

$$\sum_{j=1}^{i-1}(c \cdot |s_j|) \ = \ c \cdot \sum_{j=1}^{i-1}(i-j) \ = \ c \cdot \sum_{j=1}^{i-1} j \ \le \ c \cdot i^2.$$

Damit ist die Konstruktion von T^n in Zeit $O(n^3)$ durchführbar. Für praktische Zwecke ist dies jedoch indiskutabel, da im Allgemeinen n sehr groß ist. Wir werden nun zeigen, wie man T^i aus T^{i-1} in Zeit $O(i)$ konstruieren kann.

Um nun zu jedem Suffix s_j von t^{i-1} den korrespondierenden Knoten schnell finden zu können, benötigen wir den Begriff des Suffix-Links. Ist aw ein Teilwort von t, dann ist auch w ein Teilwort von t. Als *Suffix-Link* von $\overline{aw}$ definieren wir dann $\overline{w}$ und schreiben hierfür *suffix-link*$(\overline{aw}) = \overline{w}$. Zusätzlich definieren wir den Suffix-Link der Wurzel als *suffix-link*$(\overline{\varepsilon}) = \perp$. Im linken Teil des Bildes 6.13 sind die Suffix-Links des Suffix-Tries für *abbab* als gestrichelte Pfeile dargestellt.

Mit unserem naiven Ansatz verschwenden wir die meiste Zeit mit dem Auffinden des Knotens $\overline{s_j}$. Den Knoten zu dem längsten Suffix s_1 von t^{i-1} können wir uns einfach merken. Wir gehen nun die Knoten von $\overline{s_1}$ bis $\overline{s_{i-1}}$ in dieser Reihenfolge durch. Dabei lässt sich $\overline{s_{j+1}}$ aus $\overline{s_j}$ in Zeit $O(1)$ finden. Da $s_j = t_j \cdots t_{i-1}$ und $s_{j+1} = t_{j+1} \cdots t_{i-1}$ ist, ist $\overline{s_{j+1}}$ gerade der Suffix-Link von $\overline{s_j}$. Damit können

```
BUILD_SUFFIX_TRIE (char t[], int n)
{
    T = ({root, ⊥}, {⊥ --x--> root : x ∈ Σ});
    suffix_link[root] = ⊥;
    longest_suffix = previous_node = root;
    for (i = 1; i ≤ n; i++)
    {
        current_node = longest_suffix;
        while (current_node --ti--> some_node does not exist)
        {
            add current_node --ti--> new_node to T;
            if (current_node == longest_suffix)
                longest_suffix = new_node;
            else
                suffix_link[previous_node] = new_node;
            previous_node = new_node;
            current_node = suffix_link[current_node];
        }
        suffix_link[previous_node] = some_node;
    }
}
```

Bild 6.15: Ukkonens Algorithmus für Suffix-Tries

wir uns mit Hilfe der Suffix-Links von $\overline{s_1}$ bis $\overline{s_{i-1}}$ durchhangeln. Dieses Durchhangeln ist noch einmal im rechten Teil von Bild 6.13 illustriert.

Es bleibt nur noch zu zeigen, wie wir bei der Konstruktion des Suffix-Tries die Suffix-Links effizient mitberechnen können. Zuerst stellen wir fest, dass sich ein bereits berechneter Suffix-Link nie wieder ändert. Wir müssen uns also nur Gedanken machen, wie wir für die neuen Knoten die Suffix-Links konstruieren. Wie sieht der Suffix-Link des neu zu konstruierenden Knotens $\overline{s_j \cdot t_i}$ aus, wenn wir $\overline{s_j}$ bereits kennen? Den Knoten $\overline{s_{j+1}}$ finden wir als $suffix\text{-}link(\overline{s_j})$. Also ist der Suffix-Link von $\overline{s_j \cdot t_i}$ gerade der Nachfolger des Knoten $suffix\text{-}link(\overline{s_j})$ über die Kante t_i. Damit kann der Suffix-Link des Knotens $\overline{s_j \cdot t_i}$ in Zeit $O(1)$ berechnet werden. Dies ist schematisch im Bild 6.14 dargestellt. Im Bild 6.13 ist die Konstruktion eines Suffix-Tries für *abbaba* aus *abbab* dargestellt.

Damit können wir den Suffix-Trie T^i aus T^{i-1} in Zeit $O(i)$ konstruieren und erhalten den Suffix-Trie T^n in Zeit $O(n^2)$. Der Algorithmus hierfür ist im Bild 6.15 skizziert. Zur Korrektheit müssen wir uns nur noch überlegen, dass wir beim Durchhangeln der Suffix-Links bereits beim ersten angetroffen Knoten aufhören können, von dem eine Kante t_i ausgeht.

Sei $\overline{w}$ der Knoten, an dem die **while**-Schleife endet. Damit ist $w \cdot t_i$ bereits ein Teilwort von t^{i-1} und somit ist auch jedes Suffix $w' \cdot t_i$ von $w \cdot t_i$ bereits ein Teilwort

von t^{i-1}. Also hatte bereits jeder Knoten $\overline{w'}$ in T^{i-1} eine ausgehende Kante mit
Marke t_i. Daher ist es korrekt, wenn wir beim Durchhangeln der Suffix-Links am
Knoten $\overline{w}$ aufhören (da auch die übrigen Suffix-Links bereits konstruiert sind).

Theorem 6.11 *Ein Suffix-Trie für ein Wort der Länge n kann in Zeit $O(n^2)$*
mit Platzbedarf $O(n^2)$ konstruiert werden.

Für die Praxis ist ein quadratischer Algorithmus allerdings immer noch zu
aufwendig. Leider kann ein Suffix-Trie auch quadratische Größe haben. Betrachte
hierzu den Suffix-Trie für das Wort $a^n b^n$, der $(n + 1)^2$ Knoten hat. Wir werden im folgenden Abschnitt sehen, wie wir solche Suffix-Tries auch mit linearem
Platzbedarf beschreiben und in linearer Zeit konstruieren können.

6.4.2 Suffix-Bäume

Ein *Suffix-Baum* ist nichts anderes als ein Patricia-Trie, in dem man für ein vorgegebenes Wort $t \in \Sigma^*$ alle seine Suffixe abspeichert. Also ist ein Suffix-Baum
ein Suffix-Trie, in dem man Pfade, die bis auf die Endknoten nur aus Knoten mit
jeweils einem Kind bestehen, zu einer Kante komprimiert hat. Auch hier betrachtet man oft das Wort $t\$$, wobei das Zeichen $\$ \notin \Sigma$ nicht im verwendeten Alphabet
vorkommt. Dann ist kein Suffix ein Präfix eines anderen Suffixes und somit gehört
zu jedem Suffix von $t\$$ ein eigenes Blatt. Im rechten Teil des Bildes 6.16 ist ein
Suffix-Baum für das Wort $abbaba\$$ angegeben.

Da ein Baum, in dem jeder interne Knoten mindestens zwei Kinder hat, mehr
Blätter als interne Knoten hat, ist die Größe eines Suffix-Baumes für t gleich $O(|t|)$
(siehe Lemma 5.6). Dabei sollte man allerdings an den Kanten nicht die entsprechenden Teilwörter notieren, sondern die Position des Auftretens im Gesamtwort.
Andernfalls kann die Größe der Kantenbeschriftungen insgesamt $\Theta(n^2)$ betragen
(siehe wiederum den Suffix-Baum für $a^n b^n$).

Mit $\hat{T}^i$ bezeichnen wir den Suffix-Baum für t^i. Wir zeigen nun, wie wir aus der
Konstruktion des Suffix-Tries T^i aus T^{i-1} eine Konstruktion des Suffix-Baumes $\hat{T}^i$
aus $\hat{T}^{i-1}$ erhalten. Zuerst halten wir fest, dass jeder Knoten des Suffix-Baumes
einen korrespondierenden Knoten im Suffix-Trie hat. Solche Knoten des Suffix-
Tries nennen wir *explizite Knoten*. Alle anderen nicht im Suffix-Baum realisierten
Knoten nennen wir *implizite Knoten*

Wir geben nun eine Möglichkeit an, wie wir implizite (und auch explizite)
Knoten des Suffix-Tries im Suffix-Baum darstellen können. Sei $w = t_i \cdots t_j$ ein
Teilwort von t. Dann bezeichnet $(\overline{u}, (k, p))$ mit $u \in \Sigma^*$ und $k, p \in \mathbb{N}$ eine *Referenz*
für w, wenn $\overline{u}$ ein Knoten im Suffix-Baum ist und $w = uv$ mit $v = t_k \cdots t_p$ ist.
Eine Referenz $(\overline{u}, (k, p))$ für w bezeichnen wir als *kanonisch*, wenn für jede andere
Referenz $(\overline{u'}, (k', p'))$ für w gilt, dass $\overline{u'}$ ein Vorgänger von $\overline{u}$ im Suffix-Baum ist.

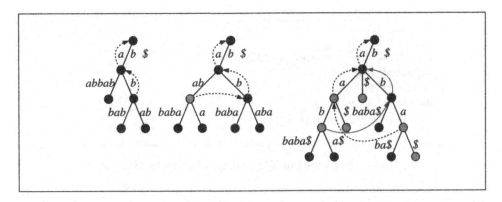

Bild 6.16: Suffix-Bäume für *abbab*, *abbaba* und *abbaba$*

Sei wiederum $s_j = t_j \cdots t_{i-1}$ und bezeichne wiederum $\overline{s_j}$ den Knoten des Suffix-Tries T^{i-1}, der beim Lesen des Wortes s_j erreicht wird. Hierbei sei $\overline{s_i}$ die Wurzel des Suffix-Tries T^{i-1} und $\overline{s_{i+1}}$ der virtuelle Knoten $\perp$. Sei ℓ der größte Index, so dass für alle $j < \ell$ im Suffix-Trie T^{i-1} am Knoten $\overline{s_j}$ keine Kante t_i ausgeht. Sei weiter k der größte Index, so dass für alle $j < k$ im Suffix-Trie T^{i-1} der Knoten $\overline{s_j}$ ein Blatt ist. Da $\overline{s_1}$ ein Blatt ist und $\overline{s_{i+1}} = \perp$ immer eine ausgehende Kante für t_i hat, gilt $1 < k \leq \ell \leq i + 1$. Wir nennen $\overline{s_k}$ den *aktiven Knoten* und $\overline{s_\ell}$ den *Endknoten*. Den aktiven und den Endknoten kann man sich im Bild 6.14 veranschaulichen.

Man sieht sofort, dass die eigentliche Arbeit beim Aufbau des Suffix-Tries vom aktiven Knoten bis zum Endknoten verrichtet wird. Die Arbeit vom Knoten $\overline{s_1}$ bis zum aktiven Knoten besteht lediglich darin, jedes Blatt um ein neues Kind zu erweitern. Um uns dieser Arbeit zu entledigen, führen wir so genannte offene Referenzen ein. Sei $\overline{w}$ ein Blatt von T^i, dann können wir eine Referenz $(\overline{u}, (k, p))$ für $\overline{w}$ so wählen, dass $p = i$ gilt. Das folgt aus der Beobachtung, dass jede Zeichenreihe, die zu einem Blatt des Suffix-Tries T^i korrespondiert, immer ein Suffix von t^i ist. Mit $(\overline{u}, (k, \infty))$ bezeichnen wir dann die *offene Referenz* von $\overline{w}$ in $\hat{T}^i$, die die eigentliche Referenz $(\overline{u}, (k, i))$ in $\hat{T}^i$ repräsentiert.

Da im Suffix-Baum das Anhängen eines Kindes an ein Blatt nur die Verlängerung der Kantenbeschriftung (bzw. das Ändern seiner Referenz) bedeutet, können wir uns mit solchen offenen Referenzen die Arbeit bei den Blättern im Suffix-Baum sparen. Im Suffix-Baum selbst konstruieren wir die Suffix-Links nur noch für innere Knoten. Auch bei der Konstruktion eines Suffix-Baumes erhalten wir $\hat{T}^i$ aus $\hat{T}^{i-1}$. Wie finden wir nun jeweils den aktiven Knoten von $\hat{T}^i$ bzw. von $\hat{T}^{i-1}$? Dabei hilft uns das folgende Lemma.

Lemma 6.12 *Ist $(\overline{u}, (k, i-1))$ eine Referenz des Endknotens $\overline{s_j}$ von T^{i-1}, dann ist $(\overline{u}, (k, i))$ eine Referenz des aktiven Knotens von T^i.*

```
BUILD_SUFFIX_TREE (char t[], int n)
{
    T = ({root, ⊥}, {⊥ ─x→ root : x ∈ Σ});
    suffix_link[root] = ⊥;
    (s, k) = (root, 1);
    for (i = 1; i ≤ n; i++)
        (s, k) = Update(s, (k, i − 1), i);
}
```

Bild 6.17: Ukkonens Algorithmus für Suffix-Bäume

Beweis: Zur Veranschaulichung des Beweises siehe Bild 6.14. Wenn wir den Suffix-Trie T^i aus T^{i-1} konstruieren, so sind alle neu eingefügten Knoten Blätter. Folgen wir dann den Suffix-Links von $\overline{s'_1}$ aus, so ist $\overline{s'_j} = \overline{s_j \cdot t_i}$ der erste Knoten, der kein Blatt mehr sein könnte. Dieser Knoten ist aber genau das Kind des Endknotens in T^{i-1}. Wir weisen nun nach, dass $\overline{s'_j}$ wirklich kein Blatt ist. Da $\overline{s_j}$ der Endknoten von T^{i-1} ist und somit eine ausgehende Kante mit Marke t_i hat, ist $s_j \cdot t_i$ ein Teilwort von t^{i-1}. Damit taucht $s_j \cdot t_i$ auch mitten in t^i auf und kann somit kein Blatt sein. Also ist $\overline{s'_j}$ der aktive Knoten von T^i. ∎

Der Algorithmus ist im Bild 6.17 angegeben. In der **for**-Schleife wird jeweils $\hat{T}^i$ aus $\hat{T}^{i-1}$ mittels der Prozedur `Update` konstruiert, die in Bild 6.18 angegeben ist. Die hier benötigte und im Bild 6.19 angegebene Prozedur `Canonize` macht aus einer gegebenen Referenz eine kanonische Referenz. Für eine gegebene Refe-

```
UPDATE (node s, ref (k, p), int i)
{
    old_r = root;
    (s, k) = Canonize(s, (k, p));
    (done, r) = Test_And_Split(s, (k, p), t_i);
    while ( !done )
    {
        let m be a new node and add r ─(i,∞)→ m;
        if (old_r ≠ root) suffix_link[old_r] = r;
        old_r = r;
        (s, k) = Canonize(suffix_link[s], (k, p));
        (done, r) = Test_And_Split(s, (k, p), t_i);
    }
    if (old_r ≠ root) suffix_link[old_r] = s;
    return (s, k);
}
```

Bild 6.18: Die Prozedur `Update`

```
CANONIZE (node s, ref (k, p))
{
    while (t_k ··· t_p ≠ ε)
    {
        let e = s ─w→ s' s.t. w_1 = t_k;
        if (|w| > |t_k ··· t_p|) break;
        s = s';   k += |w|;
    }
    return (s, k);
}
```

Bild 6.19: Die Prozedur `Canonize`

renz $(\bar{s}, (k, p))$ folgen wir im Suffix-Baum ausgehend vom Knoten $\bar{s}$ der Zeichenreihe $t_k \cdots t_p$ so lange, bis diese Zeichenreihe mitten auf einer Kante endet. Der zuletzt besuchte Knoten ist dann der Knoten, der für die kanonische Referenz verwendet wird.

Bei der Konstruktion eines Suffix-Baumes müssen gelegentlich Kanten mit längeren Marken aufgebrochen werden, um implizite Knoten explizt zu machen. Dazu dient die Prozedur `Test_And_Split`, die im Bild 6.20 angegeben ist. Diese testet, ob für einen Knoten im Suffix-Trie die benötigte Kante mit der Marke t_i bereits vorhanden ist oder nicht. Ist diese Kante noch nicht vorhanden, jedoch der Knoten, von dem die Kante ausgeht, bereits explizit, so wird dieser explizite Knoten zurückgegeben. Andernfalls wird der implizite Knoten, von dem die gesuchte Kante mit Marke t_i ausgeht, in diese Kante als neuer expliziter Knoten eingefügt und als Ergebnis zurückgegeben. Die Kante mit Marke t_i wird dann in der Prozedur `Update` angehängt.

```
TEST_AND_SPLIT (node s, ref (k, p), char x)
{   /* expects a canonical reference */
    if (t_k ··· t_p == ε)        /* node is explicit */
        if (∃ s ─x···→) return (TRUE, s);
        else return (FALSE, s);
    else                         /* node is implicit */
    {
        let e = s ─w→ s' s.t. w_1 = t_k;
        if (x == w_{|t_k ··· t_p|+1}) return (TRUE, s);
        split e = s ─w→ s' s.t. s ─w_1···w_{|t_k···t_p|}→ m ─w_{|t_k···t_p|+1}···w_{|w|}→ s'
        return (FALSE, m)
    }
}
```

Bild 6.20: Die Prozedur `Test_And_Split`

Theorem 6.13 *Ein Suffix-Baum für ein Wort der Länge n kann in Zeit $O(n)$ konstruiert werden.*

Beweis: Dass der angegebene Algorithmus einen Suffix-Baum konstruiert, haben wir bereits bewiesen. Wir müssen noch die Aussage über die Laufzeit beweisen.

Wir teilen die Zeitanalyse in zwei Teile auf. Zunächst analysieren wir den Zeitbedarf für alle Ausführungen der **while**-Schleife in der Prozedur `Canonize`. Ein Durchlauf der **while**-Schleife kann offensichtlich in Zeit $O(1)$ ausgeführt werden. Wir stellen fest, dass nur hier der Wert von k verändert wird, und zwar wird er immer nur vergrößert. Da k zu Beginn 1 ist und nie größer als n werden kann, wird die **while**-Schleife der Prozedur `Canonize` maximal n-mal durchlaufen. Somit ist auch der Zeitbedarf höchstens $O(n)$.

Nun betrachten wir alle übrigen Kosten. Die verbleibenden Kosten für einen Aufruf der Prozedur `Canonize` sind jetzt noch $O(1)$. Ebenso benötigt jeder Aufruf der Prozedur `Test_And_Split` Zeit $O(1)$. Damit sind die verbleibenden Kosten durch die Anzahl der betrachteten Knoten des Suffix-Baumes beschränkt.

Sei $\overline{w_i}$ der aktive Knoten von T^i. Wie viele Knoten werden nun bei der Konstruktion von $\hat{T}^i$ aus $\hat{T}^{i-1}$ besucht? Ist $\overline{w_i}$ der aktive Knoten von T^i, so war nach Lemma 6.12 $\overline{w'}$ der Endknoten von T^{i-1}, wobei $w_i = w' \cdot t_i$. Da beim Folgen der Suffix-Links die zugehörige Zeichenreihe um jeweils ein Zeichen kürzer wird, ist die Anzahl der besuchten Knoten für die Erweiterung von $\hat{T}^{i-1}$ auf $\hat{T}^i$ genau $|w_{i-1}| - (|w_i| - 1) + 1$. Damit ergibt sich für die Gesamtanzahl besuchter Knoten:

$$\sum_{i=1}^{n} (|w_{i-1}| - |w_i| + 2) = 2n + |w_0| - |w_n| \leq 2n.$$

Also ist die restliche Laufzeit $O(n)$ und damit auch die Gesamtlaufzeit.   ∎

Dieses Theorem wurde von P. Weiner (1973), E.M. McCreight (1976) und E. Ukkonen (1995) mehrfach bewiesen. Die hier vorgestellte Konstruktion geht auf E. Ukkonen zurück. Diese Variante ist zudem online, d.h., bei der Konstruktion von $\hat{T}^i$ muss von $t_{i+1} \cdots t_n$ noch nichts bekannt sein. Die Algorithmen von P. Weiner und E.M. McCreight müssen im Gegensatz dazu schon zu Beginn die gesamte Zeichenreihe $t = t_1 \cdots t_n$ kennen. Eine ähnliches, aber platzsparenderes Konzept wurde 1993 von U. Manber und G. Myers vorgestellt: die so genannten *Suffix-Arrays*. Der interessierte Leser sei auf die Originalliteratur verwiesen.

6.4.3 Suchen mit Suffix-Bäumen

Wie schon angekündigt können wir schnell in Texten suchen, wenn wir den gegebenen Text als Suffix-Baum organisieren. Wir müssen nur nach der gegebenen Zeichenreihe im Suffix-Baum absteigen. Verlassen wir dabei den Suffix-Baum, dann ist die gesuchte Zeichenreihe nicht im Text enthalten.

Theorem 6.14 *Mit Hilfe eines Suffix-Baumes kann man mit maximal m Vergleichen feststellen, ob eine Zeichenreihe der Länge m in einem Text der Länge n enthalten ist. Dazu ist eine Vorverarbeitung mit Zeit- und Platzbedarf $O(n)$ nötig.*

Falls die gesuchte Zeichenreihe im Text auftritt, können wir auch sehr effizient die Positionen aller Vorkommen ermitteln. Endet eine Suche nach dem Wort s im Knoten $\bar{s}$ des Suffix-Baumes, so müssen wir nur alle Blätter unterhalb von $\bar{s}$ aufsuchen und die dort gespeicherten Informationen ausgeben. Mit Hilfe der Tiefensuche ist der Zeitbedarf hierfür proportional zur Größe des Teilbaumes.

Theorem 6.15 *Mit Hilfe eines Suffix-Baumes kann man in Zeit $O(m+k)$ alle k Vorkommen einer Zeichenreihe der Länge m in einem Text der Länge n finden. Dazu ist eine Vorverarbeitung mit Zeit- und Platzbedarf $O(n)$ nötig.*

Suffix-Bäume können auch zum Aufbau von Datenbanken für eine Menge von Zeichenreihen $\{t_1, \ldots, t_\nu\}$ verwendet werden. Dazu konstruiert man einen Suffix-Baum für $t_1\$_1 \cdots t_\nu\$_\nu$. Solche Suffix-Bäume für mehrere Zeichenreihen nennt man *verallgemeinerte Suffix-Bäume*. Meist entfernt man dann die Knoten, zu denen die korrespondierende Zeichenreihe ein Trennsymbol $\$_i$ enthält, da man an diesen nicht interessiert ist. Man kann verallgemeinerte Suffix-Bäume auch ohne Verwendung der Trennsymbole $\$_i$ konstruieren. Eine Vielzahl von Anwendungen kann man z.B. im Buch von D. Gusfield finden.

6.5 Interludium: Datenkompression

Abschließend wollen wir uns der Kompression von Texten widmen. Der Einfachheit halber nehmen wir im Folgenden immer an, dass wir einen ASCII-Text in eine Folge von Bits komprimieren wollen. Wir wollen in diesem Abschnitt *verlustfreie Datenkompression* betrachten. Das bedeutet, dass aus den komprimierten Daten der ursprüngliche Text vollständig wiederhergestellt werden kann.

6.5.1 Eine untere Schranke

Zuerst wollen wir zeigen, dass es für jedes Kompressionsverfahren Texte gibt, die sich nicht komprimieren lassen. Betrachten wir dazu alle Texte die aus genau n Bits bestehen. Davon gibt es 2^n paarweise verschiedene Texte. Würden sich alle diese Texte komprimieren lassen, so würde jeder komprimierte Text weniger als n Bits benötigen. Da es insgesamt nur $\sum_{i=0}^{n-1} 2^i = 2^n - 1$ verschiedene Binärwörter der Länge kleiner als n gibt, muss jedes Kompressionsverfahren mindestens einen Text der Länge n auf einen Text der Länge mindestens n abbilden.

Theorem 6.16 *Für jedes $n \in \mathbb{N}$ und jedes verlustfreie Kompressionsverfahren gibt es mindestens einen Text der Länge n, der nicht komprimiert werden kann.*

Dennoch soll uns dieses negative Resultat nicht davon abhalten, nach guten Kompressionverfahren zu suchen. Denn in der Regel sind die Texte, die man komprimieren will, nur eine Teilmenge aller möglichen Texte. Man denke hierbei an Texte in deutscher (oder einer anderen) Sprache, Computerprogramme, etc.

6.5.2 Huffman-Kodierung

Die naive Methode verwendet zur Kompression für jedes ASCII-Zeichen einfach die Bitfolge aus den acht Bits, die dieses Zeichen kodieren. Diese Methode wäre auch optimal, wenn jedes Zeichen mit gleicher Wahrscheinlichkeit auftreten würde. In der Praxis sind jedoch oft Texte zu komprimieren, die im Wesentlichen aus Buchstaben, Ziffern und Satzzeichen bestehen. Dabei sind hier nicht alle Zeichen gleich wahrscheinlich. Zum Beispiel taucht in deutschen Texten der Buchstabe e viel häufiger auf als die Buchstaben q oder y. Die bereits 1952 von D. Huffman vorgeschlagene und nach ihm benannte *Huffman-Kodierung* versucht, in Abhängigkeit der Auftrittswahrscheinlichkeiten der einzelnen Zeichen einen Code zu konstruieren, dessen mittlere Codewortlänge möglichst kurz ist.

Dazu müssen wir zunächst ein paar Begriffe klären. Eine *Kodierung* ist eine Abbildung $\varphi : \Sigma \rightarrow \{0,1\}^+$, wobei Σ hier das Alphabet aller ASCII-Zeichen ist. Die Bildmenge $\mathcal{C}(\varphi) = \{w \in \{0,1\}^+ : \exists x \in \Sigma : w = \varphi(x)\}$ der Funktion φ bezeichnen wir als *Code*. Die Elemente dieser Menge werden auch *Codewörter* genannt. Die *Codewortlänge* eines Codes φ ist die Länge eines längsten Codewortes, bezeichnet mit $|\varphi|$. Wird auf dem Ausgangsalphabet eine Wahrscheinlichkeitsverteilung p für das Auftreten der Symbole vorausgesetzt, so bezeichnet man als *mittlere Codewortlänge* die erwartete Codewortlänge eines Zeichens aus Σ, also:

$$\mu(\mathcal{C}(\varphi)) := \sum_{x \in \Sigma} p_x \cdot |\varphi(x)|.$$

Im Allgemeinen ist leider die Wahrscheinlichkeitsverteilung der Symbole aus dem Ausgangsalphabet nicht bekannt. Wir helfen uns im Folgenden damit, dass wir für einen festen Text gerade die relative Häufigkeit eines Symbols als die Wahrscheinlichkeit seines Auftretens interpretieren. Wenn wir einen festen Text komprimieren wollen, ist dies ein vernünftiges Vorgehen.

Wir werden nun zeigen, wie man einen Huffman-Code für ein Ausgangsalphabet mit der gegebenen Wahrscheinlichkeitsverteilung konstruiert. Der konstruierte Code wird ein so genannter Präfix-Code sein. Ein Code heißt *Präfix-Code*, wenn kein Codewort ein Präfix eines anderen Codewortes ist. Die letzte Bedingung wird als *Präfix-* oder *Fano-Bedingung* bezeichnet. Ein Präfix-Code hat beim Dekodieren den Vorteil, dass man beim Auffinden eines Codewortes weiß, dass dieses Codewort nun zu dekodieren ist und es sich nicht um das Präfix eines anderen Codewortes handeln kann. Diese Eigenschaft macht die Dekodierung also viel einfacher, wenn nicht sogar erst eindeutig.

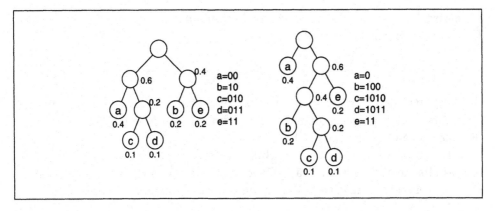

Bild 6.21: Zwei Huffman-Codes mit gleicher mittlerer Codewortlänge

Der Huffman-Code ist im Wesentlichen ein binärer Baum, wobei die Symbole des Ausgangsalphabets an den Blättern stehen. Der Weg von der Wurzel zu einem Blatt ergibt das Codewort für das im Blatt gespeicherte Symbol. Für jeden inneren Knoten auf diesem Weg erzeugen wir ein Bit und zwar eine 0, wenn der Knoten nach links, bzw. eine 1, wenn er nach rechts verlassen wird.

Um nun einen Code mit möglichst geringer mittlerer Codewortlänge zu erhalten, sollte dieser Baum eine möglichst kleine mittlere externe Pfadlänge haben. Für einen Baum T mit den Blättern $\mathcal{L}(T)$ und einer Wahrscheinlichkeitsverteilung p auf den Blättern sei die *gewichtete externe Pfadlänge* wie folgt definiert:

$$\overline{\mathrm{EPL}}(T, p) = \sum_{x \in \mathcal{L}(T)} p_x \cdot (\mathrm{Lev}_T(x) - 1),$$

wobei $\mathrm{Lev}_T(x)$ den Level eines Knotens in T bezeichnet. Im Fall der Gleichverteilung entspricht die gewichtete externe Pfadlänge genau der mittleren Höhe des Baumes (siehe auch Abschnitt 2.6.3).

Wie konstruieren wir nun einen solchen binären Baum mit minimaler gewichteter externer Pfadlänge? Hierzu verwenden wir wieder einmal einen Greedy-Algorithmus. Wir nehmen an, wir hätten einen Wald von Bäumen, an deren Wurzeln eine Wahrscheinlichkeitsverteilung gegeben ist. Zu Beginn sind dies gerade alle einelementigen Bäume, die jeweils ein Zeichen aus Σ repräsentieren, und die Wahrscheinlichkeitsverteilung sei gerade die Verteilung auf Σ. Dann nehmen wir zwei Bäume T_1 und T_2, an deren Wurzel die kleinsten Wahrscheinlichkeiten auftreten. Wir konstruieren einen neuen Knoten v und machen die Wurzeln der Bäume T_1 und T_2 zu den beiden Kindern von v. Welcher das linke bzw. rechte Kind wird, ist hierbei egal. Wir notieren als Wahrscheinlichkeit dieses Baumes die Summe der Wahrscheinlichkeiten der Bäume T_1 und T_2.

Ein Beispiel ist hierfür im Bild 6.21 angegeben. Man beachte, dass hierbei durchaus verschiedene Codes entstehen können, die jedoch die gleiche mittlere

Codewortlänge haben. Für unser Beispiel im Bild 6.21 ergibt sich für die mittlere Codewortlänge ein Wert von 2,2:

$$\frac{2}{5} \cdot 2 + \frac{1}{5} \cdot 2 + \frac{1}{10} \cdot 3 + \frac{1}{10} \cdot 3 + \frac{1}{5} \cdot 2 = \frac{2}{5} \cdot 1 + \frac{1}{5} \cdot 3 + \frac{1}{10} \cdot 4 + \frac{1}{10} \cdot 4 + \frac{1}{5} \cdot 2.$$

Damit der Text nun auch wieder leicht zu dekodieren ist, kann man zunächst die Codetabelle übertragen und anschließend den komprimierten Text. Die Dekodierung ist dann denkbar einfach.

Jetzt wollen wir zeigen, dass der Huffman-Code ein *optimaler Präfix-Code* ist, d.h. es gibt keinen anderen Präfix-Code mit kürzerer mittlerer Codewortlänge. Dazu beweisen wir zunächst zwei Lemmata über optimale Präfix-Codes.

Lemma 6.17 *In einem optimalen Präfix-Code φ gilt für Symbole y und z mit $p_y < p_z$, dass $|\varphi(y)| \geq |\varphi(z)|$.*

Beweis: Dies folgt aus der Definition der mittleren Codewortlänge. Ansonsten hätte ein Präfix-Code φ', in dem die Codewörter von y und z vertauscht würden, eine kürzere mittlere Codewortlänge:

$$
\begin{aligned}
\mu(\mathcal{C}(\varphi)) - \mu(\mathcal{C}(\varphi')) &= \sum_{x \in \Sigma} p_x \cdot |\varphi(x)| - \sum_{x \in \Sigma} p_x \cdot |\varphi'(x)| \\
&= \sum_{x \in \Sigma \setminus \{y,z\}} p_x \cdot |\varphi(x)| + p_y \cdot |\varphi(y)| + p_z \cdot |\varphi(z)| \\
&\quad - \sum_{x \in \Sigma \setminus \{y,z\}} p_x \cdot |\varphi'(x)| - p_y \cdot |\varphi'(y)| - p_z \cdot |\varphi'(z)| \\
&= p_y \cdot |\varphi(y)| + p_z \cdot |\varphi(z)| - p_y \cdot |\varphi(z)| - p_z \cdot |\varphi(y)| \\
&= (p_z - p_y) \cdot (|\varphi(z)| - |\varphi(y)|).
\end{aligned}
$$

Da nach Voraussetzung $p_y < p_z$ und nach Annahme $|\varphi(y)| < |\varphi(z)|$, ist also $\mu(\mathcal{C}(\varphi)) - \mu(\mathcal{C}(\varphi')) > 0$ und wir erhalten den gewünschten Widerspruch zur Optimalität von φ. ∎

Lemma 6.18 *Es gibt einem optimalen Präfix-Code, in dem zwei Zeichen mit kleinsten Auftrittswahrscheinlichkeiten die gleiche Codewortlänge haben und sich nur im letzten Bit unterscheiden.*

Beweis: Sei φ ein optimaler Präfix-Code. Bezeichne $L_\varphi = \{y : |\varphi(y)| = |\varphi|\}$ die Menge der Symbole, die unter φ maximale Codewortlänge besitzen. Seien $x, y \in \Sigma$ zwei Codewörter mit kleinsten Auftrittswahrscheinlichkeiten, wobei wir für alle $z \in \Sigma \setminus \{x, y\}$ annehmen dürfen, dass $p_x \leq p_y \leq p_z$.

Wir zeigen zuerst, dass wir $x \in L_\varphi$ annehmen dürfen. Für einen Widerspruchsbeweis sei $x \notin L_\varphi$. Da $p_x \leq p_z$ für alle $z \in \Sigma$ und da L_φ nicht leer sein kann, vertauschen wir einfach die Codewörter von x und einem beliebigen $y \in L_\varphi$. Wir erhalten einen neuen optimalen Präfix-Code φ' mit $x \in L_{\varphi'}$, da die mittlere Codewortlänge nicht größer wurde.

Sei also $x \in L_\varphi$, $\varphi(x) = c_1 \cdots c_{|\varphi|}$ und $c' := c_1 \cdots c_{|\varphi|-1} \cdot \bar{c}_{|\varphi|}$, wobei $\bar{0} = 1$ und $\bar{1} = 0$ ist. Nehmen wir an, dass c' kein Codewort ist. Dann könnten wir mit $\varphi'(z) := \varphi(z)$ für $z \in \Sigma \setminus \{x\}$ und $\varphi(x) := c_1 \cdots c_{|\varphi|-1}$ einen neuen Code φ' konstruieren. Da φ ein Präfix-Code ist, ist $c_1 \cdots c_{|\varphi|-1}$ kein Codewort von φ und kein Präfix eines anderen Codewortes von φ'. Also ist φ' ein Präfix-Code. Offensichtlich ist die mittlere Codewortlänge von φ' kleiner als die von φ, was ein Widerspruch zur Optimalität von φ ist. Also muss c' ein Codewort von φ sein und wir wählen $z = \varphi^{-1}(c') \in \Sigma$.

Ist nun $y \in L_\varphi$, dann konstruieren wir einen Präfix-Code φ' mit $\varphi'(y) := c'$, $\varphi'(z) := \varphi(y)$ und $\varphi'(w) := \varphi(w)$ für alle $w \in \Sigma \setminus \{y, z\}$. Da sich die mittlere Codewortlänge nicht ändert, ist auch φ' ein optimaler Präfix-Code, der die in der Behauptung gestellte Forderung erfüllt. Ist $y \notin L_\varphi$, dann gilt nach Lemma 6.17 $p_z = p_y$, da y ein Symbol mit zweitkleinster Auftrittswahrscheinlichkeit ist. Wir können also wiederum die Codewörter von y und z vertauschen und erhalten dann einen optimalen Präfix-Code mit der gewünschten Eigenschaft. ∎

Mit Hilfe dieser beiden Lemmata können wir nun die Optimalität des Huffman-Codes nachweisen.

Theorem 6.19 *Der Huffman-Code ist ein optimaler Präfix-Code.*

Beweis: Wir beweisen den Satz durch Widerspruch. Sei dazu Σ ein kleinstes Alphabet mit einer Wahrscheinlichkeitsverteilung p, so dass der konstruierte Huffman-Code φ nicht optimal ist. Offensichtlich gilt $|\Sigma| \geq 2$.

Seien nun y und z zwei Elemente aus Σ mit kleinsten Auftrittswahrscheinlichkeiten. Betrachte nun den Huffman-Code φ' für das Alphabet $\Sigma' = \Sigma \setminus \{y, z\} \cup \{x\}$ mit $x \notin \Sigma$ und $p_x := p_y + p_z$. Da Σ ein kleinstes Alphabet ist, für das der Huffman-Code nicht optimal ist, muss φ' ein optimaler Präfix-Code sein. Wir können nach Konstruktion von Huffman-Codes annehmen, dass $\varphi(a) = \varphi'(a)$ für $a \in \Sigma' \setminus \{x\}$ und $\varphi(y) = \varphi'(x) \cdot 0$ sowie $\varphi(z) = \varphi'(x) \cdot 1$ gilt.

Sei nun ψ ein optimaler Präfix-Code für Σ mit der Wahrscheinlichkeitsverteilung p. Nach Lemma 6.18 können wir annehmen, dass sich $\psi(y)$ und $\psi(z)$ nur im letzten Bit unterscheiden. Wir können aus ψ leicht einen Präfix-Code ψ' für Σ' konstruieren: $\psi'(a) := \psi(a)$ für alle $a \in \Sigma' \setminus \{x\}$, $\psi'(x) := \beta_1 \cdots \beta_{\ell-1}$, wobei $\psi(y) = \beta_1 \cdots \beta_\ell$. Dann gilt:

$$\mu(\mathcal{C}(\psi')) = \sum_{a \in \Sigma' \setminus \{x\}} p_a \cdot |\psi'(a)| + p_x \cdot |\psi'(x)|$$

$$\text{da } p_x = p_y + p_z \text{ und } |\psi'(x)| + 1 = |\psi(y)| = |\psi(z)|$$

$$= \sum_{a \in \Sigma \setminus \{y,z\}} p_a \cdot |\psi(a)| + p_y \cdot |\psi(y)| + p_z \cdot |\psi(z)| - p_y - p_z$$

$$= \mu(\mathcal{C}(\psi)) - p_y - p_z$$

$$< \mu(\mathcal{C}(\varphi)) - p_y - p_z$$

$$= \sum_{a \in \Sigma \setminus \{y,z\}} p_a \cdot |\varphi(a)| + p_y \cdot |\varphi(y)| + p_z \cdot |\varphi(z)| - p_y - p_z$$

$$\text{da } |\varphi'(x)| + 1 = |\varphi(y)| = |\varphi(z)|$$

$$= \sum_{a \in \Sigma' \setminus \{x\}} p_a \cdot |\varphi'(a)| + (p_y + p_z) \cdot |\varphi'(x)|$$

$$= \mu(\mathcal{C}(\varphi')).$$

Damit erhalten wir einen Widerspruch zur Annahme, dass der Huffman-Code φ' für Σ' optimal ist.   ∎

Für weitere Ergebnisse zu Huffman-Codes verweisen wir den Leser z.B. auf die Lehrbücher von D. Salomon oder K. Sayood.

6.5.3 Lempel-Ziv-77

Im Jahre 1977 haben A. Lempel und J. Ziv die so genannte *LZ77-Methode* zur Datenkompression vorgeschlagen. Die Grundidee ist hierbei, wiederkehrende Textstücke durch Referenzen zu kodieren.

LZ77 verwendet bei der Kodierung ein so genanntes *Schiebefenster* (engl. sliding window). Dieses Fenster wird über den zu kodierenden Text geschoben und ist in zwei Teile aufteilt: den *Such-Puffer* und den *Vorschau-Puffer*. Der Such-Puffer ist ein Suffix des bereits kodierten Originaltextes und der Vorschau-Puffer ist ein Präfix des noch zu kodierendes Textteils. Die Größen dieser Puffer hängen von der Implementierung ab.

Bei LZ77 wird nun eine längste Übereinstimmung eines Präfixes des Vorschau-Puffers im Such-Puffer gesucht. Wird eine solche längste Übereinstimmung gefunden, so gibt LZ77 das Tripel (o, ℓ, x) aus. Hierbei bezeichnet o den Offset der Übereinstimmung, d.h. die Position, an der die Übereinstimmung im Such-Puffer

```
...FISC HERS_FRITZ_FISC  HT_FRISCHE _FISCHE...        ⇒ (1, 1, T)

...FISCHE RS_FRITZ_FISCHT  _FRISCHE_F ISCHE...        ⇒ (3, 4, S)

...FISCHERS_FR ITZ_FISCHT_FRIS  CHE_FISCHE ...        ⇒ (8, 2, E)

...FISCHERS_FRITZ _FISCHT_FRISCHE  _FISCHE...         ⇒ (1, 6, E)
```

Bild 6.22: Kompression nach Lempel-Ziv-77

begonnen hat, und ℓ bezeichnet die Länge der Übereinstimmung. Das Zeichen x ist das Zeichen, das den Mismatch ausgelöst hat. Das Fenster wird dann so weit geschoben, bis sich die Übereinstimmung und das Zeichen x im Such-Puffer befinden. Wird keine Übereinstimmung gefunden, so wird das Tripel $(0, 0, x)$ ausgegeben, wobei x das erste Zeichen des Vorschau-Puffers ist. Das Fenster wandert dann um genau eine Position nach rechts. Dies ist im Bild 6.22 anhand eines Beispiels illustriert. Damit man möglichst lange Übereinstimmungen findet, sollte der Such-Puffer nicht zu klein gewählt werden.

Die Dekodierung ist sehr einfach, da man beim Lesen eines Tripel den Text im Such-Puffer schon dekodiert hat und somit das Tripel zu dem gewünschten Textstück auflösen kann. Den Such-Puffer kann man mit modifizierten Varianten des KMP- bzw. Boyer-Moore-Algorithmus oder mit Suffix-Bäumen realisieren. In der Praxis wird LZ77 bzw. eine Modifikation hiervon unter anderem in den Kompressionsprogrammen gzip, PKZip, Lharc und ARJ angewendet.

6.5.4 Lempel-Ziv-78

Im Jahre 1978 haben A. Lempel und J. Ziv die so genannte *LZ78-Methode* zur Datenkompression vorgeschlagen. Hierbei wird statt des Such-Puffers ein Wörterbuch verwendet, das bereits verwendete Textstücke speichert. Tauchen diese Textstücke noch einmal auf, so kann man statt des Textstückes einfach eine Referenz auf den entsprechenden Wörterbucheintrag ausgeben.

Beim LZ78 versuchen wir vom noch unkodierten Teil des Textes ein möglichst langes Präfix zu lesen, welches sich bereits in unserem Wörterbuch befindet. Wir starten die Kodierung mit der leeren Zeichenreihe $w = \varepsilon$. Dann lesen wir das nächste Zeichen z der Eingabe. Befindet sich die Zeichenreihe $w \cdot z$ im Wörterbuch, so setzen wir w auf $w \cdot z$ und lesen das nächste Zeichen z von der Eingabe. Andernfalls speichern wir das neue Wort $w \cdot z$ im Wörterbuch ab und geben als Ausgabe $(i(w), z)$ aus, wobei $i(w)$ den Index des Wortes w im Wörterbuch angibt.

1 : F (0,F)	8 : S_ (3,_)	15 : HT (5,T)
2 : I (0,I)	9 : FR (1,R)	16 : _F (12,F)
3 : S (0,S)	10 : IT (2,T)	17 : RI (7,I)
4 : C (0,C)	11 : Z (0,Z)	18 : SCH (14,H)
5 : H (0,H)	12 : _ (0,_)	19 : E_ (6,_)
6 : E (0,E)	13 : FI (1,I)	20 : FIS (13,S)
7 : R (0,R)	14 : SC (3,C)	21 : CH (4,H)

Ausgabe:

0,F,0,I,0,S,0,C,0,H,0,E,0,R,3,_,1,R,2,T,0,Z,
0,_,1,I,3,C,5,T,12,F,7,I,14,H,6,_,13,S,4,H,5,_

Bild 6.23: Kompression nach Lempel-Ziv-78

Das heißt, bevor ein Wort im Wörterbuch eingefügt wird, sind bereits alle seine Präfixe im Wörterbuch gespeichert.

Dies ist im Bild 6.23 für *Fischers Fritz fischt frische Fische* illustriert. Dort steht zuerst der Index, der eigentliche Eintrag und die Ausgabe, die LZ78 macht, wenn der entsprechende Eintrag in das Wörterbuch durchgeführt wird. Im Beispiel haben wir bei der Ausgabe die Klammern weggelassen.

Die Dekodierung ist ebenfalls wieder sehr leicht, da wir das Wörterbuch beim Dekodieren leicht wiederherstellen können. In der Praxis muss man sich nur Gedanken über die Speicherung des Wörterbuchs Gedanken machen. Hierfür eignet sich z.B. ein Patricia-Trie.

6.5.5 Lempel-Ziv-Welch

Im Jahre 1984 hat T. Welch eine Modifikation von LZ78 zur Datenkompression vorgeschlagen: die so genannte *LZW-Methode*. Hierbei werden bei der Kodierung nur noch Referenzen auf das Wörterbuch ausgegeben. Zuerst wird das Wörterbuch mit allen Symbolen des Alphabets initialisiert. Dann verfahren wir ähnlich wie bei LZ78, mit der Ausnahme, dass nur die Referenzen ausgegeben werden.

Nehmen wir an, wir haben bereits eine Zeichenkette w gelesen, die im Wörterbuch enthalten ist, und erhalten von der Eingabe als nächstes Zeichen ein z. Zu Beginn ist w das allererste Zeichen der Eingabe. Dies ist im Wörterbuch enthalten, da es ja mit allen Elementen des Alphabets initialisiert wurde. Dann testen wir ob $w \cdot z$ im Wörterbuch enthalten ist. Falls ja, setzen wir w auf $w \cdot z$ und holen das nächste Zeichen von der Eingabe. Andernfalls tragen wir $w \cdot z$ in das Wörterbuch ein und geben den Index von w aus. Anschließend setzen wir $w := z$. Dies ist im Bild 6.24 für *Fischers Fritz fischt frische Fische* illustriert.

Die Dekodierung ist nun ein klein wenig komplizierter als bei LZ78, da die Rekonstruktion des Wörterbuchs ein wenig aufwendiger ist. Zuerst dekodieren wir die erhaltene Referenz. Dann müssten wir die erhaltene Zeichenkette w konkateniert mit dem folgenden Zeichen des Textes in das Wörterbuch eintragen. Leider kennen wir zu diesem Zeitpunkt das entsprechende Zeichen noch nicht.

1 : C	8 : T	15 : HE	22 : IT	29 : _FR
2 : E	9 : Z	16 : ER	23 : TZ	30 : RIS
3 : F	10 : _	17 : RS	24 : Z_	31 : SCH
4 : H	11 : FI	18 : S_	25 : _FI	32 : HE_
5 : I	12 : IS	19 : _F	26 : ISC	33 : _FIS
6 : R	13 : SC	20 : FR	27 : CHT	34 : SCHE
7 : S	14 : CH	21 : RI	28 : T_	35 :

Ausgabe:
3,5,7,1,4,2,6,7,10,3,6,5,8,9,19,12,14,8,19,21,13,15,25,31,2

Bild 6.24: Kompression nach Lempel-Ziv-Welch

Wir dekodieren also das nächste Codewort und spalten von diesem das erste Zeichen z ab. Dann tragen wir $w \cdot z$ in das Wörterbuch ein.

Das LZW-Verfahren bzw. eine Modifikation davon wird unter anderem in compress, GIF und bei Modem-Übertragungen nach V.42bis verwendet. Die freie Verwendung des LZW-Verfahrens ist allerdings noch eingeschränkt, da IBM und Unisys seit 1983 die Patentrechte daran besitzen, die voraussichtlich im Jahre 2003 auslaufen.

6.5.6 Die Burrows-Wheeler-Transformation

In diesem Abschnitt wollen wir ein weiteres Verfahren zur Datenkompression vorstellen. Dabei werden die Daten mit Hilfe der *Burrows-Wheeler-Transformation* (kurz BWT) so permutiert, dass sie sich zum einen sehr gut komprimieren lassen und sich zum anderen der ursprüngliche Text aus dieser Permutation wiederherstellen lässt. Dieses Verfahren aus dem Jahre 1994 stammt von M. Burrows und J.D. Wheeler und wird z.B. bei bzip und bzip2 eingesetzt.

Ist der zu komprimierende Text sehr lang, wird dieser in kürzere Blöcke aufgeteilt und jeder Block einzeln komprimiert. In der Praxis wählt man die Blockgröße zwischen hunderttausend und einer Million Zeichen. Sei $t = t_0 \cdots t_{n-1}$ der zu komprimierende Text und sei M eine $n \times n$-Matrix M mit $M_{i,j} = t_{(i+j) \bmod n}$ für $i, j \in [0 : n-1]$. Dabei ist die nullte Zeile der Matrix gerade unser Text t und die i-te Zeile ist der zyklisch um i Positionen nach rechts rotierte Text. Siehe Bild 6.25 für $t = abbaca$.

Für die BWT wird zunächst die Matrix M zeilenweise lexikographisch sortiert. Bezeichnen wir die sortierte Matrix mit M'. Als Ergebnis der BWT erhalten wir die letzte Spalte von M', also einen Spaltenvektor x mit $x_i = M'_{i,n-1}$, und einen Index α, so dass t in Zeile α steht, d.h. $M'_{\alpha,j} = t_j$.

Wir zeigen zuerst, wie wir t aus (x, α) rekonstruieren können. Wir werden später noch darauf eingehen, wie wir die Transformation effizient berechnen können bzw. warum sich der Vektor x (der ja genauso lang wie t ist) gut komprimieren lässt. Um die inverse BWT einfacher beschreiben zu können, nehmen wir an, dass wir die Matrix M' kennen. In Wirklichkeit kennen wir jedoch nur die letzte Spalte und die Zeile, in der t steht, wobei wir t selbst natürlich noch nicht kennen.

$M:$	a	b	b	a	c	a		$M':$	a	a	b	b	a	c		$M'':$	c	a	a	b	b	a
	a	a	b	b	a	c			a	b	b	a	c	a			a	a	b	b	a	c
	c	a	a	b	b	a			a	c	a	a	b	b			b	a	c	a	a	b
	a	c	a	a	b	b			b	a	c	a	a	b			b	b	a	c	a	a
	b	a	c	a	a	b			b	b	a	c	a	a			a	b	b	a	c	a
	b	b	a	c	a	a			c	a	a	b	b	a			a	c	a	a	b	b

Bild 6.25: Die Matrizen M, M' und M'' für *abbaca*

Zuerst stellen wir fest, dass wir auch die erste Spalte von M' kennen. Nach Konstruktion von M enthält jede Zeile den Text t. Er ist dabei nur in der i-ten Zeile um i Positionen zyklisch nach rechts rotiert. Somit enthält auch die i-te Spalte den Text t um i Position zyklisch rotiert, allerdings rückwärts, d.h. $M_{(i-j) \bmod n, i} = t_j$ für $i, j \in [0 : n-1]$ (siehe dazu auch Bild 6.25). Da M' aus M durch sortieren der Zeilen entstanden ist, steht in jeder Spalte von M' eine Permutation von t. Somit enthält die erste Spalte von M' dieselben Zeichen, wie die letzte Spalte von M'. Da M' aber zeilenweise lexikographisch sortiert ist, ist insbesondere die erste Spalte aufsteigend sortiert. Somit erhalten wir die erste Spalte durch Sortieren der letzten Spalte von M' und somit aus x.

Sei M'' die Matrix, die wir aus der Matrix M' erhalten, indem wir jede Zeile zyklisch um eine Position nach rechts rotiert haben, d.h. $M''_{i,j} = M'_{i,(j-1) \bmod n}$ für $i, j \in [0 : n-1]$. Zuerst halten wir fest, dass jede Zeile in M' in M'' auftritt und umgekehrt. Betrachten wir nun ein Zeichen $c \in \Sigma$. Wir bemerken, dass die Zeilen die in der Matrix M' mit dem Zeichen c beginnen in derselben Reihenfolge (aber durchaus in anderen Zeilen) auch in der Matrix M'' auftauchen.

Warum ist das so? Da die Matrix M'' aus der Matrix M' durch Verschieben um ein Zeichen nach rechts entstanden ist, sind die Zeilen von M'' lexikographisch ab der zweiten Position aufsteigend sortiert. Betrachten wir nun alle Zeilen in M'', die mit dem Zeichen c beginnen, so sind diese aufsteigend sortiert. In der Matrix M' gilt dasselbe, da M' selbst zeilenweise lexikographisch aufsteigend sortiert ist.

Wir konstruieren nun eine Permutation π, die angibt, wo eine Zeile aus M'' in M' zu finden ist, d.h. $M''_{i,j} = M'_{\pi(i),j}$ für $i, j \in [0 : n-1]$. Da alle Zeilen in M', die mit dem Zeichen c beginnen, in derselben Reihenfolge in M'' vorkommen, lässt sich diese Permutation leicht berechnen. Man beachte, dass hierfür die Kenntnis der ersten und letzten Spalte von M' genügen.

Wir rekonstruieren nun den Text t, allerdings von rechts nach links, d.h. von Position $n-1$ bis zur Position 0. Sei x bzw. y die letzte bzw. erste Spalte von M'. Offensichtlich ist $t_{n-1} = x_\alpha$, da der ursprüngliche Text t in Zeile α steht. Aufgrund der zyklischen Rotationen der Matrixzeilen wissen wir, dass x_i unmittelbar vor dem Zeichen y_i steht. Nach Konstruktion von π wissen wir außerdem, dass $y_{\pi(j)} = x_j$ ist. Somit erhalten wir, dass $x_{\pi(j)}$ unmittelbar vor $y_{\pi(j)} = x_j$ steht. Damit folgt, dass $t_{n-1-k} = x_{\pi^k(\alpha)}$ gilt, wobei $\pi^0(j) = j$ und $\pi^{k+1}(j) = \pi(\pi^k(j))$ für $k \in \mathbb{N}$ ist.

Warum hilft uns die BWT bei der Datenkompression? Betrachten wir die letzte Zeile der Matrix M', also im Wesentlichen das Ergebnis, so fällt auf, dass sich dort gleiche Zeichen gruppieren. An unserem kleinen Beispiel fällt das noch nicht so extrem ins Gewicht. Dies gilt insbesondere für kontextabhängige Daten, wie z.B. normale Texte. Betrachten wir das Textstück *eft*. Es gibt nur wenige Präfixe, um daraus ein sinnvolles Wort zu machen, wie z.B. Heft oder Briefträger. Für längere Bruchstücke ist das noch deutlicher. Da die Zeilenanfänge durch die

Sortierung sehr ähnlich sind, tauchen nur sehr wenige verschiedene Buchstaben in einer lokalen Umgebung in der letzten Spalte auf.

Diese Eigenschaft wird von *Move-To-Front-Codierern* (kurz *MTF-Codierer*) ausgenutzt. Ein MTF-Codierer ist im Wesentlichen eine lineare Liste. Zu Beginn sind alle Zeichen aufsteigend in einer linearen Listen angeordnet. Der MTF-Codierer gibt nun die Position des Elements in der Liste als Codewort aus. Dann wird die Liste reorganisiert, indem das gefundene Element aus der Liste gelöscht und vorne wieder angefügt wird.

Dadurch tauchen lokal häufig vorkommende Zeichen sehr weit vorne auf und können somit mit kleinen Zahlen kodiert werden. Schalten wir nun die BWT vor einen MTF-Decoder, so tauchen in der resultierenden Kodierung sehr viele kleine Zahlen auf. Für eine solche asymmetrische Verteilung der Auftrittswahrscheinlichkeiten eignet sich, wie bereits vorher gesehen, der Huffman-Code besonders gut.

Zum Schluss müssen wir uns nur noch überlegen, wie sich die BWT und deren Inverse effizient berechnen lassen. Die Berechnung der inversen BWT ist sehr einfach und lässt sich unmittelbar effizient implementieren. Für die BWT liegt die Hauptarbeit im Sortieren, um die Matrix M' zu erhalten. Zum Sortieren haben wir bereits gute Verfahren kennengelernt. In diesem speziellen Fall, wo alle Elemente zyklische Rotationen einer Zeichenreihe sind, können wir noch etwas effizienter vorgehen.

Wir betrachten statt t die Zeichenreihe $t\$$, wobei $\$ \notin \Sigma$ ein neues Symbol mit $\$ < \sigma$ für $\sigma \in \Sigma$ ist. Statt nun alle zyklischen Rotationen zu sortieren, genügt es alle Suffixe von $t\$$ zu sortieren. Dies lässt sich mit Hilfe eines Suffix-Baumes in linearer Zeit realisieren. Um den relativ großen Platzbedarf zu minimieren, können wir statt Suffix-Bäumen auch Suffix-Arrays verwenden.

Man kann auch aus Bucketsort und Quicksort ein hybrides Sortierverfahren konstruieren, das für diese Problem einen schnellen Algorithmus liefert. Aber auch hier ist das schlechte worst-case Verhalten von Quicksort unangenehm. Der Leser sei für die Details auf die Originalliteratur von M. Burrows und D.J. Wheeler verwiesen.

6.6 Übungsaufgaben

Aufgabe 6.1⁺ Modifizieren Sie den KMP-Algorithmus so, dass er die Anzahl der Vorkommen des gesuchten Wortes im Text ausgibt.

Aufgabe 6.2° Erstellen Sie die Tabelle *border*[] für das Wort ABRAKADABRA.

Aufgabe 6.3° Bestimmen Sie für das Wort ABRAKADABRA die Shift-Tabelle des Boyer-Moore Algorithmus.

Aufgabe 6.4[+] Betrachten Sie die Variante des Boyer-Moore Algorithmus, der für die Bestimmung der Shifts bei einem Mismatch *nur* die Bad-Character-Rule berücksichtigt. Die Shift-Tabelle sind dann wie folgt aus:

$$S[j, x] = j - \max\{k : (k < j \wedge s[k] = x) \vee (k = -1)\}.$$

Hierbei ist x das Zeichen in t (an Position $i + j$), das den Mismatch ausgelöst hat. Geben Sie ein Beispiel für eine erfolglose Suche an, bei dem diese Variante eine Laufzeit von $\Theta(n \cdot m)$.

Aufgabe 6.5° Geben Sie die prinzipielle Struktur des Suffix-Tries für $a^n b^n$ an und schätzen Sie die Anzahl der Knoten in Abhängigkeit von $n \in \mathbb{N}$ ab.

Aufgabe 6.6° Konstruieren Sie einen Suffix-Baum für 11110111011010.

Aufgabe 6.7[+] Geben Sie einen Algorithmus zur Konstruktion eines verallgemeinerten Suffix-Baumes für zwei Zeichenketten an. Verallgemeinern Sie diesen für eine beliebige Anzahl von Zeichenreihen.

Aufgabe 6.8[+] Geben Sie einen Algorithmus (mit Hilfe verallgemeinerter Suffix-Bäume) an, der ein längstes gemeinsames Teilwort von zwei Wörtern bestimmt.

Aufgabe 6.9[*] Eine Zeichenkette $w \in \Sigma^*$ ist eine *zyklische Rotation* einer Zeichenkette $v \in \Sigma^*$, wenn es $\alpha, \beta \in \Sigma^*$ gibt, so dass $w = \alpha\beta$ und $v = \beta\alpha$ gilt. Geben Sie einen Algorithmus an, der für zwei Zeichenketten v und w mit linear vielen Vergleichen bestimmt, ob v eine zyklische Rotation von w ist.

Aufgabe 6.10[*] Eine Zeichenkette $w \in \Sigma^*$ heißt *periodisch*, wenn es ein Wort $v \in \Sigma^+$ und ein $i \in \mathbb{N}$ mit $i > 1$ gibt, so dass $w = v^i$. Geben Sie einen Algorithmus an, der mit linear vielen Vergleichen feststellt, ob ein Wort periodisch ist.

Aufgabe 6.11[*] Gegeben sei eine total geordnete Menge V mit einer Wahrscheinlichkeitsverteilung p. Geben Sie einen Algorithmus an, der mit Hilfe der dynamischen Programmierung für die Elemente aus V einen für die erfolgreiche Suche optimalen binären Suchbaum (V, E) konstruiert, d.h. der den Erwartungswert von $\sum_{v \in V} p(v) \cdot \mathrm{Lev}(v)$ minimiert. Überlegen Sie sich, warum ein Greedy-Ansatz (analog zum Huffman-Code) hier nicht funktioniert.

Aufgabe 6.12° Überlegen Sie sich, wie man binäre Suchbäume bei LZ77 einsetzen kann, um den Such-Puffer zu realisieren.

Arithmetik

7

7.1 Euklidischer Algorithmus

In diesem Kapitel wollen wir uns mit Algorithmen für arithmetische Probleme beschäftigen. Beginnen werden wir mit dem wohl ältesten und bekanntesten Algorithmus überhaupt, dem *Euklidischen Algorithmus* und seiner Erweiterung.

7.1.1 Grundalgorithmus

Der Euklidische Algorithmus dient zur Berechnung des *größten gemeinsamen Teilers* zweier natürlicher Zahlen. Wir schreiben $a \mid b$ für zwei Zahlen $a, b \in \mathbb{N}_0$, wenn a b *teilt*, d.h. wenn es ein $k \in \mathbb{N}_0$ gibt, so dass $k \cdot a = b$. Wir bezeichnen mit $\mathrm{ggT}(a, b) = \max \{t \in \mathbb{N}_0 : t \mid a \wedge t \mid b\}$ den größten gemeinsamen Teiler von a und b. Der Einfachheit halber definieren wir $\mathrm{ggT}(0, 0) := 0$, was mathematisch zwar nicht korrekt ist, uns aber im Folgenden die Arbeit etwas erleichtert. Im Bild 7.1 ist die *rekursive Variante des Euklidischen Algorithmus* angegeben. Die Korrektheit des Algorithmus folgt aus der folgenden Identität.

Theorem 7.1 $\forall a, b \in \mathbb{N} : \mathrm{ggT}(a, b) = \mathrm{ggT}(b, a \bmod b)$.

Beweis: Sei $d = \mathrm{ggT}(a, b)$ und $d' = \mathrm{ggT}(b, a \bmod b)$. Nach Definition des ggT gilt, dass $d \mid b$ und $d \mid a$. Da $a \bmod b = a - (a \operatorname{div} b) \cdot b$, folgt, dass $d \mid (a \bmod b)$ und somit $d \leq d'$. Außerdem gilt nach der Definition des ggT, dass $d' \mid b$ und $d' \mid (a \bmod b)$. Da nun $a = (a \operatorname{div} b) \cdot b + (a \bmod b)$, folgt unmittelbar, dass $d' \mid a$ und somit $d' \leq d$. Aus $d \leq d'$ und $d' \leq d$ folgt unmittelbar, dass $d = d'$, und somit die Behauptung. ∎

Theorem 7.2 *Der Euklidische Algorithmus berechnet den größten gemeinsamen Teiler von $a, b \in \mathbb{N}_0$ mit $O(\log(a + b))$ arithmetischen Operationen.*

```
EUCLID (int a, int b)
{
    if (b == 0) return a;
    else return Euclid(b, a mod b);
}
```

Bild 7.1: Euklidischer Algorithmus

Beweis: Wir müssen nur noch die Aussage über die Laufzeit zeigen. Im Fall $a = b$ wird die Rekursion höchstens zweimal aufgerufen. Für den Fall $a > b$ genügt es, folgende Aussage zu beweisen.

Wenn die Berechnung von ggT(a, b) *für* $a > b \in \mathbb{N}_0$ *genau* k *Aufrufe der Prozedur* Euclid *erfordert, dann gilt:* $a \geq f_k$ *und* $b \geq f_{k-1}$, *wobei* f_i *die* i-te *Fibonacci-Zahl ist.*

Diese Aussage beweisen wir mit vollständiger Induktion über k.

Induktionsanfang ($k = 1$): Wenn nur ein Aufruf erfolgt, so ist $b = 0 = f_0$ und $a \geq b + 1 = 0 + 1 = f_1$.

Induktionsschritt ($k \to k + 1$): Die Rekursion wird für ggT$(b, a \bmod b)$ genau k-mal aufgerufen. Da $b > (a \bmod b)$, können wir die Induktionsvoraussetzung anwenden und erhalten $b \geq f_k$ und $(a \bmod b) \geq f_{k-1}$. Daraus folgt mit $a > b$:

$$a = (a \operatorname{div} b) \cdot b + (a \bmod b) \overset{\text{I.V.}}{\geq} \underbrace{(a \operatorname{div} b)}_{\geq 1} \cdot f_k + f_{k-1} \geq f_k + f_{k-1} \geq f_{k+1}$$

Damit haben wir die obige Aussage bewiesen. Da die Fibonacci-Zahlen exponentiell im Index wachsen (siehe Lemma 1.3), impliziert dies die Behauptung über die Laufzeit. Im Falle $a < b$ wird rekursiv ggT(b, a) aufgerufen und die Behauptung folgt unmittelbar aus dem Fall $a > b$. ∎

Wir wollen uns nun die logarithmische Zeitkomplexität des Euklidischen Algorithmus überlegen. Die einzige arithmetische Operation, die wir ausführen, ist die ganzzahlige Division mit Rest. Wir verwenden hier die ganz gewöhnliche Schulmethode (allerdings für Binärzahlen), so dass keine Multiplikationen benötigt werden. Betrachten wir die Division einer n-Bit Zahl durch eine m-Bit Zahl. In jedem Schritt werden zwei m-Bit Zahlen verglichen und eventuell eine m-Bit Zahl von einer m-Bit Zahl abgezogen. Jede dieser Operationen lässt sich mit $O(m)$ Bit-Operationen implementieren. Diese Schritte werden maximal $(n - m + 1)$-mal ausgeführt. Somit benötigt eine Schulmethode für die Division mit Rest maximal $c(m - n + 1)n$ Bit-Operationen für eine Konstante $c > 0$.

Setzen wir $x_0 := a$, $x_1 := b$ und $x_i := (x_{i-2} \bmod x_{i-1})$ für $i \geq 2$, dann wird der Euklidische Algorithmus rekursiv mit folgenden Argumenten aufgerufen: (x_0, x_1), (x_1, x_2), (x_2, x_3) usf. Bezeichne $\ell(\cdot)$ wieder die Länge der Binärdarstellung ohne führende Nullen und sei $\ell_i := \ell(x_i)$. Dann gilt $\ell_0 \geq \ell_1 \geq \ell_2 \geq \cdots$ sowie $\ell_0 > \ell_2 > \ell_4 > \cdots$. Hierfür genügt es $(a \bmod b) < a/2$ für $a \geq b$ zu zeigen.

Fall 1 ($b \leq a/2$): Dann ist $(a \bmod b) < b \leq a/2$.

Fall 2 ($b > a/2$): Dann ist $(a \bmod b) = a - b < a - a/2 = a/2$.

Damit erhalten wir für die Laufzeit die folgende obere Schranke, wobei r die Rekursionstiefe ist.

$$c \cdot \sum_{i=1}^{r} [\ell_{i-1} - \ell_i + 1] \cdot \ell_i \ \leq \ c \cdot \sum_{i=1}^{r} [\ell_{i-1} - \ell_{i+1} + 1] \cdot \ell_i$$

$$\leq \ c \cdot \ell_0 \cdot \ell_1 + c \cdot \sum_{i=2}^{r} \ell_{i-1} \cdot \ell_i - c \cdot \sum_{i=1}^{r} \ell_{i+1} \cdot \ell_i + c \cdot \sum_{i=1}^{r} \ell_i$$

$$\leq \ c \cdot \ell_0 \cdot \ell_1 + c \cdot \sum_{i=1}^{r-1} \ell_i \cdot \ell_{i+1} - c \cdot \sum_{i=1}^{r-1} \ell_{i+1} \cdot \ell_i + c \cdot \sum_{i=1}^{r} \ell_i$$

$$\leq \ c \cdot \ell(x_0) \cdot \ell(x_1) + 2c \cdot \sum_{i=1}^{\ell(b)} i$$

$$\leq \ c \cdot \ell(a) \cdot \ell(b) + 2c \cdot (\ell(b))^2.$$

Da $c \cdot \ell(a) \cdot \ell(b) + 2c \cdot (\ell(b))^2 = O(\log^2(a+b))$ ist, erhalten wir unmittelbar das folgende Theorem.

Theorem 7.3 *Der Euklidische Algorithmus berechnet den größten gemeinsamen Teiler von $a, b \in \mathbb{N}_0$ mit $O(\log^2(a+b))$ Bit-Operationen.*

7.1.2 Erweiterte Version

Wir wollen nun noch den *erweiterten Euklidischen Algorithmus* vorstellen. Dieser berechnet für zwei natürlichen Zahlen a und b zusätzlich eine Darstellung des größten gemeinsamen Teilers als Linearkombination von a und b. Dass man den größten gemeinsamen Teiler von zwei Zahlen tatsächlich als deren Linearkombination darstellen kann, zeigt das folgende Lemma von Bezout.

Theorem 7.4 (Lemma von Bezout) $\forall a, b \in \mathbb{N}_0 \colon \exists s, t \in \mathbb{Z} \colon as + bt = \text{ggT}(a, b).$

Ziel des erweiterten Euklidischen Algorithmus ist es nun, auch die Zahlen s und t zu bestimmen. Mit Entwicklung des erweiterten Euklidischen Algorithmus werden wir obiges Theorem nebenbei mitbeweisen. Aufbauend auf der rekursiven Variante des Euklidischen Algorithmus lässt sich der *erweiterte Euklidische Algorithmus* wie im Bild 7.2 formulieren.

Die Korrektheit folgt aus der folgenden Überlegung. Wie beim Euklidischen Algorithmus ist offensichtlich d der größte gemeinsame Teiler. Betrachten wir nun einen Aufruf $\text{ggT}(a, b)$. Ist nun $b = 0$, so ist $\text{ggT}(a, b) = a = 1 \cdot a + 0 \cdot b$. Andernfalls rufen wir rekursiv $\text{ggT}(b, a \bmod b)$ auf. Dafür erhalten wir die folgende Darstellung zurück:

$$d' \ = \ b \cdot s' + (a \bmod b) \cdot t'.$$

```
EXTENDED_EUCLID (int a, int b)
{      /* returns (d, s, t), where d = gcd(a, b) = as + bt */
       if (b == 0) return (a, 1, 0);
       else
       {
              (d', s', t') = Extended_Euclid(b, a mod b);
              s = t';
              t = s' − t' · (a div b);
              return (d', s, t);
       }
}
```

Bild 7.2: Erweiterter Euklidischer Algorithmus

Da nach Theorem 7.1 $d' = \text{ggT}(b, a \bmod b) = \text{ggT}(a, b) = d$ gilt, können wir nun einfach umformen:

$$
\begin{aligned}
d &= d' \\
  &= b \cdot s' + (a \bmod b) \cdot t' \\
  &= b \cdot s' + (a - (a \operatorname{div} b) \cdot b) \cdot t' \\
  &= a \cdot t' + b \cdot (s' - (a \operatorname{div} b) \cdot t').
\end{aligned}
$$

Damit erhalten wir also unsere Parameter $s = t'$ und $t = s' - (a \operatorname{div} b) \cdot t'$, wie sie im Algorithmus gesetzt wurden. Damit haben wir den ersten Teil des folgenden Theorems gezeigt.

Theorem 7.5 *Der erweiterte Euklidische Algorithmus berechnet für $a, b \in \mathbb{N}_0$ den größten gemeinsamen Teiler und die dazugehörige Linearkombination aus a und b mit logarithmisch vielen arithmetischen Operationen. Die Komplexität in Bit-Operationen beträgt $O(\log^2(a + b))$.*

Beweis: Es ist nur noch die Laufzeitabschätzung zu beweisen. Die Analyse ist ähnlich wie beim normalen Euklidischen Algorithmus. Es ist nur zusätzlich noch eine Multiplikation und eine Subtraktion nötig. Wir werden zeigen, dass der Aufwand hierfür asymptotisch genau so groß ist wie für die Division mit Rest.

Wir zeigen zuerst mit Induktion, dass für $a \geq b \neq 0$ gilt: $|t| \leq a$ und $|s| \leq b$. Wir lassen hierbei den letzten rekursiven Aufruf außer Acht. Im vorletzten Aufruf gilt dann $b \mid a$.

Induktionsanfang ($b \mid a$): Lösen der Rekursion liefert $\text{ggT}(a, b) = b = 0 \cdot a + 1 \cdot b$. Dann ist offensichtlich $|s| = 0 < b$ und $|t| = 1 \leq a$.

Induktionsschritt ($b \nmid a$): Nach Induktionsvoraussetzung gilt $|s| = |t'| \leq b$ und mit Hilfe der Dreiecksungleichung:

$$
t = |s' - t' \cdot (a \operatorname{div} b)|
$$

$$\leq \quad |s'| + |t'| \cdot (a \text{ div } b)$$

$$\overset{\text{I.V.}}{\leq} \quad (a \bmod b) + b \cdot (a \text{ div } b)$$

$$= \quad a.$$

Damit ist der Induktionsschluss vollzogen. □

Wie bereits erwähnt, werden für die Berechnung der ganzzahligen Division mit Rest von $(a \text{ div } b)$ bzw. $(a \bmod b)$ maximal $O((\ell(a) - \ell(b) + 1)\ell(b))$ Bit-Operationen benötigt. Für die Multiplikation von $t' \cdot (a \text{ div } b)$ mit der Schulmethode werden maximal $O(\ell(|t'|) \cdot \ell(a \text{ div } b)) = O(\ell(b)(\ell(a) - \ell(b) + 1))$ Bit-Operationen benötigt. Daher sind in der Gesamtlaufzeit die Kosten aller Multiplikation genau so groß wie die Kosten aller Divisionen mit Rest. Die $\log(a + b)$ Subtraktionen benötigen auch höchstens $O(\log^2(a + b))$ Bit-Operationen. ∎

7.1.3 Iterative Implementierungen

In diesem Abschnitt wollen wir zusätzlich zu den bereits vorgestellten rekursiven Versionen des Euklidischen Algorithmus noch deren iterative Varianten vorstellen. Für den einfachen Euklidischen Algorithmus erhält man die *iterative Variante* durch einfaches Auflösen der Endrekursion, wie im Bild 7.3 dargestellt.

```
EUCLID2 (int a, int b)
{
        while (b ≠ 0)
        {
                int c = b;
                b = a mod b;
                a = c;
        }
        return a;
}
```

Bild 7.3: Iterative Variante des Euklidischer Algorithmus

Theorem 7.6 *Die iterative Variante des Euklidischen Algorithmus berechnet für $a, b \in \mathbb{N}_0$ den größten gemeinsamen Teiler mit logarithmisch vielen arithmetischen Operationen. Die Komplexität in Bit-Operationen beträgt $O(\log^2(a + b))$.*

Auch für die erweiterte Version lässt sich die rekursive Variante leicht in eine *iterative erweiterte Version* transformieren, die im Bild 7.4 angegeben ist. Für die Korrektheit überlegen wir uns zuerst, dass tatsächlich $d = \text{ggT}(a, b)$ gilt. In jedem Schleifendurchlauf wird $d'' = d - (d \text{ div } d') \cdot d' = d \bmod d'$ berechnet. Hier

```
EXTENDED_EUCLID2 (int a, int b)
{    /* returns (d, s, t), where d = gcd(a, b) = as + bt */
     (d, s, t) = (a, 1, 0);
     (d', s', t') = (b, 0, 1);
     while (d' ≠ 0)
     {
          c = (d div d');
          (d'', s'', t'') = (d, s, t) - c · (d', s', t');
          (d, s, t) = (d', s', t');
          (d', s', t') = (d'', s'', t'');
     }
     return (d, s, t);
}
```

Bild 7.4: Iterative Variante des erweiterten Euklidischen Algorithmus

wird nun a bzw. b in d bzw. d' gespeichert. Durch das anschließender Vertauschen (mit Hilfe von d'' und der Neuberechnung von $d \bmod d'$) erhalten wir denselben Algorithmus, wie für den iterativen Euklidischen Algorithmus.

Es bleibt jetzt noch die Korrektheit der Linearkombination für den größten gemeinsamen Teiler von a und b zu zeigen. Dies folgt leicht aus der Gültigkeit der beiden Invarianten $d = s \cdot a + t \cdot b$ bzw. $d' = s' \cdot a + t' \cdot b$, die zu Beginn sicherlich erfüllt sind. Bei der Berechnung von d'' werden nur zwei Linearkombinationen voneinander abgezogen, so dass auch $d'' = s'' \cdot a + t'' \cdot b$ gilt.

Theorem 7.7 *Die iterative Variante des erweiterten Euklidischen Algorithmus berechnet für $a, b \in \mathbb{N}_0$ den größten gemeinsamen Teiler und die dazugehörige Linearkombination aus a und b mit logarithmisch vielen arithmetischen Operationen. Die Komplexität in Bit-Operationen beträgt $O(\log^2(a + b))$.*

7.1.4 Effiziente Implementierungen

Die für die Berechnung des größten gemeinsamen Teilers nötige Division mit Rest ist doch sehr aufwendig. Wir werden diese durch Subtraktionen und Divisionen mit Zweierpotenzen ersetzen, die im Rechner mit Hilfe von Shifts sehr einfach und effizient realisiert werden können.

Für eine effizientere Implementierung des Euklidischen Algorithmus verwenden wir die folgenden elementaren Beziehungen:

$$
\begin{aligned}
\text{ggT}(2a, 2b) &= 2 \cdot \text{ggT}(a, b) && \text{für } a, b \in \mathbb{N}_0 \\
\text{ggT}(2a, b) &= \text{ggT}(a, b) && \text{für } a, b \in \mathbb{N}_0 \text{ und } b \text{ ungerade} \\
\text{ggT}(a, b) &= \text{ggT}(a - b, b) && \text{für } a \geq b \in \mathbb{N}_0 \text{ und } a, b \text{ ungerade}
\end{aligned}
$$

Daraus leitet sich unmittelbar der folgende *binäre Euklidische Algorithmus* ab, der im Bild 7.5 wiedergegeben ist. Man beachte hierbei, dass innerhalb der zweiten,

```
BINARY_EUCLID (int a, int b)
{    /* provided that a, b ∈ ℕ */
     int d = 1;
     while ((a mod 2 == 0) && (b mod 2 == 0))
     {
         a = a/2;    b = b/2;    d = 2 · d;
     }
     while (a ≠ 0)
     {    /* a or b is odd */
         while (a mod 2 == 0) a = a/2;
         while (b mod 2 == 0) b = b/2;
         /* a and b are odd */
         if (a < b) swap(a,b)
         a = a − b;
     }
     return (b · d);
}
```

Bild 7.5: Binärer Euklidischer Algorithmus

äußeren **while**-Schleife höchstens einer der beiden Werte a oder b gerade sein kann. Nach der Subtraktion ist a in jedem Falle gerade, da vorher aus a und b in den inneren **while**-Schliefen alle Zweierpotenzen herausdividiert wurden.

Somit wird in jedem Durchlauf in einer der inneren while-Schleife (die bei jedem Durchlauf der äußeren while-Schleife mindestens einmal durchlaufen werden muss) der größere Wert von a und b auf die Hälfte erniedrigt. Somit ist die Anzahl der Schleifendurchläufe ebenfalls wieder durch $O(\log(a + b))$ begrenzt.

Als Operationen werden hierbei nur die Zuweisung, Vergleiche, Multiplikation bzw. Division mit 2 (also Shifts) sowie Subtraktionen verwendet, die sich bei geeigneter Implementierung in linearer Zeit durchführen lassen. Somit erfordert jeder Schleifendurchlauf nur eine Zeitkomplexität von $O(\log(a + b))$. Dies liefert das folgende Theorem:

Theorem 7.8 *Der binäre Euklidische Algorithmus berechnet für $a, b \in \mathbb{N}_0$ den größten gemeinsamen Teiler mit $O(\log^2(a + b))$ Bit-Operationen.*

Für den erweiterten Euklidischen Algorithmus halten wir uns weitestgehend an dessen iterative Variante, wie im Bild 7.4 angegeben. Anstatt $c = (d' \text{ div } d)$ zu wählen, nehmen wir einen etwas kleineren aber im Rechner leichter zu berechnenden Wert nämlich $c = 2^{\max(\ell(d')-\ell(d)-1,0)}$. Damit erhalten wir den *binären erweiterten Euklidischen Algorithmus*, der im Bild 7.6 dargestellt wird. Man beachte, dass $\ell(\cdot)$ wiederum die Funktion ist, die die Länge der Binärdarstellung ohne führende Nullen einer natürlichen Zahl berechnet.

```
BINARY_EXTENDED_EUCLID (int a, int b)
{      /* returns (d, s, t), where d = gcd(a, b) = as + bt */
       (d, s, t) = (a, 1, 0);
       (d', s', t') = (b, 0, 1);
       while (d' ≠ 0)
       {
            if (d' < d) swap((d, s, t),(d', s', t'))
            c = 1 << max(ℓ(d') − ℓ(d) − 1, 0);   /*c = 2^{max(ℓ(d')−ℓ(d)−1,0)}; */
            (d', s', t') = (d', s', t') − c(d, s, t);
       }
       return (d, s, t);
}
```

Bild 7.6: Binärer erweiterter Euklidischer Algorithmus

Die Korrektheit folgt analog wie im Falle des erweiterten Euklidischen Algorithmus. Wir müssen uns nur noch überlegen, wie viele Schleifendurchläufe maximal nötig sind. Aufgrund der Realisierung der arithmetischen Operation mittels Shifts ist jede Iteration mit $O(\log(a + b))$ Bit-Operationen realisierbar. Folgende Beziehung lässt sich leicht verifizieren (die Details seien dem Leser zur Übung überlassen):

$$\frac{1}{4} \cdot \lfloor d'/d \rfloor \quad \leq \quad 2^{\max(\ell(d')-\ell(d)-1,0)} \quad \leq \quad \lfloor d'/d \rfloor .$$

Damit hat man nach spätestens vier Iterationen von

$$(d', s', t') = (d', s', t') - 2^{\max(\ell(d')-\ell(d)-1,0)}(d, s, t)$$

dasselbe erreicht wie durch

$$(d', s', t') = (d', s', t') - (d \ \text{div} \ d') \cdot (d, s, t)$$

im erweiterten Euklidischen Algorithmus. Daher kann es auch hier höchstens $O(\log(a + b))$ Schleifendurchläufe geben und wir erhalten das folgende Theorem.

Theorem 7.9 *Der erweiterte binäre Euklidische Algorithmus berechnet den größten gemeinsamen Teiler von $a, b \in \mathbb{N}_0$ und die dazugehörige Linearkombination aus a und b mit logarithmisch vielen arithmetischen Operationen. Die Komplexität in Bit-Operationen beträgt $O(\log^2(a + b))$.*

7.2 Modulare Arithmetik

In diesem Abschnitt wollen wir uns mit dem Rechnen ganzer Zahlen modulo n beschäftigen. Dafür und für die folgenden Abschnitte stellen wir einige fundamentale Ergebnisse aus der Algebra zusammen.

7.2.1   Grundlagen

Zunächst wiederholen wir einige elementare Grundlagen aus der Algebra und der Zahlentheorie.

Definition 7.10 *Eine* Gruppe $G = (M, \circ)$ *ist eine Menge M zusammen mit einer binären Verknüpfung $\circ$, für die die folgenden Gesetze gelten:*

1. Abgeschlossenheit: $\forall a, b \in M : a \circ b \in M$.
2. Assoziativität: $\forall a, b, c \in M : a \circ (b \circ c) = (a \circ b) \circ c$.
3. Existenz eines neutralen Elementes: $\exists e \in M : \forall a \in M : e \circ a = a = a \circ e$.
4. Existenz der inversen Elemente: $\forall a \in M : \exists b \in M : a \circ b = e = b \circ a$.

Erfüllt $H = (M, \circ)$ nur die Bedingungen 1) und 2), spricht man von einer Halbgruppe. *Eine Halbgruppe, die zusätzlich noch die Bedingung 3) erfüllt, nennt man ein* Monoid.

Eine (Halb-)Gruppe $G = (M, \circ)$ heißt endlich, *wenn die zugrunde liegende Menge M endlich ist.*

Es sei dem Leser überlassen zu zeigen, dass sowohl das neutrale Element als auch die inversen Elemente eindeutig bestimmt sind. Wir bezeichnen daher das neutrale Element mit e und das zu a inverse Element mit a^{-1}. Mit der Konkatenation als Verknüpfung bildet Σ^* das so genannte *freie Monoid* über Σ.

Definition 7.11 *Eine (Halb-)Gruppe $G = (M, \circ)$ heißt* abelsch, *wenn die Verknüpfung $\circ$ kommutativ ist, also wenn $a \circ b = b \circ a$ für alle $a, b \in M$ gilt.*

Beispiele abelscher Gruppen sind die Mengen der ganzen oder rationalen Zahlen mit der gewöhnlichen Addition als Verknüpfung. Das freie Monoid $(\Sigma^*, \circ)$ ist ein Beispiel für ein nicht-abelsches Monoid.

Definition 7.12 *$G' = (M', \circ)$ ist eine* Untergruppe *einer Gruppe $G = (M, \circ)$, wenn $M' \subseteq M$ ist und G' selbst eine Gruppe ist. Eine Untergruppe G' heißt* echte Untergruppe *von G, wenn $G' \neq G$.*

Die ganzen Zahlen bilden beispielsweise bezüglich der Addition eine echte Untergruppe der rationalen Zahlen.

Definition 7.13 *Sei $G = (M, \circ)$ eine endliche Gruppe, dann bezeichnet $\langle a \rangle$ die durch das Element $a \in M$ erzeugte Menge $\{a^i : i \in \mathbb{N}_0\}$, wobei a^i durch $a^0 = e$ und $a^{i+1} = a \circ a^i$ definiert ist.*

Eine Gruppe $G = (M, \circ)$ heißt zyklisch, *wenn es ein $a \in M$ mit $\langle a \rangle = M$ gibt.*

Lemma 7.14 *Sei $G = (M, \circ)$ eine endliche Gruppe, dann ist $(\langle a \rangle, \circ)$ für jedes $a \in M$ eine Untergruppe von G.*

Beweis: Die Abgeschlossenheit folgt aus der Definition von $\langle a \rangle$ und der Gültigkeit der Potenzgesetze, d.h. $a^i \circ a^j = a^{i+j}$ für alle $i, j \in \mathbb{N}_0$. Mit $a^0 = e$ enthält $\langle a \rangle$ das neutrale Element. Da $\langle a \rangle$ endlich sein muss, gibt es ein minimales $n \in \mathbb{N}$ mit $\langle a \rangle = \{a^0, a^1, a^2, \ldots, a^{n-1}\}$. Außerdem gilt $a^n = a^0 = e$. Wäre $a^n = a^i$ für ein $i \in [1 : n-1]$, dann wäre mit $a \circ a^{-1} = e$ auch

$$a^{n-1} = a^{n-1} \circ a^1 \circ a^{-1} = a^n \circ a^{-1} = a^i \circ a^{-1} = a^{i-1} \circ a^1 \circ a^{-1} = a^{i-1}$$

und somit $|\langle a \rangle| < n$. Damit ist a^{n-i} das inverse Element zu a^i für $i \in [1 : n-1]$. Außerdem ist $e = a^0$ zu sich selbst invers. Die Assoziativität von $(\langle a \rangle, \circ)$ folgt aus der Assoziativität von G. ∎

Definition 7.15 *Sei $G = (M, \circ)$ eine Gruppe und $a \in M$, dann heißt $|\langle a \rangle|$ die* Ordnung *des Elementes a in G. Die* Ordnung *einer Gruppe $G = (M, \circ)$ (oder auch* Gruppenordnung*) ist die Kardinalität von M.*

Aus dem vorigen Beweis ergibt sich dann sofort das folgende Korollar:

Korollar 7.16 *Sei $G = (M, \circ)$ eine endliche Gruppe, dann ist $a^{|\langle a \rangle|} = e$.*

Betrachten wir jetzt Mengen auf denen zwei Verknüpfungen definiert sind.

Definition 7.17 *Eine Menge M mit zwei binären Verknüpfungen $\circ$ und $\bullet$ heißt* Ring *$R = (M, \circ, \bullet)$, wenn folgende Bedingungen erfüllt sind:*

1. *$(M, \circ)$ ist eine abelsche Gruppe.*
2. *$(M, \bullet)$ ist eine Halbgruppe.*
3. *Es gelten die* Distributivgesetze:

$$a \bullet (b \circ c) = (a \bullet b) \circ (a \bullet c) \quad und \quad (a \circ b) \bullet c = (a \bullet c) \circ (b \bullet c).$$

Ist $(M, \circ)$ nur ein abelsches Monoid mit neutralem Element 0 und gilt außerdem $a \bullet 0 = 0 = 0 \bullet a$ für alle $a \in M$, dann nennen wir $R = (M, \circ, \bullet)$ einen Halbring *oder* Semi-Ring.
Ein Ring heißt kommutativ, *wenn $\bullet$ eine kommutative Verknüpfung ist.*

Zum Beispiel ist $(\mathbb{Z}, +, *)$ ein Ring und $(\mathbb{N}_0, \max, *)$ sowie $(\mathbb{N} \cup \{\infty\}, \min, +)$ sind Halbringe.

Definition 7.18 *Sei $R = (M, \circ, \bullet)$ ein Ring und 0 das neutrale Element der Gruppe $(M, \circ)$. Der Ring R heißt* Schiefkörper, *wenn $(M \setminus \{0\}, \bullet)$ eine Gruppe ist. Ein Schiefkörper $S = (M, \circ, \bullet)$ heißt* Körper, *wenn die Verknüpfung $\bullet$ kommutativ ist.*

Zum Beispiel ist $(\mathbb{Q}, +, *)$ ein Körper. Im Folgenden betrachten wir die Gruppe der ganzen Zahlen modulo n mit der Addition bzw. Multiplikation modulo n als Verknüpfung. Dazu definieren wir zunächst $\mathbb{Z}_n := [0 : n - 1]$ und $+_n$ durch $a +_n b := (a + b) \bmod n$.

Theorem 7.19 $(\mathbb{Z}_n, +_n)$ *ist eine zyklische, abelsche Gruppe.*

Beweis: Nach Definition von $+_n$ ist $\mathbb{Z}_n$ gegen $+_n$ abgeschlossen. Das neutrale Element ist die 0. Für $0 \neq a \in \mathbb{Z}_n$ ist $n - a$ das inverse Element und die 0 ist zu sich selbst invers. Da $+$ in $\mathbb{Z}$ assoziativ und kommutativ ist, gilt dies nach Definition auch für $+_n$ in $\mathbb{Z}_n$. Offensichtlich gilt $\mathbb{Z}_n = \langle 1 \rangle$. ∎

Definition 7.20 *Eine natürliche Zahl $p \in \mathbb{N}$ heißt* Primzahl, *wenn p genau zwei verschiedene Teiler besitzt.*

Wir bemerken noch, dass 1 keine Primzahl und 2 die einzige gerade Primzahl ist. Mit $\mathbb{P}$ bezeichnen wir die Menge aller Primzahlen.

Nun definieren wir noch $\mathbb{Z}_n^* = \{z \in [1 : n - 1] : \mathrm{ggT}(z, n) = 1\}$ als die zu n *teilerfremden* Elemente und $*_n$ durch $a *_n b := (a * b) \bmod n$.

Theorem 7.21 $(\mathbb{Z}_n^*, *_n)$ *ist eine abelsche Gruppe.*

Beweis: Wir zeigen zuerst die Abgeschlossenheit von $\mathbb{Z}_n^*$. Seien $a, b \in \mathbb{Z}_n^*$, dann ist $a * b = a *_n b + kn$ für ein geeignetes $k \in \mathbb{N}_0$. Nehmen wir nun an, dass $\mathrm{ggT}(a *_n b, n) > 1$, dann gibt es ein $p \in \mathbb{P}$, so dass $p \mid a *_n b$ und $p \mid n$. Daraus folgt unmittelbar, dass $p \mid a * b$. Da p prim ist, muss $p \mid a$ oder $p \mid b$ gelten (siehe auch Theorem 7.33). Somit ist $\mathrm{ggT}(a, n) \geq p$ oder $\mathrm{ggT}(b, n) \geq p$ und wir erhalten den gewünschten Widerspruch. Also ist $\mathbb{Z}_n^*$ gegenüber $*_n$ abgeschlossen.

Das neutrale Element ist die 1. Sei $a \in \mathbb{Z}_n^*$, dann lassen sich mit Hilfe des erweiterten Euklidischen Algorithmus $s, t \in \mathbb{Z}$ finden, so dass $as + nt = \mathrm{ggT}(a, n) = 1$. Betrachtet man diese Gleichung modulo n, so erhalten wir $a *_n s = 1$, d.h. zu a ist $s \bmod n$ das Inverse. Da $\mathrm{ggT}(s, n) \mid as + nt$ und $as + nt = 1$, gilt $\mathrm{ggT}(s, n) \mid 1$ und somit $\mathrm{ggT}(s, n) = 1$. Also ist $s \bmod n \in \mathbb{Z}_n^*$ und jedes Element in $\mathbb{Z}_n^*$ hat ein inverses Element in $\mathbb{Z}_n^*$. Dieses lässt sich effizient mit Hilfe des erweiterten Euklidischen Algorithmus berechnen.

Die Assoziativität und Kommutativität von $*_n$ folgt unmittelbar aus der Assoziativität und der Kommutativität von $*$ in $\mathbb{Z}$. ∎

Für eine Primzahl p ist $(\mathbb{Z}_p, +_p, *_p)$ dann ein Körper. Dieser wird bei Berechnungen mit dem Computer oft verwendet.

Theorem 7.22 *Sei p eine Primzahl, dann ist $(\mathbb{Z}_p, +_p, *_p)$ ein Körper.*

Beweis: Die Distributivität folgt aus der Distributivität von $\mathbb{Z}$. Da $(\mathbb{Z}_p^*, *_p)$ eine abelsche Gruppe ist und $\mathbb{Z}_p^* = [1 : p - 1] = \mathbb{Z}_p \setminus \{0\}$, folgt die Behauptung. ∎

Wir zitieren noch ohne Beweis den folgenden elementaren Satz aus der Zahlentheorie.

Theorem 7.23 *Die Gruppe $(\mathbb{Z}_n^*, *_n)$ ist genau dann zyklisch, wenn $n = 2$, $n = 4$, $n = 2p^e$ oder $n = p^e$ für ein $e \in \mathbb{N}$ und $2 \neq p \in \mathbb{P}$ ist.*

Die Anzahl der Elemente von $\mathbb{Z}_n^*$ definiert die so genannte *Eulersche Phi-Funktion* $\varphi(n) := |\mathbb{Z}_n^*|$. Man kann zeigen, dass $\varphi(n)$ die folgende explizite Darstellung hat (wobei $p_1^{e_1} \cdots p_k^{e_k}$ die eindeutige Primfaktorzerlegung von n ist, siehe auch Theorem 7.33):

$$\varphi(n) = n \prod_{\substack{p|n \\ p \in \mathbb{P}}} \left(1 - \frac{1}{p}\right) = \prod_{i=1}^{k} p_i^{e_i - 1}(p_i - 1).$$

7.2.2 Modulare Gleichungen

Wir versuchen nun die Gleichung $ax \equiv b \bmod n$ für $a \in \mathbb{Z}_n^*$ und $b \in \mathbb{Z}_n$ zu lösen.

Theorem 7.24 *Für $a \in \mathbb{Z}_n^*$ und $b \in \mathbb{Z}_n$ hat die Gleichung $ax \equiv b \bmod n$ genau eine Lösung.*

Beweis: Wir berechnen mit Hilfe des erweiterten Euklidischen Algorithmus $s, t \in \mathbb{Z}$, so dass $as + nt = \mathrm{ggT}(a, n) = 1$ gilt. Damit gilt $as \equiv 1 \bmod n$. Mit $x = sb \bmod n$ erhalten wir nun eine Lösung, da

$$ax \equiv a(sb) \equiv (as)b \equiv 1b \equiv b \bmod n.$$

Nehmen wir nun an, es gäbe eine weitere Lösung x' mit $ax' \equiv b \bmod n$. Dann wäre $ax \equiv ax' \bmod n$. Da $a \in \mathbb{Z}_n^*$ invertierbar ist, gilt dann $a^{-1}ax \equiv a^{-1}ax' \bmod n$ und somit $x \equiv x' \bmod n$. Dies ist ein Widerspruch zur Annahme $x \not\equiv x' \bmod n$. ∎

Nun halten wir noch ein nützliches Lemma fest.

Lemma 7.25 *Seien $n, d', d \in \mathbb{N}$ mit $n = d' \cdot d$ und $x, y \in \mathbb{Z}$ mit $x \equiv y \bmod n$, dann ist $x \equiv y \bmod d$.*

Beweis: Da $x - y \equiv 0 \bmod n$ ist, gibt es ein $k \in \mathbb{Z}$ mit $x - y = k \cdot n = k \cdot d' \cdot d$. Also gilt $x - y \equiv 0 \bmod d$. ∎

7.2.3 Chinesischer Restsatz

In diesem Abschnitt stellen wir den Chinesischen Restsatz vor, der uns bei Berechnungen innerhalb der modularen Arithmetik das Leben einfacher machen kann.

Theorem 7.26 (Chinesischer Restsatz) *Sei $n_1, \ldots, n_k$ eine Folge von paarweise teilerfremden natürlichen Zahlen, d.h. $\forall i < j \in [1:k] : \mathrm{ggT}(n_i, n_j) = 1$, und sei $n := n_1 \cdots n_k$. Für jede Folge $r_1 \in \mathbb{Z}_{n_1}, \ldots, r_k \in \mathbb{Z}_{n_k}$ gibt es genau ein $r \in \mathbb{Z}_n$, so dass*

$$\forall i \in [1:k] : r \equiv r_i \bmod n_i.$$

Dieses r kann in polynomieller Zeit berechnet werden.

Beweis: Zuerst zeigen wir die Existenz eines solchen r. Wir halten zunächst fest, dass $n/n_i \in \mathbb{N}$ und $\mathrm{ggT}(n/n_i, n_i) = 1$ gilt. Damit gibt es für jedes $i \in [1:k]$ ein multiplikatives Inverses m_i zu n/n_i in $\mathbb{Z}_{n_i}^*$, d.h. $m_i \cdot n/n_i \equiv 1 \bmod n_i$. Darüber hinaus gilt $m_i \cdot n/n_i \equiv 0 \bmod n_j$ für jedes $j \neq i$, da $m_i \cdot n/n_i$ ein Vielfaches von n_j ist. Wie man jetzt leicht nachrechnet, ist

$$r := \sum_{j=1}^{k} r_j \cdot m_j \cdot \frac{n}{n_j} \bmod n$$

eine Lösung.

Nun zur Eindeutigkeit von r. Angenommen es gäbe eine weitere Lösung s mit $r - s \not\equiv 0 \bmod n$. Da s eine Lösung ist, gilt $r - s \equiv 0 \bmod n_i$ für alle $i \in [1:k]$, d.h. jedes n_i teilt $r - s$. Da $\mathrm{ggT}(n_i, n_j) = 1$ für alle $i < j \in [1:k]$, teilt $n_1 \cdots n_k = n$ dann auch $r - s$ und wir erhalten einen Widerspruch.

Nach obiger Konstruktion berechnen wir zuerst die Inversen mit Hilfe des Euklidischen Algorithmus in polynomieller Zeit. Die nötigen Multiplikationen und Additionen lassen sich ebenfalls in polynomieller Zeit berechnen.   ∎

Daraus folgt sofort, dass die Ringe $\mathbb{Z}_{n_1 \cdots n_k}$ und $\mathbb{Z}_{n_1} \times \cdots \times \mathbb{Z}_{n_k}$ isomorph sind.

Korollar 7.27 *Sei $n_1, \ldots, n_k$ eine Folge von paarweise teilerfremden natürlichen Zahlen, d.h. $\mathrm{ggT}(n_i, n_j) = 1$ für alle $i < j \in [1:k]$, und sei $n := n_1 \cdots n_k$. Dann ist*

$$\psi : \mathbb{Z}_n \to \mathbb{Z}_{n_1} \times \cdots \times \mathbb{Z}_{n_k} : a \mapsto (a \bmod n_1, \ldots, a \bmod n_k)$$

ein Isomorphismus.

Dieses Korollar besagt also insbesondere, dass man Additionen und Multiplikation im $\mathbb{Z}_n$ durch Additionen und Multiplikationen in den verschiedenen (kleineren) $\mathbb{Z}_{n_i}$ parallel ausführen kann. Ist also

$$\psi(a) \;=\; (a_1, \ldots, a_k),$$
$$\psi(b) \;=\; (b_1, \ldots, b_k),$$

dann kann man die Operationen wie folgt ausdrücken:

$$a +_n b \quad \leftrightarrow \quad (a_1 +_{n_1} b_1, \ldots, a_k +_{n_k} b_k),$$
$$a *_n b \quad \leftrightarrow \quad (a_1 *_{n_1} b_1, \ldots, a_k *_{n_k} b_k).$$

Offensichtlich lässt sich der Isomorphismus ψ mit Hilfe der Schulmethode für die ganzzahlige Division mit Rest effizient berechnen. Umgekehrt kann auch die inverse Funktion ψ^{-1} mit Hilfe des Chinesischen Restsatzes effizient berechnet werden.

7.2.4   Berechnung von Potenzen

Zuerst wiederholen wir an dieser Stelle ein Ergebnis aus der Einleitung, welches in der Praxis oft Anwendung findet.

Theorem 7.28 *Sei $H = (M, \circ)$ eine Halbgruppe. Dann kann für jedes $m \in M$ die n-te Potenz von m, d.h. m^n, wobei $m^1 = m$ und $m^{n+1} = m \circ m^n$ für $n \in \mathbb{N}$ ist, mit $O(\log(n))$ Anwendungen der Operation $\circ$ berechnet werden.*

Wir wollen nun einige einfache, aber wichtige Identitäten festhalten, die oft das Berechnen von Potenzen erleichtern. Wir halten zuerst den folgenden fundamentalen Satz aus der Algebra fest.

Theorem 7.29 (Satz von Lagrange) *Sei $G = (M, \circ)$ eine endliche Gruppe und $H = (M', \circ)$ eine Untergruppe von G, dann teilt die Ordnung der Untergruppe H die Ordnung der Gruppe G.*

Beweis: Sei H eine Untergruppe von G, dann bezeichnen wir für ein $a \in G$ die Menge $aH = \{a \circ h : h \in H\}$ als *Nebenklasse* von H in G.

Wir zeigen zuerst, dass für $a, b \in G$ entweder $aH = bH$ oder $aH \cap bH = \emptyset$ gilt. Ist $aH \cap bH = \emptyset$, so ist nichts zu zeigen. Sei also $aH \cap bH \neq \emptyset$. Dann existieren $h, h' \in H$, so dass $a \circ h = b \circ h'$. Damit ist $b^{-1} \circ a = h' \circ h^{-1} \in H$. Daher gilt für jedes $c \in aH$ mit $c = a \circ h''$ für ein $h'' \in H$:

$$c = a \circ h'' = (b \circ b^{-1}) \circ a \circ h'' = b \circ ((b^{-1} \circ a) \circ h'') = b \circ ((h' \circ h^{-1}) \circ h'') \in bH$$

und somit $aH \subseteq bH$. Analog folgt $bH \subseteq aH$ und daher $aH = bH$.

Wir zeigen nun, dass alle Nebenklassen von H gleich groß sind. Dazu zeigen wir, dass für zwei Nebenklassen aH und bH die Abbildung

$$\psi : aH \to bH : x \mapsto (b \circ a^{-1}) \circ x$$

eine Bijektion ist. Für $h \neq h'$ ist $ah \neq ah'$ und $\psi(ah) = bh \neq bh' = \psi(ah')$. Also ist ψ injektiv. Da für jedes $h \in H$ gilt, dass $bh = \psi(ah)$, ist ψ auch surjektiv.

Aus den obigen Eigenschaften folgt nun, dass sich G in Nebenklassen gleicher Größe partitionieren lässt. Da H als Untergruppe selbst eine Nebenklasse ist ($H = eH$), folgt unmittelbar, dass $|G|$ ein Vielfaches von $|H|$ ist. ∎

Mit Hilfe des Satzes von Lagrange können wir die folgenden, für uns wichtigen Sätze ableiten.

Korollar 7.30 (Ein Satz von Euler) *Für alle $n \in \mathbb{N}$ und für alle $a \in \mathbb{Z}_n^*$ gilt*

$$a^{\varphi(n)} \equiv 1 \bmod n.$$

Beweis: Sei $k = |\langle a \rangle| \in \mathbb{N}$ die Ordnung der durch das Element a erzeugten Untergruppe $\langle a \rangle$ und somit ist nach Korollar 7.16 $a^k = 1$. Nach dem Satz von Lagrange teilt k die Gruppenordnung $\varphi(n)$ der Gruppe $\mathbb{Z}_n^*$. Also gibt es ein $\ell \in \mathbb{N}$ mit $k \cdot \ell = \varphi(n)$ und somit gilt $a^{\varphi(n)} \equiv a^{k \cdot \ell} \equiv (a^k)^\ell \equiv 1^\ell \equiv 1 \bmod n$. ∎

Damit erhalten wir unmittelbar das folgende Korollar:

Korollar 7.31 (Kleiner Satz von Fermat) *Sei p eine Primzahl, dann gilt für alle $a \in \mathbb{Z}_p^*$, dass*

$$a^{p-1} \equiv 1 \bmod p.$$

Beweis: Da für $p \in \mathbb{P}$ gilt, dass $\varphi(p) = p - 1$, folgt die Behauptung unmittelbar aus dem Satz von Euler. ∎

Eine weitere für uns wichtige Folgerung aus dem Satz von Lagrange ist das folgende Lemma:

Lemma 7.32 *Sei $G = (M, \circ)$ eine Gruppe und e ihr neutrales Element. Sei $a \in M$ sowie $n \in \mathbb{N}$ mit $a^n = e$, dann gilt $|\langle a \rangle| \mid n$.*

Beweis: Nach Definition gilt $n \geq |\langle a \rangle|$. Für einen Widerspruchsbeweis nehmen wir an, dass $n = k \cdot |\langle a \rangle| + \ell$ mit $k, \ell \in \mathbb{N}$ und $0 < \ell < |\langle a \rangle|$. Dann erhalten wir durch elementares Umformen $e = a^{k \cdot |\langle a \rangle| + \ell} = (a^{|\langle a \rangle|})^k \circ a^\ell = a^\ell$. Da $\ell < |\langle a \rangle|$ ist, erhalten wir den gewünschten Widerspruch. ∎

7.3 Primzahlen

In diesem Abschnitt wollen wir einige fundamentale Eigenschaften von Primzahlen zusammenstellen und einen randomisierten Algorithmus zur Erkennung von Primzahlen vorstellen.

7.3.1 Elementare Ergebnisse

Zuerst halten wir ohne Beweis den bereits von Euklid bewiesenen fundamentalen Satz fest, dass jede natürliche Zahl in eindeutiger Weise (bis auf Umordnung) als Produkt von Primzahlen dargestellt werden kann.

Theorem 7.33 (Fundamentalsatz der Arithmetik) *Sei $1 < n \in \mathbb{N}$, dann gibt es eindeutig bestimmte paarweise verschiedene Primzahlen $p_1, \ldots, p_k$ und eindeutig bestimmte natürliche Zahlen $e_1, \ldots, e_k$ mit $n = p_1^{e_1} \cdots p_k^{e_k}$.*

Ebenfalls ohne Beweis halten wir das folgende fundamentale Ergebnis über die Dichte der Primzahlen fest, dass im Mittel etwa jede $\ln(n)$-te Zahl eine Primzahl ist. Diese Vermutung aus dem 18. Jahrhundert wurde erstmals 1896 unabhängig von J.S. Hadamard und C.J.G.N. de la Vallé Poussin bewiesen. Ein elementarer Beweis wurde 1949 unabhängig von A. Selberg und P. Erdős gefunden.

Theorem 7.34 (Primzahlsatz) *Sei $\pi(n) = |\mathbb{P} \cap [1:n]|$, dann gilt*

$$\lim_{n \to \infty} \frac{\pi(n)}{n/\ln(n)} = 1 \qquad bzw. \qquad \pi(n) = \frac{n}{\ln(n)}\,(1 + o(1)).$$

Ein weiterer, oft zitierter Satz über die Verteilung von Primzahlen ist das so genannte Bertrandsche Postulat. Um dieses zu beweisen, benötigen wir noch ein Lemma aus der Zahlentheorie. Die *Chebyshevsche Theta-Funktion* ϑ ist definiert durch:

$$\vartheta(n) := \sum_{\substack{p=1 \\ p \in \mathbb{P}}}^{n} \ln(p).$$

Lemma 7.35 (Eine Chebyshevsche Ungleichung) *Für alle $n \in \mathbb{N}$ gilt:*

$$\vartheta(n) \leq \ln(4) \cdot n.$$

Beweis: Wir beweisen diese Ungleichung durch Induktion nach n:

Induktionsanfang ($n \leq 2$): Dies gilt offensichtlich, da $\vartheta(1) = 0 < \ln(4)$ und $\vartheta(2) = \ln(2) < 2 \cdot 2 \cdot \ln(2) = 2 \cdot \ln(4)$.

Induktionsschritt ($n - 1 \to n$): Ist n gerade, so ist der Induktionsschritt trivial, da es keine geraden Primzahlen größer als 2 gibt. Sei also $n = 2m + 1$ ungerade. Nach dem Binomischen Satz gilt

$$(1+1)^{2m+1} = \sum_{i=0}^{2m+1} \binom{2m+1}{i}.$$

In der rechten Summe erscheint der Summand $\binom{2m+1}{m}$ zweimal, nämlich als $\binom{2m+1}{m}$ und als $\binom{2m+1}{m+1}$. Daher ist $\binom{2m+1}{m} \leq \frac{1}{2} \cdot 2^{2m+1} = 4^m$. Da

$$\binom{2m+1}{m} = \frac{(2m+1)\cdots(m+2)}{m!}$$

ist, teilt jede Primzahl $p \in [m+2 : 2m+1]$ den Binomialkoeffizienten $\binom{2m+1}{m}$. Somit erhalten wir:

$$\vartheta(2m+1) - \vartheta(m+1) = \sum_{\substack{p=m+2 \\ p\in\mathbb{P}}}^{2m+1} \ln(p) = \ln\left(\prod_{\substack{p=m+2 \\ p\in\mathbb{P}}}^{2m+1} p\right) \leq \ln\binom{2m+1}{m} \leq \ln(4^m).$$

Da $1 \leq m \leq n-2$, erhalten wir zusammen mit Induktionsvoraussetzung und der obigen Abschätzung:

$$\begin{aligned}
\vartheta(2m+1) &= (\vartheta(2m+1) - \vartheta(m+1)) + \vartheta(m+1) \\
&\overset{\text{I.V.}}{\leq} \ln(4) \cdot m + \ln(4) \cdot (m+1) \\
&= \ln(4) \cdot (2m+1).
\end{aligned}$$

Damit ist die Behauptung bewiesen. ∎

Mit Hilfe der Ungleichung für die Chebyshevsche Theta-Funktion können wir nun Bertrands Postulat beweisen, das J. Bertrand im Jahre 1845 aufgestellt hat und von P.L. Chebyshev 1850 erstmals bewiesen wurde. Der folgende Beweis aus dem Jahre 1932 geht auf den genialen Mathematiker Paul Erdős zurück, der damals erst 18 Jahre alt war.

Theorem 7.36 (Bertrands Postulat) *Sei $1 < n \in \mathbb{N}$, dann enthält das Intervall $[n+1 : 2n-1]$ mindestens eine Primzahl.*

Beweis: Wir betrachten zuerst den Fall, dass $n \geq 2^{11}$. Nehmen wir an, es gäbe keine Primzahl im Intervall $[n+1 : 2n-1]$ für $n \geq 2$. Zunächst einmal halten wir fest, dass der Exponent einer größten Potenz einer Primzahl p, die $n! = 1 \cdot 2 \cdot 3 \cdots n$ teilt, durch

$$\sum_{j=1}^{\lfloor \log_p(n) \rfloor} \lfloor n/p^j \rfloor$$

gegeben ist. Dies folgt daher, dass jeder p^j-te Faktor in $n! = 1 \cdot 2 \cdot 3 \cdots n$ durch p^j teilbar ist. Für eine Primzahl p bezeichnen wir mit $r(p,n)$ den größten Exponenten, so dass $p^{r(p,n)}$ den Binomialkoeffizienten $\binom{2n}{n}$ teilt. Da $\binom{2n}{n} = \frac{(2n)!}{n! \cdot n!}$, gilt:

$$r(p,n) = \sum_{j=1}^{\lfloor \log_p(2n) \rfloor} \lfloor 2n/p^j \rfloor - 2 \sum_{j=1}^{\lfloor \log_p(n) \rfloor} \lfloor n/p^j \rfloor = \sum_{j=1}^{\lfloor \log_p(2n) \rfloor} \left(\lfloor 2n/p^j \rfloor - 2\lfloor n/p^j \rfloor \right).$$

Wie man leicht nachrechnet, ist jeder Summand der rechten Summe entweder 0 oder 1. Also ist $r(p,n) \leq \lfloor \log_p(2n) \rfloor$ und daher auch $p^{r(p,n)} \leq 2n$. Für $p > \sqrt{2n}$ ist $\lfloor \log_p(2n) \rfloor \leq 1$. Also gilt für $p > \sqrt{2n}$, dass $r(p,n) \leq \lfloor 2n/p \rfloor - 2\lfloor n/p \rfloor \leq 1$.

Nach Annahme gibt es keine Primzahlen im Intervall $[n+1 : 2n-1]$. Ist nun $p \in [\lfloor 2n/3 \rfloor + 1 : n]$, dann ist $p > \sqrt{2n}$ (da wir $n > 2^{11}$ angenommen haben) und somit $r(p,n) \leq \lfloor 2n/p \rfloor - 2\lfloor n/p \rfloor$. Für $p \in [\lfloor 2n/3 \rfloor + 1 : n]$ gilt dann:

$$r(p,n) \leq \lfloor 2n/p \rfloor - 2\lfloor n/p \rfloor \leq \left\lfloor \frac{2n}{\lfloor 2n/3 \rfloor + 1} \right\rfloor - 2\left\lfloor \frac{n}{n} \right\rfloor = 2 - 2 = 0.$$

Also ist jeder Primteiler von $\binom{2n}{n}$ durch $\lfloor 2n/3 \rfloor$ beschränkt. Damit erhalten wir:

$$\binom{2n}{n} = \prod_{\substack{p=2 \\ p \in \mathbb{P}}}^{\lfloor 2n/3 \rfloor} p^{r(p,n)} \leq \prod_{\substack{p=1 \\ p \in \mathbb{P}}}^{\lfloor \sqrt{2n} \rfloor} 2n \cdot \prod_{\substack{p=\lfloor \sqrt{2n} \rfloor + 1 \\ p \in \mathbb{P}}}^{\lfloor 2n/3 \rfloor} p \leq (2n)^{\lfloor \sqrt{2n} \rfloor} \cdot e^{\vartheta(\lfloor 2n/3 \rfloor)}.$$

In der Expansion von $(1+1)^{2n} = \sum_{i=0}^{2n} \binom{2n}{i}$ ist $\binom{2n}{n}$ der größte der $2n+1$ Terme. Daher gilt

$$\frac{4^n}{2n+1} \leq \binom{2n}{n}.$$

Aus den beiden vorherigen Ungleichungen und der Chebyshevschen Ungleichung erhalten wir:

$$\frac{4^n}{2n+1} \leq \binom{2n}{n} \leq (2n)^{\lfloor \sqrt{2n} \rfloor} \cdot 4^{\lfloor 2n/3 \rfloor} \leq (2n)^{\sqrt{2n}} \cdot 4^{2n/3}.$$

Nach Multiplikation mit $\frac{2n+1}{4^{2n/3}}$ und Ausnutzen der Eigenschaft, dass $2n+1 \leq (2n)^2$ sowie $2 \leq \sqrt{2n}/3$ für $n \geq 18$, erhalten wir:

$$4^{n/3} \leq (2n+1) \cdot (2n)^{2+\sqrt{2n}} \leq (2n)^{2+\sqrt{2n}} \leq (2n)^{4/3 \cdot \sqrt{2n}}.$$

Nun logarithmieren wir diese Gleichung zur Basis 2 und multiplizieren diese anschließend mit $3/\sqrt{2n}$:

$$\sqrt{2n} \leq 4 \log(2n).$$

Wie man leicht nachrechnet, erhält man für $n = 2^{11}$ einen Widerspruch. Da der Logarithmus asymptotisch langsamer wächst als die Wurzel, erhalten wir für alle $n \geq 2^{11}$ einen Widerspruch. Es bleibt noch der Fall $n < 2^{11}$. In diesem Fall erfüllt immer eine der Primzahlen 3, 5, 7, 13, 23, 43, 83, 163, 317, 631, 1259, 2503 die Bedingung $n < p < 2n$. ∎

7.3.2 Primzahltests

In diesem Abschnitt wollen wir einen effizienten Algorithmus konstruieren, der feststellt, ob eine gegebene Zahl $n \in \mathbb{N}$ prim ist oder nicht. Ein erster trivialer Ansatz ist es, für alle Zahlen zwischen 2 und $\sqrt{n}$ zu testen, ob diese n teilen. Teilt eine der Zahlen n, so ist n offensichtlich zusammengesetzt. Andernfalls ist die Zahl nach Definition prim. Dieser Algorithmus ist im Bild 7.7 angegeben.

```
IS_PRIME (int n)
{
        for (int i = 2; i ≤ √n; i++)
            if (i | n) return FALSE;
        return TRUE;
}
```

Bild 7.7: Ein deterministischer naiver Primzahltest

Betrachten wir nun die Laufzeit. Wir benötigen offensichtlich maximal $\sqrt{n}$ Schleifendurchläufe. Haben wir also einen sublinearen Algorithmus zum Testen auf Primalität gefunden? Nein, korrekterweise müssen wir die Laufzeit in Abhängigkeit von der Eingabegröße angeben. Da die Eingabe nur $O(\log(n))$ Bits benötigt, ist die Laufzeit des Algorithmus exponentiell, nämlich $2^{\frac{1}{2}\log(n)}$. Außerdem haben wir die Kosten zur Berechnung der Entscheidung $i \mid n$ vernachlässigt, die man mit Hilfe der Schulmethode für die ganzzahlige Division mit Rest mit $O(\log^2(n))$ abschätzen kann. Dieser einfache Algorithmus hat also in Wirklichkeit für m-stellige Binärzahlen eine Laufzeit vom $O(m^2 \cdot 2^{\frac{m}{2}})$. Dies ist in der Praxis natürlich völlig indiskutabel.

Die Basis für unseren Primzahltest ist der kleine Satz von Fermat:

$$n \text{ prim} \quad \Longrightarrow \quad \forall a \in \mathbb{Z}_n^* \setminus \{0\} : a^{n-1} \equiv 1 \bmod n.$$

Genauer gesagt benutzen wir die Kontraposition. Sei $n \in \mathbb{N}$, dann gilt

$$\exists a \in \mathbb{Z}_n^* \setminus \{0\} : a^{n-1} \not\equiv 1 \bmod n \quad \Longrightarrow \quad n \text{ ist zusammengesetzt.}$$

Ein solches a, für das $a^{n-1} \not\equiv 1 \bmod n$ gilt, nennen wir im Folgenden einen *Zeugen* dafür, dass n zusammengesetzt ist. Ein einfacher Primzahltest würde daher jedes a „befragen", ob es ein Zeuge für die Zusammengesetztheit von n ist. Solch ein Test wäre allerdings recht ineffizient. Unter der Voraussetzung, dass es viele Zeugen gibt, könnte man einfach zufällig einen herausgreifen und hoffen, dass er die Zusammengesetztheit von n bezeugen könnte. Wenn wir einen Zeugen gefunden haben, dann sind wir sicher, dass die Zahl zusammengesetzt ist. Finden wir keinen Zeugen, so entscheiden wir *in dubio pro reo* und halten die Zahl n für prim. Damit verurteilen wir keine Primzahl als zusammengesetzt, aber es können durchaus zusammengesetzte Zahlen als prim durchgehen.

Leider gibt es zusammengesetzte Zahlen, die keine Zeugen hierfür besitzen. Solche Zahlen werden *Carmichael-Zahlen* oder auch *Pseudo-Primzahlen* genannt. Allerdings haben wir etwas Glück im Unglück, denn es gibt nur sehr wenige Carmichael-Zahlen, etwa 255 im Intervall $[1 : 10^8]$. Die ersten Carmichael-Zahlen lauten: $561 = 3 \cdot 11 \cdot 17$, $1105 = 5 \cdot 13 \cdot 17$ und $1729 = 7 \cdot 13 \cdot 19$. Wir haben sogar noch mehr Glück im Unglück und können zeigen, dass wir auch bei Carmichael-Zahlen die Zusammengesetztheit erkennen können. Dazu beweisen wir zunächst das folgende Lemma:

Lemma 7.37 *Sei p eine ungerade Primzahl und $e \in \mathbb{N}$, dann hat die Gleichung $x^2 \equiv 1 \bmod p^e$ nur die trivialen Lösungen $x \equiv \pm 1 \bmod p^e$.*

Beweis: Wir formulieren die Gleichung zuerst geschickt um:

$$x^2 \equiv 1 \bmod p^e \quad \Leftrightarrow \quad x^2 - 1 \equiv 0 \bmod p^e \quad \Leftrightarrow \quad (x-1)(x+1) \equiv 0 \bmod p^e$$

Da nach Voraussetzung $p \geq 3$ ist, kann p nicht sowohl $x - 1$ als auch $x + 1$ teilen. Also teilt p^e entweder $x - 1$ oder $x + 1$. Also sind die Lösungen genau $x \equiv +1 \bmod p^e$ und $x \equiv -1 \bmod p^e$.   ∎

Wir erweitern unseren Algorithmus, so dass wir bei der Berechnung von a^{n-1} mittels iterierten Quadrierens auch bei der Quadratbildung testen, ob wir eine nichttriviale Quadratwurzel der 1 konstruieren. Für ungerade Primzahlen darf dies ja nach obigem Lemma gerade nicht passieren (mit $e = 1$). Wir wollen im Folgenden solch eine nichttriviale Quadratwurzel der 1 auch einen Zeugen nennen. Wir werden zeigen, dass dies ausreicht, um auch für Carmichael-Zahlen genügend viele Zeugen zu finden. Der Algorithmus ist im Bild 7.8 zu finden.

Wir wollen nun abschätzen, mit welcher Wahrscheinlichkeit eine zusammengesetzte Zahl als Primzahl identifiziert wird. Dazu zeigen wir, dass mindestens die Hälfte der zur Verfügung stehenden Elemente $a \in [1 : n-1]$ Zeugen sind.

Lemma 7.38 *Sei n eine zusammengesetzte Zahl, dann ist die Anzahl der Zeugen der Zusammengesetztheit von n mindestens $(n-1)/2$.*

Beweis: Wir werden zeigen, dass höchstens die Hälfte der Zahlen keine Zeugen sein können. Da wir im Algorithmus testen, ob $\mathrm{ggT}(a, n) > 1$ ist, können Nichtzeugen höchstens Elemente aus $\mathbb{Z}_n^* = \{a \in \mathbb{Z}_n : \mathrm{ggT}(a, n) = 1\}$ sein.

Wir werden jetzt zeigen, dass die Menge der Nichtzeugen eine echte Untergruppe von $\mathbb{Z}_n^*$ bildet. Da nach dem Satz von Lagrange (Theorem 7.29) die Ordnung der Untergruppe die Gruppenordnung teilt, ist die Kardinalität der Menge der Nichtzeugen durch $|\mathbb{Z}_n^*|/2 \leq (n-1)/2$ beschränkt.

```
MILLER_RABIN (int n)
{
        choose a ∈ [2 : n − 1] at random;
        /* primes are odd except for 2, which is an odd prime :-) */
        if (n == 2) return TRUE;
        if (n == 1 || even(n)) return FALSE;
        /* primes are relatively prime to a */
        if (ggT(a, n) > 1) return FALSE;
        /* compute z = aⁿ⁻¹ ≠ 1 mod n using iterated squaring */
        let (b_k, ..., b_0) be the binary representation of n − 1;
        int z = 1;
        for (int i = k; i ≥ 0; i−−)
        {
                int x = z;
                z = z² mod n;
                /* primes allow only trivial solutions of x² ≡ 1 mod p */
                if ((z == 1) && (x ≠ 1) && (x ≠ n − 1)) return FALSE;
                if (b_i == 1) z = z · a mod n;
        }
        if (z ≠ 1 mod n) return FALSE;       /* z = aⁿ⁻¹ */
        return TRUE;       /* no witness found: in dubio pro reo */
}
```

Bild 7.8: Der randomisierte Primzahltest von Miller und Rabin

Fall 1: Nehmen wir an, es gäbe ein $x \in \mathbb{Z}_n^*$ mit $x^{n-1} \not\equiv 1 \bmod n$. Sei

$$B = \left\{ b \in \mathbb{Z}_n^* : b^{n-1} \equiv 1 \bmod n \right\}.$$

Wie man leicht sieht, ist B eine Untergruppe von $\mathbb{Z}_n^*$. Alle Nichtzeugen gehören offensichtlich zu B. Da $x \notin B$, ist B eine echte Untergruppe von $\mathbb{Z}_n^*$.

Fall 2: Sei nun $x^{n-1} \equiv 1 \bmod n$ für alle $x \in \mathbb{Z}_n^*$.

Fall 2.1: Zuerst nehmen wir an, dass n eine Primzahlpotenz ist, d.h. $n = p^e$ für eine ungerade Primzahl p und $e > 1$. Den Fall $n = 2^e$ unterschlagen wir hier, da dann n gerade ist. Wir zeigen jetzt, dass dies im Widerspruch zu $x^{n-1} \equiv 1 \bmod n$ für alle $x \in \mathbb{Z}_n^*$ steht. Nach Theorem 7.23 ist $\mathbb{Z}_n^*$ zyklisch. Sei daher a ein Element mit $\langle a \rangle = \mathbb{Z}_n^*$. Die Ordnung von a ist dann $\varphi(n) = (p-1)p^{e-1}$. Nach Voraussetzung gilt außerdem, dass $a^{p^e-1} \equiv 1 \bmod p^e$ ist. Nach Lemma 7.32 gilt dann $(p-1)p^{e-1} \mid p^e - 1$. Da p prim ist und den ersten ($e > 1$), aber nicht den zweiten Term teilt, erhalten wir den gewünschten Widerspruch.

Fall 2.2: Da n ungerade und keine Primzahlpotenz ist, betrachten wir eine Zerlegung $n = n_1 \cdot n_2$ mit $ggT(n_1, n_2) = 1$ und $n_1, n_2 > 2$. Wir definieren nun noch $t, u \in \mathbb{N}$, so dass $n - 1 = 2^t u$ mit $t \geq 1$ und einem ungeraden u. Für ein beliebiges

$a \in \mathbb{Z}_n^*$ betrachten wir nun die Folge

$$A := (a^u \bmod n, a^{2u} \bmod n, a^{2^2 u} \bmod n, \ldots, a^{2^t u} \bmod n).$$

Da $2^t \mid n - 1$, endet die Binärdarstellung von $n - 1$ mit t Nullen. Die Elemente in A sind also gerade die letzten $t+1$ Resultate, die beim iterierten Quadrieren im Primzahltest erzeugt werden. Wir wählen nun ein maximales $j \in [0 : t]$, so dass es ein $v \in \mathbb{Z}_n^*$ gibt mit $v^{2^j u} \equiv -1 \bmod n$. Mit $j = 0$, $v = -1$ und der Tatsache, dass u ungerade ist, folgt, dass mindestens ein solches j existiert. Wir setzen

$$B = \left\{ x \in \mathbb{Z}_n^* \ : \ x^{2^j u} \equiv \pm 1 \bmod n \right\}.$$

Nach Wahl von j und u ist $B \neq \emptyset$. Wurde die Folge A durch einen Nichtzeugen generiert, dann enthält A entweder nur Einsen oder eine -1 spätestens an der j-ten Stelle (wegen der Maximalität von j). Damit ist jeder Nichtzeuge in B enthalten. Wie man leicht sieht, ist B eine Untergruppe von $\mathbb{Z}_n^*$. Wir zeigen wieder, dass B eine echte Untergruppe ist und damit $|B| \leq \frac{1}{2} |\mathbb{Z}_n^*|$. Damit ist dann wiederum die Anzahl der Zeugen mindestens $(n - 1)/2$.

Mit $v^{2^j u} \equiv -1 \bmod n$ gilt auch $v^{2^j u} \equiv -1 \bmod n_1$ (siehe Lemma 7.25). Da $\mathrm{ggT}(n_1, n_2) = 1$, gibt es nach dem Chinesischen Restsatz (siehe Theorem 7.26) ein $w \in \mathbb{Z}_n^*$, das sowohl $w \equiv v \bmod n_1$ als auch $w \equiv 1 \bmod n_2$ erfüllt. Daher gilt dann auch $w^{2^j u} \equiv -1 \bmod n_1$ und $w^{2^j u} \equiv 1 \bmod n_2$. Nach Lemma 7.25 kann aber weder $w^{2^j u} \equiv 1 \bmod n$ noch $w^{2^j u} \equiv -1 \bmod n$ sein und daher ist $w \notin B$. ∎

Damit hat dieser Primalitätstest die folgenden Eigenschaften: Für Primzahlen ist die Ausgabe des Algorithmus korrekt; Für zusammengesetzte Zahlen liefert der Algorithmus mit Wahrscheinlichkeit mindestens $1/2$ die richtige Antwort.

Die Qualität ist auf den ersten Blick für die Praxis nicht ausreichend. Wir können aber den Algorithmus mehrmals hintereinander laufen lassen. Findet irgendein Lauf einen Zeugen, so wissen wir, dass die Eingabe zusammengesetzt war. Sind alle Durchläufe ohne einen Zeugen abgeschlossen worden, so entscheiden wir *in dubio pro reo*, dass die Zahl prim ist.

Mit welcher Wahrscheinlichkeit hält unser modifiziertes Verfahren eine zusammengesetzte Zahl für prim? Sei dazu $P_i(n) = 1$, wenn der i-te Durchlauf unseres Primzahltest für n prim ausgibt und 0 sonst. Im Folgenden sei n eine zusammengesetzte Zahl und m die Anzahl der Durchläufe. Dann ist

$$\mathrm{Prob}[\forall i \in [1 : m] \ : \ P_i(n) = 1] \leq \left(\frac{1}{2} \right)^m$$

die Wahrscheinlichkeit, dass unser Verfahren die zusammengesetzte Zahl n zur Primzahl erklärt. Zum Beispiel ist für $m = 50$ die Wahrscheinlichkeit eines Feh-

lers so gering, dass man in der Praxis hiermit problemlos leben kann. Dieser Primzahltest aus dem Jahre 1976 geht auf G. Miller und M. Rabin zurück.

Theorem 7.39 *Der Miller-Rabin Primzahltest mit m Durchläufen erkennt eine zusammengesetzte Zahl als Primzahl mit einer Fehlerwahrscheinlichkeit von weniger als $(1/2)^m$ in Zeit $O(m \cdot \ell^3)$, wobei ℓ die Länge der Binärdarstellung der Eingabe ist.*

Beweis: Wir müssen nur noch die Aussage über die Laufzeit beweisen. Für einen Durchlauf benötigen wir für das iterierte Quadrieren eine Schleife der Länge ℓ. In jedem Schleifendurchlauf ist eine konstante Anzahl von Multiplikationen und ganzzahligen Divisionen mit Rest durchzuführen, die sich mit der Schulmethode in Zeit $O(\ell^2)$ realisieren lassen. ∎

Wie wir noch sehen werden, gibt es effizientere Verfahren zur Multiplikation ganzer Zahlen. Außerdem kann unter Annahme der Korrektheit der „Erweiterten Riemannschen Hypothese" der obige Primzahltest derandomisiert werden, d.h. in einen deterministisch polynomiell zeitbeschränkten Algorithmus verwandelt werden. Für Details verweisen wir auf die Originalliteratur von G. Miller.

Erst 2002 wurde direkt von M. Agarwal, N. Kayal und N. Saxena bewiesen, dass man in polynomieller Zeit entscheiden kann, ob eine gegebene Zahl eine Primzahl ist oder nicht. Auch hierfür verweisen wir den interessierten Leser auf die Originalliteratur.

7.4 Interludium: Kryptographie

In diesem Abschnitt wollen wir ein wichtiges Public-Key-Kryptographieverfahren vorstellen: das RSA-Verfahren. Wie wir sehen werden, benötigen wir hierzu die in den vorigen Abschnitten bereitgestellten zahlentheoretischen Ergebnisse.

7.4.1 Public-Key-Kryptographie

Erst einmal wollen wir das Prinzip der Verschlüsselung mit öffentlichen Schlüsseln erörtern. Dazu nehmen wir an, dass Alice Bob eine Nachricht schicken möchte. Für diesen Zweck generiert sich Bob zwei verschiedene Schlüssel, und zwar einen

- *öffentlichen Schlüssel*, der zur Verschlüsselung verwendet wird, und einen
- *geheimen Schlüssel*, den Bob zur Entschlüsselung der an ihn gerichteten verschlüsselten Nachrichten verwendet.

Bezeichne im Folgenden S_V den Schlüssel zum Verschlüsseln und S_E den Schlüssel zum Entschlüsseln. Nachdem Bob die beiden Schlüssel generiert hat, macht

Bob den Schlüssel S_V der Öffentlichkeit bekannt. Nun kann jede Person (insbesondere Alice) mit Hilfe dieses öffentlichen Schlüssels ihre Nachricht N unter Verwendung des zugrunde liegenden Verfahrens $\mathcal{V}$ verschlüsseln. Alice schickt dann Bob die verschlüsselte Botschaft $\mathcal{V}(N, S_V)$. Bob kann nun mit Hilfe seines geheimen Schlüssels S_E diese Nachricht unter Verwendung des zugrunde liegenden Verfahrens $\mathcal{E}$ zum Entschlüsseln wieder entschlüsseln: $\mathcal{E}(\mathcal{V}(N, S_V), S_E)$. Welche Eigenschaften müssen nun die einzelnen Bestandteil des Protokolls erfüllen:

- Die Schlüssel sollten natürlich zusammenpassen: $\mathcal{E}(\mathcal{V}(N, S_V), S_E) = N$.

- Idealerweise sollten sich aus den Methoden zum Ver- und Entschlüsseln $\mathcal{V}$ und $\mathcal{E}$ keine Informationen ziehen lassen, um verschlüsselte Nachrichten effizient entschlüsseln zu können. Dies sollte selbst dann gelten, wenn die Verfahren öffentlich bekannt sind.

- Aus dem öffentlichen Schlüssel sollten sich keine Informationen ableiten lassen, um den privaten Schlüssel effizient konstruieren zu können.

Ein solches Verfahren zum Verschlüsseln nennt man auch *asymmetrisch*, da man den Schlüssel zum Verschlüsseln nicht geheim zu halten braucht, den zum Entschlüsseln hingegen schon. Da einer der Schlüssel öffentlich gemacht werden kann, spricht man auch von *Public-Key-Kryptographie*. Dies ist auch der Hauptvorteil dieses Systems: Bob kann seinen Schlüssel zum Verschlüsseln öffentlich bekannt machen (z.B. auf einer Web-Seite im Internet). Man benötigt also keinen abhörsicheren Kanal, um vor dem Botschaften-Austausch die Schlüssel auszutauschen.

Allerdings muss man aufpassen, wenn man sich einen solchen öffentlichen Schlüssel besorgt. Ein Angreifer könnte einen falschen Schlüssel deponieren und somit die Nachricht abhören. Sofern Bob die Nachricht erreicht, könnte Bob allerdings feststellen, dass sie mit einem falschen Schlüssel kodiert wurde, da er sie dann nicht mehr entschlüsseln kann.

Außerdem lassen sich mit „kommutativen" Public-Key-Verfahren auch Nachrichten, wie z.B. Emails, authentifizieren. Das heißt, man kann von einer Nachricht feststellen, ob sie wirklich von dem behaupteten Absender stammt. Zum Beweis der Authentizität wird an das Ende der Nachricht noch einmal die verschlüsselte Nachricht selbst oder besser eine verschlüsselte Checksumme der Nachricht angehängt, die so genannte *Signatur*.

Dazu wird der zu verschlüsselnde Text zuerst mit dem geheimen Schlüssel verschlüsselt (eigentlich entschlüsselt) und der Empfänger entschlüsselt ihn mit dem öffentlichen Schlüssel (eigentlich wird der empfangene Text verschlüsselt). Hierbei nutzt man aus, dass beim RSA-Verfahren die Reihenfolge der Ver- und Entschlüsselung keine Rolle spielt, d.h. es gilt

$$\mathcal{E}(\mathcal{V}(N, S_V), S_E) = N = \mathcal{V}(\mathcal{E}(N, S_E), S_V).$$

Um Angriffen vorzubeugen, muss man sich allerdings den öffentlichen Schlüssel von einer zuverlässigen Stelle besorgen. Ansonsten könnte ein Angreifer einfach einen eigenen Schlüssel generieren und den dazu passenden öffentlichen Schlüssel unter falscher Adresse am schwarzen Brett veröffentlichen.

7.4.2 Das RSA-Verfahren

Im Folgenden beschreiben wir die Grundidee des RSA-Verfahrens. Dieses Verfahren wurde 1977 von R. Rivest, A. Shamir und L. Adleman vorgestellt. Wir nehmen der Einfachheit halber an, dass es sich bei den auszutauschenden Nachrichten um natürliche Zahlen handelt.

1. Wähle zwei große Primzahlen p und q (jeweils mehrere hundert Ziffern).
2. Berechne $n = p \cdot q$ und $\varphi(n) = (p-1)(q-1)$.
3. Wähle eine ungerade Zahl $e \in \mathbb{N}$, die zu $\varphi(n)$ teilerfremd ist.
4. Berechne $d = e^{-1} \bmod \varphi(n)$.
5. Veröffentliche das Paar (e, n) und halte das Tripel (d, p, q) geheim.

Alice kann nun ihre Nachricht $N \in \mathbb{Z}_n$ mittels

$$\mathcal{V}(N, (e, n)) := N^e \bmod n$$

verschlüsseln. Bob entschlüsselt die verschlüsselte Nachricht $M = \mathcal{V}(N, (e, n))$ mittels:

$$\mathcal{E}(M, (d, n)) := M^d \bmod n.$$

Zunächst zeigen wir Korrektheit des RSA-Verfahrens, d.h.

$$E(V(N, (e, n)), (d, n)) = (N^e \bmod n)^d \bmod n = N^{ed} \bmod n \overset{!}{=} N.$$

Da d das Inverse von e modulo $\varphi(n) = (p-1)(q-1)$ ist, gilt:

$$\exists k \in \mathbb{N} : \ ed = 1 + k(p-1)(q-1).$$

Wir erhalten daher mit Hilfe des kleinen Satzes von Fermat (siehe Theorem 7.31) für $N \in \mathbb{Z}_n$ mit $\mathrm{ggT}(N, p) = 1$:

$$N^{ed} \equiv N^{1+k(p-1)(q-1)} \bmod p \equiv N \cdot \left(N^{k(q-1)} \right)^{p-1} \bmod p \equiv N \bmod p.$$

Ist andernfalls $\mathrm{ggT}(N, p) > 1$, dann ist N ein Vielfaches von p und es gilt trivialerweise:

$$N^{ed} \equiv 0 \equiv N \bmod p$$

Damit ist $N^{ed} \equiv N \bmod p$. Analog gilt $N^{ed} \equiv N \bmod q$. Mit Hilfe des Chinesischen Restsatzes (Theorem 7.26) erhalten wir dann auch noch $N^{ed} \equiv N \bmod n$. Damit haben wir die Korrektheit des RSA-Verfahrens gezeigt.

Nun überlegen wir uns, ob das Verfahren auch effizient zu berechnen ist. Um große Primzahlen zu finden, wählen wir einfach eine zufällige Ziffernfolge der Länge ℓ und testen diese mit Hilfe unseres randomisierten Primzahltests aus Abschnitt 7.3.2. Da ungefähr jede $\ln(2^\ell)$-te Zahl eine Primzahl ist (siehe Theorem 7.34), müssen wir im Mittel $\ln(2^\ell) = \Theta(\ell)$ Kandidaten testen, bis wir eine Primzahl gefunden haben.

Die Zahl e können wir auch wieder zufällig mit der gewünschten Länge wählen und dann mit Hilfe des Euklidischen Algorithmus auf Teilerfremdheit zu $\varphi(n)$ hin testen. Wie wir schon gesehen haben, können wir auch die Inverse d von e modulo $\varphi(n)$ mit Hilfe des Euklidischen Algorithmus berechnen. Die Potenzierungen sowohl zum Ver- als auch zum Entschlüsseln können wir mit Hilfe des iterierten Quadrierens effizient durchführen. Insgesamt lässt sich das RSA-Verfahren also in der Praxis effizient implementieren.

7.4.3 Sicherheit des RSA-Verfahrens

Zum Schluss wollen wir uns noch über die Sicherheit des RSA-Verfahrens Gedanken machen. Zuerst stellen wir fest, dass das RSA-Verfahren nur sicher sein kann, wenn es schwierig ist, große Zahlen zu faktorisieren. Könnte ein Angreifer n faktorisieren, so könnte er den geheimen Schlüssel d mit Hilfe des Euklidischen Algorithmus sehr schnell berechnen. Die genaue Komplexität der Faktorisierung ist bislang überhaupt noch nicht klar. Der schnellste Algorithmus zur Faktorisierung großer Zahlen beruht auf Siebmethoden und benötigt eine exponentielle Laufzeit von $O(\exp((c + o(1))n^{1/3} \log^{2/3}(n)))$.

Neuere Untersuchungen haben gezeigt, dass es auf so genannten Quanten-Computern möglich ist, eine Zahl in polynomieller Zeit zu faktorisieren (siehe dazu die Originalarbeit von P. Shor). Es ist allerdings immer noch nicht klar, ob diese Quanten-Computer mit hinreichend vielen Qubits (von engl. quantum bits) gebaut werden können. Außerdem ist es durchaus vorstellbar, dass es polynomielle Algorithmen zur Faktorisierung geben kann. Der polynomielle Primzahltest von G. Miller mit Hilfe der erweiterten Riemannschen Hypothese mag vielleicht ein Indiz hierfür sein.

Auf der anderen Seite ist es bislang noch völlig unklar, ob es überhaupt notwendig ist, die Faktorisierung von n zu kennen, um die Inverse zu e modulo $\varphi(n)$ berechnen zu können. Es konnte nämlich gezeigt werden, dass ein Verfahren zum Knacken des RSA-Verfahrens keine Hilfe für die Faktorisierung von n bietet. Man kann also salopp sagen, dass das Knacken von RSA leichter zu sein scheint als die Faktorisierung von großen Zahlen.

Außerdem darf man bei der Wahl von e bzw. d (mit $ed \equiv 1 \bmod \varphi(n)$) nicht zu leichtfertig zu sein. Vom Arbeitsaufwand ist man leicht gewillt, e oder d möglichst klein zu wählen, um das Ver- oder Entschlüsseln möglichst schnell durchführen zu können. Allerdings liefern zu kleine Schlüssel Möglichkeiten, das RSA-Verfahren zu knacken. Dies kann insbesondere bei Smartcards mit geringen Ressourcen zu Sicherheitsproblemen führen. Wir verweisen den geneigten Leser hierzu z.B. auf die Originalarbeit von D. Boneh.

7.5 Die schnelle Fouriertransformation

In diesem Abschnitt wollen wir eine effiziente Implementierung der diskreten Fouriertransformation vorstellen, die in vielen Bereichen Anwendung findet. Zur Motivation zeigen wir, wie wir mit Hilfe der diskreten Fouriertransformation zwei Polynome schnell miteinander multiplizieren können.

7.5.1 Multiplikation von Polynomen

Wir betrachten in diesem Abschnitt die Multiplikation von Polynomen. Mit $\mathbb{K}[x]$ bezeichnen wir dann den Ring der Polynome in der Unbekannten x über dem Körper $\mathbb{K}$, der auch als *Polynomring* bezeichnet wird. Seien also

$$f(x) = \sum_{i=0}^{n-1} a_i x^i \quad \text{und} \quad g(x) = \sum_{i=0}^{n-1} b_i x^i$$

zwei Polynome aus $\mathbb{K}[x]$ vom Grad höchstens $n-1$. Dabei sind die $a_i, b_i \in \mathbb{K}$. Außerdem kann der Grad der Polynome auch kleiner als $n-1$ sein. Solche Polynome repräsentiert man als Folgen der Koeffizienten, also

$$f \leftrightarrow a = (a_{n-1}, \ldots, a_1, a_0) \quad \text{sowie} \quad g \leftrightarrow b = (b_{n-1}, \ldots, b_1, b_0).$$

Das Produkt $h(x) = f(x) \cdot g(x)$ berechnet sich dann wie folgt:

$$h(x) = \sum_{i=0}^{2n-2} \sum_{j=0}^{i} a_j b_{i-j} x^i.$$

Hierbei sind für alle $i \notin [0 : n-1]$ die Koeffizienten $a_i = b_i = 0$. Man beachte, dass der Grad von $h(x)$ maximal $2n-2$ ist. Wie wir sehen werden, ist es allerdings bequemer, in der Darstellung für h genau $2n$ Koeffizienten zu verwenden. Also ist

$$h \leftrightarrow c = (c_{2n-1}, \ldots, c_0) \quad \text{mit} \quad c_i = \sum_{j=0}^{i} a_j b_{i-j}.$$

Den Vektor c nennt man die *Konvolution* oder die *Faltung* von a und b. Berechnen wir das Produkt zweier Polynome vom Grad maximal n auf diese Art und Weise, so sind offensichtlich $O(n^2)$ arithmetische Operationen erforderlich. Unser Ziel wird es nun sein, diese Komplexität auf $O(n \log(n))$ zu drücken.

7.5.2 Eine alternative Methode zur Polynommultiplikation

Wir wollen nun mit Hilfe einer anderen Darstellung von Polynomen die Konvolution effizienter berechnen. Wie aus der Algebra bekannt ist, ist ein Polynom vom Grad maximal $n-1$ durch genau n Funktionswerte eindeutig bestimmt. Hierfür werden wir auch gleich noch einen Beweis sehen. Wir können daher ein Polynom f auch durch n Paare $(x, f(x))$ darstellen. Offensichtlich lassen sich zwei Polynome in dieser Darstellung sehr schnell multiplizieren, vorausgesetzt, beide Polynome wurden an denselben Stützstellen ausgewertet. Wir erhalten das folgende Schema:

Auswertung: Gegeben sind zwei Polynome $f, g \in \mathbb{K}[x]$ vom Grad maximal $n-1$ in der Koeffizientendarstellung $f = (a_{2n-1}, \ldots, a_0)$ und $g = (b_{2n-1}, \ldots, b_0)$. Wähle $2n$ Stützstellen $x_1, \ldots, x_{2n} \in \mathbb{K}$ und berechne die jeweils $2n$ Paare

$$((x_1, f(x_1)), \ldots, (x_{2n}, f(x_{2n}))) \quad \text{und} \quad ((x_1, g(x_1)), \ldots, (x_{2n}, g(x_{2n}))).$$

Hierbei lässt sich der Funktionswert an der Stelle x mit Hilfe des *Hornerschemas* berechnen:

$$f(x) = a_0 + x(a_1 + x(a_2 + x(\cdots(a_{2n-2} + x(a_{2n-1} + xa_{2n}))\cdots))).$$

Eine Auswertung benötigt daher $O(n)$ arithmetische Operationen. Alle Auswertungen benötigen also $O(n^2)$ arithmetische Operationen.

Multiplikation: Nun multiplizieren wir jeweils die Funktionswerte der beiden Polynome an den gewählten Stützstellen:

$$\forall i \in [1:2n]: \ h(x_i) = f(x_i) \cdot g(x_i).$$

Dafür sind offensichtlich $O(n)$ arithmetische Operationen ausreichend.

Interpolation: Da h ein Polynom vom Grad höchstens $2n-1$ ist, können wir aus den $2n$ Funktionswerten an den Stützstellen die Koeffizientendarstellung $(c_{2n-1}, \ldots, c_0)$ des Polynoms h berechnen. Diese ergeben sich als Lösung des folgenden linearen Gleichungssystems.

$$\begin{pmatrix} 1 & x_1 & x_1^2 & \cdots & x_1^{2n-1} \\ 1 & x_2 & x_2^2 & \cdots & x_2^{2n-1} \\ \vdots & \vdots & \vdots & & \vdots \\ 1 & x_{2n} & x_{2n}^2 & \cdots & x_{2n}^{2n-1} \end{pmatrix} \cdot \begin{pmatrix} c_0 \\ c_1 \\ \vdots \\ c_{2n-1} \end{pmatrix} = \begin{pmatrix} h(x_1) \\ h(x_2) \\ \vdots \\ h(x_{2n}) \end{pmatrix}.$$

Die in diesem Gleichungssystem auftretende Matrix $V(x_1, \ldots, x_{2n})$ ist wohl bekannt und heißt *Vandermonde-Matrix*. Die Determinante dieser Matrix lässt sich wie folgt leicht berechnen:

$$\det(V(x_1, \ldots, x_{2n})) = \prod_{1 \leq i < j \leq 2n} (x_j - x_i).$$

Da die Stützstellen disjunkt gewählt sind, ist die Determinante ungleich 0 und das lineare Gleichungssystem somit eindeutig lösbar. Wir erhalten also $c = (V(x_1, \ldots, x_{2n}))^{-1}(h(x_1), \ldots, h(x_{2n}))^T$. Mit Hilfe des Eliminationsverfahrens von Gauß lässt sich dieses lineare Gleichungssystem mit $O(n^3)$ arithmetischen Operationen lösen.

Effizienter kann man die Interpolation auch mit Hilfe der folgenden *Formel von Lagrange* lösen:

$$L(x) = \sum_{i=1}^{2n} h(x_i) \frac{\prod_{j \neq i}(x - x_j)}{\prod_{j \neq i}(x_i - x_j)}.$$

Offensichtlich gilt $L(x_k) = h(x_k)$. Der Leser möge sich überzeugen, dass es sich bei L um ein Polynom vom Grad maximal $2n - 1$ handelt. Mit der Formel von Lagrange lässt sich die Interpolation mit $O(n^2)$ arithmetischen Operationen berechnen, worauf wir hier aber nicht näher eingehen wollen.

Nun haben wir das Produkt von zwei Polynomen in Zeit $O(n^2)$ in der Koeffizientendarstellung berechnet. Wir haben also zunächst nicht viel gewonnen, da Auswertung und Interpolation zu teuer sind. Wir werden im nächsten Abschnitt sehen, wie wir diese beiden Schritte durch geschickte Wahl der Stützstellen, an denen wir die Polynome auswerten, effizienter ausführen können.

7.5.3 Berechnung der Konvolution mittels FFT

Zunächst benötigen wir noch einige Begriffe aus der Algebra.

Definition 7.40 *Ein Körper* $\mathbb{K}$ *heißt* algebraisch abgeschlossen, *wenn jedes nichtkonstante Polynom über* $\mathbb{K}$ *eine Nullstelle in* $\mathbb{K}$ *besitzt.*

Dies impliziert unmittelbar, dass jedes nichtkonstante Polynom über einem algebraisch abgeschlossenen Körper $\mathbb{K}$ vollständig in Linearfaktoren zerfällt, d.h. für jedes $f \in \mathbb{K}[x]$ vom Grad n gibt es einen Vektor $(a_1, \ldots, a_n) \in \mathbb{K}^n$ und ein Element $c \in \mathbb{K}$, so dass $f(x) \equiv c \cdot (x - a_1) \cdots (x - a_n)$ gilt.

Definition 7.41 *Sei* $\mathbb{K}$ *ein Körper, dann heißt* ω *eine* n-*te* Einheitswurzel, *wenn* $\omega^n = 1$, *d.h. wenn* ω *eine Lösung von* $x^n - 1 = 0$ *ist. Eine* n-*te Einheitswurzel heißt* primitive n-*te Einheitswurzel, wenn die Folge* ω^k *für* $k \in [0 : n - 1]$ *alle* n-*ten Einheitswurzeln generiert.*

In einem algebraisch abgeschlossenen Körper gibt es also genau n solcher n-ten Einheitswurzeln. Als Beispiel betrachten wir den Körper der komplexen Zahlen. Hier ist

$$\omega_n = e^{\frac{2\pi i}{n}} = \cos\left(\frac{2\pi}{n}\right) + i \cdot \sin\left(\frac{2\pi}{n}\right)$$

eine primitive n-te Einheitswurzel, wobei i die *imaginäre Einheit* ist ($i^2 = -1$).

Sei $f \in \mathbb{K}[x]$ ein Polynom vom Grade höchstens $n - 1$ mit der Koeffizienten-darstellung $(a_{n-1}, \dots, a_0)$, dann heißt

$$\mathrm{DFT}_{n,\omega}(a_{n-1}, \dots, a_0) := (f(\omega^0), \dots, f(\omega^{n-1}))$$

die *diskrete Fouriertransformierte* von $(a_{n-1}, \dots, a_0)$, wobei ω eine primitive n-te Einheitswurzel ist.

Nun wollen wir die diskrete Fouriertransformierte effizient berechnen (mit maximal $o(n^2)$ Operationen). Dazu verwenden wir einen Divide-and-Conquer-Ansatz. Wir nehmen ohne Einschränkung der Allgemeinheit an, dass n eine Zweierpotenz ist. Das Polynom f vom Grad maximal $2n - 1$ wird in einen „geraden" und einen „ungeraden" Anteil zerlegt:

$$f^{[0]}(x) \quad := \quad \sum_{i=0}^{n-1} a_{2i} x^i,$$

$$f^{[1]}(x) \quad := \quad \sum_{i=0}^{n-1} a_{2i+1} x^i.$$

Damit zerlegen wir auch die Koeffizientendarstellung in einen „geraden" und einen „ungeraden" Anteil

$$f^{[0]}(x) \quad \leftrightarrow \quad (a_{2n-2}, a_{2n-4}, \dots, a_2, a_0),$$
$$f^{[1]}(x) \quad \leftrightarrow \quad (a_{2n-1}, a_{2n-3}, \dots, a_3, a_1).$$

Offensichtlich lässt sich f aus $f^{[0]}$ und $f^{[1]}$ wie folgt berechnen:

$$f(z) = f^{[0]}(z^2) + z \cdot f^{[1]}(z^2).$$

Im Folgenden bezeichne ω eine primitive $2n$-te Einheitswurzel. Damit ist ω^k für alle $k \in [0 : 2n - 1]$ eine $2n$-te Einheitswurzel. Wenn wir die Funktionswerte für die $2n$-ten Einheitswurzeln ω^k mit $k \in [0 : 2n - 1]$ berechnen wollen, ergibt sich dabei die folgende schöne und nützliche Eigenschaft:

$$f(\omega^k) = f^{[0]}((\omega^k)^2) + \omega^k \cdot f^{[1]}((\omega^k)^2) = f^{[0]}((\omega^2)^k) + \omega^k \cdot f^{[1]}((\omega^2)^k).$$

Da nun ω^2 eine primitive n-te Einheitswurzel ist, erhalten wir:

$$(f^{[0]}((\omega^2)^0), \dots, f^{[0]}((\omega^2)^{n-1})) \quad = \quad \mathrm{DFT}_{n,\omega^2}(a_{2n-2}, \dots, a_2, a_0),$$
$$(f^{[1]}((\omega^2)^0), \dots, f^{[1]}((\omega^2)^{n-1})) \quad = \quad \mathrm{DFT}_{n,\omega^2}(a_{2n-1}, \dots, a_3, a_1).$$

Sind also die diskreten Fouriertransformierten von $f^{[0]}$ und $f^{[1]}$ bekannt, kann man die ersten n Werte der diskreten Fouriertransformierten von f sofort einfach berechnen, denn es gilt für $k \in [0, n - 1]$:

$$f(\omega^k) = f^{[0]}((\omega^2)^k) + \omega^k \cdot f^{[1]}((\omega^2)^k).$$

```
FFT (real a[], int n, complex ω)
{
    if (n == 1) return (a₀);
    else
    {
```
$$(\alpha_0^{[0]}, \ldots, \alpha_{n-1}^{[0]}) = \text{FFT}((a_0, a_2 \ldots, a_{2n-4}, a_{2n-2}), n/2, \omega^2);$$
$$(\alpha_0^{[1]}, \ldots, \alpha_{n-1}^{[1]}) = \text{FFT}((a_1, a_3 \ldots, a_{2n-3}, a_{2n-1}), n/2, \omega^2);$$
```
        for (k = 0; k < n; k++)
```
$$\alpha_k = \alpha_k^{[0]} + \omega^k \cdot \alpha_k^{[1]};$$
```
        for (k = n; k < 2n; k++)
```
$$\alpha_k = \alpha_{k-n}^{[0]} + \omega^k \cdot \alpha_{k-n}^{[1]};$$
```
        return (α₀, α₁, …, α₂ₙ₋₂, α₂ₙ₋₁);
    }
}
```

Bild 7.9: Die schnelle Fouriertransformation

Wir können sogar die obere Hälfte der Fouriertransformierten ebenso einfach berechnen, da für $k \in [n : 2n - 1]$ gilt:

$$
\begin{aligned}
f(\omega^k) &= f^{[0]}((\omega^k)^2) + \omega^k \cdot f^{[1]}((\omega^k)^2) \\
&= f^{[0]}((\omega^2)^k) + \omega^k \cdot f^{[1]}((\omega^2)^k) \\
&= f^{[0]}((\omega^2)^{k-n}(\omega^2)^n) + \omega^k \cdot f^{[1]}((\omega^2)^{k-n}(\omega^2)^n) \\
&= f^{[0]}((\omega^2)^{k-n}) + \omega^k \cdot f^{[1]}((\omega^2)^{k-n}).
\end{aligned}
$$

Hierbei haben wir im letzten Schritt ausgenutzt, dass ω^2 eine n-te Einheitswurzel ist, also dass $(\omega^2)^n = \omega^{2n} = 1$. Damit erhalten wir den rekursiven, im Bild 7.9 angegebenen Algorithmus zur Berechnung der diskreten Fouriertransformierten.

Theorem 7.42 *Der Algorithmus FFT berechnet die diskrete Fouriertransformierte eines Polynoms vom Grad maximal n in Zeit $O(n \log(n))$.*

Beweis: Die Korrektheit des Algorithmus haben wir bereits gezeigt. Die Anzahl der benötigten Operationen $F(n)$ des Algorithmus gehorcht offensichtlich der folgenden Rekursionsgleichung:

$$F(n) = 2 \cdot F(n/2) + O(n) \quad \text{und} \quad F(1) = O(1).$$

Wir wir schon des öfteren gesehen haben, lautet die Lösung dieser Rekursionsgleichung $F(n) = O(n \log(n))$. ∎

Nun müssen wir noch die Interpolation, also die inverse diskrete Fouriertransformierte, berechnen. Wie wir schon gesehen haben, müssen wir das folgende lineare Gleichungssystem lösen:

$$
\begin{pmatrix}
1 & 1 & 1 & \cdots & 1 \\
1 & \omega^1 & \omega^2 & \cdots & \omega^{2n-1} \\
1 & (\omega^2)^1 & (\omega^2)^2 & \cdots & (\omega^2)^{2n-1} \\
1 & (\omega^3)^1 & (\omega^3)^2 & \cdots & (\omega^3)^{2n-1} \\
\vdots & \vdots & \vdots & & \vdots \\
1 & (\omega^{2n-1})^1 & (\omega^{2n-1})^2 & \cdots & (\omega^{2n-1})^{2n-1}
\end{pmatrix}
\cdot
\begin{pmatrix}
c_0 \\ c_1 \\ c_2 \\ \vdots \\ c_{2n-1}
\end{pmatrix}
=
\begin{pmatrix}
\alpha_0 \\ \alpha_1 \\ \alpha_2 \\ \vdots \\ \alpha_{2n-1}
\end{pmatrix}.
$$

Zum Glück hat die obige Matrix, die wir mit $M := (\omega^{ij})_{i,j}$ bezeichnen wollen, eine sehr einfach zu bestimmende Inverse. Wir betrachten hierzu die konjugiert komplexe Matrix $\bar{M}$:

$$
\bar{M} =
\begin{pmatrix}
1 & 1 & 1 & \cdots & 1 \\
1 & \bar{\omega}^1 & \bar{\omega}^2 & \cdots & \bar{\omega}^{2n-1} \\
1 & (\bar{\omega}^2)^1 & (\bar{\omega}^2)^2 & \cdots & (\bar{\omega}^2)^{2n-1} \\
1 & (\bar{\omega}^3)^1 & (\bar{\omega}^3)^2 & \cdots & (\bar{\omega}^3)^{2n-1} \\
\vdots & \vdots & \vdots & & \vdots \\
1 & (\bar{\omega}^{2n-1})^1 & (\bar{\omega}^{2n-1})^2 & \cdots & (\bar{\omega}^{2n-1})^{2n-1}
\end{pmatrix}.
$$

Hierbei bezeichne wie üblich $\bar{z} = x - iy$ die konjugierte komplexe Zahl von $z = x + iy \in \mathbb{C}$ mit $x, y \in \mathbb{R}$. Beachte, dass gilt:

$$
\bar{\omega} = \cos\left(\frac{2\pi}{2n}\right) - i \cdot \sin\left(\frac{2\pi}{2n}\right) = \cos\left(-\frac{2\pi}{2n}\right) + i \cdot \sin\left(-\frac{2\pi}{2n}\right) = e^{-\frac{2\pi \cdot i}{2n}} = \omega^{-1}.
$$

Betrachten wir den Eintrag (μ, ν) des Produktes $M \cdot \bar{M}$:

$$
\begin{aligned}
(M \cdot \bar{M})_{\mu,\nu} &= \sum_{k=0}^{2n-1} (\omega^\mu)^k \cdot (\bar{\omega}^k)^\nu = \sum_{k=0}^{2n-1} (\omega^\mu)^k \cdot (\omega^{-\nu})^k \\
&= \sum_{k=0}^{2n-1} (\omega^{(\mu-\nu)})^k \\
&= \begin{cases} \frac{(\omega^{\mu-\nu})^{2n}-1}{\omega^{\mu-\nu}-1} = 0 & \text{wenn } \mu \neq \nu, \\ 2n & \text{wenn } \mu = \nu. \end{cases}
\end{aligned}
$$

Die letzte Gleichung folgt aus der Tatsache, dass $\omega^{\mu-\nu}$ für $\mu \neq \nu$ eine $2n$-te Einheitswurzel ist:

$$
(\omega^{\mu-\nu})^{2n} = (e^{2(\mu-\nu)\pi \cdot i/(2n)})^{2n} = (e^{2\pi \cdot i})^{\mu-\nu} = 1^{\mu-\nu} = 1.
$$

Damit gilt für die Inverse $M^{-1} = \frac{1}{2n}\bar{M}$. Somit kann die inverse diskrete Fouriertransformierte von $\alpha := (\alpha_0, \ldots, \alpha_{2n-1})^T$ wie folgt berechnet werden:

$$
\mathrm{DFT}_{2n,\omega}^{-1}(\alpha) = \frac{1}{2n}\bar{M} \cdot \alpha = \frac{1}{2n} \cdot \overline{M \cdot \bar{\alpha}} = \frac{1}{2n} \cdot \overline{\mathrm{DFT}_{2n,\omega}(\bar{\alpha})} \quad \left[= \frac{1}{2n} \cdot \mathrm{DFT}_{2n,\omega}(\bar{\alpha}) \right].
$$

POLYNOM_MULTIPLICATION (real $a[]$, real $b[]$, int n)

{

$\quad$ complex $\omega = e^{\frac{2\pi i}{2n}}$;

$\quad (\alpha_0, \ldots, \alpha_{2n-1}) = \text{FFT}((a_0, \ldots, a_{n-1}, 0, \ldots, 0), 2n, \omega)$;

$\quad (\beta_0, \ldots, \beta_{2n-1}) = \text{FFT}((b_0, \ldots, b_{n-1}, 0, \ldots, 0), 2n, \omega)$;

$\quad$ **for** $(k = 0;\ k < 2n;\ k{+}{+})$

$\qquad \gamma_k = \overline{\alpha_k \cdot \beta_k}$;

$\quad$ **return** $\frac{1}{2n} \cdot \text{FFT}((\gamma_0, \ldots, \gamma_{2n-1}), 2n, \omega)$;

}

Bild 7.10: Multiplikation von reellen Polynomen

Der letzte Schritt ist nur gültig, wenn wir mit reellen Polynomen rechnen, da für jede reelle Zahl $z \in \mathbb{R}$ gilt $\bar{z} = z$.

Zusammenfassend erhalten wir dann den im Bild 7.10 angegebenen Algorithmus zur Multiplikation von zwei reellen Polynomen vom Grad höchstens n.

Theorem 7.43 *Das Produkt zweier reeller Polynome vom Grad maximal n lässt sich mit $O(n \log(n))$ Operationen berechnen.*

Wir wollen hier noch anmerken, dass sich dieses Verfahren in jedem Körper anwenden lässt, der primitive n-te Einheitswurzeln zur Verfügung stellt. Auch in kommutativen Ringen mit 1 können primitive Einheitswurzeln in ähnlicher Weise konstruiert werden. Die hier für die komplexen Zahlen gewonnenen Resultate lassen sich auch auf solche Ringe übertragen.

7.6 Multiplikation ganzer Zahlen

In diesem Abschnitt wollen wir uns mit der Komplexität der Multiplikation auf der Bitebene beschäftigen. Wie wir schon gesehen haben, benötigt die Schulmethode zur Multiplikation von zwei n-stelligen Binärzahlen $O(n^2)$ Bit-Operationen. Wir wollen nun einen Divide-and-Conquer-Algorithmus angeben, der mit wesentlich weniger Bit-Operationen auskommt. Dieser Algorithmus wurde bereits 1962 von A. Karatsuba und Y. Ofman vorgestellt und wird daher auch als *Karatsuba-Ofman-Algorithmus* bezeichnet.

7.6.1 Analyse der Schulmethode

Zunächst wollen wir die Schulmethode noch genauer analysieren. Dazu betrachten wir die schematische Darstellung der Schulmethode, die im Bild 7.11 angegeben ist. Dabei fallen eventuell einige Zeilen weg, nämlich genau diejenigen, für die das entsprechende Bit im zweiten Faktor gerade 0 ist. Das Gesamtergebnis erhalten

```
                          ××××××××××
                          ××××××××××
                          ××××××××××
                          ××××××××××
                          ××××××××××
                          ××××××××××
                          ××××××××××
                          ××××××××××
                          ××××××××××
                          ××××××××××
                     ××××××××××××××××××××
```

Bild 7.11: Schematische Darstellung der Schulmethode zur Multiplikation

wir, indem wir von oben nach unten immer eine Zeile auf das aktuelle Zwischenergebnis addieren.

Zuerst ist die erste Zeile das aktuelle Zwischenergebnis. Zur Addition einer
Zeile auf das Zwischenergebnis sind also je maximal n 1-Bit Additionen (nur bei
der ersten Addition können wir sicherlich mit $n-1$ 1-Bit Additionen auskommen)
und eventuell je $n-1$ 1-Bit Additionen für Überträge zu berücksichtigen. Damit
benötigt die Schulmethode maximal $(n + n - 1)(n - 1) - 1 = 2n^2 - 3n$ Bit-
Operationen.

Lemma 7.44 *Die Schulmethode zur Multiplikation zweier n-stelliger Binärzahlen benötigt maximal $2n^2 - 3n$ Bit-Operationen.*

7.6.2   Ein Divide-and-Conquer-Algorithmus

Die Eingabe seien zwei n-stellige Binärzahlen $(a_{n-1}, \ldots, a_0)$ und $(b_{n-1}, \ldots, b_0)$.
Eine erste Idee für einen Divide-and-Conquer-Algorithmus ist, jede der beiden
Zahlen aufzuteilen und rekursiv zu multiplizieren. Sei hierzu:

$$a^{(1)} \quad := \quad (a_{n-1}, \ldots, a_{\lceil \frac{n}{2} \rceil}),$$

$$a^{(0)} \quad := \quad (a_{\lceil \frac{n}{2} \rceil - 1}, \ldots, a_0),$$

$$b^{(1)} \quad := \quad (b_{n-1}, \ldots, b_{\lceil \frac{n}{2} \rceil}),$$

$$b^{(0)} \quad := \quad (b_{\lceil \frac{n}{2} \rceil - 1}, \ldots, b_0),$$

so dass $a = a^{(1)} \cdot 2^{\lceil \frac{n}{2} \rceil} + a^{(0)}$ und $b = b^{(1)} \cdot 2^{\lceil \frac{n}{2} \rceil} + b^{(0)}$. Dann können wir $a \cdot b$ wie
folgt umrechnen:

$$
\begin{aligned}
a \cdot b \quad &= \quad \left(a^{(1)} \cdot 2^{\lceil \frac{n}{2} \rceil} + a^{(0)} \right) \cdot \left(b^{(1)} \cdot 2^{\lceil \frac{n}{2} \rceil} + b^{(0)} \right) \\
&= \quad a^{(1)} \cdot b^{(1)} \cdot 2^{2\lceil \frac{n}{2} \rceil} + a^{(1)} \cdot b^{(0)} \cdot 2^{\lceil \frac{n}{2} \rceil} + a^{(0)} \cdot b^{(1)} \cdot 2^{\lceil \frac{n}{2} \rceil} + a^{(0)} \cdot b^{(0)}.
\end{aligned}
$$

Die Multiplikationen mit Zweierpotenzen sind im Rechner sehr leicht durch Shifts
auszuführen und kosten uns im Wesentlichen nichts. Aus diesem Grunde werden

wir sie hier (wie auch schon bei der Schulmethode) nicht berücksichtigen. Wir müssen also 4 rekursive Multiplikationen von Zahlen der Länge $\lceil \frac{n}{2} \rceil$ ausführen und hinterher die Ergebnisse mit je drei Shifts und Additionen wieder zusammensetzen. Die Additionen sind offensichtlich in Zeit $O(n)$ auszuführen. Damit erhalten wir die folgende Rekursionsgleichung:

$$T(n) = 4T(\lceil n/2 \rceil) + O(n).$$

Leider hat diese Rekursionsgleichung als Lösung $T(n) = O(n^2)$.

Wir müssen uns also irgendwie geschickter anstellen. Dazu berechnen wir erst einmal die folgenden drei Produkte: $a^{(1)} \cdot b^{(1)}$, $a^{(0)} \cdot b^{(0)}$, und $(a^{(1)} + a^{(0)}) \cdot (b^{(1)} + b^{(0)})$. Was hilft uns das? Wir benötigen noch die Produkte $a^{(1)} \cdot b^{(0)}$ und $a^{(0)} \cdot b^{(1)}$. Diese haben wir aber bereits berechnet! Es gilt nämlich:

$$\left((a^{(1)} + a^{(0)}) \cdot (b^{(1)} + b^{(0)}) \right) - \left(a^{(1)} \cdot b^{(1)} + a^{(0)} \cdot b^{(0)} \right) = a^{(1)} \cdot b^{(0)} + a^{(0)} \cdot b^{(1)}.$$

Wir haben also eigentlich nicht die fehlenden beiden Produkte, sondern deren Summe berechnet. Aber genau diese Summe wird zur Erstellung des Gesamtergebnisses benötigt. Wir sparen daher hinterher sogar eine Addition ein. Allerdings haben wir vorher für diese Produktbildung zwei Additionen spendiert.

7.6.3 Analyse des Algorithmus von Karatsuba und Ofman

Für den Algorithmus des vorherigen Abschnitts erhalten wir die folgende Rekursionsgleichung

$$T(n) = 2T(\lceil n/2 \rceil) + T(\lceil n/2 \rceil + 1) + O(n),$$

da durch die Addition der beiden $\lceil n/2 \rceil$-stelligen Binärzahlen maximal $\lceil n/2 \rceil + 1$-stellige Binärzahlen entstehen.

Bestimmen wir zuerst die Konstante im O noch etwas genauer. Zuerst müssen je zwei Paare von $\lceil n/2 \rceil$- bzw. $\lfloor n/2 \rfloor$-stelligen Binärzahlen addiert werden. Das kostet uns insgesamt höchstens $2\lceil n/2 \rceil - 1 + 2\lfloor n/2 \rfloor - 1 = 2n - 2$ 1-Bit Additionen. Zum Schluss addieren wir zunächst die beiden Subtrahenden, bevor wir sie vom Minuenden abziehen. Dazu benötigen wir wiederum $2\lfloor n/2 \rfloor + 2\lceil n/2 \rceil - 1 = 2n - 1$ 1-Bit-Additionen, da die beiden Subtrahenden ja maximal $2\lceil n/2 \rceil$- bzw. $2\lfloor n/2 \rfloor$-stellig sind. Für die Subtraktion benötigen wir dann nochmals $2(n+1) - 1 = 2n + 1$ 1-Bit-Subtraktionen, da die beiden Operanden ja maximal $2\lceil n/2 \rceil \leq n+1$ Stellen besitzen. Damit erhalten wir insgesamt

$$T(n) \leq T(\lceil n/2 \rceil) + T(\lceil n/2 \rceil + 1) + 6n.$$

Wir wollen nun die folgende Rekursionsgleichung lösen:

$$T(n) = 3T(\lceil n/2 \rceil + 1) + 6n.$$

Man kann wie im Abschnitt 2.2.2 zeigen, dass die Lösung dieser Rekursionsgleichung auch eine Abschätzung für die Lösung unserer ursprünglichen Rekursionsgleichung liefert. Zuerst halten wir die folgende nützliche Beziehung fest:

$$\left\lceil \frac{\left\lceil \frac{n}{2^i} \right\rceil + 2}{2} \right\rceil + 1 = \left\lceil \frac{n}{2^{i+1}} \right\rceil + 2.$$

Diese Beziehung benötigen wir gerade, wenn wir die Rekursionsgleichung durch
Iteration lösen wollen.

$$
\begin{aligned}
T(n) &= 3 \cdot T\left(\left\lceil \frac{n}{2} \right\rceil + 1\right) + 6n \\
&\leq 3^2 \cdot T\left(\left\lceil \frac{n}{2^2} \right\rceil + 2\right) + 3 \cdot 6 \left(\left\lceil \frac{n}{2} \right\rceil + 2\right) + 6n \\
&= 3^3 \cdot T\left(\left\lceil \frac{n}{2^3} \right\rceil + 2\right) + 3^2 \cdot 6 \left(\left\lceil \frac{n}{2^2} \right\rceil + 2\right) + 3 \cdot 6 \left(\left\lceil \frac{n}{2} \right\rceil + 2\right) + 6n
\end{aligned}
$$

Nach k Iterationen erhalten wir:

$$\leq 3^k \cdot T\left(\left\lceil \frac{n}{2^k} \right\rceil + 2\right) + \sum_{i=0}^{k-1} 3^i \cdot 6 \left(\left\lceil \frac{n}{2^i} \right\rceil + 2\right)$$

Für $k = \lfloor \log(n) \rfloor$ gilt dann $\left\lceil \frac{n}{2^{\lfloor \log(n) \rfloor}} \right\rceil \leq 2$ und somit:

$$\leq 3^{\log(n)} \cdot T\left(\underbrace{\left\lceil \frac{n}{2^{\lfloor \log(n) \rfloor}} \right\rceil + 2}_{\leq 4}\right) + 6 \sum_{i=0}^{\lfloor \log(n) \rfloor - 1} 3^i \left(\left\lceil \frac{n}{2^i} \right\rceil + 2\right)$$

$$\leq 2^{\log(3) \cdot \log(n)} \cdot T(4) + 6 \sum_{i=0}^{\lfloor \log(n) \rfloor - 1} 3^i \left(\frac{n}{2^i} + 3\right)$$

Da aufgrund der Schulmethode $T(4) \leq 2 \cdot 4^2 - 3 \cdot 4 = 20$ gilt, erhalten wir:

$$
\begin{aligned}
&\leq 20 n^{\log(3)} + 6n \sum_{i=0}^{\lfloor \log(n) \rfloor - 1} \frac{3^i}{2^i} + 18 \sum_{i=0}^{\lfloor \log(n) \rfloor - 1} 3^i \\
&\leq 20 n^{\log(3)} + 6n \frac{\frac{3}{2}^{\log(n)} - 1}{\frac{3}{2} - 1} + 18 \frac{3^{\log(n)} - 1}{3 - 1} \\
&\leq 20 n^{\log(3)} + 12n 2^{\log(1,5) \log(n)} + 9 \cdot 2^{\log(n) \log(3)} \\
&\leq 20 n^{\log(3)} + 12 n^{\log(3)} + 9 n^{\log(3)} \\
&\leq 41 \cdot n^{\log(3)} \quad \approx \quad 41 \cdot n^{1,585}.
\end{aligned}
$$

Damit haben wir also das folgende Theorem bewiesen.

Theorem 7.45 *Zwei n-stellige Binärzahlen können mit höchstens $41 \cdot n^{\log(3)}$ Bit-Operationen multipliziert werden.*

Allerdings ist diese Methode erst für Binärzahlen der Länge 1452 effizienter als die Schulmethode.

7.6.4 Verbesserung des Algorithmus von Karatsuba und Ofman

Es sieht auf den ersten Blick so aus, als wäre der Karatsuba-Ofman-Algorithmus nicht praktikabel. Mit etwas Grips erkennt man, dass es für kleine Binärzahlen günstiger ist, auf die Schulmethode umzusteigen. Für eine genauere Analyse brechen wir die Rekursion bei Binärzahlen der Länge $m + 2$ ab.

$$T(n) \leq 3^k \cdot T\left(\left\lceil\frac{n}{2^k}\right\rceil + 2\right) + \sum_{i=0}^{k-1} 3^i \cdot 6\left(\left\lceil\frac{n}{2^i}\right\rceil + 2\right)$$

Wähle $k = \lceil\log(\frac{n}{m})\rceil$ und setze $\varepsilon := \lceil\log(\frac{n}{m})\rceil - \log(\frac{n}{m})$, also $k = \log(\frac{n}{m}) + \varepsilon$

$$\leq 3^{\log(\frac{n}{m})+\varepsilon} \cdot T\left(\left\lceil\frac{n}{2^{\log(\frac{n}{m})+\varepsilon}}\right\rceil + 2\right) + \sum_{i=0}^{\lceil\log(\frac{n}{m})\rceil-1} 3^i \cdot 6\left(\left\lceil\frac{n}{2^i}\right\rceil + 2\right)$$

$$\leq 3^{\log(n)}3^{-\log(m)}3^\varepsilon \cdot T\left(\frac{m}{2^\varepsilon} + 3\right) + \sum_{i=0}^{\lceil\log(\frac{n}{m})\rceil-1} 3^i \cdot 6\left(\frac{n}{2^i} + 3\right)$$

$$\leq 3^\varepsilon n^{\log(3)}3^{-\log(m)} \cdot T\left(\frac{m}{2^\varepsilon} + 3\right) + 6n\sum_{i=0}^{\lceil\log(\frac{n}{m})\rceil-1}\frac{3^i}{2^i} + 18\sum_{i=0}^{\lceil\log(\frac{n}{m})\rceil-1} 3^i$$

$$\leq 3^\varepsilon n^{\log(3)}3^{-\log(m)} \cdot T\left(\frac{m}{2^\varepsilon} + 3\right) + 6n\frac{\frac{3}{2}^{\log(\frac{n}{m})+\varepsilon} - 1}{\frac{3}{2} - 1} + 18\frac{3^{\log(\frac{n}{m})+\varepsilon} - 1}{3 - 1}$$

Da für die Schulmethode $T(n) \leq 2n^2 - 3n$ gilt:

$$\leq n^{\log(3)}\left(\frac{\frac{2m^2}{2^{2\varepsilon}} + 12\frac{m}{2^\varepsilon} + 18 - \frac{3m}{2^\varepsilon} - 9}{3^{\log(m)-\varepsilon}} + \frac{\frac{12m}{2^\varepsilon}}{3^{\log(m)-\varepsilon}} + \frac{9}{3^{\log(m)-\varepsilon}}\right)$$

$$\leq n^{\log(3)}\left[\frac{2m^2/2^{2\varepsilon} + 21m/2^\varepsilon + 18}{3^{\log(m)-\varepsilon}}\right].$$

Wir überlegen uns nun, für welches m die „Konstante" hinter dem Term $n^{\log(3)}$ am kleinsten wird. Dies kann man in etwa aus Bild 7.12 ablesen. Hier ist diese „Konstante" in Abhängigkeit von $m \in [10 : 40]$ und $\varepsilon \in [0, 1)$ dargestellt. Für

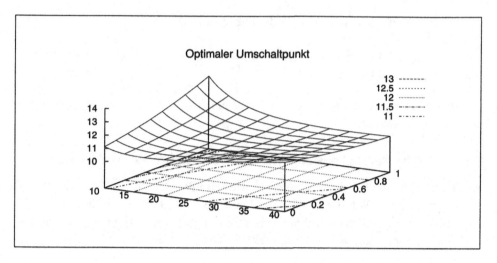

Bild 7.12: Wahl des Umschaltens bei der Multiplikation von Binärzahlen

den genauen Umschaltpunkt betrachten wir das Bild 7.13. Hier ist der Wert der „Konstanten" für $m \in [23 : 25]$ in Abhängigkeit von $\varepsilon \in [0, 1)$ aufgetragen. Daraus erkennen wir, dass beim Umschalten bei $m = 24$, d.h. bei Binärzahlen der Länge 26, die Konstante auf unter 11 sinkt.

Theorem 7.46 *Zwei n-stellige Binärzahlen können mit maximal $11 \cdot n^{\log(3)}$ Bit-Operationen multipliziert werden.*

Damit ist der modifizierte Karatsuba-Ofman-Algorithmus schon für Binärzahlen ab etwa 65 Stellen effizienter als die Schulmethode, wie man aus Bild 7.14 ablesen kann. Man sollte hier anmerken, dass bei Verschlüsselungsalgorithmen mittlerweile mit Zahlen von 500 Binärstellen und mehr gerechnet wird.

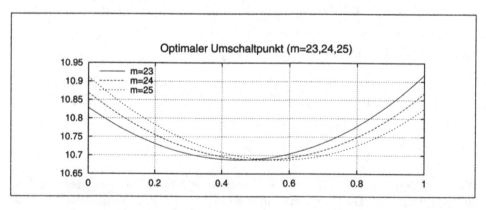

Bild 7.13: Umschaltpunkt bei der Multiplikation von Binärzahlen bei $m \approx 24$

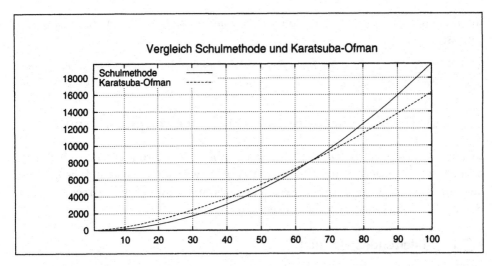

Bild 7.14: Vergleich Schulmethode gegen modifizierten Karatsuba-Ofman

Beschränkt man sich (wie in der Praxis üblich) bei der Implementierung auf Binärzahlen, deren Längen Zweierpotenzen sind, so lässt sich dass Ergebnis noch verbessern. Bei der vorigen Abschätzung ist dann $\varepsilon = 0$ und die störenden Gauß-klammern entfallen. Man kann leicht nachrechnen, dass man dann mit maximal

$$n^{\log(3)} \left\lceil \frac{2m^2 + 17m + 8}{3^{\log(m)}} \right\rceil$$

Operationen auskommt, wobei m nun ebenfalls eine Zweierpotenz sein muss. Steigt man bei $m = 16$ auf die Schulmethode um, so erhält man das folgende Ergebnis.

Theorem 7.47 *Zwei n-stellige Binärzahlen können mit maximal $9{,}8 \cdot n^{\log(3)}$ Bit-Operationen multipliziert werden, wenn n eine Zweierpotenz ist.*

Dieses Verfahren schlägt die Schulmethode bereits für Binärzahlen in der 64-Bit-Darstellung.

Wie man sich denken kann, ist die Multiplikation von Binärzahlen ein gut untersuchtes Gebiet. Es gibt bereits wesentlich bessere Verfahren zum Berechnen eines Produkts. Das asymptotisch beste bislang bekannte Verfahren geht auf A. Schönhage und V. Strassen aus dem Jahre 1971 zurück und basiert auf der diskreten Fouriertransformation. Die Konstanten im O sind allerdings so groß, dass dieses Verfahren meist nur bei Arithmetik-Paketen mit beliebiger Genauigkeit zum Einsatz kommt. Hierfür sind schnelle Multiplikationsmethoden auch unabdingbar, da das Verfahren von Karatsuba-Ofman dann in der Praxis zu langsam ist.

Theorem 7.48 *Zwei n-stellige Binärzahlen können mit $O(n \log(n) \log\log(n))$ Bit-Operationen multipliziert werden.*

7.7 Optimale Klammerung von Matrizenprodukten

In diesem Abschnitt betrachten wir das Problem, ein Produkt aus n Matrizen optimal zu klammern. Zunächst einmal wollen wir uns an einem Beispiel veranschaulichen, dass man durch geschickte Klammerung bei der Berechnung des Produktes tatsächlich etwas einsparen kann.

7.7.1 Einleitendes Beispiel

Was passiert, wenn wir eine $(p \times q)$-Matrix mit einer $(q \times r)$-Matrix multiplizieren? Wir erhalten eine $(p \times r)$-Matrix und für jeden Eintrag der Ergebnismatrix benötigen wir q Multiplikationen und $q - 1$ Additionen, wenn wir nach der Schulmethode multiplizieren. Also benötigen wir insgesamt $pr(2q - 1)$ Operationen. Seien im folgenden Beispiel vier Matrizen $M_1, \ldots, M_4$ gegeben, wobei M_1 eine (10×200)-Matrix, M_2 eine (200×1)-Matrix, M_3 eine (1×50)-Matrix und M_4 eine (50×20)-Matrix ist. Für die fünf verschiedenen Klammerungen erhalten wir dann:

$$
\begin{array}{llll}
M_1(M_2(M_3 M_4)) &:& 1{*}99{*}20 \; + & 200{*}1{*}20 \; + & 10{*}399{*}20 \; = \\
&:& 1.980 \; + & 4.000 \; + & 79.800 \; = \; 85.780 \\
M_1((M_2 M_3)M_4) &:& 200{*}1{*}50 \; + & 200{*}99{*}20 \; + & 10{*}399{*}20 \; = \\
&:& 10.000 \; + & 396.000 \; + & 79.800 \; = \; 485.800 \\
(M_1 M_2)(M_3 M_4) &:& 10{*}399{*}1 \; + & 1{*}99{*}20 \; + & 10{*}1{*}20 \; = \\
&:& 3.990 \; + & 1.980 \; + & 200 \; = \; 6.170 \\
(M_1(M_2 M_3))M_4 &:& 200{*}1{*}50 \; + & 10{*}399{*}50 \; + & 10{*}99{*}20 \; = \\
&:& 10.000 \; + & 199.500 \; + & 19.800 \; = \; 229.300 \\
((M_1 M_2)M_3)M_4 &:& 10{*}399{*}1 \; + & 10{*}1{*}50 \; + & 10{*}99{*}20 \; = \\
&:& 3.990 \; + & 500 \; + & 19.800 \; = \; 24.290
\end{array}
$$

Man sieht nun, dass man bei optimaler Klammerung nur 6.170 Operationen benötigt, während man bei schlechter Klammerung bis zu 485.800 Operationen benötigen kann. Dies bedeutet, dass man im obigen Beispiel bei geschickter Klammerung bis zu 98% der Kosten einsparen kann.

7.7.2 Anzahl verschiedener Klammerungen

Wie findet man nun so eine optimale Klammerung? Man kann natürlich alle Klammerungen vorher auf ihre Komplexität hin untersuchen und dann erst die

Matrizenmultiplikation ausführen. Leider gibt es aber sehr viele Möglichkeiten, n Matrizen zu klammern, wie wir jetzt zeigen werden.

Wir bezeichnen mit a_n die Anzahl der Möglichkeiten, n Matrizen unterschiedlich zu klammern. Wir stellen zuerst eine Rekursionsgleichung auf. Für die erste Klammerung gibt es $n - 1$ Möglichkeiten: $(M_1 \cdots M_i)(M_{i+1} \cdots M_n)$. Dann gibt es für das linke Produkt a_i Möglichkeiten und für das rechte Produkt a_{n-i} Möglichkeiten zum Klammern. Damit erhalten wir folgende Rekursionsgleichung:

$$a_n = \sum_{i=1}^{n-1} a_i \cdot a_{n-i} \quad \text{für } n \geq 2, \qquad a_1 = 1.$$

Wir lösen diese nun mit Hilfe einer so genannten *Erzeugendenfunktion*. Dazu betrachten wir die folgende Potenzreihe: $A(z) = \sum_{n=1}^{\infty} a_n z^n$. Mit Hilfe der Rekursionsgleichung können wir diese wie folgt umformen:

$$
\begin{aligned}
A(z) &= \sum_{n=1}^{\infty} a_n z^n \\[1ex]
&= a_1 z + \sum_{n=2}^{\infty} \sum_{i=1}^{n-1} (a_i \cdot a_{n-i}) z^n = a_1 z + \sum_{n=2}^{\infty} \sum_{i=1}^{n-1} a_i z^i \cdot a_{n-i} z^{n-i} \\
&\quad \text{unter Verwendung von } a_0 = 0 \\[1ex]
&= a_1 z + \sum_{n=2}^{\infty} \sum_{i=0}^{n} a_i z^i \cdot a_{n-i} z^{n-i} \\
&\quad \text{da } \sum_{i=0}^{1} a_i z^i \cdot a_{1-i} z^{1-i} = 0 \\[1ex]
&= a_1 z + \sum_{n=1}^{\infty} \sum_{i=0}^{n} a_i z^i \cdot a_{n-i} z^{n-i} \\
&\quad \text{Cauchy-Produkt von Reihen} \\[1ex]
&= a_1 z + \left(\sum_{n=1}^{\infty} a_n z^n \right)^2 \\[1ex]
&= z + A^2(z).
\end{aligned}
$$

Auflösen dieser Gleichung nach $A(z)$ ergibt $A(z) = \frac{1}{2} \pm \sqrt{\frac{1}{4} - z}$. Da nach Definition unserer Erzeugendenfunktion $A(0) = 0$ ist, lautet die Lösung:

$$A(z) = \frac{1}{2} \left(1 - \sqrt{1 - 4z} \right).$$

Nun berechnen wir für diese Funktion die Taylor-Entwicklung und erhalten mit Koeffizientenvergleich die Werte für a_n. Wir berechnen zuerst die Reihendarstellung von $\sqrt{1-4z}$ mit Hilfe der Binomischen Reihe $(1+x)^\alpha = \sum\limits_{n=0}^{\infty} \binom{\alpha}{n} x^n$:

$$
\begin{aligned}
(1-4z)^{1/2} &= \sum_{n=0}^{\infty} \binom{1/2}{n} (-4z)^n \\
&= \sum_{n=0}^{\infty} \left(\prod_{i=1}^{n} \frac{1/2 - i + 1}{i} \right) (-4z)^n \\
&= \sum_{n=0}^{\infty} \left(\prod_{i=1}^{n} \frac{-4(1/2 - i + 1)}{i} \right) z^n \\
&= \sum_{n=0}^{\infty} \left(\prod_{i=1}^{n} \frac{2(2i-3)}{i} \right) z^n \\
&= \sum_{n=0}^{\infty} \left(\prod_{i=1}^{n} \frac{2i(2i-3)}{i^2} \right) z^n \\
&= \sum_{n=0}^{\infty} - \left(\prod_{i=2}^{n} \frac{2i-3}{i} \right) \left(\prod_{i=1}^{n} \frac{2i}{i} \right) z^n \\
&= \sum_{n=0}^{\infty} \frac{-1}{n! \cdot n!} \prod_{i=1}^{n-1} (2i-1) \prod_{i=1}^{n} (2i) z^n \\
&= \sum_{n=0}^{\infty} \frac{-(2n-2)!(2n)}{n! \cdot n!} z^n \\
&= \sum_{n=0}^{\infty} \frac{-(2n)!}{(2n-1) \cdot n! \cdot n!} z^n \\
&= \sum_{n=0}^{\infty} \frac{-1}{2n-1} \binom{2n}{n} z^n.
\end{aligned}
$$

Dann ist also

$$
A(z) = \frac{1}{2} \left(1 - \sqrt{1-4z} \right) = \frac{1}{2} \left(1 + \sum_{n=0}^{\infty} \frac{1}{2n-1} \binom{2n}{n} z^n \right) = \sum_{n=1}^{\infty} \frac{1}{2(2n-1)} \binom{2n}{n} z^n.
$$

Durch Koeffizientenvergleich erhalten wir somit:

$$
\begin{aligned}
a_n &= \frac{1}{2(2n-1)} \binom{2n}{n} \\
&= \frac{1}{2(2n-1)} \cdot \frac{(2n)(2n-1)(2n-2)\ldots(n+1)}{n(n-1)\cdots 1} \\
&= \frac{(2n)(2n-1)}{2(2n-1)n^2} \cdot \frac{(2n-2)\ldots(n+1)n}{(n-1)\cdots 1}
\end{aligned}
$$

$$= \frac{1}{n} \binom{2n-2}{n-1}.$$

Diese Zahlen $\frac{1}{n}\binom{2n-2}{n-1}$ (oder auch oft $\frac{1}{n+1}\binom{2n}{n}$) werden als *Catalan-Zahlen* bezeichnet. Sie tauchen in vielen Anwendungen der Informatik auf. Zum Beispiel gibt es $\frac{1}{n}\binom{2n-2}{n-1}$ verschiedene erweiterte binäre geordnete gewurzelte Bäume mit genau n Blättern.

Aus Abschnitt 7.3.1 wissen wir, dass $\binom{2n}{n} \geq \frac{4^n}{2n+1}$ ist. Unter Verwendung der Stirlingschen Formel können wir sogar zeigen, dass $\binom{2n}{n} = \frac{4^n}{\sqrt{\pi \cdot n}}(1 + o(1))$ gilt. Es gibt also exponentiell viele Möglichkeiten Matrizen unterschiedlich zu klammern. Damit scheidet ein Ausprobieren für die kostengünstigste Klammerung aus.

7.7.3 Lösung mit dynamischer Programmierung

Zur Bestimmung der optimalen Klammerung verwenden wir wieder einmal die *Dynamische Programmierung*. Hierbei versuchen wir, zuerst kleine, geeignete Teilprobleme zu lösen und dann mit Hilfe der Lösung der Teilprobleme größere Teilprobleme (und letztendlich das Gesamtproblem) zu lösen.

Was sind aber hierbei geeignete Teilprobleme? Unser Gesamtproblem ist es, eine optimale Klammerung des Matrizenproduktes $M_1 \cdots M_n$ zu finden, wobei M_i eine $r_{i-1} \times r_i$-Matrix für $(r_0, \ldots, r_n) \in \mathbb{N}^{n+1}$ ist. Wir bezeichnen nun mit $P(i,j)$ für $i < j \in [1:n]$ das Problem, für das Matrizenprodukt $M_i \cdots M_j$ eine optimale Klammerung zu finden. Offensichtlich ist es das Ziel, $P(1,n)$ zu lösen. Außerdem ist für $j - i = 0$ jedes Teilproblem $P(i,j)$ trivial lösbar.

Jetzt müssen wir uns nur noch überlegen, wie man die Lösung von $P(i,j)$ aus Lösungen von Teilproblemen zusammensetzen kann. Wir bezeichnen mit $a(i,j)$ die Anzahl von Operationen einer optimalen Klammerung für $P(i,j)$ und mit $k(i,j) \in [i, j-1]$ die Klammerungsposition einer optimalen Klammerung in $P(i,j)$. Die erste Klammerung einer optimale Klammerung von $P(i,j)$ sieht dann wie folgt aus:

$$(M_i \cdots M_{k(i,j)})(M_{k(i,j)+1} \cdots M_j).$$

Die weiteren Klammerungen findet man dann rekursiv. Damit ergibt sich für $a(i,j)$ und $k(i,j)$:

$$
\begin{aligned}
a(i,i) &= 0, \\
a(i,j) &= \min\left\{a(i,k) + a(k+1,j) + r_{i-1}(2r_k - 1)r_j \ : \ k \in [i, j-1]\right\}, \\
k(i,i) &= i, \\
k(i,j) &= \operatorname{argmin}\left\{a(i,k) + a(k+1,j) + r_{i-1}(2r_k - 1)r_j \ : \ k \in [i, j-1]\right\}.
\end{aligned}
$$

Hierbei ist argmin ein Indexwert, an dem das Minimum angenommen wird, d.h. es gilt $x(\operatorname{argmin}\{x(k) \ : \ k \in [1:n]\}) = \min\{x(k) \ : \ k \in [1:n]\}$. Die Rekursion

```
OptMatProd (int r[], int n)
{
    int a[n, n], k[n, n];
    for (int i = 1; i ≤ n, i++)
    {
        a[i, i] = 0;        k[i, i] = i;
    }
    for (int ℓ = 1; ℓ < n, ℓ++)
        for (int i = 1; i ≤ n - ℓ, i++)
        {
            int j = i + ℓ;
            a[i, j] = ∞;
            for (int k' = 1; k' ≤ i + j, k'++)
                if (a[i, k'] + a[k' + 1, j] + r[i - 1] * (2 * r[k'] - 1) * r[j] < a[i, j])
                {
                    a[i, j] = a[i, k'] + a[k' + 1, j] + r[i - 1] * (2 * r[k'] - 1) * r[j];
                    k[i, j] = k';
                }
        }
}
```

Bild 7.15: Optimale Klammerung von Matrizenprodukten

für a erklärt sich wie folgt. Wenn wir festlegen, dass wir die Matrizen $M_i, \ldots, M_k$ in die erste und die Matrizen $M_{k+1}, \ldots, M_j$ in die zweite Klammer packen, benötigen wir für die erste Klammer $a(i, k)$ und für die zweite Klammer $a(k + 1, j)$ Operationen. Danach muss nur noch das Produkt aus einer $(r_{i-1} \times r_k)$-Matrix mit einer $(r_k \times r_j)$-Matrix berechnet werden, wozu $r_{i-1}(2r_k - 1)r_j$ Operationen ausreichend sind. Anschließend müssen wir nur noch das Minimum über alle möglichen Indexwerte $k \in [i, j - 1]$ bilden.

Zur Berechnung initialisieren wir alle $a(i, j)$ und $k(i, j)$ für $j - i = 0$. Dafür sind $O(n)$ Operationen ausreichend. Anschließend berechnen wir aufsteigend für die Differenzen $j - i \in [1 : n - 1]$ alle Paare $a(i, j)$ und $k(i, j)$. Eine solche Minimumbildung lässt sich bekanntermaßen mit $O(n)$ Operationen berechnen. Insgesamt sind $O(n^2)$ Einträge zu berechnen und somit ist der gesamte Zeitbedarf $O(n^3)$. Dieser Algorithmus ist im Bild 7.15 angegeben.

Theorem 7.49 *Mit Hilfe der Dynamischen Programmierung lässt sich die optimale Klammerung von n Matrizen in Zeit $O(n^3)$ berechnen.*

7.8 Matrizenmultiplikation

Nachdem wir uns bereits mit der Multiplikation von Zahlen beschäftigt haben, kommen wir nun zur Matrizenmultiplikation. Dies ist ein sehr wichtiges Pro-

blem der Informatik, da Matrizen aller Orten verwendet werden (siehe auch
Abschnitt 5.4.2 über die Transitive Hülle von Graphen). Außerdem kann man
für viele Standardprobleme der linearen Algebra zeigen, dass deren Komplexität
höchstens so groß oder gar äquivalent zur Komplexität der Matrizenmultiplikation ist. Im Folgenden werden wir uns auf die Multiplikation von quadratischen
$n \times n$-Matrizen beschränken.

7.8.1 Der Algorithmus von Strassen

Zuerst halten wir fest, dass die Schulmethode zur Matrizenmultiplikation $2n^3 - n^2$
gewöhnliche arithmetische Operationen benötigt. Ähnlich wie bei der Multiplikation von Zahlen verwenden wir wieder einen Divide-and-Conquer-Algorithmus.
Seien A und B zwei $n \times n$-Matrizen, die wir multiplizieren wollen. Wir teilen nun
jede Matrix in vier $\lceil n/2 \rceil \times \lceil n/2 \rceil$-Matrizen auf:

$$A = \begin{pmatrix} A_{11} & A_{12} \\ A_{21} & A_{22} \end{pmatrix} \quad \text{bzw.} \quad B = \begin{pmatrix} B_{11} & B_{12} \\ B_{21} & B_{22} \end{pmatrix}.$$

Dabei müssen wir eventuell einige der Teilmatrizen geeignet mit Nullen auffüllen.
Wenn wir die Produktmatrix $C = A \cdot B$ ebenfalls so aufteilen, gilt bekanntermaßen, dass

$$C = \begin{pmatrix} C_{11} & C_{12} \\ C_{21} & C_{22} \end{pmatrix} = \begin{pmatrix} A_{11} \cdot B_{11} + A_{12} \cdot B_{21} & A_{11} \cdot B_{12} + A_{12} \cdot B_{22} \\ A_{21} \cdot B_{11} + A_{22} \cdot B_{21} & A_{21} \cdot B_{12} + A_{22} \cdot B_{22} \end{pmatrix}.$$

Wenn wir nun dieses Schema für unsere rekursive Berechnung des Matrizenproduktes hernehmen, so sehen wir, dass wir 8 rekursive Matrizenmultiplikationen
mit $\lceil n/2 \rceil \times \lceil n/2 \rceil$-Matrizen vornehmen müssen und 4 Paare von $\lceil n/2 \rceil \times \lceil n/2 \rceil$-
Matrizen addieren müssen. Die zuletzt erwähnten Matrizenadditionen benötigen
offensichtlich insgesamt n^2 arithmetische Operationen. Damit erhalten wir die
folgende Rekursionsgleichung:

$$T(n) = 8T(\lceil n/2 \rceil) + n^2.$$

Die Lösung dieser Rekursionsgleichung hat allerdings ebenfalls wieder eine
Größenordnung von $\Theta(n^3)$. Also müssen wir wiederum etwas trickreicher sein.
Wie bei der Multiplikation von ganzen Zahlen versuchen wir, eine der rekursiven Matrizenmultiplikationen einzusparen. Dies gelingt uns, indem wir zuerst die
folgenden sieben Matrizenprodukte berechnen:

$$\begin{aligned}
M_1 &= (A_{12} - A_{22})(B_{21} + B_{22}), & M_5 &= A_{11}(B_{12} - B_{22}), \\
M_2 &= (A_{11} + A_{22})(B_{11} + B_{22}), & M_6 &= A_{22}(B_{21} - B_{11}), \\
M_3 &= (A_{11} - A_{21})(B_{11} + B_{12}), & M_7 &= (A_{21} + A_{22})B_{11}. \\
M_4 &= (A_{11} + A_{12})B_{22},
\end{aligned}$$

Dies sieht auf den ersten Blick etwas verworren aus. Allerdings kann man nun leicht nachrechnen, dass sich die Produktmatrix C mit Hilfe dieser Produkte berechnen lässt, wenn wir die Matrix C wie folgt bilden:

$$C = \begin{pmatrix} C_{11} & C_{12} \\ C_{21} & C_{22} \end{pmatrix} = \begin{pmatrix} M_1 + M_2 - M_4 + M_6 & M_4 + M_5 \\ M_6 + M_7 & M_2 - M_3 + M_5 - M_7 \end{pmatrix}.$$

Mit dieser Identität können wir nun leicht einen rekursiven Algorithmus konstruieren. Dieser Algorithmus wurde bereits 1969 von V. Strassen konstruiert und wird daher oft als *Strassen-Algorithmus* bezeichnet.

7.8.2 Analyse des Algorithmus von Strassen

Aus der Identität aus dem vorigen Abschnitt können wir leicht ablesen, dass zur Multiplikation zweier $n \times n$-Matrizen nun 7 Multiplikationen und 18 Additionen bzw. Subtraktionen von jeweils $\lceil \frac{n}{2} \rceil \times \lceil \frac{n}{2} \rceil$-Matrizen ausreichen. Damit gehorcht die Laufzeit des Strassen-Algorithmus offensichtlich der folgenden Rekursionsgleichung für $n \geq 3$:

$$T(n) = 7 \cdot T\left(\left\lceil \frac{n}{2} \right\rceil\right) + 18 \left(\left\lceil \frac{n}{2} \right\rceil\right)^2.$$

Diese lösen wir ebenfalls wieder durch Iteration:

$$\begin{aligned}
T(n) &= 7 \cdot T\left(\left\lceil \frac{n}{2} \right\rceil\right) + 18 \left(\left\lceil \frac{n}{2} \right\rceil\right)^2 \\
&= 7 \left(7 \cdot T\left(\left\lceil \frac{n}{4} \right\rceil\right) + 18 \left(\left\lceil \frac{n}{4} \right\rceil\right)^2\right) + 18 \left(\left\lceil \frac{n}{2} \right\rceil\right)^2 \\
&= 7^2 \cdot T\left(\left\lceil \frac{n}{4} \right\rceil\right) + 7 \cdot 18 \left(\left\lceil \frac{n}{4} \right\rceil\right)^2 + 18 \left(\left\lceil \frac{n}{2} \right\rceil\right)^2
\end{aligned}$$

Nach k Iterationen erhalten wir dann:

$$= 7^k \cdot T\left(\left\lceil \frac{n}{2^k} \right\rceil\right) + \sum_{i=0}^{k-1} 7^i \cdot 18 \left(\left\lceil \frac{n}{2^{i+1}} \right\rceil\right)^2$$

Mit $k = \lfloor \log(n) \rfloor$ erhalten wir:

$$\leq 7^{\lfloor \log(n) \rfloor} \cdot T\left(\underbrace{\left\lceil \frac{n}{2^{\lfloor \log(n) \rfloor}} \right\rceil}_{\leq 2}\right) + \sum_{i=0}^{\lfloor \log(n) \rfloor - 1} 7^i \cdot 18 \left(\frac{n}{2^{i+1}} + 1\right)^2$$

$$\leq 2^{\log(7)\log(n)} \cdot T(2) + \sum_{i=0}^{\lfloor \log(n) \rfloor - 1} 7^i \cdot 18 \left[\frac{n^2}{4^{i+1}} + \frac{2n}{2^{i+1}} + 1\right]$$

Da aufgrund der Schulmethode $T(2) \leq 12$, erhalten wir:

$$\leq \ 12n^{\log(7)} + \sum_{i=0}^{\lfloor \log(n) \rfloor - 1} \left[\frac{9}{2}n^2 \left(\frac{7}{4}\right)^i + 18n \left(\frac{7}{2}\right)^i + 18 \cdot 7^i \right]$$

$$\leq \ 12n^{\log(7)} + \frac{9}{2}n^2 \frac{\left(\frac{7}{4}\right)^{\lfloor \log(n) \rfloor} - 1}{\frac{7}{4} - 1} + 18n \frac{\left(\frac{7}{2}\right)^{\lfloor \log(n) \rfloor} - 1}{\frac{7}{2} - 1} + 18 \frac{7^{\lfloor \log(n) \rfloor} - 1}{7 - 1}$$

$$\leq \ 12n^{\log(7)} + 6 \cdot 7^{\log(n)} + \frac{36}{5} \cdot 7^{\log(n)} + 3 \cdot 7^{\log(n)}$$

$$= \ n^{\log(7)} \left[12 + 6 + \frac{36}{5} + 3 \right]$$

$$= \ \frac{141}{5} \cdot n^{\log(7)} \ \approx \ 28{,}2 \cdot n^{2,81}.$$

Theorem 7.50 *Der Algorithmus von Strassen benötigt für die Matrizenmultiplikation höchstens $\frac{141}{5} \cdot n^{\log(7)}$ arithmetische Operationen.*

Dieses Verfahren schlägt die Schulmethode erst für $n \geq 924.000$. Es gibt noch eine trickreichere Identität des Matrixproduktes, die mit 7 rekursiven Multiplikationen und nur 15 Matrizenadditionen auskommt. Diese schlägt dann die Schulmethode für $n \geq 535.000$.

7.8.3 Verbesserung des Algorithmus von Strassen

Es sieht auf den ersten Blick so aus, als wäre der Strassen-Algorithmus nicht praktikabel. Dem ist allerdings *nicht* so. Mit etwas Grips erkennt man wiederum, dass es für kleine Matrizen günstig ist, die Schulmethode zu nehmen, und erst bei großen Matrizen auf Strassen umzusteigen. Für eine genauere Analyse brechen wir die Rekursion bei $m \times m$-Matrizen ab und steigen auf die Schulmethode um. Wir werden im Folgenden dabei oft ausnutzen, dass $x^{\log(y)} = y^{\log(x)}$ ist.

$$T(n) \ = \ 7^k \cdot T\left(\left\lceil \frac{n}{2^k} \right\rceil\right) + \sum_{i=0}^{k-1} 7^i \cdot 18 \left(\left\lceil \frac{n}{2^{i+1}} \right\rceil\right)^2$$

Wir wählen $k := \lfloor \log(\frac{n}{m}) \rfloor$ und $\varepsilon := \log(\frac{n}{m}) - \lfloor \log(\frac{n}{m}) \rfloor \geq 0$, also $k = \log(\frac{n}{m}) - \varepsilon$.

$$\leq \ 7^{\log(\frac{n}{m}) - \varepsilon} \cdot T\left(\left\lceil \frac{n}{2^{\log(\frac{n}{m}) - \varepsilon}} \right\rceil\right) + \sum_{i=0}^{\log(\frac{n}{m}) - \varepsilon - 1} 7^i \cdot 18 \left(\frac{n}{2^{i+1}} + 1\right)^2$$

$$= \ \frac{\left(\frac{n}{m}\right)^{\log(7)}}{7^\varepsilon} T\left(\lceil 2^\varepsilon m \rceil\right) + 18 \sum_{i=0}^{\log(\frac{n}{m}) - \varepsilon - 1} 7^i \left[\frac{n^2}{4^{i+1}} + \frac{2n}{2^{i+1}} + 1 \right]$$

$$
= \frac{\left(\frac{n}{m}\right)^{\log(7)}}{7^{\varepsilon}} T\left(\lceil 2^{\varepsilon}m\rceil\right) + \sum_{i=0}^{\log(\frac{n}{m})-\varepsilon-1} \left[\frac{9}{2}n^2\left(\frac{7}{4}\right)^i + 18n\left(\frac{7}{2}\right)^i + 18\cdot 7^i\right]
$$

$$
= \frac{\left(\frac{n}{m}\right)^{\log(7)}}{7^{\varepsilon}} T\left(\lceil 2^{\varepsilon}m\rceil\right)
$$

$$
+ \frac{9}{2}n^2 \frac{\left(\frac{7}{4}\right)^{\log(\frac{n}{m})-\varepsilon}-1}{\frac{7}{4}-1} + 18n\frac{\left(\frac{7}{2}\right)^{\log(\frac{n}{m})-\varepsilon}}{\frac{7}{2}-1} + 18\frac{7^{\log(\frac{n}{m})-\varepsilon}-1}{7-1}
$$

$$
\leq \left(\frac{n}{m}\right)^{\log(7)} \left[\frac{T\left(\lceil 2^{\varepsilon}m\rceil\right)}{7^{\varepsilon}} + \frac{6m^2 4^{\varepsilon}}{7^{\varepsilon}} + \frac{\frac{36}{5}m2^{\varepsilon}}{7^{\varepsilon}} + \frac{3}{7^{\varepsilon}}\right]
$$

Mit $T(\lceil 2^{\varepsilon}m\rceil) \leq 2\lceil 2^{\varepsilon}m\rceil^3 - \lceil 2^{\varepsilon}m\rceil^2$ erhalten wir:

$$
\leq n^{\log(7)} \left[\frac{2\left(\lceil 2^{\varepsilon}m\rceil\right)^3 - \left(\lceil 2^{\varepsilon}m\rceil\right)^2 + 6m^2 4^{\varepsilon} + \frac{36}{5}m2^{\varepsilon} + 3}{7^{\varepsilon}\cdot m^{\log(7)}}\right]
$$

$$
\leq n^{\log(7)} \left[\frac{2\left(2^{\varepsilon}m+1\right)^3 - \left(2^{\varepsilon}m+1\right)^2 + 6m^2 4^{\varepsilon} + \frac{36}{5}m2^{\varepsilon} + 3}{7^{\varepsilon}\cdot m^{\log(7)}}\right].
$$

Im Bild 7.16 ist der Graph der „Konstanten" hinter $n^{\log(7)}$ in Abhängigkeit vom Umschaltpunkt m und von $\varepsilon \in [0:1)$ dargestellt. Wie man sieht, sollte man etwa für $m \in [16:20]$ von Strassens Verfahren auf die Schulmethode umschalten. Wählt man z.B. einen Umschaltpunkt von $m = 18$, so sinkt der Wert der Konstanten auf 4,62, wie man Bild 7.17 entnehmen kann. Damit wird für alle

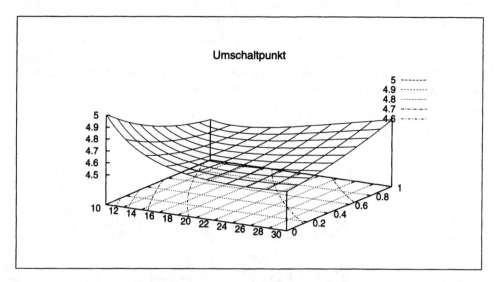

Bild 7.16: Bestimmung des optimalen Umschaltpunktes

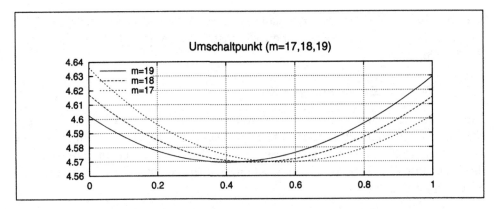

Bild 7.17: Wert der Konstanten in Abhängigkeit von ε bei $m = 18$

Matrizen der Dimension kleiner als $m2^\varepsilon < 2m$ auf die Schulmethode übergegangen, d.h. für Matrizen mit Dimension kleiner als 36. Der Vergleich der Anzahl der arithmetischen Operationen zwischen der Schulmethode und der hier vorgestellten Methode von Strassen mit Umschaltung ist im Bild 7.18 angegeben.

Theorem 7.51 *Der Strassen-Algorithmus für die Matrizenmultiplikation, der bei kleinen Matrizen auf die Schulmethode umsteigt, benötigt maximal* $4{,}62 \cdot n^{\log(7)}$ *arithmetische Operationen.*

Diese Variante schlägt nun die Schulmethode für Matrizen mit Dimensionen größer als 80, und ist für kleinere Matrizen kaum schlechter. Für eine Implementierung muss man sich über den Zeitpunkt des Umschaltens genauer Gedanken

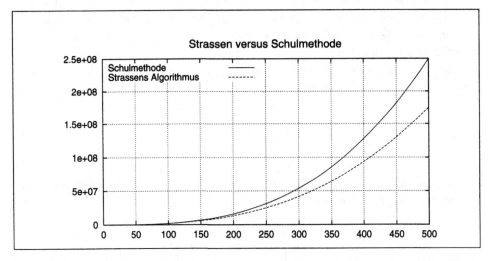

Bild 7.18: Vergleich der Schulmethode mit Strassen bei Umschaltung

machen. Der einzige Nachteil, den man sich dieser Methode der Matrizenmultiplikation einkauft, ist die größere numerische Instabilität aufgrund der verwendeten Subtraktionen.

7.8.4 Weitere Entwicklungen

Nun wollen wir noch eine kurze Übersicht über die weitere Entwicklung von Algorithmen zur Matrixmultiplikation angeben. Diese sind tabellarisch im Bild 7.19 angegeben. Diese sind aber fast ausschließlich von theoretischem Interesse, da die Konstanten im O so groß sind, dass diese Verfahren erst für sehr, sehr große Matrizen effizient werden.

Jahr	Autoren	Laufzeit
1969	Strassen	$O(n^{2,808})$
1979	Pan	$O(n^{2,781})$
1979	Bini, Capovani, Lotti, Romani	$O(n^{2,7799})$
1979	Schönhage	$O(n^{2,548})$
1979	Pan	$O(n^{2,522})$
1982	Coppersmith, Winograd	$O(n^{2,496})$
1982	Strassen	$O(n^{2,47})$
1982	Coppersmith, Winograd	$O(n^{2,38})$

Bild 7.19: Historische Entwicklung der Algorithmen für Matrizenmultiplikation

7.8.5 Invertierung von Matrizen

Zum Abschluss dieses Kapitels wollen wir noch zeigen, dass die Matrixinvertierung dieselbe Zeitkomplexität hat wie die Matrizenmultiplikation. Zuerst zeigen wir, dass die Matrizenmultiplikation nicht (wesentlich) schwieriger ist als das Invertieren von Matrizen.

Seien A und B zwei $n \times n$-Matrizen, die wir multiplizieren wollen. Wir definieren nun eine $3n \times 3n$-Matrix D wie folgt:

$$D = \begin{pmatrix} E_n & A & 0 \\ 0 & E_n & B \\ 0 & 0 & E_n \end{pmatrix}.$$

Hierbei bezeichnet E_n die $n \times n$-Einheitsmatrix. Wie man leicht nachrechnet, hat die Inverse von D die folgende Gestalt:

$$D^{-1} = \begin{pmatrix} E_n & -A & AB \\ 0 & E_n & -B \\ 0 & 0 & E_n \end{pmatrix}.$$

Damit können wir also mit Hilfe der Matrixinvertierung die Matrizenmultiplikation ausführen. Wir bezeichnen mit $I(n)$ die Komplexität der Invertierung einer $(n \times n)$-Matrix und $M(n)$ die Komplexität der Multiplikation von zwei $(n \times n)$-Matrizen.

Theorem 7.52 *Vorausgesetzt, dass $I(n) = \Omega(n^2)$ und $I(3n) = O(I(N))$, dann gilt $M(n) = O(I(n))$.*

Beweis: Offensichtlich lässt sich die obige Matrix D in Zeit $O(n^2)$ konstruieren. Nach obiger Konstruktion und den Voraussetzungen des Satzes erhalten wir $M(n) \leq I(3n) + O(n^2) = O(I(n))$.) $\blacksquare$

Nun zeigen wir die umgekehrte Richtung, also dass die Matrixinvertierung nicht (wesentlich) schwieriger ist als die Matrizenmultiplikation. Sei also A eine $(n \times n)$-Matrix, die wir invertieren wollen. Wir nehmen ohne Beschränkung der Allgemeinheit an, dass n eine Zweierpotenz ist. Andernfalls ergänzen wir A wie folgt:

$$A' = \begin{pmatrix} A & 0 \\ 0 & E_{2^{\lceil \log(n) \rceil} - n} \end{pmatrix}.$$

Da für die Inverse von A', die ja für nicht-singuläre Matrizen eindeutig bestimmt ist,

$$(A')^{-1} = \begin{pmatrix} A^{-1} & 0 \\ 0 & E_{2^{\lceil \log(n) \rceil} - n} \end{pmatrix}$$

gilt, ist dies keine wesentliche Einschränkung.

Definition 7.53 *Eine Matrix M heißt* symmetrisch, *wenn $m_{ij} = m_{ji}$ gilt. Eine symmetrische Matrix über einem Körper $\mathbb{K}$ heißt* positiv definit, *wenn für alle $0 \neq x \in \mathbb{K}$ gilt: $x^T \cdot M \cdot x > 0$.*

Wir nehmen zunächst einmal an, dass A symmetrisch und positiv definit ist. Wir partitionieren die Matrix A wie folgt in vier $(n/2 \times n/2)$-Matrizen:

$$A = \begin{pmatrix} B & C^T \\ C & D \end{pmatrix}.$$

Setzen wir $S = D - CB^{-1}C^T$, so erhalten wir für die Inverse von A (wie man leicht nachrechnen kann):

$$A^{-1} = \begin{pmatrix} B^{-1} + B^{-1}C^T S^{-1} C B^{-1} & -B^{-1}C^T S^{-1} \\ -S^{-1}CB^{-1} & S^{-1} \end{pmatrix}.$$

Wie man sich überlegen kann (was wir dem Leser als Übungsaufgabe überlassen wollen), sind die Matrizen B und S symmetrisch und positiv definit und deren

Inversen existieren. Wir können die Matrixinvertierung lösen, indem wir die zwei $(n/2 \times n/2)$-Matrizen B und S rekursiv invertieren und vier Matrizenmultiplikationen auf $(n/2 \times n/2)$-Matrizen anwenden:

$$
\begin{aligned}
H_1 &:= C \cdot B^{-1}, \\
H_2 &:= H_1 \cdot C^T = CB^{-1}C^T, \\
H_3 &:= (D - H_2)^{-1} = S^{-1}, \\
H_4 &:= H_3 \cdot H_1 = S^{-1}CB^{-1}, \\
H_5 &:= H_1^T \cdot H_4 = B^{-1}C^T S^{-1}CB^{-1}.
\end{aligned}
$$

Damit ist dann

$$
A^{-1} = \begin{pmatrix} B^{-1} + H_5 & -H_4^T \\ -H_4 & H_3 \end{pmatrix}.
$$

Somit erhalten wir als Rekursionsgleichung:

$$
I(n) \leq 2I(n/2) + 4M(n/2) + O(n^2).
$$

Setzen wir voraus, dass $M(n) = \Omega(n^2)$, dann erhalten wir:

$$
I(n) \leq 2I(n/2) + O(M(n/2)).
$$

Nehmen wir im Folgenden auch noch an, dass $4M(n/2) \leq M(n)$ gilt. Sei c die Konstante, die sich im O der Rekursiongleichung versteckt. Mit Induktion können wir nun zeigen, dass $I(n) \leq c \cdot M(n)$ ist.

$$
\begin{aligned}
I(n) &\leq 2I(n/2) + c \cdot M(n/2) \\
&\overset{\text{I.V.}}{\leq} 2c \cdot M(n/2) + c \cdot M(n/2) \\
&= 3c \cdot M(n/2) \\
&\leq \frac{3}{4}c \cdot M(n) \\
&\leq c \cdot M(n).
\end{aligned}
$$

Es bleibt nun noch der Fall, dass A zwar invertierbar, aber nicht symmetrisch bzw. nicht positiv definit war. Wir verwenden dazu den Trick, dass für jede invertierbare Matrix A die Matrix $A^T A$ symmetrisch und positiv definit ist. Dann lässt sich die Inverse von A leicht durch $A^{-1} = (A^T A)^{-1} A^T$ berechnen. Damit haben wir das folgende Theorem bewiesen:

Theorem 7.54 *Vorausgesetzt, dass $M(n) = \Omega(n^2)$ und $4M(n/2) \leq M(n)$, dann gilt $I(n) = O(M(n))$.*

7.8.6   Transitive Hülle

In diesem Abschnitt wollen wir noch zeigen, dass unter gewissen Voraussetzungen die Komplexität zur Berechnung des reflexiven, transitiven Abschlusses einer Booleschen Matrix asymptotisch dieselbe wie für die Matrizenmultiplikation von zwei Booleschen Matrizen ist.

Bezeichne im Folgenden $T(n)$ die Komplexität, um die reflexive, transitive Hülle einer Booleschen $n \times n$-Matrix zu berechnen, und $M(n)$ die Komplexität, um zwei Boolesche $n \times n$-Matrizen miteinander zu multiplizieren.

Theorem 7.55 *Gilt $T(3 \cdot n) \leq 27 \cdot T(n)$, dann ist $M(n) = O(T(n))$.*

Beweis: Für zwei Boolesche $n \times n$-Matrizen A und B wollen wir $A \cdot B$ berechnen. Wir betrachten die folgende $3n \times 3n$-Matrix:

$$C = \begin{pmatrix} 0 & A & 0 \\ 0 & 0 & B \\ 0 & 0 & 0 \end{pmatrix}.$$

Zuerst bemerken wir, dass

$$C^2 = \begin{pmatrix} 0 & 0 & A \cdot B \\ 0 & 0 & 0 \\ 0 & 0 & 0 \end{pmatrix} \quad \text{und} \quad C^k = \begin{pmatrix} 0 & 0 & 0 \\ 0 & 0 & 0 \\ 0 & 0 & 0 \end{pmatrix}.$$

für $k \geq 2$ gilt. Somit ist $C^* = \sum_{k=0}^{n} C^k = E + C + C^2$ und wir können $A \cdot B$ aus der rechten oberen $n \times n$-Matrix ablesen. Damit ist $M(n) \leq T(3 \cdot n) \leq 27 \cdot T(n)$. ∎

Theorem 7.56 *Gilt $M(2n) \geq M(4n)$, dann ist $T(n) = O(M(n))$.*

Beweis: Ohne Beschränkung der Allgemeinheit nehmen wir an, dass n eine Zweierpotenz ist. Wir teilen die Knotenmenge $V = [1 : n]$ in $V_1 = [1 : n/2]$ und $V_2 = [n/2 + 1 : n]$ auf. Damit zerfällt auch die Adjazenzmatrix X des Graphen in

$$X = \begin{pmatrix} A & B \\ C & D \end{pmatrix}.$$

Wir überlegen uns nun wie X^* aussieht, speziell die linke obere $n/2 \times n/2$-Teilmatrix von X^*. Ein Pfad von V_1 nach V_1 kann in Teilpfade zerlegt werden, die entweder vollständig in V_1 verlaufen oder über eine Kante nach V_2 ausbrechen, dann dort in V_2 verweilen und schließlich wieder über eine Kante von V_2 nach V_1 zurückkehren. Also gilt für die linke obere Teilmatrix E der transitive, reflexive Hülle:

$$E := (A^* + B \cdot D^* \cdot C)^*.$$

Eine analoge Argumentation für die restlichen drei Fälle liefert:

$$X^* = \begin{pmatrix} E & E \cdot B \cdot D^* \\ D^* \cdot C \cdot E & D^* \cdot C \cdot E \cdot B \cdot D^* \end{pmatrix} =: \begin{pmatrix} E & F \\ G & H \end{pmatrix}.$$

Wir berechnen nun:

$$\begin{array}{ll} X_1 = D^*, & F = E \cdot X_2, \\ X_2 = B \cdot X_1, & G = X_1 \cdot C \cdot E, \\ E = (A + X_2 \cdot C)^*, & H = X_1 + G \cdot X_2. \end{array}$$

Dafür benötigen wir zweimal eine Berechnung einer reflexiven, transitiven Hülle, sechs Matrizenmultiplikationen und zwei Matrizenadditionen von $(n/2 \times n/2)$-Matrizen. Wir erhalten also folgende Rekursionsgleichung für eine Konstante c:

$$\begin{aligned} T(1) &= 0, \\ T(n) &= 2 \cdot T(n/2) + 6 \cdot M(n/2) + 2 \cdot \frac{n^2}{4} \qquad \text{für } n \geq 2. \end{aligned}$$

Wir zeigen jetzt mit Induktion, dass $T(n) \leq 4 \cdot M(n)$,

Induktionsanfang ($n = 1$): Offensichtlich ist $T(1) \leq 4$.

Induktionsschritt ($n/2 \to n$): Es gilt:

$$\begin{aligned} T(n) &= 2 \cdot T(n/2) + 6 \cdot M(n/2) + \frac{n^2}{2} \\ &\overset{\text{I.V.}}{\leq} 2 \cdot 4 \cdot M(n/2) + 6 \cdot M(n/2) + \frac{n^2}{2} \\ &\quad \text{da } 4 \cdot M(n) \leq M(2 \cdot n) \\ &\leq \frac{14}{4} \cdot M(n) + \frac{n^2}{2} \\ &\quad \text{da } n^2 \leq M(n) \\ &\leq 4 \cdot M(n). \end{aligned}$$

Damit ist der Beweis abgeschlossen.   ∎

Die Verallgemeinerung für die Fälle, in denen n keine Zweierpotenz ist, bleibt dem Leser überlassen.

7.9 Übungsaufgaben

Aufgabe 7.1$^+$ Zeigen Sie, dass in einem Monoid bzw. einer Gruppe das neutrale bzw. die inversen Elemente eindeutig bestimmt sind.

Aufgabe 7.2$^+$ Sei $H = (M, \circ)$ eine Halbgruppe und sei für $a \in M$ $a^1 = a$ und $a^{n+1} = a^n \circ a$ für $n \in \mathbb{N}$. Zeigen Sie, dass die Potenzgesetze gelten, d.h.

$$\forall n, m \in \mathbb{N} : a^n \circ a^m = a^{n+m} \qquad \text{bzw.} \qquad \forall n, m \in \mathbb{N} : (a^n)^m = a^{nm}.$$

Aufgabe 7.3° Zeigen Sie, dass jede zyklische Gruppe abelsch ist, aber nicht umgekehrt.

Aufgabe 7.4$^+$ Sei $G = (M, \circ)$ eine Gruppe und $M' \subset M$ endlich. Beweisen Sie, dass $(M', \circ)$ genau dann eine Untergruppe von G ist, wenn M' unter $\circ$ abgeschlossen ist.

Aufgabe 7.5$^+$ Sei $R = (M, \circ, \bullet)$ ein Ring, wobei 0 das neutrale Element von $(M, \circ)$ ist. Zeigen Sie, dass $0 \bullet a = 0 = a \bullet 0$ für alle $a \in M$ gilt.

Aufgabe 7.6° Zeigen Sie, dass $(\mathbb{N}_0, \max, *)$ und $(\mathbb{N} \cup \{+\infty\}, \min, +)$ Halbringe sind.

Aufgabe 7.7$^+$ Sei $\mathbb{K} = (M, \circ, \bullet)$ ein Körper, wobei 0 das neutrale Element der Gruppe $(M, \circ)$ ist. Zeigen Sie, dass für alle $a, b \in M$ genau dann $a \bullet b = 0$, wenn $a = 0$ oder $b = 0$.

Aufgabe 7.8$^+$ Sei $\mathbb{K} = (M, \circ, \bullet)$ ein algebraisch abgeschlossener Körper. Zeigen Sie, dass jede Nullstelle von $x^n - 1 \in \mathbb{K}[x]$ nur mit einfacher Vielfachheit auftritt, d.h., dass $x^n - 1$ genau n paarweise verschiedene Nullstellen hat.

Aufgabe 7.9° Geben Sie alle Untergruppen einer Gruppe an, deren Gruppenordnung prim ist.

Aufgabe 7.10* Zeigen sie, dass für $n = p_1^{e_1} \cdots p_k^{e_k}$ gilt:

$$\varphi(n) = n \prod_{\substack{p|n \\ p \in \mathbb{P}}} \left(1 - \frac{1}{p}\right) = \prod_{i=1}^{k} p_i^{e_i - 1}(p_i - 1).$$

Zeigen Sie zunächst, dass $\varphi(n \cdot m) = \varphi(n) \cdot \varphi(m)$ gilt, wenn $\mathrm{ggT}(n, m) = 1$.

Aufgabe 7.11$^+$ Beweisen Sie, dass $B = \{b \in \mathbb{Z}_n^* : b^{n-1} \equiv 1 \bmod n\}$ eine Untergruppe von $\mathbb{Z}_n^*$ ist.

Aufgabe 7.12* Sei $p \in \mathbb{P}$. Zeigen Sie, dass gilt:

$$p \in \mathbb{P} \quad \Leftrightarrow \quad \forall a \in \mathbb{Z}_p \setminus \{0\} : a^{p-1} \equiv 1 \bmod p.$$

Warum lässt sich daraus kein sinnvoller randomisierter Algorithmus entwickeln?

Aufgabe 7.13$^+$ Zeigen Sie, dass für die Vandermonde-Matrix $V(x_1, \ldots, x_n)$ gilt:

$$\det(V(x_1, \ldots, x_n)) = \prod_{1 \leq i < j \leq n} (x_j - x_i).$$

Aufgabe 7.14$^+$ Seien $x_i \in \mathbb{R}$ für $i \in [1 : n]$ paarweise verschiedene reelle Zahlen und seien $y_i \in \mathbb{R}$ für $i \in [1 : n]$ reelle Zahlen. Zeigen Sie, dass die Funktion h, gegeben durch die Formel von Lagrange

$$h(x) = \sum_{i=1}^{n} y_i \frac{\prod\limits_{j \neq i} (x - x_j)}{\prod\limits_{j \neq i} (x_i - x_j)},$$

ein Polynom in $\mathbb{R}[x]$ mit Grad kleiner als n ist und dass $h(x_i) = y_i$ gilt. Zeigen Sie ferner, dass sich die Interpolation mit Hilfe der Formel von Lagrange mit $O(n^2)$ arithmetischen Operationen berechnen lässt.

Aufgabe 7.15* Bestimmen Sie die Anzahl geordneter erweiterter binärer gewurzelter Binärbäume mit n Blättern mit Hilfe von Erzeugendenfunktionen.

Aufgabe 7.16° Die Binomialkoeffizienten $\binom{n}{m}$ erfüllen die folgenden Identitäten:

$$\forall m \in [2 : n-1] : \binom{n}{m} = \binom{n-1}{m} + \binom{n-1}{m-1} \quad \text{und} \quad \forall n \in \mathbb{N}_0 : \binom{n}{n} = \binom{n}{0} = 1.$$

Betrachten Sie das Problem, $A(n) = \binom{2n}{n}$ zu berechnen. Berechnen Sie eine obere und eine untere Schranke für die benötigte Anzahl von Additionen, wenn Sie $A(n)$ einfach rekursiv berechnen. Geben Sie einen Algorithmus zur Berechnung von $A(n)$ mit Hilfe der *Dynamische Programmierung* an. Berechnen Sie hierfür eine obere Schranke für die Anzahl Additionen.

Aufgabe 7.17$^+$ Sei A eine positiv definite symmetrische $(n \times n)$-Matrix, die in vier $(n/2 \times n/2)$-Matrizen aufgeteilt ist:

$$A = \begin{pmatrix} B & C^T \\ C & D \end{pmatrix}.$$

Sei ferner $S = D - CB^{-1}C^T$. Zeigen Sie, dass B und S positiv definite symmetrische Matrizen sind und dass deren Inverse existieren, d.h. $\det(B) \neq 0 \neq \det(S)$.

Schwierige Probleme

8

8.1 Unentscheidbarkeit

In diesem Kapitel wollen wir uns mit „schwierigen Problemen" befassen. Was sind überhaupt schwierige Probleme? Bislang haben wir für alle uns gestellten Probleme immer Algorithmen zur Lösung gefunden, die in polynomieller Zeit liefen. Es hat sich eingebürgert, solche Algorithmen als effizient zu bezeichnen. Leider gibt es auch Probleme, deren Lösung exponentiellen Aufwand erfordert bzw. die überhaupt nicht algorithmisch lösbar sind.

In diesem Abschnitt wollen wir uns zuerst mit letzterem befassen: Problemen, die nicht algorithmisch lösbar sind. Auf den ersten Blick scheint es verwunderlich, dass es solche Probleme überhaupt gibt. Dabei müssen wir uns zuerst fragen, was denn algorithmisch lösbar überhaupt heißt.

8.1.1 Entscheidungsprobleme

Als Grundmodell verwenden wir wie bisher die Registermaschine. Wir definieren zunächst, was entscheidbare Funktionen sind.

Definition 8.1 *Eine Funktion* $f : \mathbb{D} \subseteq \mathbb{Z}^m \to \mathbb{Z}^n$ *heißt* RAM-berechenbar *oder auch kurz* berechenbar, *wenn es eine Registermaschine* M *gibt, so dass* $f(x) = M(x)$ *für alle* $x \in \mathbb{D}$ *gilt und* $M(x) = \uparrow$ *sonst.*

Dabei bezeichne $M(x)$ die Ausgabe der Registermaschine M auf der Eingabe x. Falls die Registermaschine M auf x nicht hält, d.h. nicht auf den Befehl END stößt, so ist $M(x)$ undefiniert, kurz $M(x) := \uparrow$. Wir können also den Funktionswert einer RAM-berechenbaren Funktion f für jedes Argument x mit Hilfe einer geeigneten Registermaschine berechnen. Wie wir noch sehen werden, gibt es leider Funktionen (sogar sehr viele), die nicht (RAM-)berechenbar sind.

Für unsere Untersuchungen werden Funktionen mit Wertebereich $\mathbb{B} := \{0, 1\}$ von besonderem Interesse sein. Wir bezeichnen eine solche Funktion $f : \mathbb{Z}^m \to \mathbb{B}$ als ein *Entscheidungsproblem*. Dabei interpretieren wir die Ausgabe 1 als Ja und die Ausgabe 0 als Nein. Wir haben solche Entscheidungsprobleme schon kennengelernt: „Ist die gegebene Folge sortiert?", „Ist die Zeichenkette s in der Zeichenkette t enthalten?" bzw. „Ist der Eintrag k bereits im Wörterbuch enthalten?". Hierbei waren die Argumente allerdings nicht immer ganze Zahlen. Wie man schon vermutet, kann man jedoch jede Zeichenfolge über einem festen Alphabet als eine natürliche Zahl interpretieren. Dies werden wir später noch sehen.

Auf den ersten Blick sehen Entscheidungsprobleme sehr eingeschränkt aus. Betrachten wir z.B. die Frage, ob eine gegebene Zeichenkette in einer anderen enthalten ist. Im Allgemeinen reicht uns diese Information nicht aus, sondern wir wollen meist noch wissen, wo denn diese Zeichenkette auftaucht. Durch eine geeignete Formulierung, wie „Tritt die Zeichenkette s an der Position i in der Zeichenkette t auf?" oder „Tritt die Zeichenkette vor der Position i in der Zeichenkette t auf?", kann man jedes Problem $f : \mathbb{D} \subseteq \mathbb{Z}^m \to \mathbb{Z}^n$ durch mehrere Entscheidungsprobleme formulieren. Die allgemeine Variante hierfür wäre „Ist in der Binärdarstellung des j-ten Ergebnisvektors das i-te Bit eine 1?"

Die Menge der Eingaben, die unter der Funktion f das Ergebnis 1 erzielen, können wir als Menge $f^{-1}(1) \subseteq \mathbb{Z}^m$ beschreiben. Dadurch können wir das gegebene Entscheidungsproblem „Ist $f(x) = 1$?" für eine Funktion $f : \mathbb{Z}^m \to \mathbb{B}$ auch als „Ist $x \in f^{-1}(1)$?" umformulieren. Um uns das Leben etwas leichter zu machen, werden wir nur Funktionen mit einem Argument betrachten, das zudem auch noch eine positive Zahl sein wird. Ein Entscheidungsproblem wird daher im Folgenden immer eine Teilmenge der natürlichen Zahlen sein. Speziell sagen wir zu einem Entscheidungsproblem $P \subseteq \mathbb{N}$, dass es *RAM-entscheidbar* oder kurz *entscheidbar* ist, wenn die zugehörige *charakteristische Funktion* $f_P : \mathbb{N} \to \mathbb{B}$ mit $f_P^{-1}(1) = P$ RAM-berechenbar ist.

8.1.2 Abzählbarkeit

Intuitiv ist eine Menge abzählbar, wenn wir jeder natürlichen Zahl ein Element dieser Menge zuordnen können. Damit erhält jedes Element eine natürliche Zahl als Nummer (eventuell auch mehrere, insbesondere bei endlichen Mengen).

Definition 8.2 *Eine nichtleere Menge M ist genau dann abzählbar, wenn es eine surjektive Funktion $\varphi : \mathbb{N} \to M$ gibt.*

Wir zeigen jetzt, dass es eine kanonische Bijektion zwischen den natürlichen Zahlen und den endlichen Zeichenreihen über dem Alphabet $\mathbb{B} = \{0, 1\}$ gibt.

Lemma 8.3 *Es gibt eine Bijektion zwischen $\mathbb{N}$ und $\mathbb{B}^*$.*

Beweis: Wir definieren eine Funktion $\psi : \mathbb{N} \to \mathbb{B}^*$ wie folgt. Sei $(n_\ell \cdots n_0)_2$ die Binärdarstellung ohne führende Nullen von n, dann ist $\psi(n) = n_{\ell-1} \cdots n_0$. Offensichtlich ist die Funktion ψ sowohl injektiv als auch surjektiv. ∎

Damit erhalten wir unmittelbar das folgende Korollar.

Korollar 8.4 *Die Menge $\mathbb{B}^*$ ist abzählbar.*

Definition 8.5 *Eine nichtleere Menge heißt* überabzählbar, *wenn sie nicht abzählbar ist.*

Wir werden jetzt zeigen, dass es tatsächlich überabzählbare Mengen gibt. Die *Potenzmenge* einer Menge M ist die Menge aller Teilmengen von M und wird mit $2^M := \{N : N \subseteq M\}$ bezeichnet. Nun zeigen wir, dass die Menge der Teilmengen von $\mathbb{B}^*$ überabzählbar ist.

Lemma 8.6 *Die Menge $2^{\mathbb{B}^*}$ ist überabzählbar.*

Beweis: Nehmen wir für einen Widerspruchsbeweis an, dass $2^{\mathbb{B}^*}$ abzählbar sei. Dann gibt es eine surjektive Abbildung $\varphi : \mathbb{N} \to 2^{\mathbb{B}^*}$. Nach Lemma 8.3 gibt es eine Bijektion $\psi : \mathbb{N} \to \mathbb{B}^*$. Wir definieren die Menge $D = \{\psi(i) \in \mathbb{B}^* : \psi(i) \notin \varphi(i)\}$. Da $D \subseteq \mathbb{B}^*$ und da φ surjektiv ist, gibt es ein $k \in \mathbb{N}$ mit $\varphi(k) = D$.

Betrachten wir jetzt die Zeichenreihe $w = \psi(k)$. Wäre nun $w \in D$, so wäre $\psi(k) = w \in D = \varphi(k)$, und somit $w \notin D$ nach Definition von D. Wäre hingegen $w \notin D$, dann wäre $\psi(k) = w \notin D = \varphi(k)$ und somit $w \in D$ nach Definition von D. Wir erhalten in beiden Fällen einen Widerspruch und somit kann $2^{\mathbb{B}^*}$ nicht abzählbar sein. ∎

Die Konstruktion der Menge D im obigen Beweis wird oft als *Cantorsche Diagonalisierung* bezeichnet. Anschaulich zählen wir im Beweis mit ψ alle Zeichenreihen über $\mathbb{B}$ und mit φ alle Teilmengen von $\mathbb{B}^*$ auf. Betrachten wir jetzt alle Paare $(i, j) \in \mathbb{N}^2$, dann können wir uns eine unendliche Matrix vorstellen, die an Position (i, j) genau dann eine 1 enthält, wenn $\psi(i) \in \varphi(j)$ ist, und ansonsten eine 0 enthält.

Damit jetzt eine Menge $D \subseteq \mathbb{B}^*$ nicht als Spalte auftaucht, müssen wir D nur so definieren, dass D sich mit jeder Spalte in mindestens einer Position unterscheidet. Dies erreichen wir mit unserer obigen Definition von D. Dabei müssen wir nur beachten, dass wir eine Zeichenreihe nicht zweimal betrachten. Da wir jede Zeile nur einmal betrachten und ψ eine Bijektion ist, ist dies erfüllt. Der Beweis würde daher leicht modifiziert auch für $D = \{\psi(2i) \in \mathbb{B}^* : \psi(2i) \notin \varphi(i)\}$ durchgehen.

Da es eine Bijektion zwischen $\mathbb{N}$ und $\mathbb{B}^*$ gibt, erhalten wir unmittelbar das folgende Korollar.

Korollar 8.7 *Die Menge $2^{\mathbb{N}}$ ist überabzählbar.*

Das kartesische Produkt der natürlichen Zahlen mit sich selbst ist hingegen abzählbar.

Lemma 8.8 *Es gibt eine RAM-berechenbare Bijektion zwischen $\mathbb{N}^2$ und $\mathbb{N}$.*

Beweis: Wir geben nun eine solche Bijektion φ an. Hierfür zählen wir die Zahlenpaare aus $\mathbb{N} \times \mathbb{N}$ wie folgt auf:

$$
\begin{array}{llllll}
(1,1) & (1,2) & (1,3) & (1,4) & (1,5) & (1,6) & \cdots \\
(2,1) & (2,2) & (2,3) & (2,4) & (2,5) & \cdots \\
(3,1) & (3,2) & (3,3) & \cdots \\
(4,1) & (4,2) & \cdots \\
(5,1) & \cdots
\end{array}
$$

Anschaulich zählt die Funktion φ alle Zahlenpaare (ν, μ) mit $\nu + \mu < n + m$ und addiert n hinzu:

$$
\varphi(n,m) = n + \sum_{i=2}^{n+m-1} (i-1) = n + \sum_{i=1}^{n+m-2} i = \binom{n+m-1}{2} + n.
$$

Die Korrektheit der Formel folgt aus der Tatsache, dass es genau $i-1$ Zahlenpaare $(\nu, \mu) \in \mathbb{N}^2$ mit $\mu + \nu = i$ gibt. Den Beweis der RAM-Berechenbarkeit von φ überlassen wir dem Leser als Übungsaufgabe.   ∎

Die obige Konstruktion, um die Zahlenpaare aus $\mathbb{N}^2$ aufzuzählen, wird oft als *Cantorsches Diagonalverfahren* bezeichnet. Diese Methode lässt sich auf das k-fache kartesische Produkt der natürlichen Zahlen erweitern.

Korollar 8.9 *Es gibt eine RAM-berechenbare Bijektion zwischen $\mathbb{N}^k$ und $\mathbb{N}$ für alle $k \in \mathbb{N}$.*

Beweis: Wir beweisen die Aussage durch vollständige Induktion über k. Für $k = 1$ ist die Aussage trivial und für $k = 2$ haben wir sie bereits im Lemma 8.8 bewiesen. Sei φ_k eine Bijektion von $\mathbb{N}^k$ nach $\mathbb{N}$. Dann ist $\varphi_2(\varphi_k(n_1, \ldots, n_k), n_{k+1})$ eine Bijektion von $\mathbb{N}^{k+1} \to \mathbb{N}$.   ∎

Für die im Beweis konstruierte Funktion $\varphi_k : \mathbb{N}^k \to \mathbb{N}$ schreiben wir kurz $\langle n_1, \ldots, n_k \rangle := \varphi_k(n_1, \ldots, n_k)$. Damit erhalten wir die folgende fundamentale Aussage über die Abzählbarkeit von $\mathbb{N}^k$.

Korollar 8.10 *Für alle $k \in \mathbb{N}$ ist $\mathbb{N}^k$ abzählbar.*

Die Ergebnisse dieses Abschnitts beruhen im Wesentlichen auf den Ergebnissen zur Abzählbarkeit der rationalen und reellen Zahlen von G.F.L.P. Cantor vom Ende des 19. Jahrhunderts.

8.1.3 Gödelisierung

Wir wollen jetzt eine einfache Darstellung von RAM-Programmen als natürliche
Zahlen vorstellen, die uns im Folgenden die Argumentation vereinfachen wird.
Eine solche Abbildung eines RAM-Programms auf die natürlichen Zahlen wird
Kurt Gödel zu Ehren als *Gödelisierung* bezeichnet.

Durch solche Gödelisierungen kann man Aussagen in axiomatischen Systemen,
die zumindest die Peano-Arithmetik (d.h. die natürlichen Zahlen) umfassen, als
natürliche Zahlen innerhalb des Systems darstellen. Dies hat Kurt Gödel dazu
verwendet, um in den 30er Jahren des 20. Jahrhunderts seinen weltbekannten
Unvollständigkeits-Satz zu beweisen, der besagt, dass jedes hinreichend mächtige
System (also solche, die die Peano-Arithmetik umfassen) Aussagen enthält, die
weder beweisbar noch widerlegbar sind.

Zuerst ordnen wir den einzelnen Befehlen einer RAM die folgenden Zeichenreihen der Länge 4 über dem Alphabet $\mathbb{B} = \{0, 1\}$ zu. Diese Zuordnung ist im
Bild 8.1 abgebildet. Die meisten Befehle enthalten darüber hinaus noch einen

LOAD	1000	SHIFT	1100	IF > 0	0100	IF $= 0$	0010
STORE	1001	ODD	1101	IF ≥ 0	0101	IF $\neq 0$	0011
ADD	1010	RAND	1110	IF < 0	0110		
SUB	1011	GOTO	1111	IF ≤ 0	0111	END	0000

Bild 8.1: Gödelisierung der RAM-Befehle

Operanden. Die Adressierungsart des Operanden wird durch eine Zeichenkette
der Länge 2 über $\mathbb{B}$ kodiert. Dabei steht 00 für keinen Operanden, 01, 10 bzw. 11
für die unmittelbare, direkte bzw. indirekte Adressierung. Einen einzelnen Befehl
eines RAM-Programms kodieren wir dann über dem Alphabet $\{0, 1, \#\}$ als:

$$\#\texttt{<Befehl>}\#\texttt{<Adress-Modus>}\#\texttt{<Operand>}\#.$$

Wir müssen uns nur noch überlegen, wie wir die Operanden darstellen wollen. Positive Operanden werden als ihre Binärdarstellung ohne führende Nullen
kodiert. Die 0 wird als 0 kodiert. Die negativen Zahlen werden dadurch kodiert,
dass wir den Betrag als Binärdarstellung ohne führende Nullen darstellen und
dieser Zeichenkette noch eine 0 voranstellen.

Beispielsweise wird der Befehl LOAD #-10 als $\#1000\#01\#01010\#$, der Befehl
ADD @6 als $\#1010\#11\#110\#$, der Befehl GOTO 11 als $\#1111\#01\#1011\#$ und der
Befehl END als $\#0000\#00\#\#$ kodiert.

Diese Kodierung eines RAM-Befehls B bezeichnen wir mit $\kappa(B)$. Ein ganzes
Programm wird dann durch das Hintereinanderschreiben der Codewörter der einzelnen Befehle in der Reihenfolge des Programms kodiert. Wir erweitern also κ

in natürlicher Weise zu einem Homomorphismus von RAM-Programmen auf Zeichenreihen über $\{0, 1, \#\}$. Zum Beispiel ist

$$\kappa(\texttt{1:LOAD \#-1; 2:STORE 1; 3:END;}) =$$
$$\#1000\#01\#01\#\#1001\#10\#1\#\#0000\#00\#\#.$$

Um eine Zeichenkette über dem Alphabet $\mathbb{B}$ zu erhalten, kodieren wir die Zeichenreihe über $\{0, 1, \#\}$ mit Hilfe der Funktion $\beta : \{0, 1, \#\} \rightarrow \mathbb{B}^2$ wie folgt: $\beta(0) = 00$, $\beta(1) = 01$ und $\beta(\#) = 11$. Sei also M ein RAM-Programm und $\kappa(M)$ seine Kodierung, dann ist $\tilde{M} = \beta(\kappa(M))$ eine Zeichenkette über $\{0, 1\}$. Man beachte, dass $\tilde{M} = \beta(\kappa(M))$ sowohl mit einer 1 beginnt als auch endet, da $\kappa(M)$ sowohl mit einem $\#$ beginnt als auch endet.

Als *Gödelisierung* eines RAM-Programms M bezeichnen wir dann die Zeichenreihe $\tilde{M}$ rückwärts geschrieben: $\hat{M} := \tilde{M}^R$. Man kann sowohl $\tilde{M}$ als auch $\hat{M}$ als eine natürliche Zahl interpretieren, da die Zeichenreihe $\tilde{M}$ sowohl mit einer 1 beginnt als auch endet. Nach Konstruktion sind beide Abbildung $\tilde{\cdot} : \mathcal{RAM} \rightarrow \mathbb{N}$ und $\hat{\cdot} : \mathcal{RAM} \rightarrow \mathbb{N}$ injektiv, wobei $\mathcal{RAM}$ die Menge der syntaktisch korrekten RAM-Programme bezeichnet. Wir werden später noch sehen, warum es manchmal sinnvoller sein kann, $\hat{M}$ anstatt $\tilde{M}$ zu betrachten.

Damit können wir aus einer natürlichen Zahl $n \in \mathbb{N}$ ein RAM-Programm rekonstruieren, wenn $n = \hat{M}$ die Gödelisierung eines RAM-Programms M ist. Falls $n \in \mathbb{N}$ nicht die Gödelisierung eines RAM-Programms ist, dann nehmen wir an, dass dieses n das folgende Programm gödelisiert: $\texttt{1:END}$. Damit können wir dann die Gödelisierung invertieren. Diese Zuordnung von den natürlichen Zahlen auf die RAM-Programme bezeichnen wir mit der Funktion $\mathcal{R} : \mathbb{N} \rightarrow \mathcal{RAM}$, wobei dann

$$\mathcal{R}(n) = \begin{cases} M & \text{wenn } \hat{M} = n, \\ \texttt{1 : END} & \text{sonst.} \end{cases}$$

Wir werden im nächsten Abschnitt sehen, dass es Registermaschinen gibt, die eine Registermaschine anhand ihrer Gödelisierung simulieren können. Zum Schluss kehren wir zu unserem Beispiel zurück: $\texttt{1:LOAD \#-1; 2:STORE 1; 3:END}$. Für dieses RAM-Programm M gilt:

$$\tilde{M} = 60.007.966.127.502.918.415,$$
$$\hat{M} = 69.391.739.233.710.083.083.$$

Da die Abbildung $\mathcal{R} : \mathbb{N} \rightarrow \mathcal{RAM}$ surjektiv ist, haben wir auch das folgende fundamentale Theorem bewiesen:

Theorem 8.11 *Die Menge der RAM-Programme ist abzählbar.*

8.1.4 Universelle Registermaschinen

In diesem Abschnitt wollen wir zeigen, dass es so genannte universelle Registermaschinen gibt.

Definition 8.12 *Eine Registermaschine U heißt* universell*, wenn U auf der Eingabe $(\hat{M}, m, \langle n_1, \ldots, n_m \rangle) \in \mathbb{N}^3$ die Ausgabe generiert, die M auf der Eingabe $(n_1, \ldots, n_m) \in \mathbb{N}^m$ erzeugt.*

Wir wollen nun kurz erläutern, dass es mindestens eine universelle Registermaschine gibt. Die Idee ist, dass wir aus der Gödelisierung eines RAM-Programms das Programm wieder extrahieren können. Dazu schreiben wir die i-te Programmzeile z dieses Programms als $\beta(\kappa(z))^R$ in Register $P + i$ für ein geeignet gewähltes P. Da $\tilde{z} := \beta(\kappa(z))$ mit einer 1 beginnt und endet, können wir sowohl $\tilde{z}$ als auch $\hat{z} = \tilde{z}^R$ eindeutig als Binärzahl interpretieren.

Wie können wir nun die i-te Programmzeile rekonstruieren? Zuerst halten wir fest, dass wir das letzte Bit aus der Binärdarstellung einer natürlichen Zahl mit Hilfe der RAM-Befehle ODD und SHIFT abtrennen können. Ist $(n_\ell \cdots n_0)_2$ die Binärdarstellung von n, dann ist $n_0 = n \bmod 2$ und kann mit ODD berechnet werden. Der Wert von $(n_\ell \cdots n_1)_2$ kann mit Hilfe des RAM-Befehls SHIFT aus n berechnet werden. Da wir das Programm im Wesentlichen rückwärts kodiert haben, ist der erste von hinten abgespaltene Befehl der erste Befehl des RAM-Programms M. Hier wird nun deutlich, warum wir die Gödelisierung so definiert haben.

Wir berechnen nun ein $k \in \mathbb{N}$, so dass für $t = n \bmod 4^k$ die folgenden Eigenschaften erfüllt sind:

- $t = n \bmod 2^{2k}$, d.h. die Binärdarstellung von t ohne führende Nullen ist ein Endstück der Binärdarstellung von n mit gerader Länge;

- $t \operatorname{div} 4^{k-1} = 3$ und $t \bmod 3 = 3$, d.h. die Binärdarstellung von t ohne führende Nullen beginnt und endet mit den Ziffern 11 (also $\beta(\#)$);

- $|\{i \in \mathbb{N} : (t \bmod 4^i) \operatorname{div} 4^{i-1} = 3\}| = 4$, d.h. in der Binärdarstellung von t kommt die Ziffernfolge 11 (also $\beta(\#)$) genau viermal an ungeraden Positionen vor.

Damit wissen wir nun, dass dieses t gerade die Gödelisierung der ersten Programmzeile ist. Für den Rest $n' = n \operatorname{div} 4^k$ verfahren wir nun genauso weiter, bis wir alle Programmzeilen extrahiert haben.

Nun haben wir das Programm in die Register kopiert, wobei die i-te Programmzeile im Register $P + i$ steht. Nun berechnen wir noch die Argumente des Programms. Wir nehmen der Einfachheit halber an, dass $m = 1$ ist. Andernfalls müssen wir die Argumente aus $\langle n_1, \ldots, n_m \rangle$ mit Hilfe der Inversen der Funktion $\langle \cdot \rangle : \mathbb{N}^m \to \mathbb{N}$ berechnen. Die Inverse der Funktion $\langle \cdot \rangle$ lässt sich leicht auf einer

Registermaschine bestimmen. Den technisch etwas aufwendigen Beweis hierfür überlassen wir dem Leser als Übungsaufgabe.

Nun können wir sehr einfach das Programm der Registermaschine M auf der Registermaschine U simulieren. In einem neuen Register $B \leq P$ simulieren wir den Befehlszähler der Registermaschine M. Wir dekodieren dann jeweils den Befehl, der im Register $P + c(B)$ steht. Die Dekodierung, d.h. das Aufspalten des Befehls in Operator, Adress-Modus und Operanden, erfolgt analog wie das Aufsplitten des Programms in seine Zeilen.

Wir simulieren dann den entsprechenden Befehl und modifizieren die entsprechenden Register und den Befehlszähler geeignet. Dabei wird das Register i der Registermaschine M nun im Register $P+L+1+i$ von U abgespeichert, wobei L die Anzahl der Programmzeilen des RAM-Programms ist. Die Details dieser Simulation überlassen wir wiederum dem Leser als Übungsaufgabe. Damit haben wir gezeigt, dass wir die Gödelisierung einer Registermaschine auf einer speziellen, der universellen Registermaschine, simulieren können.

Theorem 8.13 *Es existiert eine universelle Registermaschine.*

Wir merken noch an, dass der Zeitverbrauch der Simulation linear im Zeitbedarf der simulierten Registermaschine ist. Der Beweis hierfür sei dem Leser als Übungsaufgabe überlassen.

8.1.5 Unentscheidbare Probleme

Aus den Ergebnissen der Abschnitte 8.1.2 und 8.1.3 folgt unmittelbar, dass es mehr Entscheidungsprobleme als RAM-Programme gibt. Die Anzahl verschiedener Funktionen von $\mathbb{N} \to \mathbb{B}$ (d.h. die Menge $2^{\mathbb{N}}$) ist nach Korollar 8.7 überabzählbar, während aufgrund der Gödelisierung bzw. dessen Umkehrung (siehe Theorem 8.11) die Anzahl der RAM-Programme höchstens abzählbar ist. Damit haben wir gezeigt, dass *fast alle* Funktionen $f : \mathbb{N} \to \mathbb{B}$ *nicht* RAM-berechenbar sind. Hierbei bedeutet fast alle *bis auf eine abzählbare Teilmenge*. Dieses Ergebnis ist natürlich sehr erschütternd, da man von einer zufällig gewählten Funktion $f : \mathbb{N} \to \mathbb{B}$ davon ausgehen kann, dass sie *nicht* RAM-berechenbar ist.

Theorem 8.14 *Bis auf abzählbar viele, sind alle Entscheidungsprobleme nicht (RAM)-berechenbar.*

Wir wollen noch ein nützliches Lemma festhalten, dessen elementaren Beweis wir dem Leser überlassen.

Lemma 8.15 *Sei $P \subseteq \mathbb{N}$ unentscheidbar, dann ist auch $\bar{P} = \{n \in \mathbb{N} : n \notin P\}$ unentscheidbar.*

Nun wollen wir ein konkretes Entscheidungsproblem angeben, dass von einer Registermaschine nicht gelöst werden kann. Dazu definieren wir die folgende Menge D:

$$D := \{n \in \mathbb{N} \ : \ \mathcal{R}(n) \text{ akzeptiert die Eingabe } n \text{ nicht}\}.$$

Dabei *hält* die Registermaschine M auf einer Eingabe $n \in \mathbb{N}$, wenn bei der Ausführung von M auf n der Befehl END ausgeführt wird. Andernfalls sagen wir, dass M nicht auf w hält. Eine Registermaschine M *akzeptiert* eine Eingabe $n \in \mathbb{N}$, wenn sie hält und als Ergebnis 1 im Register 1 enthält.

Wir werden jetzt zeigen, dass es keine Registermaschine geben kann, die D entscheidet. Für einen Widerspruchsbeweis nehmen wir an, dass es eine Registermaschine M gäbe, die D entscheidet. Wir fragen uns nun, ob $\hat{M}$ in D enthalten ist oder nicht.

Fall 1: Wäre $\hat{M} \in D$, dann akzeptiert aufgrund der Definition von D die Registermaschine M die Eingabe $\hat{M}$ nicht. Da andererseits die Registermaschine M die Menge D entscheidet und $\hat{M} \in D$ ist, muss M die Eingabe $\hat{M}$ akzeptieren. Wir erhalten also einen Widerspruch.

Fall 2: Wäre $\hat{M} \notin D$, dann akzeptiert aufgrund der Definition von D die Registermaschine M die Eingabe $\hat{M}$. Da M aber D entscheidet und $\hat{M} \notin D$ ist, akzeptiert die Registermaschine M die Eingabe $\hat{M}$ nicht. Dies ist ebenfalls ein Widerspruch zu unserer Annahme.

Wir erhalten in beiden Fällen den gewünschten Widerspruch. Damit haben wir das folgende Theorem bewiesen:

Lemma 8.16 *Es gibt keine Registermaschine, die die Menge D entscheidet.*

Wir wollen darauf hinweisen, dass die Menge D oft als *Diagonalensprache* bezeichnet wird, da im Beweis die Cantorsche Diagonalisierung verwendet wird. Man mache sich an dieser Stelle den Zusammenhang zwischen diesem Lemma und Lemma 8.6 klar. Aus dem obigen Lemma können wir sofort das folgende wichtige Korollar ableiten.

Korollar 8.17 *Es gibt keine Registermaschine, die entscheidet, ob eine gegebene Registermaschine eine gegebene Eingabe akzeptiert oder nicht.*

Beweis: Formal ist die Behauptung des Satzes, dass die folgende Menge nicht entscheidbar ist.

$$D' = \left\{ \langle \hat{M}, n \rangle \ : \ M \text{ akzeptiert die Eingabe } n \text{ nicht} \right\}.$$

Denn könnten wir D' entscheiden, könnten wir diesen Algorithmus auch für D verwenden, indem wir die Eingabe $\hat{M}$ für D in die Eingabe $\langle \hat{M}, \hat{M} \rangle$ für den

Algorithmus für die Menge D' transformieren. Diese Transformation lässt sich offensichtlich mit einer Registermaschine berechnen.   ■

Wir betrachten nun noch das so genannte *Halteproblem*:

$$H \quad := \quad \left\{ \hat{M} \in \mathbb{N} \; : \; M \text{ hält nicht auf der Eingabe } \hat{M} \right\},$$

$$H' \quad := \quad \left\{ \langle \hat{M}, n \rangle \in \mathbb{N} \; : \; M \text{ hält nicht auf der Eingabe } n \right\}.$$

Auch diese Entscheidungsprobleme sind wieder unentscheidbar.

Theorem 8.18 *Es gibt keine Registermaschine, die entscheidet, ob eine gegebene Registermaschine für eine gegebene Eingabe hält oder nicht.*

Beweis: Wir zeigen nur, dass H' unentscheidbar ist. Dazu zeigen wir, dass aus der Entscheidbarkeit von H' die Entscheidbarkeit von D' folgen würde. Sei $\langle \hat{M}, n \rangle$ eine Eingabe für D', dann konstruieren wir eine Eingabe $\langle \hat{M}_0, n \rangle$ für H' wie folgt. Wir verändern das Programm von M zu einem Programm M_0, indem jede Anweisung END durch GOTO $x + 3$ ersetzt wird, wobei x der letzte Befehl im Programmcode ist. Dann hängen wir noch das folgende Programmfragment an das Ende an:

$$x + 1 : \texttt{LOAD \#0} \qquad x + 3 : \texttt{LOAD 1} \qquad x + 5 : \texttt{IF} \neq 0 \; \texttt{GOTO} \; x + 5$$
$$x + 2 : \texttt{STORE 1} \qquad x + 4 : \texttt{SUB \#1} \qquad x + 6 : \texttt{END}$$

Damit hält M_0 genau dann auf einer Eingabe, wenn M diese Eingabe akzeptiert. Dass diese Transformation auf einer Registermaschine durchführbar ist, überlassen wir dem Leser als Übungsaufgabe. Könnten wir nun H' entscheiden, so könnten wir dann auch D' entscheiden, was den gewünschten Widerspruch liefert.   ■

Diese Aussagen sind natürlich sehr unangenehm, da es somit keinen universellen Algorithmus geben kann, der für ein Programm entscheidet, ob dieses für eine spezielle Eingabe terminiert oder nicht. Damit können wir für ein gegebenes Programm auch nicht entscheiden, ob es korrekt ist, denn dazu müssten wir zumindest wissen, ob es überhaupt terminiert. Wie schon in der Einleitung erwähnt wurde, impliziert diese Tatsache, dass wir bereits beim Programmentwurf darauf achten müssen, dass wir das Programm auf seine Korrektheit hin überprüfen können. Wir können also die Korrektheit von Programmen nicht *a posteriori* entscheiden (d.h. es gibt kein universelles Test-Programm, das den Quell-Code samt Spezifikation als Eingabe erhält und dessen Korrektheit überprüft), sondern wir können die Korrektheit in voller Allgemeinheit immer nur *a priori* verifizieren (d.h. wir müssen bereits beim Entwurf des Programms dessen Verifizierbarkeit sicherstellen).

8.1.6 Die Church-Turing These

Als ersten Ausweg aus der Nichtberechenbarkeit könnte man vorschlagen, dass man bessere (d.h. leistungsfähigere) Rechenmodelle als die Registermaschine entwickelt. Leider sind alle bislang entwickelten Rechenmodelle genauso mächtig wie die Registermaschine, d.h. jedes Entscheidungsproblem, dass sich mit einem anderen Berechnungsmodell entscheiden lässt, kann auch auf einer Registermaschine entschieden werden und umgekehrt. Dabei geht es hier nur um die Entscheidbarkeit der Probleme und nicht darum, wie effizient sie entschieden werden können. Wir wollen hier nur ein paar alternative Rechenmodelle aufzählen: Turing-Maschinen, while-Programme, λ-Kalkül und μ-rekursive Funktionen.

Damit hat es den Anschein, dass Registermaschinen *berechnungsuniversell* sind, d.h. alles, was man auf einem beliebigen Rechenmodell effektiv berechnen kann, lässt sich auch auf der Registermaschine berechnen. Da man leider nicht definieren kann, was ein zulässiges Rechenmodell ist, ohne eventuell vernünftige Rechenmodelle auszuschließen, kann man diese Aussage prinzipiell nicht beweisen. Es bleibt eine Hypothese und wird als Churchsche These oder Church-Turing These bezeichnet, die A. Church und A. Turing unabhängig voneinander in den 30er Jahren des 20. Jahrhunderts aufgestellt haben.

These 8.19 (Church-Turing These) *Die Registermaschine ist berechnungs-universell, d.h. jede Berechnung auf einem effektiven Rechenmodell kann auch auf der Registermaschine ausgeführt werden.*

Hierbei sind nur effektive Rechenmodelle zugelassen, bei denen jeder Rechenschritt in endlicher Zeit konstruktiv ausgeführt werden kann. Insbesondere sind z.B. Anweisungen nicht zulässig, die für eine gegebene Zahl $n \in \mathbb{N}$ bestimmen, ob die Registermaschine $\mathcal{R}(n)$ auf der Eingabe 0 hält. Wir wollen hier noch die so genannten *Quanten-Computer* erwähnen, die uns bereits im Abschnitt 7.4.3 begegnet sind. Von der prinzipielle Berechenbarkeit sind sie genauso mächtig wie unsere Registermaschinen. Allerdings gibt es Beispiele, wie etwa die Faktorisierung von ganzen Zahlen, für die effiziente Algorithmen für Quanten-Computer bekannt sind, jedoch keine effizienten RAM-Programme. Zum anderen ist bislang noch nicht geklärt, ob Quanten-Computer mit hinreichend vielen Qubits wirklich gebaut werden können. Quanten-Computer mit fünf Qubits wurden jedoch schon realisiert.

8.2 $\mathcal{NP}$-Vollständigkeit

Nun wollen wir uns mit Entscheidungsproblemen beschäftigen, die zwar lösbar sind, für die allerdings bislang nur superpolynomielle Algorithmen bekannt sind und für die vermutet wird, dass sie keine polynomiellen Algorithmen besitzen.

8.2.1   Die Klassen $\mathcal{P}$ und $\mathcal{NP}$

In der Praxis hat sich gezeigt, dass polynomiell zeitbeschränkte Algorithmen noch praktikabel sind. Aus diesem Grunde definiert man die so genannte Klasse $\mathcal{P}$.

Definition 8.20 *Ein Entscheidungsproblem P gehört zur Klasse $\mathcal{P}$, wenn eine polynomiell zeitbeschränkte Registermaschine M existiert, wobei $M(x) = P(x)$ für alle $x \in \mathbb{N}$ gilt.*

Wir weisen darauf hin, dass in diesem Kapitel immer die logarithmische Zeit-komplexität gemeint ist. Die Klasse $\mathcal{P}$ ist also der Versuch, den informalen Begriff der effizient lösbaren Entscheidungsprobleme zu definieren. Dabei geht es hier im Wesentlichen um das asymptotische Laufzeitverhalten. Für kleine Eingabegrößen, sagen wir 30, kann ein exponentieller Algorithmus mit Laufzeit 2^n wesentlich effi-zienter sein als ein polynomieller Algorithmus mit Laufzeit n^8.

Entscheidungsprobleme lassen sich oft in der folgenden Art formulieren: „Hat ein Objekt eine gewisse Eigenschaft?", wobei es einen „kurzen" Beweis für das Vorhandensein dieser Eigenschaft gibt. Dabei ist meist einfacher, den Beweis für eine Eingabe zu verifizieren, anstatt diesen Beweis selbst zu finden. Betrachten wir das folgende Entscheidungsproblem.

HC (Hamiltonian-Circuit)

Eingabe: Ein ungerichteter Graph $G = (V, E)$.
Frage: Gibt es einen Hamiltonschen Kreis, d.h. eine Permutation der Knoten $(v_{\pi_1}, \ldots, v_{\pi_n})$ mit $\{v_{\pi_i}, v_{\pi_{(i \bmod n)+1}}\} \in E$?

Im Entscheidungsproblem HC wollen wir also feststellen, ob ein gegebener Graph einen einfachen Kreis auf allen Knoten als Teilgraphen enthält. Um dieses Entscheidungsproblem zu lösen, können wir alle Permutationen von V betrachten und feststellen, ob für eine dieser Permutationen die benötigten Kanten in G enthalten sind. Leider liefert diese Methode einen exponentiellen Algorithmus, da es $|V|!$ viele Permutationen von V gibt.

Wird uns zu der Eingabe von einem Helferlein noch eine Permutation der Knoten $(v_{\pi_1}, \ldots, v_{\pi_n})$ mitgegeben, so können wir sehr leicht in polynomieller Zeit entscheiden, ob der durch diese Permutation induzierte Kreis in G enthalten ist. Würde uns dieses Helferlein zu einem Graphen immer eine Permutation liefern, so dass der induzierte Kreis in G enthalten ist, sofern eine solche existiert, dann wäre das Entscheidungsproblem sehr leicht lösbar. Falls der gegebene Graph keinen Hamiltonschen Kreis enthält, kann uns andererseits keine Permutation von V in die Irre führen.

Ein solches Hilfsmittel wollen wir ein *Zertifikat* nennen. Man beachte, dass Zertifikate von dem gegebenen Entscheidungsproblem abhängen. Mit Hilfe solcher Zertifikate lässt sich die Komplexitätsklasse $\mathcal{NP}$ definieren.

Definition 8.21 *Ein Entscheidungsproblem P gehört zur Klasse $\mathcal{NP}$, wenn es eine polynomiell zeitbeschränkte Registermaschine M und ein Polynom q gibt, so dass*

- *für jede Eingabe $x \in P$ ein Zertifikat z mit $\|z\| \leq q(\|x\|)$ existiert, so dass $M(x, z) = 1$ ist, und*
- *für jede Eingabe $x \notin P$ und für jedes Zertifikat z mit $\|z\| \leq q(\|x\|)$ gilt, dass $M(x, z) = 0$ ist.*

Aus der Definition folgt unmittelbar, dass $\mathcal{P} \subseteq \mathcal{NP}$. Man beachte dabei, dass es für ein Entscheidungsproblem $P \in \mathcal{NP}$ für eine Eingabe x mit $P(x) = 0$ kein Zertifikat z geben darf, so dass die Registermaschine M auf (x, z) mit 1 antwortet.

Wie sich herausstellen wird, ist die obige Definition für viele Komplexitätsbetrachtungen sehr fruchtbar. Für die Praxis ist die Definition auf den ersten Blick nutzlos, da sie für ein Entscheidungsproblem $P \in \mathcal{NP}$ eine polynomiell zeitbeschränkte Registermaschine postuliert, die P unter Zuhilfenahme eines Zertifikats entscheidet. Aber woher soll man in der Praxis diese Zertifikate hernehmen? Uns wird im positiven Fall ja nur deren Existenz und im negativen Fall deren Nichtexistenz zugesichert. Leider gibt es keine Aussage darüber, wie man diese Zertifikate effizient (d.h. in polynomieller Zeit) konstruieren kann.

Wofür steht nun eigentlich das $\mathcal{N}$ in $\mathcal{NP}$? Die Klasse $\mathcal{NP}$ ist die Menge der Entscheidungsprobleme, die *nichtdeterministisch* in polynomieller Zeit gelöst werden können. Wie gesagt, wissen wir nur von der Existenz eines Zertifikates, wenn eine Eingabe positiv beantwortet werden kann. Rein mathematisch können wir nun von einer so genannten *nichtdeterministischen Registermaschine* fordern, dass sie zu Beginn der Berechnung einfach ein korrektes Zertifikat für die gegebene Eingabe zur Verfügung stellt, vorausgesetzt, es gibt ein solches. Die Konstruktion eines solchen Zertifikats erfolgt nichtdeterministisch. Mathematisch ist das absolut zulässig, auch wenn man eine solche Maschine in der Praxis so überhaupt nicht konstruieren kann.

8.2.2 Standard-Registermaschinen

In diesem Abschnitt wollen wir polynomiell zeitbeschränkte Registermaschinen in eine gewisse Standardform bringen. Für eine polynomiell zeitbeschränkte Registermaschine kann die Länge der Binärdarstellung ohne führende Nullen eines Registerinhalts durchaus polynomiell sein. Mit Hilfe der indirekten Adressierung können damit Register adressiert werden, deren Adresse exponentiell in der Eingabegröße ist. Auf den ersten Blick scheint es, als könnte damit eine exponentielle

Anzahl von Registern verwendet werden. Da die Registermaschine jedoch poly-nomiell zeitbeschränkt ist, kann sie natürlich nur auf eine polynomielle Anzahl von Registern zugreifen.

Wir werden nun eine polynomiell zeitbeschränkte Registermaschine M in eine polynomiell zeitbeschränkte Registermaschine M' transformieren, so dass sie nur Register adressiert, deren Adresse polynomiell in der Eingabegröße ist. Dies wird im Folgenden einige Beweise leichter verständlich machen.

Die Registermaschine M' wird im Wesentlichen die Registermaschine M simu-lieren. Zunächst sei D eine Konstante, deren Wert wir später festlegen. Den Zugriff auf die Register werden wir durch Verwendung einer ganz einfachen Hashfunktion realisieren. Dabei setzen wir $h(x) = D$ für alle $x \in \mathbb{N}$ und beheben Kollisionen mit Hilfe des linearen Sondierens. Konkret simulieren wir ein Register von M durch zwei Register von M'. Im Register $D + 2i$ für $i \geq 0$ der Registermaschine M' steht dann die Adresse des Registers bezüglich der Maschine M, deren Inhalt wir in der Registermaschine M' im Register $D + 2i + 1$ speichern.

Wie simulieren wir nun einen Registerzugriff von M auf Register i? Dazu speichern wir i in einem Register, sagen wir Register 11, und eine Kopie von D im Register 12. Den Wert D selbst speichern wir in Register 10. Dann testen wir mit Hilfe der indirekten Adressierung, ob $c(c(12)) = i$ ist. Falls ja, dann steht der gesuchte Wert im Register $c(12) + 1$ und wir können den Inhalt aus-lesen bzw. verändern. Andernfalls erhöhen wir den Inhalt von Register 12 um 2 und führen den Test erneut durch. Im Register 13 speichern wir uns die letzte Position $D + 2k$ unserer Hashtabelle für ein geeignetes k. Wird nun in der Simu-lation $c(12) > c(13)$, dann wurde das gesuchte Register bislang noch nicht ver-wendet. Wir erweitern nun die Hashtabelle, indem wir den Inhalt von Register 12 und 13 um jeweils 2 erhöhen und schreiben in Register $c(13)$ die Adresse des Registers bezüglich der Maschine M, also $i = c(11)$. Anschließend verändern wir den Inhalt von Register $c(13) + 1$ gemäß der Registermaschine M.

Bezeichnen wir mit E den Inhalt von Register 13 am Ende der Simulation, dann wissen wir, dass $E - D$ polynomiell in der Eingabegröße beschränkt ist. Wir wählen nun noch $D > 13$ geeignet, aber konstant, so dass wir für die Simulation noch genügend Register zur Verfügung haben, z.B. $D = 100$. Wir laden den Leser dazu ein, die genaue Simulation von M durch M' als eine Transformation des RAM-Programms M in ein RAM-Programm M' aufzuschreiben.

Die Registermaschine M' bleibt darüber hinaus polynomiell zeitbeschränkt, was man wie folgt sieht. Nehmen wir an, dass die Laufzeit von M durch das Polynom p beschränkt war, d.h. $T_M(\|x\|) \leq p(\|x\|)$. Bei der Simulation von M durch M' muss in jeden Schritt von M das geeignete Register gefunden werden. Im schlimmsten Fall werden alle Register in der Hashtabelle sondiert, also maxi-mal $p(\|x\|)$ viele. Jeder Registerzugriff kann logarithmische Kosten in Höhe von maximal $p(\|x\|)$ verursachen. Somit kann ein Schritt von M in Zeit $O((p(\|x\|))^2)$

simuliert werden, wobei die übrigen Simulationskosten im O versteckt sind. Damit ergibt sich eine Gesamtlaufzeit für die Registermaschine M' von $O((p(\|x\|))^3)$.

Theorem 8.22 *Sei M eine polynomiell zeitbeschränkte Registermaschine, dann gibt es eine äquivalente polynomiell zeitbeschränkte Registermaschine M', d.h. $M(x) = M'(x)$, so dass M' nur Register adressiert, deren Adresse polynomiell in der Eingabegröße beschränkt sind.*

Wir wollen an dieser Stelle noch anmerken, dass sich diese Transformation auf einer polynomiell zeitbeschränkten Registermaschine T durchführen lässt. Dabei erhält diese Registermaschine T die Gödelisierung von M als Eingabe und berechnet als Ausgabe die Gödelisierung von M'. Auch hier überlassen wir dem Leser die Details der Konstruktion von T als Übungsaufgabe.

8.2.3 Reduktionen

Nun wollen wir ein mächtiges und zugleich alltägliches Konzept vorstellen: die Reduktion. Bei einer Reduktion wird ein Entscheidungsproblem in ein anderes transformiert, so dass man aus der Lösung des transformierten Entscheidungsproblems die Lösung des ursprünglichen Entscheidungsproblems erhält. Im Abschnitt 8.1.5 haben wir z.B. schon Reduktionen zum Beweis der Unentscheidbarkeit von Entscheidungsproblemen verwendet.

Reduktionen sind in zweierlei Hinsicht hilfreich. Zum einen kann man damit versuchen, wie oben schon erwähnt, ein Entscheidungsproblem zu lösen, indem man es auf ein anderes reduziert und dieses löst. Zum anderen bieten sie komplexitätstheoretisch eine Ordnung auf den Entscheidungsproblemen. Kann man ein Entscheidungsproblem A auf ein Entscheidungsproblem B reduzieren, so ist wohl B als schwieriger anzusehen als A, sofern man nicht zu viel Aufwand in die Reduktion gesteckt hat. Uns wird die letztere Interpretation später noch beschäftigen. Formal erhalten wir die folgende Definition einer Reduktion.

Definition 8.23 *Seien $P, P' \subseteq \mathbb{N}$ zwei Entscheidungsprobleme. Eine Abbildung $\rho : \mathbb{N} \to \mathbb{N}$ ist eine Reduktion von P auf P', wenn gilt:*

$$\forall x \in \mathbb{N} : x \in P \Leftrightarrow \rho(x) \in P'.$$

Hierfür schreibt man auch $P \leq_\rho P'$ bzw. $P \leq P'$.

Können wir nun das Entscheidungsproblem P' lösen, so können wir auch P lösen, indem wir die Eingabe x von P mittels ρ auf eine Eingabe $\rho(x)$ für P' transformieren und die Antwort für $\rho(x) \in P'$ übernehmen. Diese Vorgehensweise ist im Bild 8.2 schematisch dargestellt.

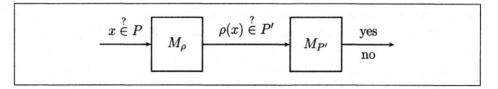

Bild 8.2: Schematische Darstellung einer Reduktion von P auf P'

Wir wollen an dieser Stelle noch deutlich darauf hinweisen, dass bei dieser
Definition der Reduktion die Antwort aus dem reduzierten Entscheidungsproblem übernommen werden muss. Es ist also nicht möglich, dass wir die Antwort
von „$\rho(x) \in P'$?" negieren. Es lassen sich natürlich solche allgemeineren Reduktionen definieren (und werden es auch), aber wir kommen im Folgenden mit dieser
stärkeren Definition einer Reduktion aus.

Lemma 8.24 *Reduktionen sind transitiv, d.h. $P \leq P' \wedge P' \leq P'' \Rightarrow P \leq P''$.*

Beweis: Seien ρ, ρ' zwei Reduktionen, so dass $P \leq_\rho P'$ und $P' \leq_{\rho'} P''$. Wir zeigen
nun, dass es eine Reduktion ρ'' mit $P \leq_{\rho''} P''$ gibt. Wir definieren $\rho'' := \rho \circ \rho'$
mittels $\rho''(x) = \rho'(\rho(x))$ und zeigen, dass $P \leq_{\rho''} P''$ gilt. Nach Definition gilt:

$$\forall x \in \mathbb{N} : x \in P \Leftrightarrow \rho(x) \in P' \quad \text{und} \quad \forall x \in \mathbb{N} : x \in P' \Leftrightarrow \rho'(x) \in P''.$$

Damit gilt natürlich auch

$$\forall x \in \mathbb{N} : x \in P \Leftrightarrow \rho''(x) = \rho'(\rho(x)) \in P''.$$

Also handelt es sich bei ρ'' um eine Reduktion von P nach P''.   ∎

Wenn wir uns mit Entscheidungsproblemen beschäftigen, die in polynomieller
Zeit verifiziert oder gelöst werden sollen, dann sind insbesondere Reduktionen
von Interesse, die selbst auf einer polynomiell zeitbeschränkten Registermaschine
berechnet werden können.

Definition 8.25 *Eine Reduktion ρ heißt* polynomiell, *wenn ρ in polynomieller
Zeit auf einer Registermaschine berechnet werden kann. Für eine polynomielle
Reduktion ρ von P nach P' schreibt man kurz $P \leq_\rho^p P'$ bzw. $P \leq^p P'$.*

Zu Ehren von R. Karp werden polynomielle Reduktionen oft auch als *Karp-
Reduktionen* bezeichnet. Wir werden nun nachweisen, dass Karp-Reduktionen
transitiv sind. Diese Transitivität wird noch eine wichtige Rolle spielen.

Lemma 8.26 *Karp-Reduktionen sind transitiv.*

Beweis: Seien ρ, ρ' zwei Karp-Reduktionen, so dass $P \leq_\rho^p P'$ und $P' \leq_{\rho'}^p P''$. Nach Lemma 8.24 existiert eine Reduktion ρ'' mit $\rho'' := \rho \circ \rho'$, so dass $P \leq_{\rho''}^p P''$. Wir zeigen, dass sich ρ'' in polynomieller Zeit berechnen lässt. Seien M und M' zwei Registermaschinen und seien p und p' zwei Polynome, so dass sich $\rho(x)$ bzw. $\rho'(x')$ mittels M bzw. M' in Zeit $p(\|x\|)$ bzw. $p'(\|x'\|)$ berechnen lassen.

Zuerst überlegen wir uns, dass wir M und M' hintereinander auf einer Registermaschine M'' ausführen können. Sei x die Eingabe, dann berechnen wir zuerst mit Hilfe des Programms M den Wert $\rho(x)$, der am Ende in Register 1 steht. Unter der Annahme, dass M eine Standard-Registermaschine ist (siehe Lemma 8.22), können wir alle anderen Register wieder auf 0 setzen. Dies lässt sich in Zeit $O(p(\|x\|))$ realisieren. Dann starten wir einfach das zweite Programm M'. Da $\rho(x)$ im Register 1 steht, ist dies also die Eingabe für M'. Nach der Berechnung von M' befindet sich das Ergebnis $\rho''(x) = \rho'(\rho(x))$ im Register 1. Das Zusammenhängen der RAM-Programme M und M' geschieht einfach dadurch, dass wir im RAM-Programm M jeden Befehl END durch GOTO n ersetzen, wobei n auf den ersten Befehl von M' zeigt, d.h. $n-1$ zeigt auf den letzten Befehl von M. Im Programm M' muss dann noch $n-1$ auf jede Sprungadresse addiert werden.

Die Berechnung von M auf x kostet Zeit $O(p(\|x\|))$. Nun halten wir die fundamentale Beobachtung fest, dass $\|\rho(x)\| \leq p(\|x\|)$ ist, da wir bei einer polynomiell zeitbeschränkten Berechnung im logarithmischen Kostenmaß nur polynomiell viele Bits in das Register 1 schreiben können. Damit benötigt die Berechnung von M' auf $\rho(x)$ maximal Zeit $O(p'(\|\rho(x)\|)) \leq O(p'(p(\|x\|)))$. Damit verbraucht die Berechnung von $\rho''(x)$ maximal Zeit: $O(p(\|x\|) + p'(p(\|x\|)))$. Da ein Polynom von einem Polynom wieder ein Polynom ist und die Summe von zwei Polynomen wieder ein Polynom ist, ist die Gesamtlaufzeit polynomiell in $\|x\|$. ∎

In diesem Beweis haben wir stillschweigend von der Monotonie der Laufzeitschranke p Gebrauch gemacht, d.h. wir haben $p(x) \leq p(y)$ für alle $x \leq y$ vorausgesetzt. Dies muss natürlich für ein beliebiges Polynom p nicht gelten. Da wir hier und im Folgenden aber Polynome immer als obere Schranken für die Laufzeit verwenden, können wir ohne Beschränkung der Allgemeinheit davon ausgehen, dass die verwendeteten Polynome monoton sind (siehe auch Punkt 3 auf Seite 20).

8.2.4 $\mathcal{NP}$-harte und $\mathcal{NP}$-vollständige Probleme

Nun können wir definieren, was wir im Folgenden unter einem schwierigen Entscheidungsproblem verstehen wollen.

Definition 8.27 *Ein Entscheidungsproblem P heißt $\mathcal{NP}$-hart, wenn sich jedes Entscheidungsproblem aus der Klasse $\mathcal{NP}$ auf P polynomiell reduzieren lässt, d.h.*

$$\forall P' \in \mathcal{NP} : \exists \rho : \mathbb{N} \to \mathbb{N} : P' \leq_\rho^p P.$$

Nun können wir die schwierigsten Entscheidungsprobleme aus der Klasse $\mathcal{NP}$ definieren.

Definition 8.28 *Ein Entscheidungsproblem P heißt $\mathcal{NP}$-vollständig, wenn P $\mathcal{NP}$-hart ist und zugleich $P \in \mathcal{NP}$ gilt.*

Bislang wissen wir aber noch gar nicht, ob es überhaupt $\mathcal{NP}$-vollständige Entscheidungsprobleme gibt. Die Existenz solcher $\mathcal{NP}$-vollständiger Probleme wollen wir in den nächsten Abschnitten nachweisen. Wir werden jetzt noch ein paar Folgerungen aus der Existenz von $\mathcal{NP}$-vollständigen Entscheidungsproblemen ziehen. Zuerst stellen wir fest, dass mit der Kenntnis von $\mathcal{NP}$-vollständigen Entscheidungsproblemen und der Transitivität der Karp-Reduktion der Nachweis anderer $\mathcal{NP}$-vollständiger Entscheidungsprobleme leichter wird.

Lemma 8.29 *Sei Q $\mathcal{NP}$-vollständig, $P \in \mathcal{NP}$ und $Q \leq^p P$, dann ist P $\mathcal{NP}$-vollständig.*

Beweis: Sei $P' \in \mathcal{NP}$ ein Entscheidungsproblem. Nach Voraussetzung ist Q $\mathcal{NP}$-vollständig und somit gibt es eine Karp-Reduktion ρ' mit $P' \leq^p_{\rho'} Q$. Nach Voraussetzung gibt es außerdem eine Reduktion ρ mit $Q \leq^p_\rho P$. Nach Lemma 8.26 sind Karp-Reduktionen transitiv und wir erhalten somit $P' \leq^p P$. Da P' ein beliebiges Entscheidungsproblem aus $\mathcal{NP}$ war, ist auch P $\mathcal{NP}$-vollständig. ∎

Wir zeigen nun, dass bereits die Kenntnis eines polynomiell zeitbeschränkten Algorithmus für *nur ein einziges* $\mathcal{NP}$-hartes Entscheidungsproblem ausreicht, um $\mathcal{P} = \mathcal{NP}$ zu beweisen.

Theorem 8.30 *Sei P ein $\mathcal{NP}$-hartes Entscheidungsproblem und $P \in \mathcal{P}$, dann ist $\mathcal{P} = \mathcal{NP}$.*

Beweis: Sei P' ein beliebiges Entscheidungsproblem aus $\mathcal{NP}$. Da P $\mathcal{NP}$-hart ist, existiert eine polynomielle Reduktion ρ mit $P' \leq^p_\rho P$. Sei dazu das Polynom p die Zeitschranke für die Berechnung der Reduktion ρ. Da $P \in \mathcal{P}$, gibt es eine Registermaschine M und ein Polynom q, so dass $x \in P$ mit Hilfe von M in Zeit $q(\|x\|)$ entschieden werden kann. Wir wollen nun zeigen, dass $x \in P'$ in polynomieller Zeit entschieden werden kann. Zuerst berechnen wir $\rho(x)$ in Zeit $p(\|x\|)$. Außerdem wissen wir wiederum, dass $\|\rho(x)\| \leq p(\|x\|)$ ist. Damit können wir $\rho(x) \in P$ mit Hilfe von M in Zeit $q(\|\rho(x)\|) \leq q(p(\|x\|))$ entscheiden. Insgesamt benötigen wir also nur polynomielle Laufzeit, nämlich $O\left(p(\|x\|) + q(p(\|x\|))\right)$. Damit ist $P' \in \mathcal{P}$ und somit $\mathcal{NP} \subseteq \mathcal{P}$. Da nach Definition $\mathcal{P} \subseteq \mathcal{NP}$ gilt, folgt die Behauptung. ∎

Allerdings hat man auch nach intensiver Suche noch keinen polynomiell zeitbeschränkten Algorithmus für ein $\mathcal{NP}$-hartes Entscheidungsproblem gefunden.

Daraus leitet man die allgemein anerkannte Vermutung ab, dass $\mathcal{NP}$-harte Entscheidungsprobleme keinen polynomiell zeitbeschränkten Algorithmus besitzen können.

Vermutung 8.31 *Es gilt $\mathcal{P} \neq \mathcal{NP}$.*

Damit wird der Nachweis der $\mathcal{NP}$-Härte eines Entscheidungsproblems als ein Nachweis dafür angesehen, dass das Problem *nicht* effizient lösbar ist.

8.2.5 Erfüllbarkeitsproblem

Wir werden nun ein fundamentales Entscheidungsproblem vorstellen, von dem wir später zeigen werden, dass es $\mathcal{NP}$-vollständig ist. Bevor wir das Entscheidungsproblem formulieren können, benötigen wir noch einige Begriffe aus der Booleschen Aussagelogik.

Definition 8.32 *Eine Boolesche Variable ist eine Variable, die einen der beiden Booleschen Werte aus $\mathbb{B} = \{0,1\}$ annehmen kann.*

Der Einfachheit halber identifizieren wir mit 1 bzw. 0 den Booleschen Wert `true` bzw. `false`. Die Werte 0 und 1 bezeichnen wir auch als die *Booleschen Konstanten* und fassen sie in der Menge $\mathbb{B} = \{0,1\}$ zusammen.

Definition 8.33 *Eine Boolesche Formel ist induktiv über einer abzählbar unendliche Menge von Variablen $X = \{x_1, x_2, x_3, \ldots\}$ wie folgt definiert:*

* *Jede Boolesche Variable und jede Boolesche Konstante ist eine Boolesche Formel.*

* *Sind F_1 und F_2 Boolesche Formeln, dann ist auch*

    - *die Konjunktion $(F_1 \wedge F_2)$,*
    - *die Disjunktion $(F_1 \vee F_2)$ und*
    - *die Negation $\bar{F_1}$*

    eine Boolesche Formel.

Die in einer Booleschen Formel verwendeten Variablen werden mit $V(F) \subset X$ bezeichnet.

Man beachte, dass für jede Boolesche Formel F die Menge $V(F)$ endlich ist. Die Menge der Booleschen Formeln über X bezeichnen wir mit $\mathcal{B}(X)$ oder einfach mit $\mathcal{B}$. Nach der Beschreibung der Syntax von Booleschen Formeln geben wir nun die Semantik an.

Definition 8.34 *Sei F eine Boolesche Formel über den Booleschen Varia-blen $V(F)$ und $B : V(F) \to \mathbb{B}$ eine* Belegung *der Booleschen Variablen. Eine Belegung B auf den Booleschen Variablen induziert eine* Interpretation *$\mathcal{I}_B : \mathcal{B} \to \mathbb{B}$ einer Booleschen Formel wie folgt:*

- *Die Interpretation $\mathcal{I}_B$ auf einer Booleschen Variablen $x \in V(F)$ wird durch die Belegung der Variablen induziert: $\mathcal{I}_B(x) = B(x)$.*

- *Die Interpretation der Booleschen Konstanten ist von der Belegung unab-hängig: $\mathcal{I}_B(1) = 1$ bzw. $\mathcal{I}_B(0) = 0$.*

- *Ist eine Boolesche Formel $F = (F_1 \wedge F_2)$ eine Konjunktion zweier Boolescher Formeln, so ist die Interpretation $\mathcal{I}_B(F) = \min\{\mathcal{I}_B(F_1), \mathcal{I}_B(F_2)\}$.*

- *Ist eine Boolesche Formel $F = (F_1 \vee F_2)$ eine Disjunktion zweier Boolescher Formeln, so ist die Interpretation $\mathcal{I}_B(F) = \max\{\mathcal{I}_B(F_1), \mathcal{I}_B(F_2)\}$.*

- *Ist eine Boolesche Formel eine Negation einer Booleschen Formel F_1, so ist die Interpretation $\mathcal{I}_B(F) = 1 - \mathcal{I}_B(F_1)$.*

Man kann sich leicht überlegen, dass die Operationen $\vee$ und $\wedge$ unter der gegebenen Interpretation assoziativ und kommutativ sind. Aufgrund der Asso-ziativität werden wir oft die Klammerungen weglassen. Wir schreiben dann z.B. $x \vee y \vee z$ anstatt von $(x \vee y) \vee z$ oder $x \vee (y \vee z)$.

Definition 8.35 *Eine Boolesche Formel F heißt* erfüllbar, *wenn es eine Bele-gung B der Booleschen Variablen $V(F)$ gibt, so dass für die induzierte Interpre-tation $\mathcal{I}_B(F) = 1$ gilt.*

Die Menge der erfüllbaren Formeln bezeichnen wir mit

$$\textsc{Sat} = \{F \in \mathcal{B} : \exists B : V(F) \to \mathbb{B} \text{ mit } \mathcal{I}_B(F) = 1\} \subset \mathcal{B}$$

Damit handelt es sich bei $\textsc{Sat}$ um ein Entscheidungsproblem.

Wir wollen an dieser Stelle noch anmerken, dass man sehr leicht eine injektive Abbildung $\mathcal{B} \to \mathbb{N}$ konstruieren kann. Dies geschieht im Wesentlichen genauso wie bei der Gödelisierung von Registermaschinen. Man kann ebenfalls zeigen, dass man eine korrekte Gödelisierung einer Booleschen Formel mit einer Regis-termaschine in polynomieller Zeit erkennen kann.

Wie wir noch sehen werden, lässt sich im Allgemeinen vermutlich nicht effizient feststellen, ob eine gegebene Boolesche Formel $F \in \mathcal{B}$ erfüllbar ist oder nicht, d.h. ob $F \in \textsc{Sat}$.

8.2.6 Satz von Cook

Wir wollen nun beweisen, dass es überhaupt $\mathcal{NP}$-vollständige (und damit auch $\mathcal{NP}$-harte) Entscheidungsprobleme gibt. Dazu beweisen wir, dass SAT $\mathcal{NP}$-vollständig ist.

Theorem 8.36 (Satz von Cook) SAT *ist $\mathcal{NP}$-vollständig.*

Beweis: Zuerst sieht man sehr leicht, dass SAT in $\mathcal{NP}$ enthalten ist. Man nehme als Zertifikat einfach eine erfüllende Variablenbelegung der Booleschen Formel. Offensichtlich kann man in polynomieller Zeit entscheiden, ob die gegebene Formel für diese Belegung wahr wird.

Wir müssen nun noch zeigen, dass SAT $\mathcal{NP}$-hart ist, d.h. dass jedes Entscheidungsproblem aus $\mathcal{NP}$ in polynomieller Zeit auf SAT reduziert werden kann. Dazu nehmen wir nun ein beliebiges Entscheidungsproblem $P \in \mathcal{NP}$. Dann gibt es nach Definition ein Polynom p und eine Registermaschine M, so dass M für jedes $x \in \mathbb{N}$ in Zeit $p(\|x\|)$ mit Hilfe eines polynomiell langen Zertifikates entscheidet, ob $x \in P$ ist. Nach Theorem 8.22 kann die Registermaschine M so gewählt werden, dass M nur auf die Register mit Adresse kleiner gleich $q(\|x\|)$ zugreift, wobei q ein geeignet gewähltes Polynom ist. Da M polynomiell zeitbeschränkt ist, kann die Länge der Binärdarstellung ohne führende Nullen eines Registerinhalts maximal $p(\|x\|)$ sein.

Nun versuchen wir, eine Boolesche Formel $F(x)$ zu konstruieren, die genau dann erfüllbar ist, wenn $x \in P$ ist. Dazu bilden wir die Registermaschine nach. Im Folgenden verwenden wir für eine Eingabe x die Abkürzungen $p := p(\|x\|)$ und $q := q(\|x\|)$. Wir führen Boolesche Variable $R_{i,j,t}$ für $i \in [0 : q]$, $j \in [0 : p]$ und $t \in [0 : p]$ ein, die genau dann wahr sein sollen, wenn zum Zeitpunkt t in der Binärdarstellung des Inhalts von Register i an der j-ten Position eine 1 steht.

Zusätzlich führen wir noch Boolesche Variable $B_{j,t}$ für $j \in [0 : \ell(m)]$, $t \in [0 : p]$ ein, die genau dann 1 sein sollen, wenn zum Zeitpunkt t an der j-ten Position des Befehlszählers eine 1 steht. Dabei ist m die Länge des RAM-Programms M und somit konstant, d.h. von der Eingabegröße $\|x\|$ unabhängig. Wir erinnern uns, dass $\ell(m)$ die Länge der Binärdarstellung ohne führende Nullen von m bezeichnet. Wir halten noch fest, dass die Anzahl der Booleschen Variablen polynomiell in $\|x\|$ ist. Mit $(x_p, \ldots, x_0)$ bezeichnen wir im Folgenden die Binärdarstellung (mit führenden Nullen) von x.

Wir konstruieren nun Boolesche Formeln F_1 mit F_4, die genau dann erfüllbar sind, wenn die folgenden Aussagen wahr sind.

1. Zum Zeitpunkt 0 steht in der Registermaschine M im Register 1 die Eingabe x, im Register 2 ein Zertifikat, in den übrigen Registern 0 und der Befehlszähler hat den Wert 1.

2. Zum Zeitpunkt p steht im Register 1 genau dann der Wert 1, wenn $x \in P$. Zusätzlich zeigt der Befehlszähler auf den Befehl END.

3. In keinem Register findet ein Überlauf statt, d.h. das p-te Bit ist immer 0.

4. Für jeden Zeitpunkt t sind die Registerinhalte (kodiert durch $R_{i,j,t}$) nach Ausführung des Befehls, auf den der Befehlszähler (kodiert durch $B_{j,t}$) zeigt, konsistent mit den Registerinhalten (kodiert durch $R_{i,j,t+1}$) und dem Befehlszähler (kodiert durch $B_{j,t+1}$) zum Zeitpunkt $t+1$.

Wenn wir die vier Gruppen jeweils durch eine Boolesche Formel polynomieller Größe ausdrücken können, dann ist die Konjunktion dieser vier Formeln genau die gesuchte Boolesche Formel.

Bevor wir die Booleschen Formeln konstruieren, legen wir noch einige für uns nützliche Konventionen fest. Als *Literal* bezeichnen wir eine Boolesche Variable oder deren Negation. Für eine Boolesche Variable x bezeichnet x^1 bzw. x^0 das Literal x bzw. $\bar{x}$. Sei x eine Boolesche Variable und c eine Boolesche Konstante, dann lässt sich die Gleichung $x = c$ als Boolesche Formel x^c schreiben, die genau dann wahr ist, wenn die Gleichung erfüllt ist.

Wir konstruieren jetzt die Boolesche Formel für Teil 1. Zuerst stellen wir fest dass das Register 0 und die Register i für $i \geq 3$ alle Null enthalten. Dies lässt sich durch die folgende Boolesche Formel ausdrücken: $\bigwedge_{i=3}^{q} \bigwedge_{j=0}^{p} \bar{R}_{i,j,0} \wedge \bigwedge_{j=0}^{p} \bar{R}_{0,j,0}$. Die folgende Boolesche Formel drückt aus, dass zum Zeitpunkt 0 das Register 1 den Wert x enthält: $\bigwedge_{j=0}^{p} R_{1,j,0}^{x_j}$. Weiter beschreibt die folgende Boolesche Formel, dass der Befehlszähler zum Zeitpunkt 0 auf 1 steht: $\bigwedge_{j=1}^{\ell(m)} \bar{B}_{j,0} \wedge B_{0,0}$.

Wie ist das mit Register 2, das ja zu Beginn ein korrektes Zertifikat enthalten soll? Zum Glück müssen wir uns um die anfängliche Belegung nicht kümmern. Ist $x \in P$, dann gibt es ein ein Zertifikat und somit eine Belegung der Booleschen Variablen $R_{2,j,0}$ für $j \in [0 : p]$, so dass die endgültige Boolesche Formel erfüllbar sein wird. Andernfalls wird nach Definition der Klasse $\mathcal{NP}$ für jede Belegung von $R_{2,j,0}$ die endgültige Boolesche Formel nicht erfüllbar sein. Damit erhalten wir für Teil 1 die folgende Boolesche Formel:

$$F_1(x) := \bigwedge_{i=3}^{q} \bigwedge_{j=0}^{p} \bar{R}_{i,j,0} \wedge \bigwedge_{j=0}^{p} \bar{R}_{0,j,0} \wedge \bigwedge_{j=0}^{p} R_{1,j,0}^{x_j} \wedge \bigwedge_{j=1}^{\ell(m)} \bar{B}_{j,0} \wedge B_{0,0}.$$

Die Formel für Teil 2 ist noch einfacher. Der Inhalt aller Register außer dem Ergebnisregister ist uns egal. Wir müssen nur testen, ob die Registermaschine auf einen END-Befehl gestoßen ist und ob im Register 1 eine 1 steht. Ohne Beschränkung der Allgemeinheit können wir jedes RAM-Programm so modifizieren, dass es nur einen END-Befehl gibt und dass der an Stelle 2 steht. Schiebe dazu alle Befehle um zwei Position nach hinten (und passe die Sprungadressen an) und füge den folgenden Code vorne an: 1:GOTO3; 2:END. Alle ursprünglichen END-Befehle ersetzen wir durch GOTO2. Damit beschreibt die folgende Boolesche Formel die Akzeptanz der Registermaschine von x :

$$F_2 := \bigwedge_{j=2}^{\ell(m)} \bar{B}_{j,p} \wedge B_{1,p} \wedge \bar{B}_{0,p} \wedge \bigwedge_{j=1}^{p} \bar{R}_{1,j,p} \wedge R_{1,0,p}.$$

Die Boolesche Formel für Teil 3 ist offensichtlich gegeben durch:

$$F_3 := \bigwedge_{t=0}^{p} \left(\bigwedge_{i=0}^{q} \bar{R}_{i,p,t} \wedge \bar{B}_{p,t} \right).$$

Die Konstruktion der Booleschen Formeln für Teil 4 ist wesentlich umfangreicher, aber technisch sehr ähnlich. Wir wollen hier nur den Fall vorstellen, dass es sich um den Befehl n:LOAD1 handelt.

Zuerst stellen wir fest, dass nur der Akkumulator, also Register 0, verändert wird und dass Register 0 zum Zeitpunkt $t+1$ den Inhalt von Register 1 zum Zeitpunkt t erhält. Dies beschreiben wir durch die folgende Boolesche Formel:

$$\bigwedge_{i=1}^{q} \bigwedge_{j=0}^{p} (R_{i,j,t} \Leftrightarrow R_{i,j,t+1}) \wedge \bigwedge_{j=0}^{p} (R_{1,j,t} \Leftrightarrow R_{0,j,t+1}),$$

wobei $x \Leftrightarrow y$ genau dann wahr ist, wenn $x = y$ wahr ist, d.h. $x \Leftrightarrow y$ kann durch $(x \wedge y) \vee (\bar{x} \wedge \bar{y})$ ausgedrückt werden. Also erhalten wir:

$$H_1^n(t) \;\; := \;\; \bigwedge_{i=1}^{q} \bigwedge_{j=0}^{p} ((R_{i,j,t} \wedge R_{i,j,t+1}) \vee (\bar{R}_{i,j,t} \wedge \bar{R}_{i,j,t+1}))$$

$$\wedge \bigwedge_{j=0}^{p} ((R_{1,j,t} \wedge R_{0,j,t+1}) \vee (\bar{R}_{1,j,t} \wedge \bar{R}_{0,j,t+1})).$$

Jetzt müssen wir überprüfen, ob der Befehlszähler wirklich auf n:LOAD1 gezeigt hat. Dabei ist uns n allerdings a priori durch das RAM-Programm bekannt. Sei $n_{\ell(m)} \cdots n_0$ die Binärdarstellung (mit führenden Nullen) von n. Die Boolesche Formel hierfür sieht wie folgt aus: $H_2^n(t) := \bigwedge_{j=0}^{\ell(m)} B_{j,t}^{n_j}$.

Nun müssen wir noch den Inhalt des Befehlszählers nach der Ausführung überprüfen, er muss sich um 1 erhöht haben. Dabei ändert sich das j-te Bit genau dann, wenn alle vorherigen Bits gleich 1 waren. Damit erhalten wir

$$\bigwedge_{j=0}^{m} \left(\left(\bigwedge_{k=0}^{j-1} B_{k,t} \right) \Leftrightarrow (B_{j,t+1} \oplus B_{j,t}) \right),$$

wobei $x \oplus y = (\bar{x} \wedge y) \vee (x \wedge \bar{y})$ das exklusive Oder bezeichnet. Mit Hilfe dieser Äquivalenzen erhalten wir die folgende Boolesche Formel:

$$H_3^n(t) \; := \; \bigwedge_{j=0}^{m} \left(\bigwedge_{k=0}^{j-1} B_{k,t} \wedge \left((\bar{B}_{j,t+1} \wedge B_{j,t}) \vee (B_{j,t+1} \wedge \bar{B}_{j,t}) \right) \right.$$

$$\left. \vee \bigvee_{k=0}^{j-1} \bar{B}_{k,t} \wedge \left((B_{j,t+1} \vee \bar{B}_{j,t}) \wedge (\bar{B}_{j,t+1} \vee B_{j,t}) \right) \right)$$

Der Leser möge sich selbst überlegen, inwieweit die Boolesche Formel abzuändern ist, wenn der LOAD-Befehl eine unmittelbare oder indirekte Adressierung verwendet hätte. Die Konstruktion der Booleschen Formeln für die anderen Befehle verläuft ähnlich. Wir müssen immer nur die Wirkungsweise des Befehls auf den Registern und dem Befehlszähler nachbilden.

Die wohl aufwendigsten Befehle sind dabei die Addition und Subtraktion. Aber auch für diese können Boolesche Formeln angegeben werden, da sich diese Operationen auf Bit-Ebene ausdrücken lassen. Da nun prinzipiell geklärt ist, wie sich alle Befehle in Boolesche Formeln umsetzen lassen, wollen wir auf die Details nicht weiter eingehen.

Sei also $F_4^n(t)$ die Boolesche Formel, die Teil 4 für die n-te Zeile beschreibt. In unserem Beispiel also $F_4^n(t) = H_1^n(t) \wedge H_2^n(t) \wedge H_3^n(t)$. Um die Formel $F_4(t)$ zu erhalten müssen wir jetzt noch die Disjunktion aus allen möglichen m Befehlen des RAM-Programms bilden, da wir ja a priori nicht wissen, welcher RAM-Befehl zum Zeitpunkt t ausgeführt wird. Dies ergibt sich ja erst aus dem Inhalt des Befehlszählers. Damit erhalten wir:

$$F_4 = \bigwedge_{t=0}^{p-1} \bigvee_{n=1}^{m} F_4^n(t).$$

Dann ergibt sich die gesamte Boolesche Formel zu $F(x) := F_1(x) \wedge F_2 \wedge F_3 \wedge F_4$. Diese Formel ist genau dann für ein x wahr, wenn die Registermaschine M die Eingabe x akzeptiert. ∎

Dieses Theorem wurde von S. Cook zu Beginn der 70er Jahre des 20. Jahrhunderts bewiesen. Unabhängig davon wurde zur selben Zeit von L.A. Levin ein analoges Resultat bewiesen.

Ein wichtiger Aspekt dieses Theorem ist, dass wir nun ein allererstes Entscheidungsproblem als $\mathcal{NP}$-vollständig erkannt haben. Dies macht aufgrund der Transitivität der Karp-Reduktion den Nachweis der $\mathcal{NP}$-Härte wesentlich leichter (siehe Lemma 8.29).

8.2.7 Konjunktive Normalform und 3SAT

Wir wollen jetzt noch für eine Abwandlung von SAT die $\mathcal{NP}$-Vollständigkeit nachweisen. Dazu benötigen wir erst noch einige Begriffe.

> **Definition 8.37** *Eine Boolesche Variable bzw. ihre Negation heißt* Literal. *Eine* Klausel *ist eine Disjunktion von Literalen. Eine Boolesche Formel F ist in* konjunktiver Normalform, *wenn F eine Konjunktion von Klauseln ist. Eine Boolesche Formel F ist in k-konjunktiver Normalform, wenn F in konjunktiver Normalform ist und zusätzlich jede Klausel aus maximal k Literalen besteht.*

Mit 3SAT bezeichnen wir die Menge der erfüllbaren Booleschen Formeln in 3-konjunktiver Normalform.

> **3SAT**
>
> **Eingabe:** Eine Boolesche Formel F in 3-konjunktiver Normalform.
> **Frage:** Gibt es eine Belegung B von $V(F)$, so dass $\mathcal{I}_B(F) = 1$?

Wir wollen nun zeigen, dass sich jede Boolesche Formel in 3-konjunktiver Normalform schreiben lässt. Darüber hinaus werden wir zeigen, dass sich diese Transformation in polynomieller Zeit berechnen lässt. Wir zeigen zunächst, wie man jede Boolesche Formel in konjunktiver Normalform schreiben kann.

Mit Hilfe der folgenden beiden Regeln können wir die Booleschen Konstanten ersetzen. Sei hierzu x eine neue Boolesche Variable, dann gilt:

$$1 = x \vee \bar{x} \quad \text{und} \quad 0 = x \wedge \bar{x}.$$

Damit können wir alle Booleschen Konstanten unter Einführung einer einzigen neuen Booleschen Variablen x eliminieren. Somit erhalten wir eine Boolesche Formel, die nur als Disjunktionen, Konjunktionen und Negationen über Booleschen Variablen dargestellt ist.

Mit Hilfe der *De Morganschen Regeln* können wir Negationen auf Boolesche Variable beschränken. Die De Morganschen Regeln lauten für Boolesche Formeln F und G wie folgt:

$$\overline{F \wedge G} = \bar{F} \vee \bar{G} \quad \text{und} \quad \overline{F \vee G} = \bar{F} \wedge \bar{G}.$$

Den Beweis dieser Äquivalenzen überlassen wir dem Leser als Übungsaufgabe. Damit können wir die Negationen über die Disjunktion und Konjunktion hinwegziehen und wir erhalten eine äquivalente Boolesche Formel, in denen nur noch Disjunktionen, Konjunktionen und Literale auftreten.

Wir überführen jetzt die so gewonnene Boolesche Formel in die konjunktive Normalform. Dies beweisen wir mit vollständiger Induktion über den Aufbau der

Booleschen Formel. Da jede Boolesche Formel, die nur aus einem Literal besteht, offensichtlich in konjunktiver Normalform ist, ist der Induktionsanfang gelegt.

Ist $F = F_1 \wedge F_2$, so können wir nach Induktionsvoraussetzung annehmen, dass F_1 und F_2 in konjunktiver Normalform vorliegen und somit auch F. Sei also $F = F_1 \vee F_2$, wobei $F_1 = (C_1^1 \wedge \cdots \wedge C_1^r)$ und $F_2 = (C_2^1 \wedge \cdots \wedge C_2^s)$ nach Induktionsvoraussetzung in konjunktiver Normalform gegeben sind. Wir führen jetzt eine neue Variable $y \notin V(F)$ ein und setzen:

$$(y \vee C_1^1) \wedge \cdots \wedge (y \vee C_1^r) \wedge (\bar{y} \vee C_2^1) \wedge \cdots \wedge (\bar{y} \vee C_2^s).$$

Für diesen Ausdruck gibt es genau dann eine Belegung $B' : V(F) \cup \{y\} \to \mathbb{B}$, die eine Interpretation $\mathcal{I}_{B'} = 1$ induziert, wenn es eine Belegung $B : V(F) \to \mathbb{B}$ gibt, die eine Interpretion $\mathcal{I}_B(F) = 1$ induziert. Dies sieht man wie folgt: Aus der Belegung B' erhält man die Belegung B als Einschränkung der Belegung auf $V(F)$. Umgekehrt erhält man die Belegung B', wenn man die Belegung B für y wie folgt erweitert: Man setzt $B'(y) = 0$, wenn $\mathcal{I}_B(F_1) = 1$, und $B'(y) = 1$ sonst. Die neue Boolesche Formel ist also genau dann erfüllbar, wenn eine der beiden Booleschen Teilformeln F_1 oder F_2 erfüllbar ist.

Damit haben wir die Boolesche Formel F in konjunktive Normalform überführt. Wir wollen dabei anmerken, dass die Anzahl der Booleschen Variablen und die Größe der Booleschen Formel in konjunktiver Normalform polynomiell in der ursprünglichen Größe beschränkt bleibt.

Wir müssen nun noch jede Klausel so modifizieren, dass sie aus maximal drei Literalen besteht. Dazu betrachten wir eine Klausel $C = (z_1^{e_1} \vee \cdots \vee z_r^{e_r})$ mit Booleschen Variablen z_i und $e_i \in \mathbb{B}$. Wir nehmen dazu an, dass $r > 3$, ansonsten ist nichts zu zeigen. Durch Einführung von neuen Variablen $x_2, \ldots, x_{r-2}$ können wir die Klausel C äquivalent zu C' umformen:

$$C' := (z_1^{e_1} \vee z_2^{e_2} \vee x_2) \wedge \bigwedge_{i=3}^{r-2} (\bar{x}_{i-1} \vee z_i^{e_i} \vee x_i) \wedge (\bar{x}_{r-2} \vee z_{r-1}^{e_{r-1}} \vee z_r^{e_r}).$$

Zum Beweis der Äquivalenz nehmen wir zuerst an, dass C für eine Belegung B der Variablen wahr ist. Sei ℓ so gewählt, dass $z_\ell^{e_\ell} = 1$. Dann wählen wir eine Belegung der x_i mit $B(x_i) = 1$ bzw. $B(x_i) = 0$, wenn $i < \ell$ bzw. $i \geq \ell$ ist. Wie man leicht sieht, gilt dann $\mathcal{I}_{B'}(C') = 1$.

Nehmen wir nun an, dass die Boolesche Formel C' für eine Belegung B wahr ist. Wir behaupten, dass dann auch die Belegung auf den z_i die Boolesche Formel C wahr macht. Wir führen den Beweis durch Widerspruch, d.h. wir nehmen an, dass für alle Literale gilt $\mathcal{I}_B(z_i^{e_i}) = 0$, denn nur dann wird C falsch. Also muss $B(x_2) = 1$ gewesen sein, andernfalls wäre die erste Klausel von C' falsch und somit $\mathcal{I}_B(C') = 0$. Dann muss aber auch $B(x_3) = 1$ sein, da ansonsten die zweite Klausel von C' falsch ist. Damit können wir schließen, dass alle neuen

Variablen x_i auf 1 gesetzt werden müssen, da ansonsten eine der ersten $r - 3$ Klauseln von C' falsch wäre. Mit dieser Belegung ist allerdings die letzte Klausel von C' falsch und wir erhalten den Widerspruch dazu, dass die Boolesche Formel C' wahr ist.

Also ist für eine Belegung die Boolesche Formel C' genau dann wahr, wenn die Boolesche Formel C für die auf $V(C)$ restringierte Belegung wahr ist. Außerdem kann man wiederum leicht einsehen, dass sich diese Transformation auf einer Registermaschine in polynomieller Zeit berechnen lässt. Die Details überlassen wir dem Leser als Übungsaufgabe.

Lemma 8.38 *Es gilt* SAT $\leq^p$ 3SAT.

Mit Hilfe von Lemma 8.29 folgt aus der obigen Reduktion sofort das folgende Korollar:

Korollar 8.39 3SAT *ist $\mathcal{NP}$-vollständig.*

8.2.8 Beispiele $\mathcal{NP}$-vollständiger Probleme

In diesem Abschnitt wollen wir noch einige wichtige $\mathcal{NP}$-vollständige Entscheidungsprobleme vorstellen, die wir im weiteren Verlauf dieses Kapitels noch benötigen werden. Zuerst betrachten wir das Entscheidungsproblem des Hamiltonschen Kreises in gerichteten Graphen.

DHC (Directed Hamiltonian-Circuit)

Eingabe: Ein gerichteter Graph $G = (V, E)$.

Frage: Gibt es einen Hamiltonschen Kreis, d.h. eine Permutation der Knoten $(v_{\pi_1}, \ldots, v_{\pi_n})$ mit $(v_{\pi_i}, v_{\pi_{(i \bmod n)+1}}) \in E$?

Theorem 8.40 DHC *ist $\mathcal{NP}$-vollständig.*

Beweis: Offensichtlich ist DHC in $\mathcal{NP}$, da wir nur eine Rundreise als Zertifikat verifizieren müssen.

Wir reduzieren nun 3SAT auf DHC. Dazu konstruieren wir wie folgt aus einer Eingabe für 3SAT einen gerichteten Graphen. Seien $x_1, \ldots, x_n$ die auftretenden Booleschen Variablen und $C_1, \ldots, C_m$ die Klauseln der Booleschen Formel F. Dabei sei $C_j = (y_{j,0}, y_{j,1}, y_{j,2})$ mit Literalen $y_{j,k} \in \{x_1, \ldots, x_n, \bar{x}_1, \ldots, \bar{x}_n\}$. Wir nehmen hier ohne Beschränkung der Allgemeinheit an, dass jede Klausel aus genau drei Literalen besteht. Falls sie aus weniger Literalen bestehen würde, könnten wir ein Literal geeignet oft wiederholen. Wie man sich leicht überlegt, ändert dies nichts an der Erfüllbarkeit der Booleschen Formel.

Zuerst konstruieren wir eine kreisförmige Kette, wobei wir für jede Variable x_i zwei Knoten x_i^- und x_i^+ einführen:

$$V_1 := \left\{ x_i^-, x_i^+ : x_i \in V(F) \right\},$$

$$E_1 := \left\{ (x_i^-, x_i^+), (x_i^+, x_{(i\,\mathrm{mod}\,n)+1}^-) : i \in [1:n] \right\}.$$

Diesen Kreis nennen wir Variablen-Kreis. Darüber hinaus konstruieren wir für jede Klausel einen Kreis auf sechs Knoten wie folgt:

$$V_2 := \left\{ y_{j,k}^-, y_{j,k}^+ : j \in [1:m] \wedge k \in [0:2] \right\},$$

$$E_2 := \left\{ (y_{j,k}^+, y_{j,k}^-), (y_{j,k}^-, y_{j,(k+1)\,\mathrm{mod}\,3}^+) : j \in [1:m] \wedge k \in [0:2] \right\}.$$

Einen solchen Kreis in (V_2, E_2) nennen wir einen Klausel-Kreis. Der Variablen-Kreis und ein Klausel-Kreis sind im Bild 8.3 illustriert. Zusätzlich kommen noch Verbindungskanten zwischen dem Variablen-Kreis und dem Klausel-Kreis hinzu. Dazu definieren wir für jedes Literal y die Menge $C(y)$ der Klauseln, die y enthalten:

$$C(y) := \{ (j,k) : j \in [1:m] \wedge k \in [0:2] \wedge y_{j,k} = y \}.$$

Damit können wir nun die letzten Kanten unseres gerichteten Graphen konstruieren:

$$E_y := \left\{ (y_{j,k}^+, y_{j',k'}^-) : j < j' \wedge (j,k), (j',k') \in C(y) \right\},$$

$$E_{x_i}^- := \left\{ (x_i^-, y_{j,k}^-) : (j,k) \in C(x_i) \cup C(\bar{x}_i) \right\},$$

$$E_{x_i}^+ := \left\{ (y_{j,k}^+, x_i^+) : (j,k) \in C(x_i) \cup C(\bar{x}_i) \right\}.$$

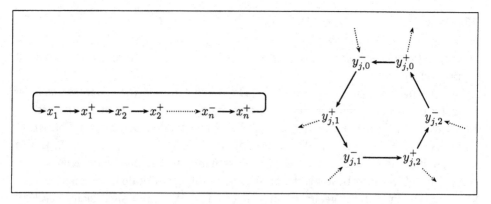

Bild 8.3: Graph für die Variablen und eine Klausel C_j

Der Graph $G = (V, E)$ sieht dann wie folgt aus:

$$
\begin{aligned}
V &:= V_1 \cup V_2, \\
E &:= E_1 \cup E_2 \cup \bigcup_{i=1}^{n}(E_{x_i} \cup E_{\bar{x}_i}) \cup \bigcup_{i=1}^{n}(E_{x_i}^{+} \cup E_{x_i}^{-}).
\end{aligned}
$$

Wir merken noch an, dass man jeden Knoten x_i^- über drei verschiedene Arten von Kanten verlassen kann: entweder direkt zum Knoten x_i^+, über eine Kante, die zu einem Klausel-Kreis führt, dessen korrespondierende Klausel die Variable x_i enthält, oder über eine Kante, die zu einem Klausel-Kreis führt, dessen korrespondierende Klausel die Variable x_i negiert enthält. Außerdem gibt es nur eine Kante von einem Klausel-Kreis zu einem anderen, wenn beide dasselbe Literale beinhalten.

Man kann leicht nachprüfen, dass der Graph G in polynomieller Zeit auf einer Registermaschine aus einer Booleschen Formel konstruiert werden kann. Wir müssen jetzt noch zeigen, dass der Graph genau dann einen Hamiltonschen Kreis enthält, wenn die Boolesche Formel erfüllbar ist.

Ist die Boolesche Formel erfüllbar, so kann man leicht aus einer erfüllenden Belegung für $V(F)$ einen Hamiltonschen Kreis konstruieren. Wir beginnen die Rundreise am Knoten x_1^-. War $B(x_1) = 1$ so durchlaufen wir alle Klausel-Kreise, deren korrespondierende Klauseln x_1 positiv enthalten, und kehren dann zu x_1^+ zurück. War hingegen $B(x_1) = 0$, so durchlaufen wir alle Klausel-Kreise, deren korrespondierende Klauseln x_1 negiert enthalten und kehren dann zu x_1^+ zurück. Nach Konstruktion ist dies möglich. Dann benutzen wir die Kante (x_1^+, x_2^-) und verfahren mit der Variablen x_2 und den restlichen genauso.

Einziges Problem sind Klauseln, die durch mehrere Literale wahr werden. Dort durchlaufen wir den zugehörigen Klausel-Kreis nur für die Variable mit kleinstem Index. Die anderen Variablen können diesen Klausel-Kreis dann auslassen (da er ja schon durchlaufen wurde). Aufgrund der Kanten in E_y ist dies möglich. Da die Boolesche Formel erfüllbar ist, wird somit jeder Klausel-Kreis durchlaufen und nach Konstruktion besuchen wir auch alle Knoten in V_1. Also erhalten wir einen Hamiltonschen Kreis.

Nun zeigen wir, wie wir aus einem Hamiltonschen Kreis eine erfüllende Belegung der Variablen erhalten. Nehmen wir zunächst an, dass der Hamiltonsche Kreis jeden Klausel-Kreis im Ganzen durchläuft, d.h. es existiert ein $k_j \in [0 : 2]$ für alle j, so dass

$$
(y_{j,k_j}^{-}, y_{j,(k_j+1)\bmod 3}^{+}, y_{j,(k_j+1)\bmod 3}^{-}, y_{j,(k_j+2)\bmod 3}^{+}, y_{j,(k_j+2)\bmod 3}^{-}, y_{j,k_j}^{+})
$$

ein Teil des Hamiltonschen Kreises ist. Wir sagen im Folgenden, dass der Hamiltonsche Kreis den Klausel-Kreis C_j *zusammenhängend* durchlaufen hat. Betritt

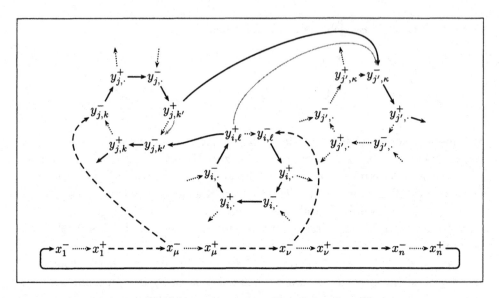

Bild 8.4: Tranformation eines Hamiltonschen Kreises

in diesem Fall der Hamiltonsche Kreis einen Klausel-Kreis im Knoten $y_{j,k}^-$, dann muss er ihn über den Knoten $y_{j,k}^+$ wieder verlassen.

Verfolgen wir jetzt den Hamiltonschen Kreis vom Knoten x_ν aus. Er betritt von dort einen Klausel-Kreis über den Knoten $y_{j,k}^-$, wobei $y_{j,k} \in \{x_\nu, \bar{x}_\nu\}$ ist. Nach obiger Beobachtung verlässt er der Klausel-Kreis über den Knoten $y_{j,k}^+$. Anschließend kann er nach Konstruktion nur in Klausel-Kreise gelangen, deren Klauseln $y := y_{j,k}$ enthalten, oder er gelangt zurück zum Knoten x_ν^+. Je nachdem, ob $y = x_\nu$ bzw. $y = \bar{x}_\nu$ ist, setzen wir $B(x_\nu) = 1$ bzw. $B(x_\nu) = 0$. Nachdem wir dies für alle Variablen getan haben, werden alle Klauseln erfüllt, deren korrespondierende Klausel-Kreise vom Hamiltonschen Kreis besucht werden, also alle.

Dummerweise kann ein Hamiltonscher Kreis aber einen Klausel-Kreis über den Knoten $y_{j,k}^-$ betreten und über $y_{j,k'}^+$ mit $k \neq k'$ wieder verlassen. Wir zeigen nun, dass ein solcher Hamiltonscher Kreis in einen anderen transformiert werden kann, der alle Klauseln zusammenhängend durchläuft. Sei C_j die Klausel mit kleinstem Index, deren Klausel-Kreis nicht zusammenhängend durchlaufen wurde. Nehmen wir an, dass der Klausel-Kreis das erste Mal über den Knoten $y_{j,k}^-$ betreten wird und über den Knoten $y_{j,k'}^+$ mit $k \neq k'$ verlassen wird.

Im Hamiltonschen Kreis muss nach dessen Definition der Knoten $y_{j,k'}^-$ besucht werden. Wir laufen nun den Hamiltonschen Kreis vom Knoten $y_{j,k'}^-$ aus entgegen der Kantenrichtung ab. Alle von dort besuchten Klausel-Kreise haben einen kleineren Index und werden somit zusammenhängend durchlaufen. Wenn wir daher zum ersten Mal auf den Variablen-Kreis stoßen, treffen wir auf den Knoten x_ν^-, wobei $y_{j,k'} \in \{x_\nu, \bar{x}_\nu\}$ ist.

Wir modifizieren den Hamiltonschen Kreis jetzt wie folgt. Sei $y^-_{j',\kappa}$ der Knoten, der im Hamiltonschen Kreis auf $y^+_{j,k'}$ folgt. Außerdem sei $y^+_{i,\ell}$ der Knoten, der im Hamiltonschen Kreis vor dem Knoten $y^-_{j,k'}$ besucht wurde. Wir entfernen nun die Kanten $(y^+_{j,k'}, y^-_{j',\kappa})$ und $(y^+_{i,\ell}, y^-_{j,k'})$. Dafür fügen wir $(y^+_{j,k'}, y^-_{j,k'})$ und $(y^+_{i,\ell}, y^-_{j',\kappa})$ ein. Damit wird der Klausel-Kreis C_j nun zusammenhängend durchlaufen oder es gibt maximal eine weitere Ausbruchsstelle. Indem wir dieselbe Methode noch einmal anwenden, können wir sicherstellen, dass der Klausel-Kreis dann zusammenhängend durchlaufen wird.

Diese Transformation ist im Bild 8.4 illustriert. Die im Beweis erwähnten vom Hamiltonschen Kreis durchlaufenen Kanten bzw. Pfade sind als ganze bzw. gestrichelte Linien, die übrigen Kanten als gepunktete Linien dargestellt. Die neuen Kanten sind grau dargestellt.

Wir erhalten weiterhin einen Teilgraphen von G, in dem jeder Knoten Grad 2 hat. Dummerweise könnten wir zwei oder drei Kreise anstatt einen erzeugt haben. Wir zeigen später, dass wir wirklich einen Hamiltonschen Kreis erhalten. Auf jeden Fall können wir mit der eben beschriebenen Methode die Anzahl der nicht zusammenhängend durchlaufenen Kreise um 1 verkleinern. Diese Methode wenden wir solange an, bis alle Kreise zusammenhängend durchlaufen werden.

Wir müssen nun noch zeigen, dass der entstandene Teilgraph ein Hamiltonscher Kreis ist. Bei der Konstruktion bleibt jeder Klausel-Kreis durch einen Pfad mit dem Variablenkreis verbunden, was man wie folgt sieht. Wir folgen einfach der eingehenden Kante entgegen der Richtung. Da nun jeder Klausel-Kreis zusammenhängend durchlaufen wird und wir jeden Klausel-Kreis über dasselbe Literal y verlassen, über das wir ihn betreten haben, landen wir am Ende im Knoten x^-, wobei $y \in \{x, \bar{x}\}$ gilt.

Weiterhin müssen die Kanten $(x^+_i, x^-_{(i \bmod n)+1})$ auf jedem Fall im betrachteten Teilgraphen enthalten sein, da dies die einzigen Kanten sind, die x^+_i verlassen. Außerdem trifft der Pfad, der in x^-_i beginnt, den Variablen-Kreis zum ersten Mal wieder im Knoten x^+_i, da durch das zusammenhängende Durchlaufen der Klausel-Kreise jeder Klausel-Kreis über dasselbe Literal verlassen werden muss, über das er betreten wurde. Damit ist der transformierte Teilgraph weiterhin ein Hamiltonscher Kreis von G. ∎

Nun zeigen wir noch, dass auch das Problem, ob ein ungerichteter Graph einen Hamiltonschen Kreis enthält, $\mathcal{NP}$-vollständig ist.

Theorem 8.41 HC *ist $\mathcal{NP}$-vollständig.*

Beweis: Offensichtlich ist HC in $\mathcal{NP}$, da wir wieder nur eine Rundreise als Zertifikat verifizieren müssen.

Wir reduzieren jetzt DHC auf HC. Sei $G = (V, E)$ eine Eingabe für DHC. Wir konstruieren nun eine Eingabe für HC. Wir ersetzen zunächst jeden Knoten aus V durch eine Kette aus drei Knoten:

$$
\begin{aligned}
V_1 &:= \{v^-, v^c, v^+ : v \in V\}, \\
E_1 &:= \{\{v^-, v^c\}, \{v^c, v^+\} : v \in V\}.
\end{aligned}
$$

Zusätzlich fügen wir die folgenden Kanten hinzu, die den Kanten aus G entsprechen:

$$
E_2 := \{\{v^+, w^-\} : (v, w) \in E\}.
$$

Der Graph $G' = (V', E')$ wird dann durch $V' := V_1$ und $E' := E_1 \cup E_2$ gebildet. Diese Transformation ist im Bild 8.5 illustriert.

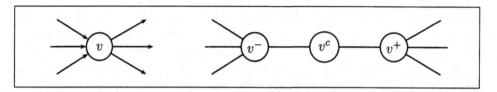

Bild 8.5: Transformation eines ungerichteten in einen gerichteten Graphen

Man stellt leicht fest, dass ein Hamiltonscher Kreis, der den Knoten v^- als ersten der Knoten aus $\{v^-, v^c, v^+\}$ besucht, anschließend diesen über den Pfad mit v^c und v^+ verlassen muss. Andernfalls könnte der Knoten v^c nicht mehr besucht werden, da dieser nur Grad 2 hat. Damit wird auf einem Hamiltonschen Kreis im ungerichteten Graphen quasi eine Richtung festgelegt. Die Knotengruppe $\{v^-, v^c, v^+\}$ wird über den Knoten v^- betreten und über den Knoten v^+ verlassen. Nach Konstruktion wird diese Reihenfolge für alle Knoten-Tripel eines Knotens des gerichteten Graphen eingehalten.

Damit lässt sich ein Hamiltonscher Kreis im ungerichteten Graphen G' in Pfade der Länge 3 zerlegen, wobei diese Pfade die Form (v^c, v^+, w^-, w^c) haben. Ein solcher Pfad (v^c, v^+, w^-, w^c) entspricht aber genau der gerichteten Kante (v, w) im gerichteten Graphen, so dass wir aus einem Hamiltonschen Kreis im ungerichteten Graphen G' unmittelbar einen Hamiltonschen Kreis im gerichteten Graphen G ableiten können.

Umgekehrt können wir trivialerweise aus einem Hamiltonschen Kreis in G einen Hamiltonschen Kreis in G' konstruieren. Damit korrespondiert jeder Hamiltonsche Kreis in G' eindeutig zu einem Hamiltonschen Kreis in G. Damit ist auch HC $\mathcal{NP}$-vollständig. ∎

Wir geben jetzt noch ohne Beweis zwei $\mathcal{NP}$-vollständige Entscheidungsprobleme an, die wir später noch benötigen werden.

PARTITION

Eingabe: Eine Folge $(s_1, \ldots, s_n) \in \mathbb{N}^n$.
Frage: Gibt es eine Partition $(I_1, I_2) \in 2^{\mathbb{N}} \times 2^{\mathbb{N}}$ von $[1 : n]$, so dass für diese Partition gilt: $\sum_{i \in I_1} s_i = \sum_{i \in I_2} s_i$?

Für das zweite Problem benötigen wir noch den Begriff einer unabhängigen Menge. Eine Teilmenge $V' \subseteq V(G)$ eines ungerichteten Graphen G, so dass es keine Kante zwischen zwei Knoten aus V' gibt, nennen wir eine *unabhängige Menge* von G.

IS (INDEPENDENT SET)

Eingabe: Ein ungerichteter Graph $G = (V, E)$ und ein $B \in \mathbb{N}$.
Frage: Gibt es eine unabhängige Teilmenge von V der Größe mindestens B, d.h. existiert $V' \subseteq V$ mit $|V'| \geq B$ und $\binom{V'}{2} \cap E = \emptyset$?

Diese beiden Probleme sind ebenfalls $\mathcal{NP}$-vollständig.

Theorem 8.42 PARTITION *und* IS *sind* $\mathcal{NP}$-*vollständig.*

Für Beweise der $\mathcal{NP}$-Vollständigkeit dieser Probleme und eine Sammlung vieler weiterer $\mathcal{NP}$-vollständiger Entscheidungsprobleme verweisen wir den Leser auf das Buch von M.R. Garey und D.S. Johnson.

8.3 Approximative Algorithmen

Wir haben eben gesehen, dass es unter der Annahme von $\mathcal{P} \neq \mathcal{NP}$ Entscheidungsprobleme gibt, die nicht in polynomieller Zeit gelöst werden können. Dies ist auf den ersten Blick niederschmetternd, da alle nicht-polynomiell zeitbeschränkten Algorithmen für große Eingaben deutlich zu langsam sind. In der Praxis begegnet man allerdings eher Optimierungsproblemen als Entscheidungsproblemen.

Im Gegensatz zu Entscheidungsproblemen, die nur die Antwort ja oder nein kennen, besitzen Optimierungsprobleme sehr viele zulässige Lösungen, wobei man aber an einer besten interessiert ist. Nehmen wir als Beispiel die Berechnung eines minimalen Spannbaumes. Ein vollständiger Graph auf n Knoten besitzt n^{n-2} viele Spannbäume. Gesucht ist aber ein Spannbaum mit minimalen Kosten.

In der Praxis kann aber durchaus eine Lösung genügen, die nahe am Optimum ist, wenn man dadurch Rechenzeit für die Berechnung der Lösung einsparen kann. Daher wollen wir uns in diesem Abschnitt mit der Approximation von $\mathcal{NP}$-harten Problemen beschäftigen.

8.3.1   Optimierungsprobleme und Approximationen

Zunächst einmal müssen wir definieren, was wir unter einem Optimierungsproblem und dessen näherungsweisen Lösung verstehen wollen.

Definition 8.43 *Ein* Optimierungsproblem *ist ein 4-Tupel $P = (I, S, \mu, \mathrm{opt})$ mit den folgenden Eigenschaften:*

- *$I \subset \Sigma^*$ ist die Menge der zulässigen Eingaben (Instanzen).*
- *$S : I \to 2^{\Sigma^*}$ ist eine Abbildung der Eingaben auf die Mengen der zulässigen Lösungen, d.h. für $x \in I$ ist $S(x)$ die Menge der zulässigen Lösungen von x.*
- *$\mu(x, y) \in \mathbb{N}_0$ ist das* Maß *der Lösung $y \in S(x)$ für die Eingabe $x \in I$.*
- *$\mathrm{opt} \in \{\max, \min\}$ gibt an, ob ein Maximierungs- oder ein Minimierungsproblem betrachtet wird.*

Ist $\mathrm{opt} = \max$ (bzw. $\mathrm{opt} = \min$), dann wird für eine Eingabe $x \in I$ eine Lösung $y \in S(x)$ gesucht, so dass $\mu(x, y)$ maximal (bzw. minimal) ist.

Anschaulich ist I die Menge der korrekten Codierungen der Eingaben des Optimierungsproblems P (über einem geeignet gewählten Alphabet Σ). Die Abbildung S liefert uns zu einer konkreten Eingabe x alle zulässigen Lösungen der Eingabe x für das Optimierungsproblem P. Man beachte, dass wir noch keine Aussagen über die Komplexität der Entscheidbarkeit von $x \in I$ bzw. $y \in S(x)$ und der Berechenbarkeit von μ gemacht haben.

Definition 8.44 *Sei $P = (I, S, \mu, \mathrm{opt})$ ein Optimierungsproblem. Für eine Eingabe $x \in I$ heißt eine Lösung $y^* \in S(x)$* optimal, *wenn*

$$\mu(x, y^*) = \mathrm{opt}\, \{\mu(x, y) : y \in S(x)\}.$$

Das Maß *einer optimalen Lösung bezeichnen wir mit*

$$\mu^*(x) := \mathrm{opt}\, \{\mu(x, y) : y \in S(x)\}.$$

Zu einem Optimierungsproblem können wir das zugehörige Entscheidungsproblem definieren. Hierbei soll entschieden werden, ob die optimale Lösung besser als eine vorgegebene Schranke ist.

Definition 8.45 *Sei $P = (I, S, \mu, \mathrm{opt})$ ein Optimierungsproblem und sei $B \in \mathbb{N}_0$. Dann ist $\{x \in I : \mu^*(x) = \mathrm{opt}(\mu^*(x), B)\}$ das zugehörige* Entscheidungsproblem.

Wir wollen hier noch anmerken, dass genau dann $\mu^*(x) = \mathrm{opt}(\mu^*(x), B)$ ist, wenn die optimale Lösung mindestens den Wert B erreicht. Dies folgt sofort aus der folgenden Überlegung, dass genau dann $\mu^*(x) = \max(\mu^*(x), B)$ (bzw.

$\mu^*(x) = \min(\mu^*(x), B))$ gilt, wenn $\mu^*(x) \geq B$ (bzw. $\mu^*(x) \leq B$) ist. Wir nennen ein Optimierungsproblem $\mathcal{NP}$-*hart*, wenn das zugehörige Entscheidungsproblem $\mathcal{NP}$-hart ist.

Um die Definition eines Optimierungsproblems etwas anschaulicher darzustellen, betrachten wir ein konkretes Optimierungsproblem.

MINBINPACKING

Eingabe: Eine Folge $(s_1, \ldots, s_n) \in \mathbb{N}^n$ und $B \in \mathbb{N}$.

Lösung: Eine Partition $(I_1, \ldots, I_m)$ von $[1:n]$, so dass $\sum_{i \in I_j} s_i \leq B$ für alle $j \in [1:m]$ gilt.

Optimum: Minimiere m.

Anschaulich haben wir hier n Objekte, wobei das i-te Objekt Gewicht s_i hat. Die Objekte sollen nun in möglichst wenig Kisten gepackt werden, wobei jede Kiste eine Tragkraft von B hat.

Für die Formulierung der Eingaben verwenden wir ein geeignetes Alphabet Σ. Für eine Eingabe $x \in I$ gibt nun $S(x)$ alle möglichen Verteilungen der n Objekte auf Kisten an, so dass keine Kiste ihre Tragfähigkeit überschreitet. Das Maß $\mu(x, y)$ für ein $y \in S(x)$ gibt dann an, wie viele Kisten bei der Verteilung y verwendet wurden. Bei MINBINPACKING handelt es sich um ein Minimierungsproblem, da wir möglichst wenig Kisten verwenden wollen.

Nachdem wir uns klar gemacht haben, was ein Optimierungsproblem ist, wollen wir nun den Begriff der Approximation definieren.

Definition 8.46 *Sei $P = (I, S, \mu, \text{opt})$ ein Optimierungsproblem. Ein Algorithmus A ist eine r-Approximation für P, wenn für alle $x \in I$ gilt, dass $A(x) \in S(x)$ und dass*

$$\Gamma_A(x) := \max \left(\frac{\mu(x, A(x))}{\mu^*(x)}, \frac{\mu^*(x)}{\mu(x, A(x))} \right) \leq r.$$

Mit $\Gamma_A(x)$ wird die Güte des Algorithmus A auf der Eingabe x bezeichnet. Mit $\Gamma_A = \sup \{\Gamma_A(x) : x \in I\}$ wird die Güte des Algorithmus A bezeichnet.

Die Maximumbildung in der Definition von $\Gamma_A(x)$ ist auf den ersten Blick etwas verwirrend. Für Minimierungsprobleme liefert das erste, für Maximierungsprobleme das zweite Argument das Maximum. Damit gilt unabhängig von der Art des Optimierungsproblems, dass $\Gamma_A(x) \geq 1$ gilt. Damit erhalten wir eine von der Art des Optimierungsproblems unabhängige Definition der Güte einer Approximation, die Güten leichter vergleichbar machen.

Ist ein Algorithmus A eine r-Approximation des Optimierungsproblems P, so folgt aus der Definition, dass die vom Algorithmus A generierte Lösung im schlimmsten Fall um den Faktor r vom Optimum abweicht. Für MINBINPACKING bedeutet dies, dass wir bei einer r-Approximation anstatt einer optimalen Lösung mit k Kisten eine näherungsweise Lösung mit maximal $r \cdot k$ Kisten erhalten.

Wir wollen nun noch einen sehr einfachen Approximationsalgorithmus für MINBINPACKING angeben und wir werden nachweisen, dass dieser eine 2-Approximation liefert.

Theorem 8.47 *Es gibt eine 2-Approximation für* MINBINPACKING.

Beweis: Wir werden einen Greedy-Algorithmus für MINBINPACKING angeben. Die Kisten werden von 1 an durchnummeriert. Der Algorithmus sucht nun für jedes Objekt eine Kiste, wobei die Kisten in der Reihenfolge ihrer Nummerierung betrachtet werden. Passt das i-te Objekt mit Gewicht s_i noch in die j-te Kiste, dann werfen wir das Objekt in diese. Andernfalls testen wir die $j + 1$-te Kiste. Da wir beliebig viele Kisten zur Verfügung haben, finden wir auf jeden Fall eine Kiste, in die das i-te Objekt passt.

Nachdem wir alle Objekte auf m Kisten verteilt haben, stellen wir fest, dass es keine zwei Kisten geben kann, die zusammen maximal Gewicht B haben. Gäbe es zwei Kisten $j_1 < j_2$, die zusammen Gewicht maximal B hätten, dann wären nach unserem Algorithmus alle Objekte aus der Kiste j_2 spätestens in die Kiste j_1 platziert worden, da diese für den Inhalt beider Kisten genügend Tragkraft gehabt hätte.

Jetzt lässt sich zeigen, dass das Gesamtgewicht aller Kisten größer als $m \cdot B/2$ ist. Dazu sei K_j das Gewicht der j-ten Kiste. Dann erhalten wir für das Gesamtgewicht aller verwendeten Kisten:

$$\sum_{j=1}^{m} K_j = \sum_{j=1}^{m-1} \frac{K_j + K_{j+1}}{2} + \frac{K_m + K_1}{2} > m \cdot \frac{B}{2}.$$

Da die Tragkraft einer Kiste B ist, sind also für eine optimale Lösung mindestens $m/2$ Kisten notwendig. Damit hat unser Greedy-Algorithmus höchstens doppelt so viele Kisten verwendet wie nötig. Somit liefert unser Greedy-Algorithmus eine 2-Approximation.   ∎

Mit etwas mehr Aufwand lässt sich zeigen, dass der obige Algorithmus sogar eine 1,7-Approximation ist. Wendet man denselben Algorithmus auf die gemäß ihrer Gewichte absteigend sortierte Liste von Objekten an, dann erhält man sogar eine 1,5-Approximation. Auf der anderen Seite werden wir später noch sehen, dass dies die bestmögliche Approximationsgüte eines Algorithmus für MINBIN-PACKING sein kann. Für weitere Details verweisen wir den Leser auf das Buch von G. Ausiello et al. über Komplexität und Approximation.

8.3.2 Die Klassen $\mathcal{NPO}$ und $\mathcal{PO}$

Wir definieren zunächst die wichtige Klasse $\mathcal{NPO}$, die die meisten der in der Praxis bedeutsamen Optimierungsprobleme umfasst.

Definition 8.48 *Ein Optimierungsproblem $P = (I, S, \mu, \mathrm{opt})$ gehört zur Klasse $\mathcal{NPO}$, wenn folgendes gilt:*

- *Es kann in polynomieller Zeit entschieden werden, ob $x \in I$ ist oder nicht, d.h. $I \in \mathcal{P}$.*
- *Die Größe jeder Lösung ist polynomiell in der Eingabegröße beschränkt, d.h. es gibt ein Polynom p, so dass für jedes $x \in I$ und jedes $y \in S(x)$ gilt: $\|y\| \leq p(\|x\|)$.*
- *Das Maß μ ist in polynomieller Zeit berechenbar.*

Die Klasse $\mathcal{NPO}$ besteht also im Wesentlichen aus allen Optimierungsproblemen, für die es einen nichtdeterministischen polynomiell zeitbeschränkten Algorithmus gibt, der zu einer gegebenen Eingabe eine Lösung verifiziert und deren Güte berechnet. Es ist allerdings nicht klar, wie man eine optimale Lösung mit Hilfe von solchen nichtdeterministischen polynomiell zeitbeschränkten Algorithmen finden kann, da man nur die Güte einer vorgegebenen Lösung berechnen kann, aber nicht notwendigerweise die Güte der optimalen Lösung.

Als Übungsaufgabe überlassen wir dem Leser den Beweis der folgenden wichtigen Beziehung zwischen $\mathcal{NPO}$ und $\mathcal{NP}$.

Theorem 8.49 *Sei $P \in \mathcal{NPO}$ ein Optimierungsproblem, dann ist das zugehörige Entscheidungsproblem in $\mathcal{NP}$.*

Nun können wir die Klasse $\mathcal{PO}$ definieren, die alle Optimierungsprobleme enthält, die sich in polynomieller Zeit optimal lösen lassen.

Definition 8.50 *Ein Optimierungsproblem $P = (I, S, \mu, \mathrm{opt})$ gehört zur Klasse $\mathcal{PO}$, wenn $P \in \mathcal{NPO}$ und wenn es einen polynomiell zeitbeschränkten Algorithmus A gibt, der für jede Eingabe $x \in I$ eine optimale Lösung $A(x) \in S(x)$ berechnet, d.h. $\mu(x, A(x)) = \mu^*(x)$.*

Aus den Definitionen folgt unmittelbar, dass $\mathcal{PO} \subseteq \mathcal{NPO}$. Als Beispiel der Klasse $\mathcal{PO}$ sei hier das Optimierungsproblem MST erwähnt, die Berechnung eines minimalen Spannbaumes (siehe Abschnitt 5.6). Ebenfalls als Übungsaufgabe überlassen wir dem Leser den Beweis der folgenden wichtigen Beziehung zwischen $\mathcal{PO}$ und $\mathcal{P}$.

Theorem 8.51 *Sei $P \in \mathcal{PO}$ ein Optimierungsproblem, dann ist das zugehörige Entscheidungsproblem in $\mathcal{P}$.*

8.3.3 Die Klasse $\mathcal{APX}$

Zuerst definieren wir die Klasse $\mathcal{APX}$, die aus all solchen Optimierungsproblemen besteht, die sich in polynomieller Zeit bis auf einen konstanten Faktor approximieren lassen.

Definition 8.52 *Ein Optimierungsproblem $P = (I, S, \mu, \mathrm{opt})$ gehört zur Klasse $\mathcal{APX}$, wenn $P \in \mathcal{NPO}$ ist und es einen polynomiell zeitbeschränkten Algorithmus A sowie ein $r \geq 1$ gibt, so dass A eine r-Approximation für P ist.*

Aus der Definition folgt unmittelbar, dass $\mathcal{PO} \subseteq \mathcal{APX} \subseteq \mathcal{NPO}$. Mit Hilfe von Lemma 8.47 folgt nun, dass MINBINPACKING in der Klasse $\mathcal{APX}$ enthalten ist. Wir wollen nun noch zeigen, dass die Klasse $\mathcal{APX}$ eine echte Teilmenge von $\mathcal{NPO}$ ist. Dazu betrachten wir das Problem der Handlungsreisenden:

TSP (TRAVELING SALESPERSON)

Eingabe: Ein vollständiger Graph $G = (V, E)$ und Kantengewichten w.

Lösung: Ein Hamiltonscher Kreis, d.h. eine Permutation $(v_{\pi_1}, \ldots, v_{\pi_n})$ der Knotenmenge V mit $(v_{\pi_i}, v_{\pi_{(i \bmod n)+1}}) \in E$ und $n = |V|$.

Optimum: Minimiere $\sum_{i=1}^{n} w(v_{\pi_i}, v_{\pi_{(i \bmod n)+1}})$ mit $n = |V|$.

Das Problem der Handlungsreisenden (TSP) kann man sich wie folgt vorstellen. Gegeben sind n Knoten, die z.B. die Großstädte von Europa repräsentieren. Zwischen zwei Städten gibt es eine Kante, wenn sie per Flugzeug oder Bahn verbunden sind. Das Gewicht einer Kante kann man als den Zeitaufwand werten, um von der einen in die andere Stadt zu gelangen. Unsere Handlungsreisende will nun jede Großstadt Europas besuchen, um ihre Artikel zu verkaufen, und möchte dabei möglichst wenig Zeit für die Reisen verschwenden. Die optimale Rundreise ergibt sich gerade als Lösung des zugehörigen TSP. Wir werden nun zeigen, dass sich diese Rundreise im Allgemeinen wohl nicht bis auf eine Konstante approximieren lässt. Dass TSP $\in \mathcal{NPO}$ gilt, überlassen wir dem Leser als Übungsaufgabe.

Theorem 8.53 *Es gilt* TSP $\notin \mathcal{APX}$, *außer wenn* $\mathcal{P} = \mathcal{NP}$.

Beweis: Wir zeigen, dass aus der Approximierbarkeit von TSP folgt, dass HC in $\mathcal{P}$ wäre. Da HC $\mathcal{NP}$-vollständig ist, folgt mit Theorem 8.30, dass dann $\mathcal{P} = \mathcal{NP}$ wäre.

Nehmen wir an, es gäbe eine r-Approximation A für TSP. Sei $G = (V, E)$ mit $|V| = n$ eine Eingabe für HC. Wir konstruieren nun daraus eine Eingabe $G' = (V, \binom{V}{2})$ mit den folgenden Kantengewichten $w(e)$ für $e \in \binom{V}{2}$:

$$w(e) = \begin{cases} 1 & \text{falls } e \in E, \\ 1 + r \cdot n & \text{sonst.} \end{cases}$$

Enthält G einen Hamiltonschen Kreis, dann enthält G' eine Rundreise der Länge höchstens n. Andernfalls hat jede Rundreise im Graphen G' mindestens die Länge $(n-1)+(1+rn) = (r+1)n$. Da A eine r-Approximation für das TSP ist, findet A eine Rundreise der Länge maximal rn, falls G einen Hamiltonschen Kreis enthält. Andernfalls hat jede Rundreise, die A liefert, mindestens die Länge $(r+1)n$. Also enthält G genau dann einen Hamiltonschen Kreis, wenn A eine Rundreise in G' der Länge maximal rn liefert. ∎

Wir wollen hier noch anmerken, dass es eine 1,5-Approximation gibt, wenn man voraussetzt, dass die Dreiecksungleichung für die Kantengewichte gilt. Diese Approximation wurde im Jahr 1976 von N. Christofides entwickelt. Für den Fall, dass die Knoten Punkte im Euklidischen Raum sind und die Kantengewichte dem Euklidischen Abstand entsprechen, wurden im Jahre 1996 von S. Arora bessere Approximationsalgorithmen gefunden, so genannte polynomielle Approximationsschemata (siehe nächster Abschnitt). Die zugehörigen Entscheidungsprobleme für diese Spezialfälle von TSP bleiben allerdings $\mathcal{NP}$-hart.

8.3.4 Die Klasse $\mathcal{PTAS}$

Optimierungsprobleme aus der Klasse $\mathcal{APX}$ haben die schöne Eigenschaft, dass sich Lösungen bis auf eine Konstante approximieren lassen. Noch schöner wäre es jedoch, wenn man sich die Approximationsgüte wünschen könnte, d.h. wenn es zu jedem $r > 1$ einen polynomiell zeitbeschränkten Approximationsalgorithmus geben würde. Das motiviert die folgende Definition eines Approximationsschemas.

Definition 8.54 *Sei $P = (I, S, \mu, \text{opt}) \in \mathcal{NPO}$ ein Optimierungsproblem. Ein Algorithmus A ist ein polynomielles Approximationsschema, wenn es für jedes $\varepsilon > 0$ ein Polynom p_ε gibt, so dass für jede Eingabe $x \in I$ gilt:*

$$\Gamma_{A(\varepsilon)}(x) \leq 1 + \varepsilon \quad \text{und} \quad T_{A(\varepsilon)}(\|x\|) \leq p_\varepsilon(\|x\|)$$

Ein Optimierungsproblem gehört zur Klasse $\mathcal{PTAS}$, wenn es ein polynomielles Approximationsschema besitzt.

Man beachte, dass der Algorithmus A nicht nur $x \in I$, sondern auch $\varepsilon > 0$ als Eingabe erhält. Mit $A(\varepsilon)$ bezeichnen wir dann den Algorithmus, den wir aus A für ein festes $\varepsilon > 0$ erhalten. Damit ist A eigentlich nicht ein Algorithmus, sondern er besteht aus einer ganzen Schar von Algorithmen. Dies erklärt auch den Namen Approximationsschema. Man beachte, dass wir hier allerdings eine gewisse Uniformität der Approximationsalgorithmen fordern, da wir eine einheitliche und endliche Beschreibung aller Approximationsalgorithmen fordern.

Die Klasse $\mathcal{PTAS}$ (engl. polynomial time approximation scheme) enthält also alle Optimierungsprobleme aus $\mathcal{NPO}$, die wir beliebig genau in polynomieller

Zeit approximieren können. Nach Definition gilt, dass $\mathcal{PO} \subseteq \mathcal{PTAS} \subseteq \mathcal{APX}$. Wir wollen nun zunächst zeigen, dass $\mathcal{PTAS}$ echt in $\mathcal{APX}$ enthalten ist.

Theorem 8.55 *Es gilt* $\mathcal{PTAS} \neq \mathcal{APX}$, *außer wenn* $\mathcal{P} = \mathcal{NP}$.

Beweis: Wir zeigen nun, dass wir PARTITION in polynomieller Zeit entscheiden können, wenn wir MINBINPACKING beliebig genau approximieren können. Wir zeigen sogar, dass aus jeder r-Approximation von MINBINPACKING mit $r < 1{,}5$ folgt, dass PARTITION $\in \mathcal{P}$ ist.

Nehmen wir an, dass es eine $(3/2 - \varepsilon)$-Approximation für MINBINPACKING gäbe. Sei $S = (s_1, \ldots, s_n)$ eine Eingabe von PARTITION, dann konstruieren wir eine Eingabe $S' = ((s_1, \ldots, s_n), B)$ mit $B = \frac{1}{2} \sum_{i=1}^{n} s_i$ für MINBINPACKING. Falls $B \notin \mathbb{N}$ ist, sind wir fertig, da in diesem Fall die Eingabe von PARTITION gar keine Lösung zulässt. Nun stellen wir fest, dass es genau dann eine Lösung für PARTITION für S gibt, wenn es eine Lösung für MINBINPACKING für S' mit 2 Kisten gibt. Da wir nun eine $(3/2 - \varepsilon)$-Approximation für MINBINPACKING haben, gibt es genau dann eine Partition, wenn unsere Approximation mit maximal $(3/2 - \varepsilon) \cdot 2 = 3 - 2\varepsilon$ Kisten auskommt. Da unsere Approximation immer nur ganzzahlige Lösungen konstruieren kann, erhalten wir eine Lösung mit 2 Kisten, also eine optimale. Damit wäre dann PARTITION $\in \mathcal{P}$. Da PARTITION ein $\mathcal{NP}$-vollständiges Problem ist, folgt mit Theorem 8.30, dass $\mathcal{P} = \mathcal{NP}$. ∎

Wir wollen jetzt noch ein Optimierungsproblem angeben, das in $\mathcal{PTAS}$ enthalten ist: die Bestimmung einer maximal unabhängigen Menge eines planaren Graphen. Ein Graph heißt *planar*, wenn es eine planare Zeichnung dieses Graphen gibt, in der sich die Kanten nicht schneiden. Eine *planare Zeichnung* eines Graphen ist eine Zuordnung der Knoten auf Punkte der Euklidischen Ebene und eine Zuordnung der Kanten auf gerade Strecken, deren Endpunkte die Zuordnungen der Endknoten der Kante in die Euklidische Ebene sind.

PLANARMIS (PLANAR MAXIMUM INDEPENDENT SET)

Eingabe: Ein planarer ungerichteter Graph $G = (V, E)$.
Lösung: Eine Teilmenge $V' \subset V$, so dass $\forall e \in E : |e \cap V'| \leq 1$.
Optimum: Maximiere $|V'|$.

Da der Algorithmus etwas aufwendig ist, wollen wir auf seine Beschreibung an dieser Stelle verzichten und nur erwähnen, dass PLANARMIS ein polynomielles Approximationsschema besitzt. Außerdem bemerken wir noch, dass auch das zugehörige Entscheidungsproblem von PLANARMIS $\mathcal{NP}$-hart ist.

Theorem 8.56 *Es gibt ein polynomielles Approximationsschema für* PLANAR-MIS *mit Laufzeit* $O(8^{\varepsilon^{-1}} \cdot \varepsilon^{-1} \cdot n)$.

Für die Details verweisen wir z.B. auf das Buch von G. Ausiello et al. über Komplexität und Approximation. Damit erhalten wir das folgende Korollar.

Korollar 8.57 *Es gilt* PLANARMIS $\in \mathcal{PTAS}$.

8.3.5 Die Klasse $\mathcal{FPTAS}$

Der Nachteil eines polynomiellen Approximationsschemas ist, dass die Laufzeit polynomiell in der Eingabe, aber nicht unbedingt in der Approximationsgüte ist. Für die Praxis wäre es schön, wenn die Laufzeit solcher $(1 + \varepsilon)$-Approximationen auch polynomiell in ε^{-1} wäre. Bislang haben wir auch Laufzeiten zugelassen, die z.B. exponentiell in ε^{-1} sind, wie das polynomielle Approximationsschema für PLANARMIS (siehe Theorem 8.56). Approximationsschemata, deren Laufzeit exponentiell in ε^{-1} ist, sind in der Praxis oft schon für $\varepsilon \approx 20\%$ ungeeignet. Das motiviert die folgende Definition von echt polynomiellen Approximationsschemata (engl. fully polynomial time approximation scheme).

Definition 8.58 *Sei* $P = (I, S, \mu, \mathrm{opt}) \in \mathcal{NPO}$ *ein Optimierungsproblem. Ein Algorithmus A ist ein* echt polynomielles Approximationsschema, *wenn es ein Polynom p gibt, so dass für jedes* $\varepsilon > 0$ *und jede Eingabe* $x \in I$ *gilt:*

$$\Gamma_{A(\varepsilon)}(x) \leq 1 + \varepsilon \quad \text{und} \quad T_{A(\varepsilon)}(\|x\|) \leq p(\|x\| + \varepsilon^{-1})$$

Ein Optimierungsproblem gehört zur Klasse $\mathcal{FPTAS}$, *wenn es ein echt polynomielles Approximationsschema besitzt.*

Aus der Definition folgt wieder unmittelbar, dass $\mathcal{PO} \subseteq \mathcal{FPTAS} \subseteq \mathcal{PTAS}$ gilt. Wir wollen nun ein Kriterium angeben, das uns hilft festzustellen, ob ein Optimierungsproblem ein echt polynomielles Approximationsschema besitzen kann oder nicht.

Definition 8.59 *Ein Optimierungsproblem* $P = (I, S, \mu, \mathrm{opt})$ *heißt* polynomiell beschränkt, *wenn es ein Polynom q gibt, so dass für jedes* $x \in I$ *und für jedes* $y \in S(x)$ *gilt:* $\mu(x, y) \leq q(\|x\|)$.

Wir können nun zeigen, dass jedes $\mathcal{NP}$-harte, polynomiell beschränkte Optimierungsproblem kein echt polynomielles Approximationsschema besitzen kann.

Theorem 8.60 *Ist* $\mathcal{P} \neq \mathcal{NP}$, *dann kann kein* $\mathcal{NP}$-hartes, polynomiell beschränktes Optimierungsproblem zur Klasse $\mathcal{FPTAS}$ gehören.

Beweis: Sei $P = (I, S, \mu, \mathrm{max})$ ein $\mathcal{NP}$-hartes, polynomiell beschränktes Optimierungsproblem. Wir nehmen hier ohne Beschränkung der Allgemeinheit an,

dass es sich um ein Maximierungsproblem handelt. Der Beweis für ein Minimierungsproblem verläuft analog. Nehmen wir an, es gäbe ein echt polynomielles
Approximationsschema A für P. Dann gibt es ein Polynom p, so dass die Laufzeit
von $A(\varepsilon)$ durch $p(\|x\| + \varepsilon^{-1})$ beschränkt ist, wobei ε sich auf die Approximations-
güte bezieht. Da P polynomiell beschränkt ist, gibt es ein weiteres Polynom q, so
dass für jede Eingabe $x \in I$ gilt: $\mu^*(x) \leq q(\|x\|)$. Wählen wir nun $\varepsilon := 1/q(\|x\|)$,
dann liefert $A(\varepsilon)$ für jedes x eine $(1 + 1/q(\|x\|))$-Approximation der optimalen
Lösung, d.h. es gilt:

$$\frac{\mu^*(x)}{\mu(x, A(\varepsilon, x))} \leq 1 + \varepsilon = \frac{q(\|x\|) + 1}{q(\|x\|)}.$$

Damit erhalten wir sofort:

$$
\begin{aligned}
\mu(x, A(\varepsilon, x)) \;\geq\;& \mu^*(x) \frac{q(\|x\|)}{q(\|x\|) + 1} \\
=\;& \mu^*(x) \frac{q(\|x\|) + 1 - 1}{q(\|x\|) + 1} \\
=\;& \mu^*(x) - \frac{\mu^*(x)}{q(\|x\|) + 1} \\
& \text{da } \mu^*(x) \leq q(\|x\|) \\
\geq\;& \mu^*(x) - \frac{q(\|x\|)}{q(\|x\|) + 1} \\
>\;& \mu^*(x) - 1.
\end{aligned}
$$

Da $\mu^*(x)$ nach Definition ganzzahlig ist, muss $\mu(x, A(\varepsilon, x)) = \mu^*(x)$ sein und $A(\varepsilon)$
liefert somit eine optimale Lösung. Mit $\varepsilon^{-1} = q(\|x\|)$ ist die Laufzeit des Algo-
rithmus dann $p(\|x\| + q(\|x\|))$. Da das Polynom eines Polynoms wiederum ein
Polynom ist, bleibt die Laufzeit des Algorithmus polynomiell in $\|x\|$. Damit hät-
ten wir für ein $\mathcal{NP}$-hartes Problem einen polynomiellen Algorithmus gefunden,
was unmittelbar $\mathcal{P} = \mathcal{NP}$ impliziert. ∎

Mit Hilfe dieses Satzes können wir nun zeigen, dass $\mathcal{FPTAS}$ echt in $\mathcal{PTAS}$
enthalten ist.

Korollar 8.61 *Es gilt* PLANARMIS $\notin \mathcal{FPTAS}$*, außer wenn* $\mathcal{P} = \mathcal{NP}$.

Beweis: Sei PLANARMIS $= (I, S, \mu, \max)$, dann ist für $x \in I$ und $y \in S(x)$
offensichtlich $\mu(x, y) \leq |V(G(x))| \leq \|x\|$. Damit ist PLANARMIS ein polynomi-
ell beschränktes Optimierungsproblem. Da das zu PLANARMIS gehörende Entscheidungsproblem $\mathcal{NP}$-vollständig ist, ist PLANARMIS $\mathcal{NP}$-hart. Mit Hilfe des
vorherigen Satzes folgt dann die Behauptung. ∎

Zum Abschluss wollen wir für ein $\mathcal{NP}$-hartes Optimierungsproblem noch ein echt polynomielles Approximationsschema konstruieren. Dazu betrachten wir das Packen eine Rucksacks.

MAXKNAPSACK

Eingabe: Eine Folge $((s_1, p_1), \ldots, (s_n, p_n)) \in (\mathbb{N} \times \mathbb{N})^n$ und $B \in \mathbb{N}$.
Lösung: Eine Teilmenge $I \subseteq [1:n]$ mit $\sum_{i \in I} s_i \leq B$
Optimum: Maximiere $\sum_{i \in I} p_i$.

Anschaulich haben wir n Objekte für eine Wanderung zur Verfügung. Jedes Objekt hat ein Gewicht s_i und einen Profit p_i. Außerdem darf der Rucksack nur mit einem maximalen Gewicht von B bepackt werden. Wir wollen nun den Profit der mitgenommenen Objekte bei Einhaltung der Gewichtsschranke maximieren. Wir betrachten zuerst das zu MAXKNAPSACK gehörige Entscheidungsproblem:

KNAPSACK

Eingabe: Eine Folge $((s_1, p_1), \ldots, (s_n, p_n)) \in (\mathbb{N} \times \mathbb{N})^n$ und $B, C \in \mathbb{N}$.
Frage: Gibt es eine Teilmenge $I \subseteq [1:n]$ mit $\sum_{i \in I} s_i \leq B$ und $\sum_{i \in I} p_i \geq C$?

Lemma 8.62 KNAPSACK *ist $\mathcal{NP}$-vollständig.*

Beweis: Offensichtlich ist KNAPSACK in $\mathcal{NP}$ enthalten. Wir reduzieren jetzt PARTITION polynomiell auf KNAPSACK. Da PARTITION $\mathcal{NP}$-vollständig ist, folgt dann die Behauptung. Sei $x = (s_1, \ldots, s_n) \in \mathbb{N}^n$ eine Eingabe für PARTITION. Dann ist $x' = (((s_1, s_1), \ldots, (s_n, s_n)), B, C)$ mit $B = C = \frac{1}{2} \sum_{i=1}^{n} s_i$ eine Eingabe für KNAPSACK. Man sieht leicht, dass PARTITION für x genau dann lösbar ist, wenn KNAPSACK für x' lösbar ist. ∎

Zur Berechnung einer optimalen Lösung von MAXKNAPSACK verwenden wir wieder einmal die Dynamische Programmierung. Sei dazu $S(k, p)$ das minimale Gewicht, um den Rucksack mit Profit p zu packen, wenn nur die ersten k Objekte zur Verfügung stehen. Dann gilt:

$$S(k, p) = \begin{cases} 0 & \text{falls } k = 0 \text{ und } p = 0, \\ \infty & \text{falls } k = 0 \text{ und } p \neq 0, \\ S(k-1, p - p_k) + s_k & \text{falls } k \geq 1 \text{ und } p - p_k \geq 0 \\ & \text{und } S(k-1, p - p_k) < \infty \\ & \text{und } S(k-1, p - p_k) + s_k \leq B \\ & \text{und } S(k-1, p - p_k) + s_k \leq S(k-1, p), \\ S(k-1, p) & \text{sonst.} \end{cases}$$

Die Rekursion ergibt sich einfach aus der Tatsache, dass wir entweder das k-te Objekt hinzunehmen oder nicht. Wir nehmen es genau dann hinzu, wenn das

Gewicht bei vorgegebenen Profit minimal wird. Sei $\Pi(k, p)$ eine solche Packung mit Gewicht $S(k, p)$, dann erhalten wir analog:

$$
\Pi(k, p) = \begin{cases}
\emptyset & \text{falls } k = 0 \text{ und } p = 0, \\
\Pi(k - 1, p - p_k) \cup \{k\} & \text{falls } k \geq 1 \text{ und } p - p_k \geq 0 \\
& \text{und } S(k - 1, p - p_k) < \infty \\
& \text{und } S(k - 1, p - p_k) + s_k \leq B \\
& \text{und } S(k - 1, p - p_k) + s_k \leq S(k - 1, p), \\
\Pi(k - 1, p) & \text{sonst.}
\end{cases}
$$

Die beste Packung erhalten wir als $\Pi(n, p^*)$, wobei $p^* \in [1 : P]$ mit $P := \sum_{i=1}^{n} p_i$ der maximale Index ist, so dass $S(n, p^*) < \infty$.

Lemma 8.63 MAXKNAPSACK *kann in Zeit* $O(n \cdot P)$ *mit* $P = \sum_{i=1}^{n} p_i$ *optimal gelöst werden.*

Beweis: Die Werte von S und Π lassen sich mit zwei Schleifen über $k \in [1 : n]$ und $p \in [1 : P]$ berechnen. Dabei speichern wir in $\Pi(k, p)$ nicht explizit ab, sondern nur, ob $k \in \Pi(k, p)$ ist oder nicht. Die restlichen Elemente lassen sich dann rekursiv aus Π ermitteln. Der Zeitbedarf ist also $O(n \cdot P)$. Der maximale Nutzen einer Packung des Rucksacks lässt sich aus $S(n, p^*)$ ablesen. ∎

Damit haben wir anscheinend einen polynomiellen Algorithmus für MAX-KNAPSACK gefunden. Aber Moment, MAXKNAPSACK ist doch ein $\mathcal{NP}$-hartes Problem! Haben wir also eben gerade $\mathcal{P} = \mathcal{NP}$ bewiesen? Nein, nicht wirklich. Die Laufzeit ist zwar polynomiell, allerdings ist sie polynomiell in P. Für polynomielle Algorithmen fordern wir, dass sie in der Eingabegröße polynomiell sind. Leider lässt sich der Wert von P mit logarithmisch vielen Bits repräsentieren. Der oben angegebene Algorithmus ist in Wirklichkeit exponentiell in der Eingabegröße. Für kleine Werte von P (etwa wenn P polynomiell in n ist) haben wir allerdings wirklich einen polynomiellen Algorithmus gefunden. Aus diesem Grund nennt man solche Algorithmen oft auch pseudo-polynomiell.

Definition 8.64 *Ein Algorithmus hat* pseudo-polynomielle *Laufzeit, wenn die Laufzeit polynomiell in der Eingabegröße und in der größten auftretenden Zahl in der Eingabe ist.*

Wir versuchen nun mit Hilfe dieses pseudo-polynomiellen Algorithmus ein echt polynomielles Approximationsschema für MAXKNAPSACK zu konstruieren. Ist der Profit der einzelnen Objekte klein, so haben wir bereits einen optimalen Algorithmus gefunden. Wir müssen uns nur noch überlegen, wie wir mit dem Problem umgehen, wenn die Profite groß werden. Die Hauptidee ist, dass wir den Profit auf kleinere Werte abrunden. Wenn wir dafür mit unserem pseudo-polynomiellen

Algorithmus eine optimale Lösung finden, können wir hoffen, dass diese Lösung eine näherungsweise Lösung für das ursprüngliche Optimierungsproblem ist.

Wir konstruieren eine neue Eingabe für MaxKnapsack wie folgt. Sei dazu $x = ((s_1, p_1), \ldots, (s_n, p_n), B)$ die ursprüngliche Eingabe, dann definieren wir eine neue Eingabe $x' = ((s_1, p_1'), \ldots, (s_n, p_n'), B)$ mit $p_i' := \lfloor p_i/2^t \rfloor$, wobei wir t später noch genauer spezifizieren werden. Anschaulich haben wir von jedem p_i die letzten t Bits abgeschnitten.

Wir überlegen uns nun, inwieweit sich die optimale Lösung von x und die Lösung unterscheiden, die man aus einer optimalen Lösung von x' erhält. Seien dazu $\Pi^*(x)$ bzw. $\Pi^*(x')$ die optimalen Lösungen von x bzw. x'. Nach Konstruktion unseres Algorithmus A erhalten wir:

$$\mu(x, A(x)) = \sum_{i \in \Pi^*(x')} p_i$$

$$\text{da } p_i \geq 2^t \cdot p_i'$$

$$\geq 2^t \sum_{i \in \Pi^*(x')} p_i'$$

$$\text{da } \Pi^*(x') \text{ eine optimale Lösung für } x' \text{ ist}$$

$$\geq 2^t \sum_{i \in \Pi^*(x)} p_i'$$

$$\text{da } p_i' = \lfloor p_i/2^t \rfloor$$

$$= 2^t \sum_{i \in \Pi^*(x)} \lfloor p_i/2^t \rfloor \geq 2^t \sum_{i \in \Pi^*(x)} (p_i/2^t - 1)$$

$$\geq \sum_{i \in \Pi^*(x)} p_i - 2^t \cdot |\Pi^*(x)|$$

$$\text{da } |\Pi^*(x)| \leq n \text{ und } \Pi^*(x) \text{ eine optimale Lösung für } x \text{ ist}$$

$$\geq \mu^*(x) - n \cdot 2^t.$$

Also gilt $0 \leq \mu^*(x) - \mu(x, A(x)) \leq n \cdot 2^t$. Für unsere Approximationsgüte gilt dann

$$\Gamma_A(x) = \frac{\mu^*(x)}{\mu(x, A(x))} = \frac{\mu^*(x) - \mu(x, A(x)) + \mu(x, A(x))}{\mu(x, A(x))}$$

$$\leq 1 + \frac{n \cdot 2^t}{\mu(x, A(x))}$$

$$\text{da } \mu(x, A(x)) \geq \mu^*(x) - n \cdot 2^t > 0$$

$$\leq 1 + \frac{n \cdot 2^t}{\mu^*(x) - n \cdot 2^t} \leq 1 + \frac{1}{\frac{\mu^*(x)}{n \cdot 2^t} - 1}.$$

Damit die obige Abschätzung gilt, muss t so gewählt werden, dass $\mu^*(x) - n \cdot 2^t > 0$ bzw. $\frac{\mu^*(x)}{n \cdot 2^t} > 1$ ist. Weiter sollte $\frac{\mu^*(x)}{n \cdot 2^t} \approx \varepsilon^{-1}$ sein, damit wir ein Approximationsschema erhalten. Wir wählen daher

$$t = \left\lfloor \log\left(\frac{\varepsilon}{1 + \varepsilon} \cdot \frac{p_{max}}{n} \right) \right\rfloor,$$

wobei $p_{max} := \max\{p_i\}$. Dann gilt

$$\frac{\mu^*(x)}{n \cdot 2^t} \geq \frac{p_{max}}{n \cdot \left(\frac{\varepsilon}{1+\varepsilon} \cdot \frac{p_{max}}{n} \right)} = \frac{1 + \varepsilon}{\varepsilon} > 1.$$

Dabei haben wir ausgenutzt, dass wir ohne Beschränkung der Allgemeinheit annehmen können, dass $p_{max} \leq \mu^*(x)$. Dies kann nur dann nicht der Fall sein, wenn $s_{max} > B$ ist. Dies können wir aber sehr einfach verhindern, indem wir alle Paare (s_i, p_i) mit $s_i > B$ aus der Eingabe entfernen. Solche Paare sind sowieso irrelevant, da sie nicht in einer Lösung auftauchen können. Insgesamt erhalten wir dann für die Güte unseres Algorithmus:

$$\Gamma_A(x) \leq 1 + \frac{1}{\frac{\mu^*(x)}{n \cdot 2^t} - 1} \leq 1 + \frac{1}{\frac{1+\varepsilon}{\varepsilon} - 1} \leq 1 + \varepsilon.$$

Damit haben wir nun ein Approximationsschema konstruiert. Wir müssen nun noch nachweisen, dass es sich um ein echt polynomielles handelt. Die Laufzeit des Algorithmus beträgt

$$O\left(n \cdot \sum_{i=1}^{n} p_i' \right) = O\left(n \cdot \sum_{i=1}^{n} \frac{p_i}{2^t} \right) = O\left(n \cdot n \cdot p_{max} \cdot \frac{1 + \varepsilon}{\varepsilon} \cdot \frac{n}{p_{max}} \right)$$

$$= O\left(n^3 \cdot \frac{1 + \varepsilon}{\varepsilon} \right) = O\left(n^3 \cdot \varepsilon^{-1} \right).$$

Also ist die Laufzeit des Algorithmus sowohl in n als auch in ε^{-1} polynomiell.

Theorem 8.65 *Es gibt für* MaxKnapsack *ein echt polynomielles Approximationsschema mit Laufzeit* $O(n^3 \cdot \varepsilon^{-1}) = O((n + \varepsilon^{-1})^4)$.

Korollar 8.66 *Es gilt* MaxKnapsack $\in \mathcal{FPTAS}$.

Wir zeigen nun noch, dass $\mathcal{PO}$ echt in $\mathcal{FPTAS}$ enthalten ist.

Lemma 8.67 *Es gilt* $\mathcal{P} \neq \mathcal{FPTAS}$, *außer wenn* $\mathcal{P} = \mathcal{NP}$.

Beweis: Da wir eben gesehen haben, dass MaxKnapsack in $\mathcal{FPTAS}$ ist und da Knapsack ein $\mathcal{NP}$-hartes Problem ist, würde aus $\mathcal{FPTAS} = \mathcal{PO}$ folgen, dass $\mathcal{P} = \mathcal{NP}$ ist. ∎

Die Hierarchie von Komplexitätsklassen, die zu den verschiedenen Begriffen der Approximierbarkeit korrespondieren, ist im Bild 8.6 schematisch dargestellt.

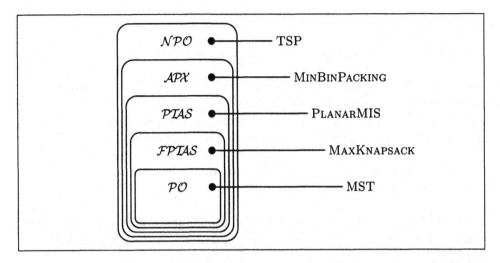

Bild 8.6: Die Hierarchie zwischen $\mathcal{PO}$ und $\mathcal{NPO}$

8.4 Übungsaufgaben

Aufgabe 8.1° Zeigen Sie, dass eine nichtleere Menge M genau dann abzählbar ist, wenn es eine injektive Funktion $\psi : M \to \mathbb{N}$ gibt.

Aufgabe 8.2° Zeigen Sie, dass für jedes endliche Alphabet Σ die Menge Σ^* abzählbar ist.

Aufgabe 8.3° Zeigen Sie, dass $\mathbb{Q}$ abzählbar und $\mathbb{R}$ überabzählbar ist.

Aufgabe 8.4$^+$ Sei $\psi : \mathbb{N} \to \mathbb{B}^*$ bijektiv und $\varphi : \mathbb{N} \to 2^{\mathbb{B}^*}$ surjektiv. Zeigen Sie, dass es für $D = \{\psi(2i) \in \mathbb{B}^* : \psi(2i) \notin \varphi(i)\}$ kein k mit $\varphi(k) = D$ gibt. Wie sieht es für $D = \{\psi(i) \in \mathbb{B}^* : \psi(i) \notin \varphi(2i)\}$ aus?

Aufgabe 8.5$^+$ Geben Sie eine einfache Vorschrift zur Berechnung der Inversen von $\langle \cdot \rangle : \mathbb{N}^2 \to \mathbb{N}$ an. Zeigen Sie, wie man damit allgemein die Inverse von $\langle \cdot \rangle : \mathbb{N}^k \to \mathbb{N}$ berechnen kann. Argumentieren Sie, dass man diese Inversen auf einer Registermaschine berechnen kann.

Aufgabe 8.6° Sind die folgenden Zahlen eine Gödelisierungen von RAM-Programmen:

$$15.201.959.715.375.736.527 \quad \text{bzw.} \quad 15.001.999.715.375.776.527 \, ?$$

Aufgabe 8.7$^+$ Eine Registermaschine U heißt 2-universell, wenn U auf der Eingabe $(\hat{M}, m, \hat{N}, n) \in \mathbb{N}^4$ die Ausgabe $(M(m), N(n))$ generiert, falls M auf m und N auf n hält. Zeigen Sie, dass es 2-universelle Registermaschinen gibt.

Aufgabe 8.8$^+$ Ist $\{\langle \hat{M}_1, \hat{M}_2 \rangle \in \mathbb{N} : \forall n \in \mathbb{N} : M_1(n) = M_2(n)\}$ entscheidbar?

Aufgabe 8.9° Beweisen Sie die De Morganschen Regeln.

Aufgabe 8.10* Sei 2SAT die Menge aller erfüllbaren Booleschen Formeln in 2-konjunktiver Normalform. Zeigen Sie, dass 2SAT $\in \mathcal{P}$.
Hinweis: Verwenden Sie, dass starke Zusammenhangskomponenten in gerichteten Graphen in polynomieller Zeit gefunden werden können.

Aufgabe 8.11* Zeigen Sie, dass IS $\mathcal{NP}$-vollständig ist.
Hinweis: Zeigen Sie, dass 3SAT $\leq^p$ IS.

Aufgabe 8.12$^+$ Sei $P = (I, S, \mu, \text{opt})$ ein Optimierungsproblem mit opt $= \max$, $I = \left\{ \hat{M} \in \mathbb{N} : \forall x \in \mathbb{N} : M(x) = x \right\}$, $S(x) = [x+1 : 2x]$ und $\mu(x,y) = 2^{2^y}$. Ist $P \in \mathcal{NPO}$?

Aufgabe 8.13° Zeigen Sie, dass TSP $\in \mathcal{NPO}$.

Aufgabe 8.14° Sei $P \in \mathcal{NPO}$ (bzw. $P \in \mathcal{PO}$) ein Optimierungsproblem. Zeigen Sie, dass das zugehörige Entscheidungsproblem in $\mathcal{NP}$ (bzw. in $\mathcal{P}$) ist.

Aufgabe 8.15* Geben Sie einen polynomiellen Algorithmus für MAXCUT an, der eine 2-Approximation liefert.

MAXCUT

Eingabe: Ein ungerichteter Graph $G = (V, E)$.
Lösung: Eine Teilmenge $V' \subseteq V$.
Optimum: Maximiere $|\{\{v, v'\} \in E : v \in V \wedge v' \in V'\}|$.

Aufgabe 8.16* Geben Sie einen polynomiellen Algorithmus für METRICTSP an, der eine 2-Approximation liefert.
Hinweis: Berechnen Sie zuerst einen minimalen Spannbaum für G.

METRICTSP

Eingabe: Ein vollständiger ungerichteter Graph $G = (V, E)$ und eine Kantengewichtsfunktion w, so dass $\forall x, y, z \in V : w(x, z) \leq w(x,y) + w(y, z)$.
Lösung: Ein Hamiltonscher Kreis mit minimalem Gewicht, d.h. eine Permutation $(v_{\pi_1}, \ldots, v_{\pi_n})$ der Knotenmenge V mit $(v_{\pi_i}, v_{\pi_{(i \bmod n)+1}}) \in E$.
Optimum: Minimiere $\sum_{i=1}^{n} w(v_{\pi_i}, v_{\pi_{(i \bmod n)+1}})$.

Literaturhinweise   **A**

A.1   Lehrbücher zur Algorithmik

A.V. Aho, J.E. Hopcroft, J.D. Ullman: *The Design and Analysis of Computer Algorithms*; Addison-Wesley, 1976.

G. Brassard, P. Bratley: *Fundamentals of Algorithmics*; Prentice Hall, 1996.

G. Brassard, P. Bratley: *Algorithmics: Theory and Practice*; Prentice Hall, 1988.

T.H. Cormen, C.E. Leiserson, R.L. Rivest: *Introduction to Algorithms*; The MIT Press, 1990.

D. Harel: *Algorithmics: The Spirit of Computing*; Addison Wesley, 1992.

D.E. Knuth: *The Art of Computer Programming Vol. 1: Fundamental Algorithms*; Addison-Wesley, 1997 (Dritte Auflage).

D.E. Knuth: *The Art of Computer Programming Vol. 2: Seminumerical Algorithms*; Addison-Wesley, 1997 (Dritte Auflage).

D.E. Knuth: *The Art of Computer Programming Vol. 3: Sorting and Searching*; Addison-Wesley, 1998 (Zweite Auflage).

D.C. Kozen: *The Design and Analysis of Algorithms*; Springer-Verlag, 1991.

U. Manber: *Introduction to Algorithms: A Creative Approach*; Addison-Wesley, 1989.

K. Melhorn: *Data Structures and Algorithms Vol. 1: Sorting and Searching*; EATCS Monographs on Theoretical Computer Science, Springer-Verlag, 1984.

K. Melhorn: *Data Structures and Algorithms Vol. 2: Graph Algorithms and $\mathcal{NP}$-Completeness*; EATCS Monographs on Theoretical Computer Science, Springer-Verlag, 1984.

K. Melhorn: *Data Structures and Algorithms Vol. 3: Multi-Dimensional Searching and Computational Geometry*; EATCS Monographs on Theoretical Computer Science, Springer-Verlag, 1984.

T. Ottmann, P. Widmayer: *Algorithmen und Datenstrukturen*; Bibliographisches Institut, Reihe Informatik, Band 70, 1990.

I. Parberry: *Problems on Algorithms*; Prentice Hall, 1995.

G. Rawlins: *Compared to What? An Introduction to the Analysis of Algorithms*; Freeman, 1991.

U. Schöning: *Algorithmik*; Spektrum Akademischer Verlag, 2001.

R. Sedgewick: *Algorithms*; Addison-Wesley, 1983.

S.S. Skiena: *The Algorithm Design Manual*; Springer-Verlag, 1997.

I. Wegener: *Effiziente Algorithmen für grundlegende Funktionen*; B.G. Teubner-Verlag, 1989.

A.2   Lehrbücher zu angrenzenden Themen

M. Aigner, G.M. Ziegler: *Proofs from THE BOOK*; Springer-Verlag, 1999.

G. Ausiello, P. Crescenzi, G. Gambosi, V. Kann, A. Marchetti-Spaccamela, M. Potas: *Complexity and Approximation — Combinatorial Optimization Problems and their Approximability Properties*; Springer, 1999.

M. Crochemore, W. Rytter: *Text Algorithms*; Oxford University Press, 1994.

H.D. Ebbinghaus, J. Flum, W. Thomas: *Einführung in die mathematische Logik*; BI Wissenschaftsverlag, 1992.

M.R. Garey, D.S. Johnson: *Computers and Intractability — A Guide to the Theory of $\mathcal{NP}$-Completeness*; Freeman, 1979.

R.L. Graham, D.E. Knuth O. Patashnik: *Concrete Mathematics: A Foundation of Computer Science*; Addison-Wesley, 1989.

J. Gruska: *Quantum Computing*; McGraw-Hill, 1999.

D. Gusfield: *Algorithms on Strings, Trees, and Sequences — Computer Science and Computational Biology*; Cambridge University Press, 1997.

M. Hofri: *Analysis of Algorithms: Computational Methods and Mathematical Tools*; Oxford University Press, 1995.

J.E. Hopcroft, J.D. Ullman: *Introduction to Automata Theory, Languages and Computation*; Addison-Wesley, 1979.

R. Motwani, P. Raghavan: *Randomized Algorithms*; Cambridge University Press, 1995.

W.J. Paul: *Komplexitätstheorie*; Teubner Studienbücher Informatik, B.G. Teubner-Verlag, 1978.

D. Salomon: *Data Compression — The Complete Reference*; Springer, 1997.

K.Sayood: *Data Compression*; Morgan Kaufmann, 1996.

R. Sedgewick, P. Flajolet: *An Introduction to the Analysis of Algorithms*; Addison-Wesley, 1996.

A. Steger: *Diskrete Strukturen I: Kombinatorik, Graphentheorie, Algebra*; Springer-Verlag, 2000.

T. Schickinger, A. Steger: *Diskrete Strukturen II: Wahrscheinlichkeitstheorie und Statistik*; Springer-Verlag, 2001.

I. Wegener: *Theoretische Informatik*; B.G. Teubner-Verlag, 1993.

I. Wegener: *Kompendium Theoretische Informatik — eine Ideensammlung*; B.G. Teubner-Verlag, 1996.

H.S. Wilf: *Algorithms and Complexity*; Prentice Hall, 1996. s.a. http://www.cis.upenn.edu/~wilf/AlgComp2.html.

H.S. Wilf: *generatingfunctionology*; Academic Press, 1994.

A.3   Originalarbeiten

M. Agarwal, N.Kayal, N.Saxena: PRIMES is in $\mathcal{P}$; Preprint is available from http://www.cse.iitk.ac.in/news/primality.html

S. Arora: Polynomial Time Approximation Schemes for Euclidean TSP and Other Geometric Problems; *Proceedings of the 37th Annual IEEE Symposium on Foundations of Computer Science*, 2–11, 1996.

S. Arora: Nearly Linear Time Approximation Schemes for Euclidean TSP and Other Geometric Problems; *Proceedings of the 38th Annual IEEE Symposium on Foundations of Computer Science*, 554–563, 1997.

D. Boneh: Twenty Years of Attacks on the RSA Cryptosystem; *Notices of the American Mathematical Society*, Vol. 46, No. 2, 203–213, 1999. s.a. http://theory.stanford.edu/~dabo/papers/RSA-survey.{ps|pdf}.

M. Burrows, D.J. Wheeler: A Block-Sorting Lossless data Compression Algorithm; *Research Report*, Digital Research Center, SRC-Report 124, 1994. ftp://ftp.digital.com/pub/DEC/SRC/research-reports/SRC-124.ps.Z

S. Carlsson: A Variant of Heapsort with Almost Optimal Number of Comparisons; *Information Processing Letters*, Vol. 24, 247–250, 1987.

S. Carlsson: Average-Case Results on Heapsort; *BIT*, Vol. 27, 2–17, 1987.

R. Cole: Tight Bounds on the Complexity of the Boyer-Moore String Matching Algorithm; *SIAM Journal on Computing*, Vol. 23, No. 5, 1075–1091, 1994.

s.a. *Technical Report*, Department of Computer Science, Courant Institute for Mathematical Sciences, New York University, TR1990-512, June, 1990, http://csdocs.cs.nyu.edu/Dienst/UI/2.0/Describe/ncstrl.nyu_cs%2fTR1990-512

D. Dor, U. Zwick: Selecting the Median; *Proceedings of the 6th Annual ACM-SIAM Symposium on Discrete Algorithms*, 28–37, 1995.

D. Dor, U. Zwick: Median Selection Requires $(2 + \varepsilon)n$ Comparisons; *Proceedings of the 37th Annual IEEE Symposium on Foundations of Computer Science*, 125–134, 1996.

S. Dvořák, B. Ďurian: Unstable Linear Time $O(1)$ Space Merging; *The Computer Journal*, Vol. 31, No. 3, 279–282, 1998.

R. Fleischer: A Tight Lower Bound for the Worst Case of Bottom-Up-Heapsort; *Algorithmica*, Vol. 11, 104–115, 1994.

B.-C. Huang, M.A. Langston: Practical In-Place Merging; *Communications of the ACM*, Vol. 31, No. 3, 348–352,1998.

U. Manber, G. Myers: Suffix Arrays: A New Method for On-Line String Searches; *SIAM Journal on Computing*, Vol. 22, No. 5, 935–948, 1993.

H. Mannila, E. Ukkonen: A Simple Linear-Time Algorithm for In Situ Merging; *Information Processing Letters*, Vol. 18, 203–208, 1984.

E.M. McCreight: A Space-Economical Suffix Tree Construction Algorithm; *Journal of The ACM*, Vol. 23, 262–272,1976.

G. Miller: Riemann's Hypothesis and Test for Primality; *Journal of Computer and System Sciences*, Vol. 13, 300–317, 1976.

A. Schönhage, M. Paterson, N. Pippenger: Finding the Median; *Journal of Computer and System Science*, Vol. 13, 184–199, 1976.

P. Shor: Polynomial-Time Algorithms for Prime Factorization and Discrete Logarithms on a Quantum Computer; *SIAM Journal on Computing*, Vol. 26, No. 5, 1484–1509, 1997.

E. Ukkonen: On-Line Construction of Suffix Tress; *Algorithmica*, Vol. 14, 149–260, 1995.

I. Wegener: Bottom-Up-Heapsort, a New Variant of Heapsort Beating on Average Quicksort (If n is Not Very Small); *Theoretical Computer Science*, Vol. 118, 81–98, 1993.

P. Weiner: Linear Pattern Matching Algorithms; *Proceedings of the 14th IEEE Symposium on Switching and Automata Theory*, 1–11, 1973.

Gofer-Skripten

B

B.1 Berechnung von Fibonacci Zahlen

In diesem Anhang geben wir die vollständige gofer-Definitionen der drei Varianten zur Berechnung der n-ten Fibonacci-Zahl an. Da für große n schnell der maximal darstellbare Bereich der Integers von gofer überschritten wird, wird hierfür noch eine rudimentäre Definition der Klasse Long angegeben. Elemente der Klasse Long sind Paare vom Typ (Float,Int), wobei das erste Argument die Mantisse und das zweite Argument den Exponenten einer Zahl darstellt. Der Einfachheit halber sind nur die verwendeten Operation + und * auf dieser Klasse definiert.

```
--------------------------------------------------------------------
--
-- rudimentaere Klasse Long
--
--------------------------------------------------------------------
type Long = (Float,Int)

longAdd :: Long -> Long -> Long
longAdd (a,b) (c,d) = if b==d then if a+c<10.0 then (a+c,b)
                                                else ((a+c)/10.0,b+1)
                              else if b>d then longAdd (a,b) (c/10.0,d+1)
                                          else longAdd (a/10.0,b+1) (c,d)
longMult :: Long -> Long -> Long
longMult (a,b) (c,d) = if a*c<10.0 then (a*c,b+d)
                                   else ((a*c)/10.0,b+d+1)

instance Num Long where
        (+) = longAdd
        (*) = longMult

--------------------------------------------------------------------
--
-- Fibanoacci rekursiv
--
--------------------------------------------------------------------
fib1 :: Int -> Long
fib1 n | n==1 = (1.0,0)
       | n==2 = (1.0,0)
       | otherwise   = (fib1 (n-1)) + (fib1 (n-2))
```

```
----------------------------------------------------------------------
--
-- Fibanoacci iterativ
--
----------------------------------------------------------------------
g :: Int -> (Long,Long)
g n | n==1      = ((1.0,0),undefined)
    | n==2      = ((1.0,0),(1.0,0))
    | otherwise = let (x,y) = g (n-1) in (x+y,x)
fib2 :: Int -> Long
fib2 n = let (x,y) = g n in x


----------------------------------------------------------------------
--
-- Fibanocci Matrix
--
----------------------------------------------------------------------
h :: Int -> (Long,Long,Long,Long)
h n | n==1   = ((1.0,0), (1.0,0),
                (1.0,0), (0.0,0))
    | even n = let (a,b,c,d) = h(n/2)
                 in ((a*a)+(b*c), (a*b)+(b*d),
                     (c*a)+(d*c), (c*b)+(d*d))
    | odd  n = let (a,b,c,d) = h((n-1)/2)
                 in ((a*a)+(b*c)+(a*b)+(b*d), (a*a)+(b*c),
                     (c*a)+(d*c)+(c*b)+(d*d), (c*a)+(d*c))
fib3 :: Int -> Long
fib3 n | n==1 || n==2 = (1.0,0)
       | n>2          = let (a,b,c,d) = h (n-2) in a+c


----------------------------------------------------------------------
--
-- Fibanocci Matrix (optimiert)
--
----------------------------------------------------------------------
h2 :: Int -> (Long,Long,Long,Long)
h2 n | n==1   = ((1.0,0), (1.0,0),
                 (1.0,0), (0.0,0))
     | even n = let (a,b,c,d) = h2 (n/2)
                    (x,y)     = ((a*b)+(b*d), b*b)
                  in ((a*a)+y, x,
                      x,       y+(d*d))
     | odd  n = let (a,b,c,d) = h2 ((n-1)/2)
                    x=(a*a)+(b*b)
                    y=(a*b)+(b*d)
                  in (x+y, x,
                      x  , y)
fib4 :: Int -> Long
fib4 n | n==1 || n==2 = (1.0,0)
       | n>2          = let (a,b,c,d) = h2 (n-2) in a+c
```

Index

C